全国高等职业教育规划教材

工程机械底盘构造与维修

汤振周　主　编
杨长征　副主编
马秀成　主　审

化学工业出版社

·北京·

本书是校企合作编写的教材，主要内容有传动系统构造原理与维修、液力及液压传动系统构造原理与维修、行驶系统构造原理与维修、转向系统构造原理与维修、制动系统构造原理与维修。书中内容图文并茂，便于理解，并且采用大量企业实际案例，与实际应用接轨。

本书可供高职高专院校、中等职业学校工程机械类各专业师生使用，也可用作社会培训教材。

图书在版编目（CIP）数据

工程机械底盘构造与维修/汤振周主编. —北京：化学工业出版社，2016.1
全国高等职业教育规划教材
ISBN 978-7-122-25771-0

Ⅰ.①工…　Ⅱ.①汤…　Ⅲ.①工程机械-底盘-构造-高等职业教育-教材②工程机械-底盘-维修-高等职业教育-教材　Ⅳ.①TU60

中国版本图书馆 CIP 数据核字（2015）第 286140 号

责任编辑：韩庆利　　　　　　　　　　加工编辑：张燕文
责任校对：宋　夏　　　　　　　　　　装帧设计：刘剑宁

出版发行：化学工业出版社（北京市东城区青年湖南街 13 号　邮政编码 100011）
印　　装：三河市延风印装有限公司
787mm×1092mm　1/16　印张 18½　字数 493 千字　2016 年 4 月北京第 1 版第 1 次印刷

购书咨询：010-64518888（传真：010-64519686）　　售后服务：010-64518899
网　　址：http://www.cip.com.cn
凡购买本书，如有缺损质量问题，本社销售中心负责调换。

定　　价：45.00 元

前　言

"工程机械底盘构造与维修"是工程机械运用与维护专业核心课，系统地讲授工程机械底盘的基本组成、基本原理和维修方法，以及常见故障的诊断与排除。通过本课程的学习，能够为学生日后从事本专业奠定一定的理论基础和动手能力，并使学生在实践中具有分析问题和解决问题的能力。

本书分为五个模块，包括传动系统构造原理与维修、液力及液压传动系统构造原理与维修、行驶系统构造原理与维修、转向系统构造原理与维修、制动系统构造原理与维修。各单元均安排了相应的复习与思考题。

本书由福建船政交通职业学院汤振周主编，河南交通职业技术学院杨长征副主编，参加编写的人员分工为：汤振周编写模块 1（单元 1、2、4、5）；四川交通职业技术学院谢武斌编写模块 1（单元 3）；新疆交通职业技术学院王东智编写模块 2；河南交通职业技术学院张震编写模块 3；河南交通职业技术学院杨长征编写模块 4；广东交通职业技术学院莫建章编写模块 5。

本书由沃尔沃建筑设备投资（中国）有限公司马秀成担任主审，提出了许多宝贵意见和建议，在此表示衷心感谢。

在编写过程中，参阅了大量最新的相关文献，在此，编者对原作者表示真诚的谢意。

本书配套电子课件，可赠送给用书的院校和老师，如果需要，可登陆 www.cipedu.com.cn 下载。

由于编者水平所限，书中疏漏之处在所难免，敬请广大读者提出宝贵意见。

编　者

目　录

模块 1 机械传动系统构造原理与维修

单元 1 机械传动系统总体构造认识

教学前言

1. 教学目标

① 能够知道工程机械传动系统的组成和功用。
② 能够知道传动系统的类型和特点。
② 能够正确分析典型工程机械的传动系统简图。

2. 教学要求

① 了解机械传动系统的功用和组成。
② 了解机械传动系统的动力传递路线。

3. 教学建议

以实验室现场教学为主，以教师讲解、学生自学等为辅，可以运用多媒体教学进行介绍或总结。

系统知识

1.1 传动系统的功用

工程机械的动力装置和驱动轮之间的传动部件总称为传动系统。

传动系统的功用是将动力装置的动力按需要传给驱动轮和其他操纵机构。下面以轮式机械的机械式传动系统（见图 1-1）为例，说明传动系统的功用。

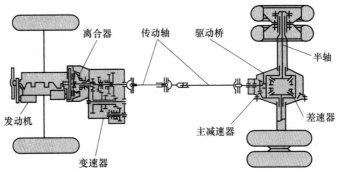

图 1-1 轮式机械的机械式传动系统简图

目前工程机械的动力装置大多数采用柴油机，也有以汽油机、电动机、燃气轮机作为动力装置的。

（1）减速增矩

　　工程机械之所以需要传动系统而不能把柴油机与驱动轮直接相连，是由于柴油机或汽油机的输出特性具有转矩小、转速高和转矩、转速变化范围小的特点，这与工程机械运行或作业时所需的大转矩、低速度以及转矩、转速变化范围大之间存在矛盾。传动系统的功用就是将发动机的动力按需要适当降低转速、增加转矩后传到驱动轮上，使之适应工程机械运行或作业的需要。

　　（2）变速变矩

　　工程机械使用条件（如负载大小、道路坡度及路面状况等）的变化范围很大，这就要求工程机械牵引力和速度应有足够的变化范围。为了使发动机能保持在有利转速范围（保证发动机功率较大而燃料消耗率较低的转速范围）内工作，而工程机械牵引力和速度又能在足够大的范围内变化，应使传动系统的传动比有足够大的变化范围。

　　工程机械以较高速度行驶时，可选用变速器中传动比较小的挡位；当重载作业、在路况较差的道路上行驶或爬越较大坡度的坡时，可选用变速器中传动比较大的挡位。

　　（3）实现工程机械倒驶

　　工程机械作业或进入停车场、车库时，常常需要倒退行驶。然而，发动机是不能反向旋转的，故传动系统必须保证在发动机旋转方向不变的情况下，能使驱动轮反向旋转，实现工程机械倒驶。一般的措施是在变速器内加设倒退挡。

　　（4）结合或切断动力

　　传动系统还应有按需要切断动力的功能，以满足发动机不能有载启动和作业中换挡时切断动力，以及实现机械前进与倒退的要求。

　　（5）差速作用

　　由于机械转弯，或道路不平，或左右轮胎气压不同等因素，将导致左右车轮在相同时间内所滚过的路程不相等，因此需要左右驱动轮能够根据不同情况，各以不同的转速旋转，实现只滚不滑的纯滚动，以避免轮胎被强制滑磨而降低寿命和效率。所以左右驱动轮不能装在同一根轴上，直接由主传动器来驱动，而应将轴分为左右两段（称半轴），并由一个能起差速作用的装置（称差速器），将两根半轴连接起来，再由主传动器来驱动。

1.2　传动系统的类型及组成

　　传动系统的类型有机械式、液力机械式、全液压式和电动轮式四种。在铲土运输机械中多数为机械式与液力机械式传动系统。近年来在挖掘机上采用全液压式传动系统较多。在大型工程机械上已出现由电动机直接装在车轮上的电动轮式传动系统。

　　机械式、液力机械式传动系统一般包括液力变矩器（机械式传动系统中没有）、离合器、变速箱、分动箱、万向传动装置、驱动桥、最终传动等部分，但并非所有传动系统都包括这些部分。分析不同机械的传动系统可知，传动系统的组成和布置形式取决于工程机械的总体构造形式及传动系统本身的构造形式等许多因素。

　　机械式或液力机械式传动系统中各部件的功用分述如下。

　　① 变矩器　通过液体传递柴油机的动力，并具有随工程机械作业工况的变化而自动改变转速和转矩，使之适合不同工况的需要，实现一定范围内的无级变速功能，使机械起步、运行更平稳，操作更简便，从而提高工作效率。

　　② 离合器　使工程机械在各种工况下切断柴油机与传动系统之间的动力联系，实现动力接合与分离的功能，以满足机械起步、换挡与发动机不熄火停车等需要。

　　③ 变速箱　通过变换排挡，改变发动机和驱动轮间的传动比，使机械的牵引力和行驶速度适应各种工况的需要；变速箱中还设有倒挡和空挡，以实现倒车及切断传动系统的动

力，使发动机在运转的情况下，机械能较长时间停止，便于发动机启动和动力输出。

④ 分动箱　将动力分配给前、后驱动桥。多数分动箱具有两个挡位，以便增加挡数和加大传动比，使之兼起变速箱的功能。

⑤ 万向传动装置　由于离合器（液力变矩器）、变速箱和前、后驱动桥各部件的输入与输出轴都不在同一平面内，而且有些轴的相对位置也非固定不变，所以需要能改变方位的万向节来连接，而不能用一般的联轴器来连接。万向传动装置的功用主要是用于两不同心轴或有一定夹角的轴间，以及工作中相对位置不断变化的两轴间传递动力。

⑥ 主传动器　通过一对锥齿轮把发动机的动力旋转方向转过90°，变为驱动轮的旋转方向，同时降低转速，增加转矩，以满足机械运行或作业的需要。

⑦ 差速器　将两根半轴连接起来，再由主传动器来驱动。主传动器、差速器和半轴装在一个共同的壳体中成为一个整体，称为驱动桥。

1.2.1　机械式传动系统

机械式传动系统多用于小型工程机械。图 1-1 所示为轮式机械的机械式传动系统简图，图 1-2 所示为履带式机械的机械式传动系统简图。

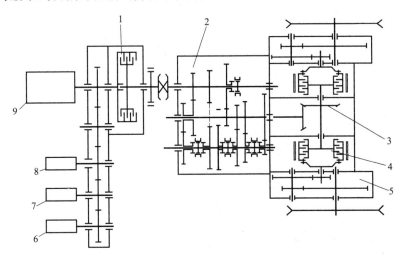

图 1-2　T180 推土机传动系统简图
1—主离合器；2—变速箱；3—中央传动；4—转向离合器；5—最终传动；6～8—油泵；9—发动机

机械式传动系统有如下优点：结构简单，工作可靠，价廉，传动效率高，可利用惯性作业等。

机械式传动系统的主要缺点如下。
① 当外阻力变化剧烈时易熄火。
② 换挡时动力中断时间长。
③ 机械循环作业时频繁换挡劳动强度大。
④ 传动系统零部件受到的冲击载荷大。
⑤ 机械变速箱挡位较多，结构复杂。

1.2.2　液力机械式传动系统

液力机械式传动系统越来越广泛地应用在工程机械上。图 1-3 所示为 ZLM50 型装载机传动系统简图。发动机将动力经液力变矩器及具有双行星排的动力换挡变速箱传给前、后驱动桥。

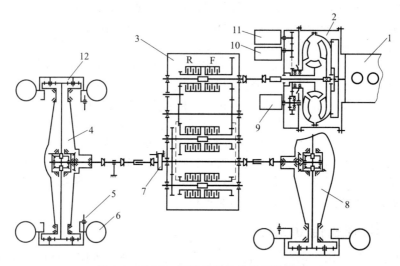

图 1-3　ZLM50 型装载机的传动系统简图

1—发动机；2—液力变矩器；3—动力换挡变速箱；4—前桥；5—钳盘式制动器；6—轮胎；7—停车制动器；
8—后桥；9—变速油泵；10—转向油泵；11—工作油泵；12—轮边减速器

液力机械式传动系统和机械式传动系统相比，其优点如下。

① 变速箱挡位少，动力换挡轻，简化结构。

② 发动机功率利用好，防熄火，换挡次数少，劳动强度低。

③ 传动系统振动小，机械零部件寿命长。

④ 机械可实现零起步，起步平稳。

液力机械式传动系统主要缺点如下。

① 结构复杂，制造、安装及维修相对困难。

② 价格高。

③ 当行驶阻力变化不大时，传动效率低，燃油消耗量大。

1.2.3　全液压式传动系统

全液压传动系统具有结构简单、布置方便、操纵轻便、工作效率高、容易改型换代等优点，近年来，在公路工程机械上应用广泛。全液压传动原理如图 1-4 所示。具有全液压式传动系统的挖掘机，目前已基本取代了机械式传动系统的挖掘机。

全液压式传动系统的优点如下。

① 无级变速，速度变化范围大，可实现微动。

② 系统元件少，布置方便，维护和操作简单。

③ 液压系统本身可实现制动。

全液压式传动系统的缺点：液压元件加工精度和密封要求高，寿命短，使用维护要求高。

1.2.4　电传动系统

工程机械中的电传动就是在传动系统中由发动机带动发电机，用发电机所发出的电能驱动电动机，再由电动机带动驱动轮行走。机电混合传动系统原理如图 1-5 所示。电传动有传动效率高、便于控制、便于布置、易于实现多轮驱动等优点。

电传动系统主要用于大功率履带挖掘机、装载机（电动铲）及重型载重车辆等机械中。

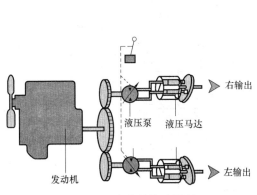

图 1-4 全液压传动原理

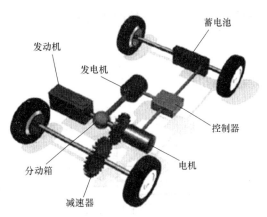

图 1-5 机电混合传动系统原理

1.3 典型的传动系统

工程机械由于其总体构造及传动系统构造形式不同，使传动系统的布置也不同。下面分别介绍几种典型传动系统的布置形式。

1.3.1 T220 履带推土机机械式传动系统

T220 履带推土机传动系统（见图 1-6）是履带底盘机械式传动系统的典型布置形式。柴油机 1 纵向布置，通过主离合器 2 与联轴器 3 将动力传给变速箱 4；变速箱是斜齿轮常啮合、啮合套换挡机械式变速箱，共有前进五个挡和倒退四个挡；变速箱输出轴和主传动器的主动锥齿轮做成一体，动力经过主传动器 5 的常啮合锥齿轮将旋转面转过 90°之后，经转向离合器 7、最终传动 8 传递给驱动链轮 9。

主传动器、转向离合器都装在同一壳体内，称为驱动桥。

另外，在柴油机与主离合器之间通过一组传动齿轮驱动工作装置油泵 P_1、主离合器油泵 P_2 以及转向油泵 P_3。

在变速箱输入轴后端也可将动力输出，这是用来驱动附件的动力输出处。

1.3.2 ZL50 型装载机液力机械式传动系统

液力机械式传动愈来愈广泛地用在工程机械上。目前，国产 ZL 系列装载机全部采用液力机械式传动系统。图 1-7 所示为 ZL50 型装载机传动系统简图。

1.3.3 全液压式传动系统

在工程机械传动系统的发展过程中，有一些机种（特别是挖掘机）逐渐采用了全液压式传动系统，这主要是由于它具有质量小、结构简单、操纵简便、工作效率高和容易改型等优点。

图 1-8 所示为德国 ABG 公司生产的 TITAN 355 型轮胎式摊铺机全液压式传动系统简图。动力由柴油机 1 通过齿轮传动驱动轴向柱塞泵 6 和 5，双联泵 3 与三联泵 2。泵 6 供给液压马达 13 压力油，经万向传动轴 10 与行星减速器 7 驱动后轮 8。油泵 6 有快、慢两挡变换阀，配合有四挡位减速器 11，可使机器在使用中选择最佳行驶速度，在减速器中设有差速锁。

无论是摊铺作业，还是工地转移，上述各挡都可无级变速。

前面介绍了三种典型传动系统，可使我们初步了解工程机械传动系统的主要特点。由于工程机械种类繁多，随着不同机种的作业不同，自然会使传动系统有一些不同点。限于篇幅，本书不可能进行更多的介绍，但在了解上述典型传动系统组成及各部件功能后，就不难分析其他机种传动系统的特点了。

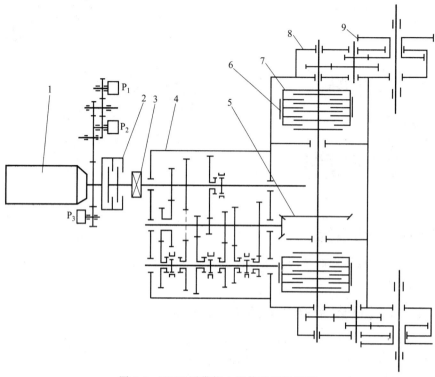

图 1-6　T220 履带推土机传动系统简图

1—柴油机；2—主离合器；3—联轴器；4—变速箱；5—主传动器；6—制动器；7—转向离合器；8—最终传动；9—驱动链轮

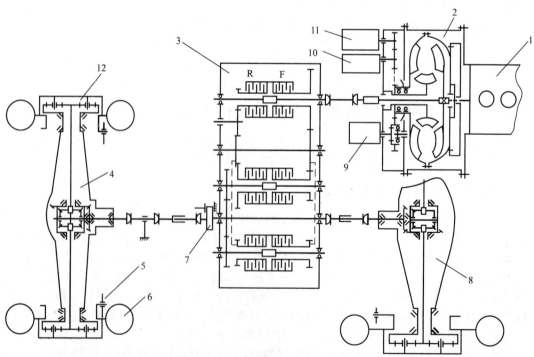

图 1-7　ZL50 型装载机传动系统简图

1—液力变矩器；2—超越离合器；3—动力换挡变速箱；4—主离合器；5—脱桥机构；6—传动轴；
7—紧急制动器；8—驱动桥；9—转向油泵；10—工作油泵；11—变速油泵；12—轮边减速器

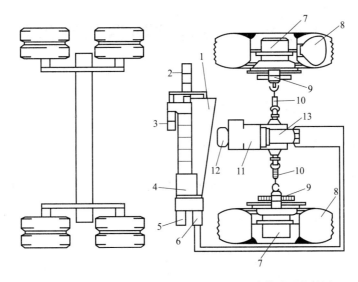

图 1-8　TITAN355 型轮胎式摊铺机全液压式传动系统简图

1—柴油机；2—供右刮板螺旋输送系统和转向用三联泵；3—供左刮板螺旋输送系统和转向用双联泵；4—油冷却器；

5—供振捣梁用的油泵；6—用于行驶的油泵；7—行星减速器；8—驱动轮；9—制动器；10—万向传动轴；

11—带差速锁的减速器；12—机械操作的蹄式停车制动器；13—液压马达

复习与思考题

一、填空题

1. 底盘按传动系统构造特点不同，可分为＿＿＿＿＿、＿＿＿＿＿、＿＿＿＿＿和电传动式四种类型。

2. 工程机械的＿＿＿＿＿和＿＿＿＿＿之间的所有传动部件总称为传动系统。

3. 主传动器的作用是＿＿＿＿＿和＿＿＿＿＿。

二、选择题

1. （　　）可以实现无级变速。

A. 机械式传动系统　B. 液力机械式传动系统　C. 全液压式传动系统　D. 电传动系统

2. （　　）可以实现机械传动系统的变速变矩作用。

A. 离合器　　　　　B. 变速器　　　　　C. 万向节　　　　　D. 主传动器

3. （　　）可以实现轮式工程机械左右两驱动轮以不同的转速旋转。

A. 离合器　　　　　B. 变速器　　　　　C. 万向节　　　　　D. 差速器

三、判断题

1. 机械式传动系统可使工程机械具有自动适应载荷变化的特性。　　　　　　　（　　）

2. 液力机械式传动系统比机械式传动系统传动柔和。　　　　　　　　　　　（　　）

3. 液力机械式传动系统的变速器挡位数可以减少，并且因采用动力换挡变速器，降低了驾驶员的劳动强度，简化了工程机械的操纵。　　　　　　　　　　　　　　（　　）

四、简答题

1. 简述传动系统的功用。

2. 轮式机械传动系统由哪些主要部件组成。

3. 液力机械式传动系统和机械式传动系统相比有哪些优点？

单元 2　主离合器构造与维修

教学前言

1. 教学目标

① 知道离合器的功用、分类和要求。
② 掌握摩擦离合器的基本组成和工作原理。
③ 掌握常合式摩擦主离合器和非常合式摩擦主离合器的构造及拆装和检修方法。
④ 掌握离合器常见故障现象、原因和排除方法。
⑤ 掌握离合器维护检查的内容和方法。

2. 教学要求

① 掌握摩擦离合器的基本组成和工作原理。
② 掌握常合式摩擦主离合器和非常合式摩擦主离合器的构造及拆装和检修方法。
③ 给出离合器的故障现象，能够运用所学的知识和技能排除故障。
④ 知道离合器检查与维护的内容和方法。

3. 教学建议

以实验室现场教学为主，以教师讲解、学生自学等为辅，可以运用多媒体教学进行介绍或总结。

系统知识

2.1　认识主离合器

2.1.1　主离合器的功用

主离合器是实现发动机动力传递"分离"与"接合"的部件，具体功用如下。
① 防止齿轮产生啮合冲击。
② 平稳起步。
③ 过载保护。
④ 使工程机械短时间驻车。

2.1.2　主离合器的工作原理

（1）基本组成
摩擦离合器由主动部分、从动部分、压紧机构和操纵机构四部分组成，如图 2-1 所示。
主动部分包括飞轮、离合器盖和压盘。离合器盖用螺栓固定在飞轮上，压盘后端圆周上的凸台伸入离合器盖的窗口中，并可沿窗口轴向移动。这样，当发动机转动时，动力便经飞轮、离合器盖传到压盘，并一起转动。
从动部分包括从动盘和从动轴。从动盘带有双面的摩擦衬片，离合器正常接合时分别与飞轮和压盘相接触；从动盘通过花键毂装在从动轴的花键上，从动轴是手动变速器的输入轴，其前端通过轴承支承在曲轴后端的中心孔中，后端支承在变速器壳体上。

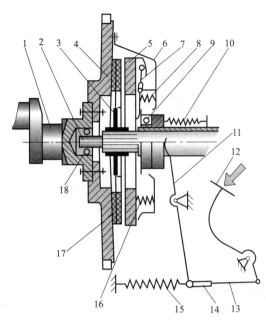

图 2-1　摩擦离合器的基本组成

1—曲轴；2—从动轴；3—从动盘；4—飞轮；5—压盘；6—离合器盖；7,13—分离杠杆；8,10,15—回位弹簧；
9—分离轴承和分离套筒；11—分离叉；12—离合器踏板；14—分离杠杆调节叉；
16—压紧弹簧；17—从动盘摩擦片；18—轴承

压紧机构由若干根沿圆周均匀布置的压紧弹簧组成，它们装在压盘和离合器盖之间，用来将压盘和从动盘压向飞轮，使飞轮、从动盘和压盘三者压紧在一起。

操纵机构包括离合器踏板、分离拉杆、调节叉、分离叉、分离套筒、分离轴承、分离杠杆、回位弹簧等。

（2）工作原理

① 接合状态　离合器在接合状态下，操纵机构各部件在回位弹簧的作用下回到图 2-1所示位置，分离杠杆内端与分离轴承之间保持有一定的间隙，压紧弹簧将飞轮、从动盘和压盘三者压紧在一起，发动机的转矩经过飞轮及压盘通过从动盘两摩擦面的摩擦作用传给从动盘，再由从动轴输入变速器。

② 分离过程　分离离合器时，驾驶员踩下离合器踏板，分离套筒和分离轴承在分离叉的推动下，先消除分离轴承与分离杠杆内端之间的间隙，然后推动分离杠杆内端前移，使分离杠杆外端带动压盘克服压紧弹簧作用力后移，摩擦作用消失，离合器的主、从动部分分离，中断动力传递。

③ 接合过程　接合离合器时，驾驶员缓慢抬起离合器踏板，在压紧弹簧的作用下，压盘向前移动并逐渐压紧从动盘，使接触面间的压力逐渐增加，摩擦力矩也逐渐增加；当飞轮、压盘和从动盘之间接合还不紧密时，所能传递的摩擦力矩较小，离合器的主、从动部分有转速差，离合器处于打滑状态；随着离合器踏板的逐渐抬起，飞轮、压盘和从动盘之间的压紧程度逐渐紧密，主、从动部分的转速也逐渐相等，直到离合器完全接合而停止打滑，接合过程结束。

（3）离合器自由间隙和离合器踏板自由行程

离合器在正常接合状态下，分离杠杆内端与分离轴承之间应留有一定的间隙，一般为几毫米，这个间隙称为离合器自由间隙。如果没有自由间隙，从动盘摩擦片磨损变薄后压盘将不能向前移动压紧从动盘，这将导致离合器打滑，使离合器所能传递的转矩下降，车辆行驶无力，而且会加速从动盘的磨损。

为了消除离合器的自由间隙和操纵机构零件的弹性变形所需要的离合器踏板的行程称为离合器踏板自由行程。可以通过拧动分离拉杆的长度对踏板自由行程进行调整。

2.1.3 主离合器的工作要求

根据主离合器的功用，它应满足下列主要要求。
① 能可靠传递发动机全部转矩。
② 分离迅速、彻底。
③ 接合平顺柔和，而且不需要完全依靠驾驶员的操作技能来实现这一点。
④ 从动部分的转动惯量要小，这样可以有效地减少换挡时换挡齿轮（或接合套）的冲击。
⑤ 散热良好，保证不致因发热造成离合器不能正常工作。
⑥ 操纵轻便。

2.1.4 主离合器的分类

主离合器的类型如下。
① 按照从动片的数目，主离合器可以分为单片、双片、多片等。
② 按照摩擦片工作条件，主离合器有干式和湿式。
③ 按照经常处于的状况来划分，有常合式、非常合式。
④ 按照离合器压紧方式，可以分为弹簧压紧和杠杆压紧。
⑤ 按照操纵机构形式，有人力操纵、液压助力和气动操纵。

2.2 常合式摩擦主离合器的构造

2.2.1 单片常合式摩擦离合器

图 2-2 所示为东风 EQ1090 型载货汽车用单片常合式摩擦离合器，它具有结构简单、分离彻底、散热性好、调整方便及尺寸紧凑等优点。

（1）摩擦副

离合器摩擦副包括飞轮、压盘和从动盘 4。为减小从动盘的转动惯量，减小变速器换挡时的冲击，从动盘一般用薄钢板制成，用铆钉与从动盘毂铆接。从动盘毂以花键和离合器输出轴连接。在从动盘两端面上，用铝制埋头铆钉固定模压石棉衬面，提高了摩擦副的摩擦因数和耐磨性。从动盘上有扭转减振器 5 以吸收冲击和振动。

（2）压紧与分离机构

为保证压盘具有足够的刚度并防止其受热后翘曲变形，压盘 8 为铸铁制成的具有一定厚度的圆盘，它通过四组弹性传动片 1 和离合器盖 9 相连接。传动片一端用铆钉铆接在离合器盖上，另一端用螺钉 2 紧固于压盘上。离合器盖以两个定位孔与飞轮对正后，用八个螺钉固定在飞轮上，通过传动片带动压盘随飞轮一起旋转。为保证离合器分离时的对中性及离合器工作的平稳性，四组传动片相隔 90°并沿圆周切向均匀分布。离合器分离时，弹性传动片发生弯曲变形，从而使压盘相对于离合器盖向右移动。压盘与离合器盖间采用这种传动片连接方式，具有结构简单、传动效率高、噪声小、接合平稳、压盘与离合器盖间不存在磨损等优点。在压盘右侧，沿圆周方向分布着十六个压紧弹簧 14，当离合器处于接合状态时，它将压盘、从动盘紧紧压在飞轮上。

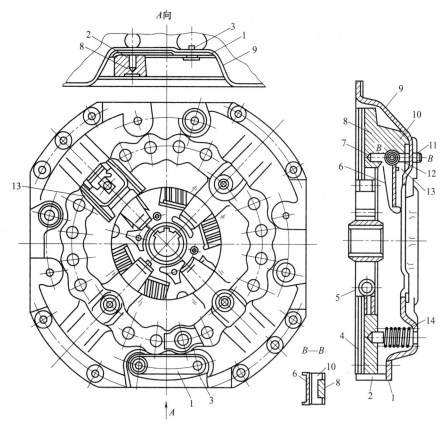

图 2-2 单片常合式摩擦离合器

1—传动片；2—螺钉；3—铆钉；4—从动盘；5—扭转减振器；6—分离杠杆；7—支承螺栓；8—压盘；
9—离合器盖；10—摆动支承片；11—调整螺母；12—浮动销；13—支承弹簧；14—压紧弹簧

四个用薄钢板冲压而成的分离杠杆 6，通过支承螺栓 7 及浮动销 12 支承在离合器盖上。支承螺栓的左端插入压盘相应的孔中。支承弹簧 13 使分离杠杆的中部通过浮动销紧靠在支承螺栓方形孔的左内侧面上。分离杠杆的外端通过摆动支承片 10 顶住压盘。离合器接合时，摆动支承片呈"凹"字形（见图 2-2 中的 B—B 剖视）。其平直的一边支承在分离杠杆外端的凹面处，两者保持完全接触，而其凹边则嵌入压盘的凸起部。离合器分离时，分离杠杆内端绕浮动销转动，外端则通过摆动支承片将压盘拉向右方。此时，一方面浮动销沿与支承螺栓方形孔的左内侧接触面向离合器中心滚动一个很小距离；另一方面，摆动支承片与压盘接触边向外倾斜，以消除运动间的干涉，并减小了摆动支承片与分离杠杆接触面间的滑动摩擦。这种结构因其工艺、结构简单，零件数目少，因而得到了广泛的应用。

离合器在分离和接合过程中，为保证压盘位置和飞轮外端面平行，防止因压盘歪斜而造成分离不彻底及起步时发生"颤抖"现象，可通过调整螺母 11 进行调整，使四个分离杠杆内端处于平行于飞轮端面的同一平面内。

离合器处于接合状态时，分离杠杆内端距分离轴承（图 2-2 中未画出）应保持 3～4mm 的间隙，此间隙称为离合器的自由间隙。保留离合器自由间隙的目的在于保证摩擦片在正常的磨损限量范围内仍能完全接合。自由间隙可通过调整螺母 11 进行调整。

由于离合器自由间隙的存在，驾驶员在踩下离合器踏板后，要先消除自由间隙，然后才能使离合器分离。这样离合器踏板行程就由两部分组成，对应自由间隙的踏板行程称为离合器踏板自由行程，消除自由间隙后，继续踩下离合器踏板，将会产生分离间隙，此过程所对应的踏板行程称为离合器踏板工作行程。离合器踏板自由行程的调整是通过调整踏板拉杆（图2-2中未画出）前端的螺母来实现的。

为保证发动机与离合器整体的动平衡，除应严格控制运动零件的质量外，在离合器盖的紧固螺栓（图2-2中未画出）上还装有平衡片，拆卸时应做上记号，恢复时要按原样装回。必要时，离合器连同发动机要进行动平衡复试，否则会破坏曲轴与飞轮的动平衡。使曲轴发生早期疲劳破坏。发动机若运转不平衡，会引起整个传动系统产生较大的振动与噪声。

2.2.2 双片常合式摩擦离合器

双片常合式摩擦离合器是在单片常合式摩擦离合器的基础上，增加一对摩擦副而形成的（见图2-3）。其摩擦副包括主动部分（飞轮5、压盘3）、中间主动盘4和从动部分（从动盘1和2等）。在分离与压紧机构中，为使两个从动盘与中间主动盘、压盘与飞轮外端面间彼此分离彻底，在中间主动盘的内端面圆周上，开有三个小凹坑，凹坑内分别安装了分离弹簧16，分离弹簧的内端顶住飞轮。为保证离合器分离时从动盘1不被中间主动盘和压盘夹住，在离合器盖13的外端面圆周上，装有三个限位螺钉15，这些螺钉从压盘圆周相应的孔中伸出，以限制中间主动盘的行程。限位螺钉前端面与中间主动盘外端面之间的间隙应适中，否则将夹住从动盘，使离合器分离不彻底，此间隙可通过调整限位螺钉来保证。

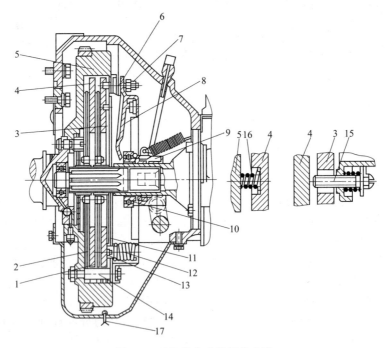

图 2-3 双片常合式摩擦离合器

1,2—从动盘；3—压盘；4—中间主动盘；5—飞轮；6—分离杠杆连接螺栓；7—调节螺母；
8—分离杠杆；9—分离套筒；10—分离轴承；11—隔热垫；12—压紧弹簧；13—离合器盖；
14—传动销；15—限位螺钉；16—分离弹簧；17—磁性开口销

2.3 非常合式摩擦主离合器的构造与原理

2.3.1 非常合式摩擦离合器的工作原理

非常合式摩擦离合器与常合式摩擦离合器相比，有两个明显的特点：第一，摩擦副的正压力是由杠杆系统施加的，故又称其为杠杆压紧式摩擦离合器；第二，驾驶员不操纵时，离合器既可处于接合状态，又可处于分离状态，便于驾驶员对其他部件进行操纵，这对工程机械操作是十分必要的。非常合式摩擦离合器的工作原理如图 2-4 所示。

摩擦副包括主动盘 3 和前、后从动盘 2、4。主动盘上的外花键和飞轮上的内花键相连，既可随飞轮一起旋转，又能做轴向移动。前从动盘用键和离合器轴 7 紧固连接，并利用前端螺母定位，防止其产生轴向移动。其轮毂的后端外圆上，分别铣有花键和螺纹。后从动盘通过内花键套装在轮毂的外花键上，而压紧机构则拧在轮毂的螺纹上。

压紧与分离机构包括十字架 5、加压杠杆 9、弹性推杆 8 等。当利用操纵杆使分离套 6 向左移动时，弹性推杆使加压杠杆向内收紧，加压杠杆的凸起处将后从动盘向左推移，直至将后压盘及主动盘与前从动盘压紧。当分离套移到图 2-4（b）所示位置（即处于中立位置）时，弹性推杆处于垂直状态。此时，作用在后从动盘上的压紧力达到最大，但位置是不稳定的，稍有振动，加压杠杆就有退回到分离位置的［见图 2-4（c）］的可能。为避免出现这种情况，应将分离套继续向左推移，让弹性推杆越过垂直位置，稍向后倾斜［见图 2-4（a）］。此时，尽管压紧力减小一些，但可以保证离合器稳定地处在接合位置。

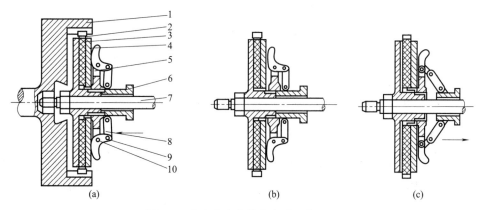

图 2-4 非常合式摩擦离合器工作原理
1—飞轮；2—前从动盘；3—主动盘；4—后从动盘；5—十字架；6—分离套；
7—离合器轴；8—弹性推杆；9—加压杠杆；10—杠杆销轴

2.3.2 多片湿式非常合摩擦离合器

干式摩擦离合器结构简单，分离彻底，但能传递的转矩较小，散热条件较差，并且在使用中必须经常保持摩擦面干燥、清洁。因此，干式离合器一般用于中小功率、以运输业为主的工程机械中。对于重型、大功率的工程机械，如重型履带推土机等，因所需传递的转矩较大，普遍采用多片湿式非常合摩擦离合器。多片湿式非常合摩擦离合器一般具有 2～4 个从动盘，其摩擦副浸在油液中。由于具有润滑剂的清洗、润滑和冷却作用，湿式离合器摩擦副的磨损小，寿命长，使用中无需进行调整。其摩擦片多用粉末冶金（一般为铜基粉末冶金）烧结而成，承压能力强，加之采用多片，故可传递较大的转矩。图 2-5 所示为国产 TY180 型推土机的多片湿式非常合摩擦离合器。

（1）摩擦副

在飞轮 5 的内齿圈上安装有带齿轮的主动盘 4 和压盘 6，它们可随飞轮一起旋转，也可做轴向移动。

离合器轴 1 前端的花键上装有从动毂 2，并靠轴承 26 支承在飞轮的中心孔内，从动毂的外齿圈上安装了三片从动盘 3。从动盘除轴向移动外，还可带动从动毂、离合器轴旋转。

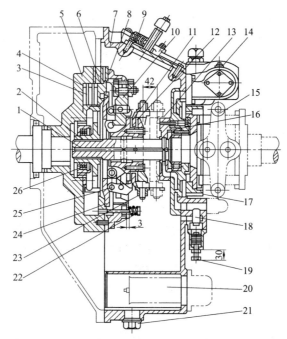

图 2-5　TY180 型推土机的多片湿式非常合摩擦离合器

1—离合器轴；2—从动毂；3—从动盘；4—主动盘；5—飞轮；6—压盘；7—离合器外壳；8—离合器盖；
9—制动杠杆上的弹簧；10—调整圈；11—压爪架；12—分离环；13—轴承盖；14—液压助力器；
15—十字架；16,26—轴承；17—制动带；18—安全阀；19—调整螺栓；20—滤油器；
21—磁性螺塞；22—复位弹簧；23—分离叉；24—压盘毂；25—压爪组件

从动盘（见图 2-6）由两片锰钢片 2 铆接而成，其外端面分别有一层烧结的铜基粉末冶金片 1。与石棉材料相比，用这种材料做成的摩擦片具有承受比压高、高温下耐磨性好、摩擦因数稳定、使用寿命长等优点，但其质量较大，成本较高。在粉末冶金片的外表面上开有螺旋形油槽，润滑油通过油槽对摩擦片进行润滑、冷却和清除杂质（磨屑）。两片锰钢片内侧圆周方向上均有四个碟形弹簧 3，保证离合器接合时柔和、平稳。

（2）压紧与分离机构

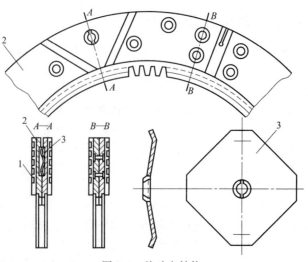

图 2-6　从动盘结构

1—铜基粉末冶金片；2—锰钢片；3—碟形弹簧

TY180 型推土机离合器的分离与接合动作是采用重块肘节式压紧与分离机构来完成的。这种结构是借助重块离心力自动促进离合器接合或分离的，其工作原理如图 2-7 所示。当离合器处于分离状态［见图 2-7（c）］时，压爪架 4 处于最右端，重块 7 的离心力通过连接片 2 对压爪架产生一个向右的推力，从而保证离合器处于稳定的分离状态。当压爪架在分离叉 6 作用下沿离合器轴 5 向左移至图 2-7（b）所示的位置时，小滚轮 3 对压盘毂 1 的压紧力达到最大，但此位置是不稳定的，要将压爪架再向左移到达图 2-7（a）所示位置。此时，重块的离心力对压爪架产生一个向左的推力，使离合器处于稳定的接合状态。

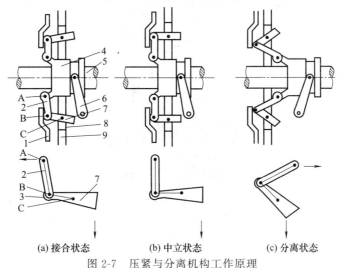

图 2-7　压紧与分离机构工作原理

1—压盘毂；2—连接片；3—小滚轮；4—压爪架；5—离合器轴；6—分离叉；7—重块；
8—调整圈；9—离合器盖；A,B,C—销子

上述压紧与分离机构的结构如图 2-8 所示。为便于离合器压紧与分离，在压盘 1 上装有压盘毂 3 及复位螺栓。复位螺栓右端借助复位弹簧 17 安装在离合盖上。当小滚轮 19 向左压紧压盘毂时，复位弹簧受压缩，离合器处于接合状态。

小滚轮由销子 B 与连接片 20 的重块 18 铰接在一起，连接片的内端通过销子铰接于压爪架 13 的耳块 8 上，重块则通过销子铰接于调整圈 16 上。具有外螺纹的调整圈安装在离合器盖上，转动调整圈时，调整圈就会相对于离合器盖做轴向移动，从而调整了小滚轮与压盘毂的间隙。压爪架的后端用螺钉 12 固定，装有后盖板 11，两者之间形成一环槽，分离环 10 就安装在带衬套 14 的环槽内。分离环通过两个对称的衬块与分离器分离叉相连。

（3）操纵机构

因 TY180 型推土机的功率大，离合器传递的转矩大，离合器摩擦副间所需的压紧力就很大，所以需要较大的离合器操纵力。为降低驾驶员的劳动强度，减小离合器的操纵力，在离合器操纵机构中设置了液压助力器。如图 2-9 所示，液压助力器是由滑阀 6、活塞 7、大小弹簧 5 及阀体 8 等主要零件组成的一个随动滑阀。

助力器的阀体 8 横装在离合器的后壳上方。阀体内的滑阀 6 的右端通过双臂杠杆 3 与驾驶室内的操纵杆（图 2-9 中未画出）相连。活塞 7 的左端经球座接头 9 并借助球头杠杆连接在分离叉轴 1 上。这样，驾驶员只需很小的力（约 60N 左右）拨动操纵杆，带动滑阀做微量的移动，就可借助压力油推动活塞左右移动，实现离合器的接合与分离。

当需要接合离合器时［见图 2-9（a）］，驾驶员拨动操纵杆，通过双臂杠杆 3 使滑阀克服弹簧 5 中大弹簧的压力而右移，导致滑阀中央的两个凸台将油口 D 和油口 B 堵死，压力油自进油腔油口进入左工作腔 F，推动活塞右移，带动分离叉轴摆动，使离合器趋于接合。与

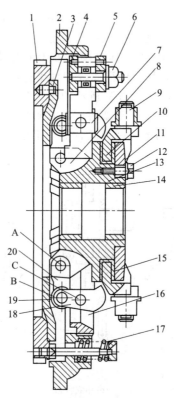

图 2-8　压紧与分离机构

1—压盘；2—离合器盖；3—压盘毂；4—内小夹板；5—外小夹板；6—锁紧螺母；7—小衬块；8—耳块；
9—分离叉衬块；10—分离环；11—压爪架后盖板；12—螺钉；13—压爪架；14—衬套；15—衬片；
16—调整圈；17—复位弹簧；18—重块；19—小滚轮；20—连接片；A、B、C—销子

此同时，右工作腔 R 内的油经油口 C 自回油腔 O 流出，形成低压油腔。

离合器完全接合后，驾驶员松开操纵杆，滑阀在小弹簧作用下左移，油口 B、D 同时开启。此时，阀体油腔 H、O 及工作腔 F、R 彼此连通，滑阀处于中立位置，作用于活塞上的力处于平衡状态，活塞静止不动，离合器处于稳定的接合状态。

离合器分离时［见图 2-9（b）］，在驾驶员的操纵下，滑阀克服弹簧 5 中大弹簧的压力左移，利用凸台将油口 A、C 堵死，压力油自进油腔 H 经油口 D 进入右工作腔 R，推动活塞左移，使离合器趋于分离。同时，左工作腔 F 经油口 A 与出油腔连通，形成低压油腔。当离合器完全分离后，操纵杆松开，滑阀在弹簧作用下右移，油口 A、B、C、D 全打开，滑阀处于中立位置，活塞两端油压处于平衡状态，活塞保持不动，离合器处于稳定的分离状态。

（4）小制动器

工程机械一般作业速度都较低，当离合器分离、变速器挂入空挡时，工程机械就会很快停下来。而此时离合器输出轴因惯性力矩作用，仍以较高的转速旋转，这就给换挡带来了困难，容易出现打齿现象或延迟换挡时间。为避免这种现象，特在离合器输出轴上设置了一个小制动器，当离合器分离时，可迫使离合器迅速停止转动。

TY180 型推土机在离合器轴上安装有带式小制动器，如图 2-10 所示。它主要由制动鼓（离合器轴 12）、制动带 13 及制动杠杆 6 等组成。装有摩擦片 14 的制动带左端固定在离合器壳上，另一端用螺钉与制动杆 11 连接，然后经制动杠杆等离合器的分离机构联动。制动鼓与离合器轴一起旋转。当离合器分离时，离合器操纵杆通过制动杠杆拉紧制动带，迫使离合器轴停止转动，以便于换挡。

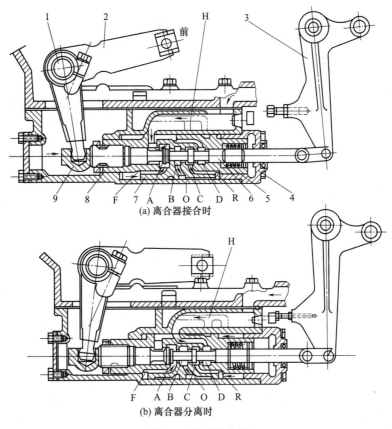

(a) 离合器接合时

(b) 离合器分离时

图 2-9 液压助力器

1—分离叉轴；2—分离叉；3—双臂杠杆；4—阀盖；5—大小弹簧；6—滑阀；7—活塞；
8—阀体；9—球座接头；A，B，C，D—油口；F，R—工作腔；H，O—油腔

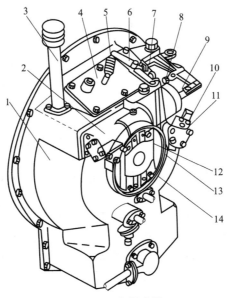

图 2-10 小制动器

1—离合器壳；2—液压助力器；3—加油管；4—检视口盖；5—制动杠杆弹簧；6，7—制动杠杆；8—助力器杠杆调整螺钉；
9—助力器滑阀；10—制动器调整螺钉；11—制动杆；12—离合器轴；13—制动带；14—制动带摩擦片

2.4 主离合器的常见故障及其原因分析

2.4.1 主离合器打滑

（1）故障现象及危害

若工程机械的阻力增大，速度明显降低，而发动机转速下降不多或发动机加速时机械行驶速度不能随之增高，则表明离合器有打滑现象。离合器打滑后，其传递的转矩及传动效率均降低，工程机械克服阻力的能力减小，使用性能变坏，起步困难。工程机械的行驶速度不能随发动机转速的迅速增大而加快，将加剧离合器摩擦片与压盘、飞轮摩擦表面的磨损，使其使用寿命缩短。经常打滑的离合器还会产生较多的热量烧伤压盘和摩擦片，使摩擦面的摩擦因数降低而加剧打滑现象，从而使摩擦片烧焦，引起离合器零件的变形，弹簧退火，润滑油黏度降低外流，造成轴承缺油而损坏等。

（2）主要原因分析

离合器打滑的根本原因是离合器所能传递的最大转矩小于发动机输出的转矩，而对于给定的离合器，其所能传递的转矩与自身零件的技术状况、压盘压力及摩擦因数有关。

① 压盘总压力减小的原因

a. 常合式离合器压盘总压力是由压紧弹簧产生的，其大小取决于压紧弹簧的刚度和工作长度。如果压紧弹簧的刚度减小或工作长度增加，则压盘的总压力减小。引起弹簧压紧力减小的原因包括：离合器摩擦片磨损变薄后，压盘的工作行程增加，使弹簧的工作长度增加，导致压盘压紧力减小；离合器长期工作或打滑产生的高温使压紧弹簧的刚度下降，导致压紧力不足；压紧弹簧长期承受交变载荷，使其疲劳而导致弹力、压紧力减小。

b. 非常合式离合器是由杠杆系统压紧的，其压紧力的大小取决于加压杠杆与压盘受力点距离的大小，该距离越大，压紧力越小；反之，压紧力越大。在使用过程中，由于摩擦面不断磨损，使主、从动摩擦盘间的距离越来越近，使加压杠杆与压盘受力点越来越远，导致压紧力减小，离合器打滑。

② 摩擦副摩擦力减小的原因

a. 离合器摩擦片在工作时与压盘或飞轮之间出现滑动摩擦，产生的高温易使摩擦片中的有机物质发生变质，从而导致摩擦副的摩擦因数下降，严重时可导致摩擦片龟裂，影响离合器的正常工作。

b. 摩擦片表面因长期使用而硬化，导致摩擦副的摩擦因数减小。

c. 摩擦片表面有油污或水时，摩擦因数将大大下降。

d. 当摩擦表面严重磨损时，非常合式主离合器将因分离间隙增大而使分离滑套工作行程减小，压紧力减小；常合式主离合器则因压紧弹簧伸长而使压紧力减小。当摩擦片磨损至铆钉外露时，摩擦力将因摩擦面接触不良而减小。

e. 摩擦盘翘曲变形后，离合器结合时摩擦面间接触不良，压力减小，传递转矩的能力下降。

（3）分析方法判断

a. 判断常合式离合器是否打滑：启动发动机，拉紧驻车制动器，挂上挡，慢慢抬起离合器踏板，徐徐加大节气门。若车身不动，发动机也不熄火，说明离合器打滑。

b. 判断非常合式离合器是否打滑：启动发动机，挂上 3 挡或 4 挡，接合离合器，工程机械行驶速度明显要慢；挂上 1 挡或 2 挡进行爬坡或作业，加大油门仍感到无力，但发动机不熄火，则说明离合器打滑。

总之，当工程机械阻力增大，车速明显减低，而发动机转速却下降不多时，即表明离合器打滑。

2.4.2　主离合器分离不彻底

（1）故障现象及危害

离合器分离不彻底表现为，离合器操纵杆或踏板处于分离状态时，主、从动盘未完全分开，仍有部分动力传递。发动机怠速运转时，离合器处于分离状态，挂挡困难，变速器齿轮有撞击声；挂挡后，不接合离合器，工程机械就行走或发动机熄火。

离合器分离不彻底将使变速器挂挡困难，齿轮撞击易损坏齿端；且将加速压盘及摩擦片摩擦表面的磨损，引起离合器发热使行车安全无保障。

（2）主要原因分析

离合器分离不彻底是由主动盘与从动盘未完全分离造成的，使发动机的动力仍能够传递给变速器输入轴。

① 常合式离合器分离不彻底的主要原因

a. 离合器踏板自由行程过大，即分离轴承与分离杠杆内端间的距离过大，在踏板行程一定时，踏板工作行程减小，使压盘分离时移动的距离减小，不能完全消除主、从动盘之间的压紧力，使离合器分离不彻底。

b. 主、从动盘翘曲变形，摩擦片松动。离合器分离时，若从动盘翘曲变形后仍与压盘保持接触，会导致离合器分离不彻底。

c. 分离杠杆调整不当。若分离杠杆内端高度不在同一平面内，会使压盘在离合器分离过程中发生歪斜，导致离合器局部分离不彻底。若分离杠杆内端调整过低，也会使压盘分离行程不足而使离合器分离不彻底。

d. 若离合器摩擦片过厚，在给定的压盘行程内没有足够的空间间隙，会导致离合器分离不彻底。

e. 分离弹簧失效。双片式离合器在飞轮与中间主动盘之间装有三个分离弹簧，以保证两从动盘与中间主动盘、压盘及飞轮外端面彼此分离。若分离弹簧折断、脱落或严重变形而使弹力减小，便会使离合器分离不彻底。

② 非常合式离合器分离不彻底的主要原因

a. 调整不当。调整非常合式离合器最大压紧力时，杠杆压紧机构的十字架旋入过多，使主、从动摩擦盘的分离间隙过小，导致离合器分离不彻底。

b. 板弹簧的影响。在离合器后盘上铆接有三组板弹簧，其作用是在离合器分离时，使主、从动摩擦盘产生分离间隙。如果铆钉松脱或板弹簧本身疲劳而使其弹力下降，会导致离合器分离不彻底。

c. 摩擦盘锈蚀。机械工程在潮湿的环境中停放过久，容易使离合器的摩擦盘产生锈蚀，导致主、从动摩擦盘之间的分离间隙减小而造成离合器分离不彻底。

（3）分析判断方法

判断离合器是否分离不彻底，可将变速杆放在空挡位置，使离合器处于分离状态，用螺钉旋具推动从动盘进行检查。若能轻轻推动，则说明离合器分离是彻底的；反之，则说明分离不彻底。

2.4.3　主离合器抖动

（1）故障现象及危害

离合器抖动表现为，当离合器按正常操作平缓地接合时，工程机械不是平滑地增加速度，而是间断起步甚至使工程机械产生抖动，并伴有机身抖动或工程机械前蹿现象，直至离合器完全接合。

离合器抖动时，既使驾驶员不舒适，又会使传动零件因冲击载荷而加速磨损。

（2）主要原因分析

离合器抖动的根本原因是主、从动盘间正压力分布不均匀，离合器接合时正压力不是逐渐、连续增加，使主离合器传递的转矩时而大于、时而小于工程机械的阻力矩，导致离合器轴断续传动而使离合器抖动。造成离合器抖动的具体原因如下。

① 非常合式离合器影响压臂压力大小的因素很多，如压臂、铰链销和孔磨损程度不同，修理、装配质量不同，以及耳簧弹力不同都将造成压盘各处的压紧力不同，压紧的先后时间也不一致，因而使压盘各处受力不均，甚至使压盘歪斜。主、从动盘接触不好，离合器在接合过程中传递的转矩不能平顺、逐渐地增加，易引起离合器抖动。

常合式离合器各弹簧技术指标不同或分离杠杆调整高度不一致时也会使压盘各处压力不均。

② 主、从动盘发生翘曲变形时，在离合器接合过程中，摩擦片会产生不规则接触，引起压力不能平顺增加。

③ 从动盘毂铆钉松动，从动盘钢片断裂，转动件动平衡不符合要求等，也会引起离合器抖动。

④ 操作不当，如节气门小，起步过猛，也会出现抖动。

2.4.4 主离合器有异响

（1）故障现象及危害

离合器异响是指离合器工作时发出不正常的响声。异响有连续摩擦声或撞击声，可能出现在离合器的分离或接合过程中，也可能出现在分离后或接合后。

离合器异响既使驾驶员不舒适，又会使工程机械工作时的可靠性降低。

（2）主要原因分析

离合器产生异常响声是由某些零件松动，出现不正常摩擦及撞击造成的。响声判断是一个比较复杂的问题，通常是根据响声产生的条件、发生的部位及出现的时机来分析判断其原因。经常出现的离合器异响有分离轴承响，主、从动盘响及其他响声。

① 分离轴承响 当离合器的分离轴承端面与分离杠杆接触时，听到"沙沙"的轻响，这是由于分离轴承缺油磨损或松旷而产生的。如果响声较大，且在离合器完全分离后发出"哗哗"声（甚至有凌乱的"嘎啦"声），则说明分离轴承损坏或因缺油而过度磨损。

② 从动盘响 在离合器刚一接合时发出"嘎啦"声，在离合器接近完全分离或怠速下节气门变化时发出轻度的"嘎啦"声，说明从动盘钢片与盘毂铆钉可能已松动，或从动盘与离合器轴（或离合器毂）花键松旷，在转速和转矩变化时产生零件间的撞击。

③ 主动盘响 常合式离合器的压盘及中压盘响，多因主动盘与传动销间配合松旷，在离合器分离或怠速转速变化时，主动盘产生周向摆动而发出"嘎啦"声。

④ 其他响声 常合式离合器分离杠杆调整不当，分离轴承复位弹簧失效或脱落，分离轴承转动不灵等，在离合器分离过程中都会使轴承端面与分离杠杆承压端面间产生摩擦声响，从动盘产生较大翘曲变形、歪斜时，在分离状态下离合器轴承转速低于主动盘转速而产生轻微响声。某些离合器的分离杠杆与窗口间、分离杠杆与销轴间的间隙过大时，在离合器刚一接合或完全接近分离时都会产生响声。非常合式离合器的分离套筒与离合器轴配合松旷，以及各杠杆铰链松旷时，在离合器接合过程中，松放圈会因分离套筒的摆动产生纵向振动而发响。工程机械起步产生的某些噪声也可能是从动盘钢片断裂、破碎所致。

2.5 主离合器的维修

2.5.1 主离合器的维护

（1）离合器的常规性维护

离合器应根据工程机械用户手册推荐的行驶里程，按离合器的维护项目及时进行维护。

使用过程中，为了避免离合器发生故障，分离应迅速、彻底，接合要平稳、缓慢、柔和；合理使用半联动，且一般应尽量少用，绝不允许使离合器处于半分离状态。按时润滑离合器的各润滑点，且润滑时注意不要使油进入离合器摩擦面，以免引起离合器打滑。

若干式离合器沾有油污而出现打滑时，应及时清洗。清洗前先旋下飞轮壳下部放油螺塞，放出积聚的废油，再启动发动机并使离合器处于分离状态，将汽油或煤油喷在摩擦片的工作表面。经过一定时间（2～3min），待油污被彻底清洗干净后，再旋紧放油螺塞。清洗后的离合器应按规定重新给润滑点注油。

对离合器进行一级维护时，应检查离合器踏板的自由行程。进行二级维护时，还要检查分离轴承复位弹簧的弹力，如有离合器打滑、分离不彻底、接合不平顺、分离时发响或抖动等现象，要对离合器进行拆检，必要时更换从动盘、中压盘、复位弹簧及分离轴承等。

（2）离合器的磨合

更换过摩擦片的离合器安装完成后，为使摩擦片磨损均匀，延长其使用寿命，一般可进行 20 次左右的原地起步。这种方法可将摩擦片的粗糙表面磨去，使离合器尽快进入正常的工作状态，避免超负荷状态下过度磨损，磨合后的离合器各部分间隙发生变化，故还需对踏板高度和自由行程进行检查与调整。

（3）蒸汽清洗后的离合器维护

维护车辆时，通常要对发动机、底盘等部件进行蒸汽清洗。离合器经蒸汽清洗后要进行维护，否则将使离合器锈蚀。维护方法是，使离合器打滑，即踩住制动踏板，用高速挡起步约 5～6s，利用摩擦产生的热量把离合器烘干。这样离合器就不会因为锈蚀而连在一起，延长了它的使用寿命。

2.5.2　离合器主要零件的检修

（1）主动盘的损伤与维修

主动盘包括压盘、中压盘及飞轮。主动盘为灰铸铁或球墨铸铁件，其主要损伤有摩擦表面磨损、划痕、烧伤、龟裂、摩擦平面翘曲不平、凸耳断裂、传动销与孔磨损及飞轮滚动轴承孔壁磨损等。

若主动盘表面的轻微划痕可以用肉眼观察到，可用纱布和磨石打磨；如有 0.5mm 以上的深沟纹、0.3mm 以上的不平度，则应精车或磨削表面。车磨时，注意使压盘两平面平行（平行度误差小于 0.1mm），加工量应尽可能小一些。表面粗糙度 Ra 值要小于 $1.6\mu m$。主动盘经多次车磨后，若其厚度小于原厚度的 10%，则应将其更换。

传动销与孔的配合间隙大于 1.5mm 时，应进行扩孔，换大直径传动销。滚动轴承与飞轮配合松动时，应电镀轴承外圈，滚动轴承的顶隙大于 0.5mm 时，应换用新轴承。若凸耳断裂，可用铸铁焊条进行气焊修复，但修复后应检查主动盘的平衡情况。

（2）从动盘的损伤与维修

从动盘一般由钢片、摩擦片和盘毂组成。从动盘的损伤有花键套键齿磨损，减振弹簧过软或折断，钢片与接合盘铆钉松动，钢片翘曲破裂，摩擦片有油污、磨损、烧蚀、硬化和破裂，以及铝铆钉松动等。

摩擦片表面油污可用汽油洗去。表面烧蚀和硬化可用磨刀、砂布和锉刀修整。当磨损严重以致铆钉头低于摩擦面不足 0.5mm，或表面严重烧蚀、破裂时，应换用新的摩擦片。

在摩擦片铆接前应对从动盘钢片进行检查修理，从动盘钢片翘曲变形时应进行冷压校正，要求半径 120～150mm 处的轴向圆跳动不超过 0.8mm。钢片与接合盘的铆接松动时，应换用新的低碳钢铆钉，并进行热铆。当花键齿磨损，致使齿侧间隙大于 0.8mm 时，应换用新件。

（3）压紧弹簧及其他零件的损伤与维修

压紧弹簧的损伤有自由长度变短、弹力减弱、弯曲变形、端面不平及疲劳断裂等。压紧弹簧的检验和更换可参照有关规定进行，一般当自由长度低于标准 $2\sim3mm$ 时，应进行更换。离合器所有压紧弹簧的技术状态应一致，压至同样长度时其压力差应不大于 10N。

非常合式离合器压爪的主要损伤是顶压圆弧部分磨损及销孔壁单边磨损。当圆弧部分磨损量超过 1mm 时，应用耐磨合金对圆弧部分进行堆焊，堆焊后用砂轮修磨成形。压爪销孔壁磨损，且配合间隙大于 0.04mm 时，可用钻铰压爪销孔、更换销轴的方法，也可用镶套的方法进行修复。销孔与销的标准配合间隙约为 0.016mm。离合器的几个压爪经修理后质量应相同，各压爪质量差一般不超过 15g，以避免在高速运转时引起振动。

离合器分离滑套内孔壁磨损大于 0.5mm 时，可按修理尺寸修磨孔壁，然后用镶套法或堆焊法修理轴颈，使其恢复正确配合。

2.5.3　主离合器的装配与调整

（1）离合器的装配

在装配离合器前，应仔细检查各摩擦表面的清洁程度，如有油污，应用汽油彻底清洗。分离杠杆等活动部位只需涂少量润滑油脂，以免溢到摩擦片上。从动盘的长短毂具有方向性，不允许装反。离合器盖与飞轮应对正标记安装，安装完成后应进行动平衡试验。各回转零件均尽量按原件、原位装回，以保证平衡。

（2）离合器的调整

① 常合式离合器的调整　包括分离间隙的调整和分离轴承空行程的调整。

常合式离合器分离间隙的大小取决于分离轴承的工作行程。当分离间隙不当时，一方面可调整分离杠杆，另一方面可调整离合器踏板与外摆臂间的连接长度。分离杠杆的调整原则是，要使各杠杆承压端与飞轮平面保持相同的规定距离，保证分离轴承能同时压紧和放开分离杠杆，避免分离行程不足或压盘分离后歪斜导致离合器分离不彻底和发生抖动。分离轴承空行程反映到离合器踏板的自由行程，若自由行程过小甚至消失时，会引起主离合器打滑。分离轴承空行程是指离合器处于接合状态时，分离杠杆承压端与分离轴承推力面间的距离。分离轴承空行程的调整可通过改变外摆臂与踏板间的连接长度来实现。

② 非常合式离合器的调整　包括操纵力的调整、操纵行程的调整及小制动器的调整。

调整操纵力的主要目的是保证离合器压盘有足够的正压力，以可靠地传递转矩。其具体调整方法为（以红旗 100 型推土机主离合器为例），首先使离合器处于分离状态，再把压爪支架的夹紧螺栓旋松，相对压盘转动压爪支架，压爪支架接近压盘时压力增大，反之则减小。边调边测试压力的大小。在正常情况下，施加在离合器操纵杆上的力为 $150\sim200N$，超过"死点"应发出特有的响声。

操纵行程是指操纵杆离合过程中，操纵杆或踏板上端移动的距离，这一移动距离直接反映了分离滑套的移动距离。如操纵行程不符合要求时，可通过改变离合器操纵杆与外摆臂间的距离进行调整。

为使离合器在分离时能迅速停转，以利于换挡，有些离合器还装有小制动器。小制动器的作用是，当离合器操纵杆处于分离极限位置时，离合器轴能在 $2\sim3s$ 内停止转动。当不符合上述要求时，可通过改变操纵杆总行程的大小来进行调整。

复习与思考题

一、填空题

1. 摩擦片式离合器基本上由_____、_____、_____和_____四部分组成。

2. 工程机械主离合器的压紧机构可分为_____和_____。

3. 弹簧压紧式主离合器平时处于接合状态，故又称为_____。

4. 常合式主离合器处于接合状态时，分离杠杆内端距分离轴承应保持约 3～4mm 的间隙，此间隙称为离合器的_____。

5. TY180 型推土机变速器的便利换挡机构是_____。

二、选择题

1. 对主离合器的主要要求是（　　　）。

A. 接合迅速，分离柔顺　　　　　　　　B. 接合柔顺，分离柔顺

C. 接合迅速，分离彻底　　　　　　　　D. 接合柔顺，分离彻底

2. 对于重型、大功率的工程机械，如重型履带推土机等，因所需传递的转矩较大，普遍采用（　　　）。

A. 多片湿式非常合摩擦离合器　　　　　B. 干式常合摩擦离合器

C. 单片干式常合摩擦离合器　　　　　　D. 双片干式常合摩擦离合器

3. 当机械工程阻力增大，速度明显降低，而发动机转速下降不多或发动机加速时机械行驶速度不能随之增大，即表明（　　　）。

A. 主离合器分离不彻底　　　　　　　　B. 主离合器打滑

C. 主离合器抖动　　　　　　　　　　　D. 主离合器异响

4. 当主离合器按正常操作平缓地接合时，工程机械不是平滑地增大速度，而是间断起步甚至使工程机械产生抖动现象，并伴有机身抖动或工程机械前蹿现象，直至离合器完全接合。这种现象称为（　　　）。

A. 主离合器分离不彻底　　　　　　　　B. 主离合器打滑

C. 主离合器抖动　　　　　　　　　　　D. 主离合器异响

5. 主离合器操纵杆或踏板处于分离状态时，主、从动盘未完全分开，仍有部分动力传递，这种现象称为（　　　）。

A. 主离合器分离不彻底　　　　　　　　B. 主离合器打滑

C. 主离合器抖动　　　　　　　　　　　D. 主离合器异响

6. 主离合器摩擦片磨损后，离合器踏板自由行程（　　　）。

A. 变大　　　　　　B. 变小　　　　　　C. 不变　　　　　　D. 不定

7. 关于主离合器功能，下列说法错误的是（　　　）。

A. 使发动机与传动系统逐渐接合，保证工程机械平稳起步

B. 暂时切断发动机的动力传动，保证变速器换挡顺利

C. 限制所传递的转矩，防止传动系统过载

D. 降速增矩

8. 关于主离合器打滑的原因，错误的说法是（　　　）。

A. 离合器踏板没有自由行程，使分离轴承压在分离杠杆上

B. 离合器踏板自由行程过大

C. 从动盘摩擦片、压盘或飞轮工作面磨损严重，离合器盖与飞轮的连接松动

D. 从动盘摩擦片有油污、烧蚀、表面硬化、铆钉外露或表面不平，使摩擦因数下降

9. 关于主离合器分离不彻底的原因，说法错误是（　　　）。

A. 离合器踏板自由行程过大

B. 分离杠杆调整不当，其内端不在同一平面内或内端高度太低

C. 新换的摩擦片太厚或从动盘正反装错

D. 压力弹簧疲劳或折断，膜片弹簧疲劳或开裂，使压紧力减小

10. 主离合器起步抖动的原因是（　　）。

A. 分离轴承套筒与导管油污、尘腻严重，使分离轴承不能回位

B. 从动盘或压盘翘曲变形，飞轮工作端面的轴向圆跳动严重

C. 分离轴承缺少润滑剂，造成干磨或轴承损坏

D. 新换的摩擦片太厚或从动盘正反装错

11. 主离合器分离或接合时发出不正常响声的原因是（　　）。

A. 分离轴承缺少润滑剂，造成干磨或轴承损坏

B. 从动盘或压盘翘曲变形，飞轮工作端面的轴向圆跳动严重

C. 膜片弹簧弹力减弱

D. 分离杠杆弯曲变形，出现运动干涉，不能回位

三、判断题

1. 湿式离合器比干式离合器散热性能好。　　　　　　　　　　　　　　（　　）

2. 主离合器摩擦片变形不是离合器打滑的原因之一。　　　　　　　　　（　　）

3. 主离合器摩擦片表面有油污是离合器打滑的原因之一。　　　　　　　（　　）

4. 主离合器工作时，分离应彻底，以保证平顺换挡；接合要柔顺，以保证工程机械起步及行驶平稳。　　　　　　　　　　　　　　　　　　　　　　　　　（　　）

5. 常合式主离合器踏板行程由两部分组成，对应自由间隙的是踏板工作行程，余下的踏板行程称为离合器踏板的自由行程。　　　　　　　　　　　　　　　　（　　）

6. 弹簧压紧式离合器平时处于接合状态，故又称为非常合式离合器。　　（　　）

7. 对于重型、大功率的工程机械，常采用多片湿式非常合摩擦离合器。　（　　）

8. 由于双片离合器有两个从动盘，所以在其他条件不变的情况下，它比单片离合器所能传递的转矩增大了。　　　　　　　　　　　　　　　　　　　　　　　（　　）

9. 如果离合器自由间隙过大，从动盘摩擦片磨损变薄后压盘将不能向前移动压紧从动盘，这将导致离合器打滑。　　　　　　　　　　　　　　　　　　　　　　（　　）

10. 离合器旋转部分的平衡性要好，且从动部分的转动惯量要小。　　　（　　）

11. 离合器踏板自由行程过大，使分离轴承压在分离杠杆上，造成主离合器打滑。　　　　　　　　　　　　　　　　　　　　　　　　　　　　　　　　　（　　）

12. 从动盘摩擦片、压盘或飞轮工作面磨损严重，离合器盖与飞轮的连接松动，使压紧力减小，造成离合器打滑。　　　　　　　　　　　　　　　　　　　　　（　　）

13. 主离合器液压操纵机构漏油、有空气或油量不足，会造成主离合器分离不彻底。　　　　　　　　　　　　　　　　　　　　　　　　　　　　　　　　　（　　）

14. 从动盘或压盘翘曲变形，飞轮工作端面的轴向圆跳动严重会造成起步抖动。（　　）

四、简答题

1. 主离合器的作用有哪些？

2. 什么是离合器的自由间隙？自由间隙的作用是什么？

3. 根据图 2-1 回答下列问题：

（1）说明摩擦离合器的三大组成部分，以及它们各自的组成；

（2）简述离合器的工作过程。

4. 主离合器打滑的主要故障及原因是什么？

5. 简述主离合器常见的故障原因。

单元 3　手动挡变速器构造与维修

教学前言

1. 教学目标

① 能够知道变速器的功用和分类。
② 掌握普通齿轮传动的基本原理。
③ 知道机械换挡变速器的构造。
④ 掌握换挡锁止装置的结构、原理。
⑤ 知道工程机械机械换挡变速器的拆装、检修方法。
⑥ 知道工程机械机械换挡变速器操纵机构的拆装、检修方法。

2. 教学要求

① 能够知道变速器的功用和分类。
② 知道工程机械机械换挡变速器的拆装、检修方法。
③ 知道工程机械机械换挡变速器操纵机构的拆装、检修方法。

3. 教学建议

采用现场教学并结合多媒体、录像等方式，注重启发学生能够举一反三，最后教师总结。

系统知识

3.1　认识手动变速器

工程机械的实际使用情况非常复杂，其负载大小、道路坡度、路面状况等都在很大范围内变化，这就要求工程机械在各种工况下牵引力和行驶速度能在相当大的范围内变化，而目前广泛采用的发动机输出转矩和转速变化范围比较小，因此在传动系统中设置变速器来解决这种矛盾。变速器的设置可以使机械传动系统实现有级变速，在良好道路上欲使工程机械以较高速度行驶时，可选用变速器中高速挡；当重载作业或在艰难道路上行驶、爬较大斜坡时，则可以选用低速挡。

3.1.1　变速器的功能和要求

（1）变速器的功能

① 变速变矩，即改变发动机和驱动轮间的传动比，使机械的牵引力和行驶速度适应各种工况的需要，而且使发动机尽量工作在有利（功率较高且油耗较低）的工况下。

② 实现倒车，在发动机旋转方向不变的前提下，使工程机械能够实现倒车。

③ 实现空挡，可切断传动系统的动力，实现在发动机运转情况下，机械能较长时间停止，满足发动机启动和动力输出的需要。

（2）对变速器的要求

① 具有足够的挡位与合适的传动比，以满足使用要求，使机械具有良好的牵引性和燃料经济性以及高的生产率。

② 工作可靠、传动效率高、使用寿命长、结构简单、维修方便。

③ 操纵轻便可靠，不允许出现同时挂两个挡、自动脱挡和跳挡等现象。

④ 对于动力换挡变速箱则还要求换挡离合器接合平稳、传动效率高。

3.1.2 变速器的工作原理

工程机械上的变速器其变速传动机构和操作机构的结构都比较复杂，且不同厂商生产的变速器实现方式各不相同，但其基本传动原理都是一样的。

普通齿轮式变速器是利用不同齿数的齿轮啮合传动实现转速和转矩的改变。在一对齿轮逐齿啮合传动中，相同时间内两个齿轮参加啮合的齿数必定相等，因此传动比 $i_{12}=n_1/n_2=z_2/z_1$，即传动比为输入轴转速与输出轴转速之比或被动齿轮齿数与主动齿轮齿数之比。如果是多级齿轮组成的传动系统，其传动比为被动齿轮齿数的连乘积与主动齿轮齿数的连乘积之比，故 $i=i_1i_2i_3\cdots i_n$。在齿轮传动中，所传递的转矩随着传动比的加大而提高，而转速则随着传动比的加大而降低。变速器工作时，利用齿数不同的齿轮啮合传动，来改变其传动比，从而达到变速和变矩的目的，这就是变速器工作的基本原理。改变齿轮传动的对数或改变行星齿轮的约束元件即可实现倒挡。

为了更好地理解变速箱的工作原理，先来看一个两挡变速箱的简单模型，看看各部分之间是如何配合的。

当换挡拨叉处于中间位置即轴环与上部齿轮没有接合时（见图3-1），动力不传给从动轴，此时为空挡。当换挡拨叉处于左面即轴环与上部大齿轮接合（见图3-2），动力经主、从动齿轮传给从动轴，此时为1挡。同理，当换挡拨叉处于右面即轴环与上部小齿轮接合，此时为2挡。

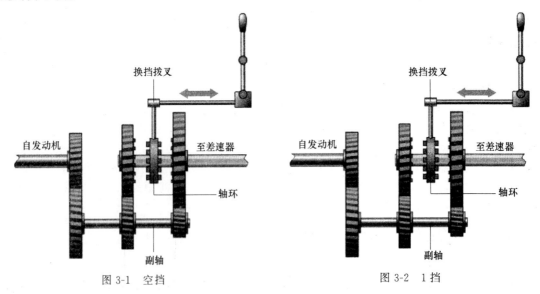

图 3-1 空挡   图 3-2 1挡

要使工程机械后退，只需要改变从动轴的旋转方向（见图3-3）。倒退挡为两个齿轮一次啮合［见图3-3（a）］，如主动轴顺时针旋转，则从动轴逆时针旋转。前进挡为三个齿轮两次啮合［见图3-3（b）］，主动轴顺时针旋转，从动轴也顺时针旋转。

动力换挡变速器通常与变矩器配合使用，可在不切断动力的条件下进行换挡，因此可以使操作简便省力，减轻操纵人员的劳动强度，减少停车、起步次数，有利于发动机和传动系统的过载保护，提高工作效率。

目前工程机械常用的变速器有滑动齿轮机械换挡变速器、啮合套机械换挡变速器、滑动

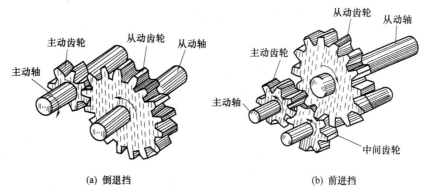

(a) 倒退挡　　　　　　　　　　　　　　(b) 前进挡

图 3-3　倒退挡与前进挡工作原理

齿轮和啮合套组合式机械换挡变速器、直齿轮（或斜齿轮）常啮合机械换挡变速器及行星齿轮动力换挡变速器等几种。

3.1.3　变速器的类型

（1）按传动比的变化方式分

按传动比的变化方式不同，变速器可分为有级式、无级式和综合式三种。

① 有级式变速器　有几个可选择的固定传动比，采用齿轮传动。这种变速器又可分为齿轮轴线固定的普通齿轮变速器和部分齿轮轴线旋转的行星齿轮变速器两种。目前，汽车及小型工程机械变速器的传动比通常有 3～5 个挡，在重型货车及大中型工程机械上用的变速器中，则有更多挡位。

② 无级式变速器　传动比可以在一定范围内连续变化的变速器。按变速的实现方式，又可分为液力变矩式无级变速器、机械式无级变速器和电力式无级变速器。电力式无极变速器的变速传动部件为直流串励电动机，液力式无级变速器的传动部件是液力变矩器。

③ 综合式变速器　由有级式变速器和无级式变速器共同组成，其传动比可以在最大值与最小值之间几个分段的范围内作无级变化。目前在重型汽车和工程机械上应用较多。

（2）按变速箱轴数分

按前进挡时参加传动的轴数不同，可分为两轴式、平面三轴式、空间三轴式与多轴式等不同类型。

（3）按操纵方式分

① 机械换挡变速器　通过操纵机构来拨动齿轮或啮合套进行换挡。其工作原理如图 3-4 所示。

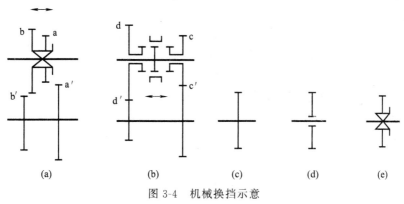

(a)　　　　　(b)　　　　　(c)　　　　　(d)　　　　　(e)

图 3-4　机械换挡示意

在变速箱中齿轮与轴的连接情况有如下几种。

如图 3-4 (a) 所示，双联滑动齿轮 a、b 用花键与轴连接，拨动齿轮使齿轮副 a-a′或 b-b′相啮合，从而改变了传动比，即换挡。

如图 3-4 (b) 所示，齿轮 c′、d′与轴固连；齿轮 c、d 分别与齿轮 c′、d′为常啮合齿轮副。但因齿轮 c、d 用轴承装在轴上，属空转连接，不传递动力。啮合套与轴固连，通过拨动啮合套上的齿圈分别与齿轮 c (或 d) 端部的外齿圈啮合，将齿轮 c (或 d) 与轴固连，从而实现换挡。

图 3-4 (c) 为固定连接，表示齿轮与轴为固定连接。一般用键或花键连接在轴上，并轴向定位，不能轴向移动。

图 3-4 (d) 为空转连接，表示齿轮通过轴承装在轴上，可相对轴转动，但不能轴向移动。

图 3-4 (e) 为滑动连接，表示齿轮通过花键与轴连接，可轴向移动，但不能相对轴转动。

② 动力换挡变速器　动力换挡示意如图 3-5 所示，齿轮 a、b 用轴承支承在轴上，与轴空转连接。通过相应的换挡离合器，分别将不同挡位的齿轮与轴固连，从而实现换挡。

换挡离合器的分离与接合一般是液压操纵；液压油由发动机带动的油泵供给，可见换挡的动力是由发动机提供的；另外，与机械换挡相比，用离合器换挡时，切断动力的时间很短，似乎换挡时没有切断动力，故有动力换挡之称。

动力换挡操纵轻便，换挡快；换挡时切断动力的时间很短，可以实现带负荷不停车换挡，对提高生产率很有利。

由于工程机械的工况复杂，换挡频繁，急需改善换挡操作条件。因此，虽然动力换挡变速箱结构较复杂，传动效率较低，但它在工程机械上的应用仍日益广泛。

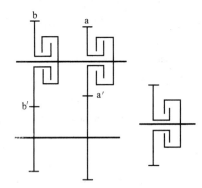

图 3-5　动力换挡示意

（4）按轮系形式分

① 定轴式变速器　变速器中所有齿轮都有固定的回转轴线。定轴式变速器的结构比行星式变速器结构简单，可用机械换挡，也可用动力换挡。

② 行星式变速器　变速器中有行星齿轮的轴线在空间旋转。在运动时它一边绕自身轴线自转，同时也随自身轴线在空间绕公共轴线公转，因此这类变速器称为行星齿轮变速器。这类变速器结构复杂，只有通过动力换挡一种方式进行操纵。

定轴式变速器和行星式变速器在工程机械上均有较为广泛的应用。

（5）按变速器轴数分

按前进挡时参加传动的轴数不同，变速器可分为二轴式、平面三轴式、空间三轴式与多轴式等不同类型。

3.2　机械换挡变速器的构造

机械换挡变速器包括变速传动机构和变速操纵机构等部分。

3.2.1　变速传动机构

变速传动机构是变速器的主体部分，主要由一系列相互啮合的齿轮副及其支承轴以及作为基础的壳体组成，其主要作用是改变传动比和旋转方向。

（1）平面三轴式变速器

这类变速器的特点是输入轴 1 与输出轴 5 布置在同一轴线上，可以获得直接挡，由于输入轴 1、输出轴 5 和中间轴 7 处在同一平面内，故称为平面三轴式变速器。图 3-6 所示为平面三轴五挡变速器。

此变速器有五个前进挡和一个倒挡。换挡元件可以布置在变速器上部的轴上，控制机构简单；三根轴只有两对箱孔，箱体制造简单；多数挡位从输入到输出只有两对齿轮传动，传动效率高。输出轴支承在输入轴的齿轮内部，刚度差，内部轴承工作条件较差；难以获得多个倒挡。此类变速器多用于倒退不太频繁的机械（如汽车），以及液压驱动的传动系统（其后退一般利用液压马达的反转来实现，变速箱不需要布置倒挡，如稳定土拌和机）。

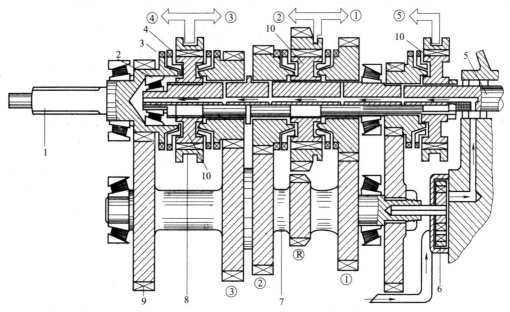

图 3-6　平面三轴五挡变速器

1—输入轴；2—轴承；3—接合齿圈；4—同步环；5—输出轴；6—油泵；7—中间轴；8—接合套；
9—中间轴常啮合齿轮；10—花键毂

（2）空间三轴式（组合式）变速器

以 T220 型推土机变速器为例，其结构如图 3-7 所示。它是由箱体、齿轮、轴和轴承等零件组成的，具有五个前进挡和四个倒挡，采用啮合套换挡的空间三轴式变速器。T220 型推土机变速器共有三根轴：输入轴、中间轴和输出轴。这三根轴呈空间三角形布置，以保证各挡齿轮副的传动关系。

中间轴 31：前进挡从动齿轮 38、倒挡从动齿轮 37 和 1、2、3、4 挡主动齿轮 29、32、34、36 都通过双金属滑动轴承支承在轴的花键套上，轴上还有三个啮合套。

输出轴 25：输出轴和主动螺旋锥齿轮制成一体，1、2、3、4、5 挡从动齿轮 26、21、

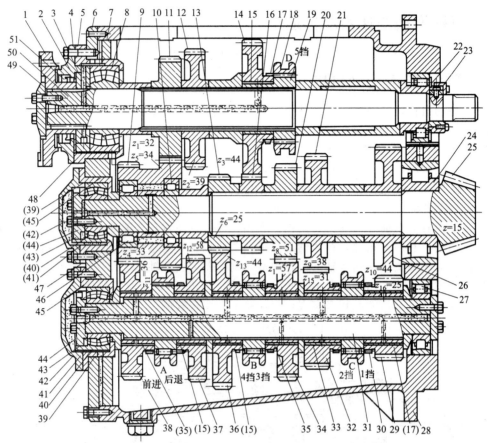

图 3-7　T220 型推土机变速器

1—万向接盘；2—挡板；3,7,39,41,43,48—密封圈；4—轴承压盘；5,45—轴承座；6—前盖；8,40—双列球面滚柱轴承；9—双联齿轮；10,22,24,27,46—滚柱轴承；11—前进挡主动齿轮；12—倒挡主动齿轮；13—四挡从动齿轮；14—五挡主动齿轮；15,30,33,35—花键套；16—五挡从动齿轮；17—双金属滑动轴承；18—啮合套；19—啮合套毂；20—三挡从动齿轮；21—二挡从动齿轮；23—定位螺母；25—主动螺旋锥齿轮；26—一挡从动齿轮；28—箱体；29—一挡主动齿轮；31—中间轴；32—二挡主动齿轮；34—三挡主动齿轮；36—四挡主动齿轮；37—倒挡从动齿轮；38—前进挡从动齿轮；42—轴承盖；44—挡油盖；47—调整垫片；49—固定板；50—输入油；51—油封

20、13、16 通过花键毂装在轴上，前进挡双联齿轮 9 通过两个轴承装在轴上，该轴的轴向位置可用调整垫片 47 来进行调整，以保证主传动的螺旋锥齿轮的正确啮合。

从变速器传动的特点来看，T220 型推土机变速器属于组合式变速器，其传动部分由换向和变速两部分组成。换向部分工作原理如下：当操纵机构的换向杆推到前进挡位置时，即拨动中间轴上的啮合套 A 左移与前进从动齿轮 z_{11} 啮合，这时动力由前进一挡 z_1 经输出轴上齿轮 z_5、z_4 传至中间轴上齿轮 z_{11}。

T220 型推土机变速器传动路线如图 3-8 和表 3-1 所示。

3.2.2　变速操纵机构

变速操纵机构包括换挡机构与锁止装置，如图 3-9 所示，其功能是保证按需要顺利可靠地进行换挡。

对变速操纵机构的要求一般是：保证工作齿轮正常啮合；不能同时换入两个挡；不能自动脱挡；在离合器接合时不能换挡；要有防止误换到最高挡或倒挡的保险装置。对于每一种机械的变速操纵机构，应根据不同的作业和行驶条件来决定对它的要求。

（1）换挡机构

表 3-1　T220 型推土机动力传递顺序

挡位		啮合套移向	传力路线	速比
前进挡	1	A 左移、C 右移	$I \rightarrow z_1 \rightarrow z_5 \rightarrow z_4 \rightarrow z_{11} \rightarrow III \rightarrow z_{16} \rightarrow z_{10} \rightarrow II$	$(z_5/z_1)(z_{11}/z_4)(z_{10}/z_{16})$
	2	A 左移、C 左移	$I \rightarrow z_1 \rightarrow z_5 \rightarrow z_4 \rightarrow z_{11} \rightarrow III \rightarrow z_{15} \rightarrow z_9 \rightarrow II$	$(z_5/z_1)(z_{11}/z_4)(z_9/z_{15})$
	3	A 左移、B 右移	$I \rightarrow z_1 \rightarrow z_5 \rightarrow z_4 \rightarrow z_{11} \rightarrow III \rightarrow z_{14} \rightarrow z_8 \rightarrow II$	$(z_5/z_1)(z_{11}/z_4)(z_8/z_{14})$
	4	A 左移、B 左移	$I \rightarrow z_1 \rightarrow z_5 \rightarrow z_4 \rightarrow z_{11} \rightarrow III \rightarrow z_{13} \rightarrow z_6 \rightarrow II$	$(z_5/z_1)(z_{11}/z_4)(z_6/z_{13})$
	5	D 右移	$I \rightarrow z_3 \rightarrow z_7 \rightarrow II$	(z_7/z_3)
倒退挡	1	A 右移、C 右移	$I \rightarrow z_2 \rightarrow z_{12} \rightarrow III \rightarrow z_{16} \rightarrow z_{10} \rightarrow II$	$(z_{12}/z_2)(z_{10}/z_{16})$
	2	A 右移、C 左移	$I \rightarrow z_2 \rightarrow z_{12} \rightarrow III \rightarrow z_{15} \rightarrow z_9 \rightarrow II$	$(z_{12}/z_2)(z_9/z_{15})$
	3	A 右移、B 右移	$I \rightarrow z_2 \rightarrow z_{12} \rightarrow III \rightarrow z_{14} \rightarrow z_8 \rightarrow II$	$(z_{12}/z_2)(z_8/z_{14})$
	4	A 右移、B 左移	$I \rightarrow z_2 \rightarrow z_{12} \rightarrow III \rightarrow z_{13} \rightarrow z_6 \rightarrow II$	$(z_{12}/z_2)(z_6/z_{13})$

图 3-8　传动路线简图

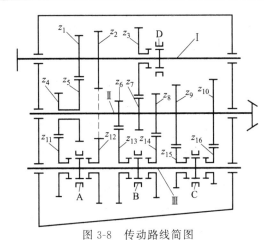

(a)　　　　　　　　　(b)

图 3-9　变速操纵机构

1—变速杆；2—球头；3—导向框板；4—换向滑杆凹槽；5—锁定销；
6—换向滑杆；7—拨叉；8—滑动齿轮；9—变速器轴

　　换挡机构主要由变速杆 1、换向滑杆 6、拨叉 7 等组成。变速杆用球头支承在支座内，由弹簧将球头压紧在支座内；球头受销子限制不能随意旋转，以防止变速杆转动。换向滑杆上有 V 形槽可由锁定销锁定在某一位置上；换向滑杆端有凹槽，变速杆下端可插入其中进行操纵。换挡时，操纵变速杆通过换向滑杆拨动滑动齿轮以实现换挡。每根滑杆可以控制两个不同挡位，根据挡位的数目确定滑杆数目。

（2）锁止装置

对变速操纵机构的要求，主要由锁止装置来实现。锁止装置一般包括锁定机构、互锁机构、联锁机构以及防止误换到最高挡或倒挡的保险装置。

① 锁定机构（自锁机构） 用来保证变速器内各齿轮处在正确的工作位置，在工作中不会自动脱挡。图 3-10 所示为东风汽车自锁和互锁装置，挂挡后应保证接合套与接合齿圈全部套合（或滑动齿轮换挡时，全齿长都进入啮合），在振动等影响下，操纵机构应保证变速器不自行挂挡或脱挡。换挡拨叉轴上方有三凹坑，上面有被弹簧压紧的钢珠。当拨叉轴位置处于空挡或某一挡位置时，钢珠压在凹坑内，起到了自锁的作用。

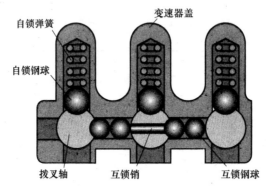

图 3-10　东风 EQ1090E 型汽车变速器自锁和互锁装置

② 互锁机构 用来防止同时拨动两根滑杆而同时换上两个挡位。常用的互锁机构有框板式和摆架式。框板式互锁机构是一块具有"王"字形导槽的铁板，每条导槽对准一根滑杆，由于变速杆下端只能在导槽中移动，从而保证了不会同时拨动两根滑杆，也就不会同时换上两个挡。图 3-11 所示为框板式互锁机构。图 3-12 所示为摆架式互锁机构，一个可以摆动的铁架，用轴销悬挂在操纵机构壳体内。变速杆下端置于摆架中间，可以做纵向运动。摆架两侧有卡铁 4 和 5，当变速杆 1 下端在摆架 2 中间运动而拨动某一根滑杆 3 时，卡铁 4 和 5 则卡在相邻两根

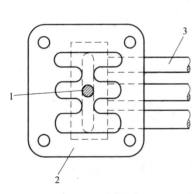

图 3-11　框板式互锁机构

1—变速杆；2—导向框板；3—滑杆

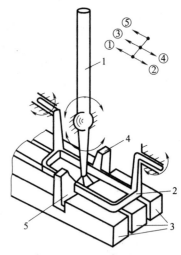

图 3-12　摆架式互锁机构

1—变速杆；2—摆架；3—滑杆；4,5—卡铁

滑杆 3 的拨槽中，因而防止了相邻滑杆也被同时拨动，故不会同时换上两个挡。

③ 联锁机构　用来防止离合器未彻底分离时换挡。在离合器踏板 4（或操纵杆）上用拉杆 3 连接着摆动杆 1，摆动杆 1 固定在可以转动的联锁轴 2 上。联锁轴 2 上沿轴向制有槽 8，当离合器踏板完全踩下，也就是离合器分离时，通过拉杆 3 推动联锁轴 2，使其上的槽 8 正好对准锁定销 5 的上端。此时锁定销 5 才可能被顶起，滑杆 6 才可能被拨动，实现换挡，如图 3-13 所示。

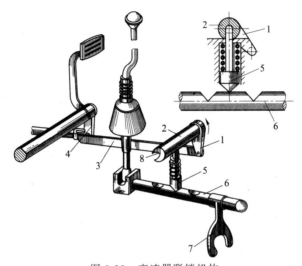

图 3-13　变速器联锁机构

1—摆动杆；2—联锁轴；3—拉杆；4—离合器踏板；5—锁定销；6—滑杆；7—拨叉；8—槽

3.3　机械换挡变速器的维修

3.3.1　机械换挡变速器的维护

（1）变速器的正确使用

① 变速器挡位的正确操作　变速器承担着变速增矩的作用，在使用过程中，应根据车速、路况以及负荷大小，及时变换挡位。换挡时一般应逐级进行，尽量使换入的挡位与车速相适应，避免越级换挡。除行车制动器突然失效或道路情况不宜使用制动器等情况外，严禁在车速较高时由高速挡位强行换入低速挡位。

变换挡位时，应将离合器踏板踩到底，严禁不踩离合器踏板；不得硬推、强拉变速器操纵杆；变速器操纵杆要切实推拉到位，使齿轮完全啮合，以免损坏齿轮或自动跳挡。由前进变为倒车，或由倒车变为前进时，必须在停车状态下进行挡位变换。

② 变速器同步器的正常使用　变速器换挡采用了锁环式或锁销式惯性同步器，使换挡动作轻便、齿轮冲击减轻，缩短了换挡时间，提高了车辆加速性能。但只有正确使用同步器，才能延长其使用寿命。在使用中应注意以下事项。

a. 采用两脚离合器加减挡位。减挡时，若使用一脚离合器，则车速和时机必须匹配，必要时采用两脚离合器并加油门的方法来降低挡位，这样的操作方法可降低相啮合齿轮之间的圆周速度差，从而减小同步器的磨损，延长其使用寿命。

b. 严禁在空挡熄火状态下，利用同步器强行挂挡启动发动机。因为发动机的转动惯量较大，同步器的摩擦力矩又很小，若利用同步器强行挂挡启动发动机必将导致同步过程很长，滑磨功率突增，锁环温度急剧升高，极易烧坏同步器。

（2）变速器日常检查、紧固与润滑

① 变速器齿轮油的检查和更换

a. 变速器齿轮油的检查：把车辆停放在水平的地沟上或用举升机将车辆水平提升一定高度，拧下变速器壳体上油位检查孔螺塞，检查油面是否达到规定的油位，油面应位于低于检查孔 0～15mm 的范围内。如果油量不足，应检查有无漏油现象，若有漏油部位应先排除故障后，再加注润滑油达到规定的油位。

b. 变速器齿轮油的更换：更换齿轮油时，应先使车辆运行待变速器齿轮油升温到正常温度后，趁热放油，同时将油位检查孔（即加油孔）螺塞拧下，以保证放净油。将吸附在放油螺塞上的铁屑清除干净后，再按规定力矩拧紧螺塞。如螺塞垫圈变形或有裂纹，应更换新件以免造成漏油。按厂家规定加注相应牌号的齿轮油，直到油面略低于检查孔或油从检查孔处向外溢，待向外溢油停止后再装好螺塞。

② 变速器的日常检查与紧固　检查变速器有无漏油现象；定期检查、清洗通气塞，保证其过滤效果和通气功能；应定期紧固变速器与发动机飞轮壳之间的连接螺栓，以及变速器支架及其减振胶块的固定螺栓；检查变速器减振胶块是否老化。

检查变速器换挡操纵机构是否轻便、灵活、可靠，如有不正常现象，应检查变速器换挡传递杆件有无变形，支承杆衬套是否老化、磨损或变形，各挡齿轮有无自行跳挡、脱挡现象，是否有异常响声等，如有故障应及时维修。

（3）变速器装配调试注意事项

① 装配前熟悉变速器结构特点，了解所装配的变速器与一般变速器的区别。

② 认真清洗零件，去除污物、毛刺和铁屑等，确保装配的所有零件合格。

③ 合理选用装配工具，对零件表面不能用硬金属直接敲击；装配各轴承时，只允许缓慢、垂直地压轴承内套，不允许压外套，不允许施加冲击载荷。

④ 各轴承及滑动键槽在装配时，应涂以相应牌号的变速器润滑油进行润滑。

⑤ 变速器中尺寸、规格相同的轴承，注意轴承内挡圈不要弄混，必要时做好记号。

⑥ 应对同步器各元件做好装配记号，特别是锁环或锥环的装配位置，以免装错，影响两锥面的接触面积。

⑦ 应注意各挡齿轮、同步器固定齿座以及止推垫圈的安装方位，拆卸时最好做上记号，以保证齿轮的正确啮合位置。

⑧ 装配油封时，应在油封的刃口处涂以少量润滑脂，然后垂直压入，同时应注意油封的安装方向是否正确；每次拆装油封、O 形圈，均应更换新件。

⑨ 变速器装配后，应检查各齿轮副的啮合间隙和啮合印痕以及各齿轮的轴向间隙是否符合规定要求。

⑩ 装配前后密封垫时，注意应与回油孔对正，同时在密封垫的两侧涂以密封胶，并按规定的扭矩分 2～3 次对称交叉拧紧各固定螺栓，以确保密封效果。

3.3.2　机械换挡变速器的常见故障及其原因分析

机械换挡变速器常见的故障有自动脱挡、挡位错乱、变速杆抖动、变速器异响、换挡困难、发热和漏油等。各主要故障现象及原因分析见表 3-2。

表 3-2　机械换挡变速器故障及其原因分析

故障名称	故障现象	故障原因分析
自动脱挡	自动脱挡也称跳挡，是指机器在正常使用情况下，未经人力操纵，变速杆连同齿轮（或啮合套）自动跳回空挡位置，使动力传递中断。自动脱挡对推土机安全使用危害很大。尤其在坡道上行驶时，产生自动脱挡后不易重新挂挡而造成溜车，引起严重事故	造成自动脱挡的具体原因如下： ①齿面偏磨 ②变速箱壳形位误差过大 ③换挡齿轮歪斜 ④锁定机构失效

故障名称	故障现象	故障原因分析
挡位错乱	挡位错乱也称乱挡。有下列现象之一即为变速器乱挡 ①实挂挡位与欲挂挡位不符 ②同时挂入两个挡位 ③挂不上欲挂的挡位 ④只能挂入某一挡位 ⑤挂挡后不能退出	变速器乱挡的根本原因是变速齿轮或滑轨与变速杆间位置不正确，或两者间运动不协调，具体分析如下： ①变速杆变形或拨叉过度磨损 ②滑轨互锁机构失灵 ③变速拨叉与滑轨连接松脱
变速杆抖动	机器挂上挡后工作时，变速杆不断抖动，说明有不正常力作用于变速杆下端。变速杆发抖使驾驶员很不舒适，有时还会打手，加剧跳挡现象的发生	变速杆抖动的动力来源于变速器内转动的齿轮。变速杆通过变速滑轨、拨叉与齿轮拨叉槽接触，如果拨叉槽与拨叉的间隙过小、拨叉槽或拨叉变形、或者拨叉槽内卡有异物，均会造成变速杆抖动
变速器异响	变速器在正常情况下会有均匀柔和的响声，这是由传动件的传动、齿轮间摩擦、轴承转动等引起的。变速器磨合后此响声会变小。当响声不均匀、响声较大、尖刺、断续、沉重时，即为变速器异响	同主离合器异响一样，变速器异响往往也是由于零件变形、间隙变化等原因造成的，并且异响也是其他故障的表征。具体来说，变速器异响有以下几种：轴承异响；齿轮异响；其他原因异响
换挡困难	换挡困难主要表现为挂不上挡，或挂上挡后不能摘下挡。变速器出现该故障后使机械无法正常工作	换挡困难的原因除乱挡所述外，还可能有以下原因： ①滑轨弯曲、锈死或为杂物所阻，移动不灵 ②联锁机构调整不当，离合器分离时变速滑轨处于锁定位置 ③离合器分离不彻底，小制动器失效，离合器轴不能停止转动，使挂挡困难 ④锁定销或钢球、互锁机构等被脏物所阻而移动不灵时，也会造成换挡困难
发热和漏油	变速器发热是指其温度超过 60℃ 以上。变速器温度过高是其他故障的表征，且温度过高会缩短润滑油的使用寿命。变速器漏油是指其周围出现齿轮油，而其箱体内油量减少	当变速器轴承安装过紧、转动不灵或内、外圈转动，保持架损坏等会使轴承发热增加；齿轮啮合间隙过小，啮合位置不正确，齿面滑移增多，挤压力增大，齿轮摩擦热增加；润滑油不足或品质不好时，运动件的润滑条件变坏，摩擦热增加，从而使变速器温度过高。变速器漏油一般是由于润滑油选用不当、侧盖太松、密封垫损坏或遗失、油封损坏或遗失、箱体破裂等原因引起的

3.3.3　机械换挡变速器主要零件的检修

（1）变速器齿轮的检修

① 齿轮的齿面有轻微斑点或表面擦伤时，可用油石修磨后继续使用；若齿轮的啮合面上出现明显的疲劳麻点、麻面、斑痕、脱落或阶梯形磨损，甚至出现轮齿破碎等现象时，必须更换新件。

② 固定齿轮或相配合的滑动齿轮，其齿长正常损伤不应超过全齿长的 15%，使用极限为 30%。

③ 齿轮齿面的啮合面中线应位于齿高的中部，啮合面积不得低于工作面的 2/3。

④ 齿轮啮合间隙：商用车辆变速器常啮合齿轮齿厚磨损不超过 0.25mm，啮合间隙一般不大于 0.50mm；接合齿轮齿厚磨损不超过 0.40mm，啮合间隙不超过 0.60mm；乘用车辆变速器齿轮的啮合间隙正常值为 0.05～0.15mm，使用极限为 0.25mm。超过极限应更换相应齿轮。检测时，将输出轴与输入轴按标准中心距安装后，固定住一根轴上的齿轮，转动另一根轴上的齿轮，用百分表测量转动齿轮的摆动量，即为两齿轮的啮合间隙。

（2）变速器轴的检修

① 轴弯曲的检修　变速器轴弯曲变形可用百分表检验，即将变速轴装夹到车床上或支承到 V 形铁上，用百分表测量轴中间轴颈的径向圆跳动（见图 3-14），其标准值为 0.04～0.06mm，使用极限为 0.10mm。超限时，可对轴进行冷压校正，严重时更换新轴。

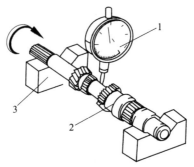

图 3-14　轴弯曲变形的检验
1—百分表；2—变速器轴；3—V 形铁

② 轴颈磨损的检修　变速器轴颈磨损过大，不但会使齿轮轴线偏移，导致齿轮啮合间隙改变，产生啮合噪声，而且会导致轴颈在轴承孔内转动，引起轴颈烧蚀。轴径的磨损可用外径千分尺进行检测，与轴承间隙配合的轴颈其磨损量不超过 0.07mm，与轴承过盈配合的轴颈其磨损量不超过 0.02mm，否则应镀铬修复或更换新件。

安装油封的轴颈部位，其磨损出现的沟槽深度不得超过 0.35mm，否则应堆焊后进行车、磨或镶套修复。

③ 轴上花键的检修　轴上花键齿的磨损可用测齿卡尺或百分表测量，当磨损量大于 0.20mm 或配合间隙大于 0.40mm 时，应予以更换。当变速器轴出现裂纹或与轴制成一体的齿轮严重损伤时，也应更换新轴。

（3）变速器轴承的检查

① 滚针轴承的检查　检查滚针轴承的磨损时，将相应的轴承、齿轮安装到轴颈上，然后把轴固定到台钳上，一面上下摆动齿轮，一面用百分表测量齿轮的摆动量，此即为齿轮与滚针轴承以及轴颈的径向间隙（测量方法如图 3-15 所示），其最大值不得超过 0.08mm，否则应更换新滚针轴承。

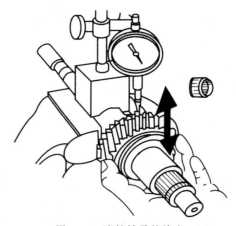

图 3-15　滚针轴承的检查

② 圆锥滚子轴承的检查　检查轴承内圈滚子及外圈滚道的疲劳磨损、烧蚀和损伤情况，若滚道因烧蚀而变色或滚动体出现裂纹、表层剥落以及大量斑点时，均应更换；当保持架上

有穿透的裂纹或者由于圆锥滚子磨损，其小端的工作面凸出于轴承外圈端面时，也应更换。

若内、外圈有一个需要更换，则必须成对更换，以确保圆锥滚子轴承能灵活转动。若正常磨损，其间隙可通过安装调试来恢复到正常状态。

③ 球轴承的检查　首先对轴承进行外表检视，轴承内、外滚道上不得有撞击痕迹和严重擦伤、烧蚀现象，检查保持架装滚动体的槽口磨损情况，钢球不能自行掉出，否则应更换新件。

若外表检视正常，还应进行空转试验：用拇指和食指夹住轴承内圈，转动轴承外圈，查看轴承转动是否灵活，有无噪声，有无卡住、急停现象；如果转动不灵活或有卡住、急停现象，则多为滚道或钢球磨损失圆所致，应更换新件。必要时进行轴承内部间隙检查。

④ 轴承内部间隙的检查　分为径向间隙检查和轴向间隙检查。轴向间隙的检查方法如图 3-16 所示，将轴承外圈放置于两等高的垫块上，使内圈悬空，并在内圈上放一块小平板，将百分表触针抵在平板的中央，然后上下推动内圈，百分表指示的最大与最小读数之差，就是轴向间隙。

径向间隙的检查方法如图 3-17 所示，将轴承放在平板上，使百分表的触针抵住轴承外圈，然后一手压紧轴承内圈，另一手往复推动轴承外圈，表针所摆动的数字即为轴承的径向间隙。

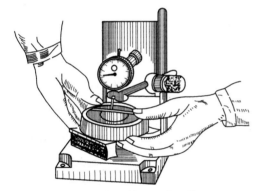

图 3-16　轴承轴向间隙的检查

图 3-17　轴承径向间隙的检查

对于商用车变速器轴承，其轴向间隙的使用极限为 0.20～0.25mm，径向间隙的使用极限为 0.10～0.15mm；对于乘用车变速器轴承，其轴向间隙的使用极限为 0.10mm，径向间隙的使用极限为 0.05mm。

（4）同步器的检修

① 锁环式同步器的检修　锁环式同步器的主要磨损是锁环内锥面的磨损、滑块及其滑动槽的磨损、锁环齿的磨损以及同步器毂的磨损等。锁环内锥面磨损的检查方法如图 3-18 所示，将锁环套装到与之相配合的齿轮外锥面上，并使之相互靠紧，然后用厚薄规检查锁环与齿轮之间的端面间隙（该间隙称为同步器的后备行程），使用极限一般为 0.30～0.50mm，超过极限应更换锁环。同时应检查锁环内锥面与齿轮外锥面的接触面积不得小于 80%。

同步器滑块及其滑动槽磨损的检查方法如图 3-19 所示，将滑块放在与之相配的位于同步器毂上的滑动槽内，用厚薄规测量滑块与槽侧面的间隙，使用极限为 0.25mm，超过极限应更换滑块，若滑块顶部磨出沟槽也应更换。

此外锁环缺口与滑块的宽度之差应等于锁环齿的宽度，若该差过大，会造成换挡困难，故应铜焊修补或更换锁环。当锁环齿明显变薄、折断或齿端锁止角发生明显变化时，也应更换锁环。

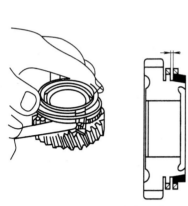

图 3-18　锁环内锥面磨损的检查

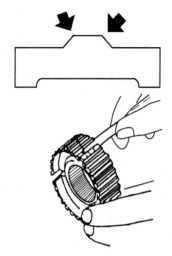

图 3-19　滑块及其滑动槽磨损的检查

　　同步器毂磨损的检查方法如图 3-20 所示，将同步器毂与其相配的轴相装合，用台钳夹住轴转动同步器毂，然后用百分表测量同步器毂的摆动量，即为两者的配合侧隙。使用极限为 0.12mm，超过极限应更换同步器毂。

　　同步器接合套的检查方法如图 3-21 所示，将接合套安装在有滑块的同步器毂上，上下移动接合套，应能带动滑块沿同步器毂的轴向顺利移动，否则应更换同步器接合套。

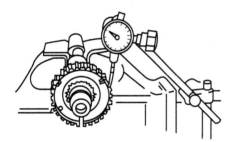

图 3-20　同步器毂磨损的检查

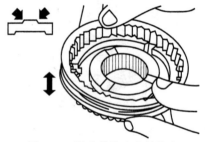

图 3-21　同步器接合套的检查

　　② 锁销式同步器的检修　锁销式同步器的主要磨损是锥环外锥面磨损及烧蚀、锁销磨损及松动、定位销磨损、定位球磨损及其定位弹簧弹力减弱、滑动齿套凹槽磨损等。锥环外锥面的磨损，将使其螺纹沟槽深度减小，摩擦作用减弱，甚至使锥环与锥盘端面相接触，造成同步器失效。因此，应测量锥盘和锥环大端两端面间的距离。如 CA1091 型汽车变速器二挡同步器的该距离的标准值为 0.5mm，使用极限为 2.0mm，超过极限则应更换。

　　锁销的锁止锥面出现明显磨损，应更换同步器总成。锁销两端与锥环的铆接松动，应重新铆紧，铆紧后其端头不得高出锥环端面。定位销严重磨损与滑动齿套配合松旷，滑动齿套凹槽磨损过大，定位钢球严重磨损以及定位弹簧弹力明显减弱等，均应更换同步器总成。

　　（5）变速器壳体的检修

　　变速器壳体的检修主要包含变速器壳体裂纹的检修、变速器壳体变形的检修、变速器壳体螺纹孔的检修等内容。

　　主要是检查是否存在裂纹、变形，如有受力不大的裂纹，可用环氧树脂粘接或焊接修复，若重要部位（如轴承孔、螺纹孔等）有裂纹则应更换。壳体上连接螺纹损伤不得超过 2牙，否则，可用扩孔加粗螺栓或焊补后重新钻孔的方法修复。

　　（6）变速器盖总成的检修

变速器盖总成的检修包含变速器盖平面的检修、变速杆中部球节的座孔孔径检修、变速器叉轴座孔磨损的检修、变速叉的检修、变速叉轴的检修及其定位等内容。

主要是检查是否存在裂纹，结合面平面度是否超限。如有，可采用铲、刨、锉、铣等方法修复或更换。拨叉轴与轴承孔间隙超限时，应更换。

（7）操纵机构的检修

主要是检查操纵机构是否有磨损、变形、连接松动、弹簧失效，如有，应更换、校正、紧固。

复习与思考题

一、填空题

1. 变速器应具有足够的挡位与合适的_____，以满足使用要求，使机械具有良好的_____和燃料经济性以及高的生产率。

2. 变速器联锁机构是用来防止离合器未彻底分离时_____。

3. 互锁机构用来防止同时拨动两根滑杆而同时换上_____个挡位。常用的互锁机构有_____式和_____式。

二、选择题

1. 以下哪个是变速器的作用（   ）。

A. 便于换挡   B. 减速增矩   C. 传动系统过载保护   D. 平稳起步

2. 按（   ）挡时参加传动的轴数不同，可分为二轴式、平面三轴式、空间三轴式与多轴式等不同类型。

A. 前进   B. 中间   C. 倒退   D. 停车

3. 动力换挡变速器通常与变矩器配合使用，可在不切断（   ）的条件下进行换挡。

A. 电源   B. 动力   C. 机械传动   D. 主传动器

4. 轴上花键齿的磨损可用测齿卡尺或（   ）测量，当磨损量大于 0.20mm 或配合间隙大于 0.40mm 时，应予以更换。

A. 游标卡尺   B. 万用表   C. 百分表   D. 直尺

5. 变速器挂倒挡时，第二轴的旋转方向（   ）。

A. 与发动机曲轴旋转方向相同   B. 与发动机曲轴旋转方向相反

6. 为防止变速器在工作中不同时挂两挡位的锁止装置是（   ）。

A. 自锁   B. 互锁   C. 倒挡锁

7. 保证变速器在工作中不自行脱挡的锁止装置是（   ）。

A. 自锁   B. 互锁   C. 倒挡锁

三、判断题

1. 变速器壳体的检修主要包含变速器壳体裂纹的检修、变速器壳体变形的检修、变速器壳体螺纹孔的检修等内容。   （   ）

2. 锁销的锁止锥面出现轻微磨损，应更换同步器总成。   （   ）

3. 轴承内部间隙的检查分为径向间隙检查和轴向间隙检查。   （   ）

4. 齿轮的齿面有轻微斑点或表面擦伤时，可用油石修磨后继续使用。   （   ）

四、简答题

1. 简述变速器的功能和要求。

2. 简述变速器的分类。

3. 简述机械换挡变速器故障及其原因分析。

单元4　万向传动装置构造与维修

教学前言

1. 教学目标

① 能够知道万向传动装置的组成与功用。
② 能够知道十字轴式刚性万向节、球笼式等速万向节的结构、拆装、检修方法。
③ 知道传动轴和中间支承的基本结构和检修方法。
④ 能够知道万向传动装置常见故障现象、原因和排除方法。

2. 教学要求

① 熟悉万向传动装置的分类、功用。
② 知道万向传动装置的拆装与检修方法。
③ 知道传动轴和中间支承的检修方法。

3. 教学建议

采用现场实物教学，先加深感观认识。

系统知识

4.1　认识万向传动装置

由于总体布置上的需要，在工程机械和汽车的传动系统或其他系统中都装有万向传动装置。万向传动装置一般由万向节和传动轴组成。其功用主要是用于两轴不同心或有一定夹角的轴间，以及工作中相对位置不断变化的两轴间传递动力。

在发动机前置后轮驱动车辆上 [见图 4-1（a）]，常将发动机、离合器和变速器连成一体安装在车架上，而驱动桥则通过具有弹性的悬架与车架连接。在车辆行驶过程中，由于不平路面引起悬架系统中弹性元件变形等因素，使驱动桥的输入轴与变速器输出轴相对位置经常变化。所以在变速器与驱动桥之间必须采用万向传动装置。在两者距离较远的情况下，应将传动轴分成两段，并加设中间支承。

在多轴驱动的车辆上，在分动器与驱动桥之间或驱动桥与驱动桥之间也需要采用万向传动装置 [见图 4-1（b）]。

由于车架的变形，也会造成两传动部件轴线间相互位置的变化，图 4-1（c）所示为在发动机与变速器之间装用万向传动装置的情况。

在采用独立悬架的车辆上，车轮与差速器之间位置经常变化，也必须采用万向传动装置 [见图 4-1（d）]。

对于又驱动又转向的车桥，也需要解决对经常偏转的车轮的传动问题，因此转向驱动桥的半轴要分段，在转向节处用万向节连接，以适应车辆行驶时半轴各段的交角不断变化的需要 [见图 4-1（e）]。

除了传动系统外，在车辆的动力输出装置和转向操纵机构中也常采用万向传动装置 [见图 4-1（f）]。

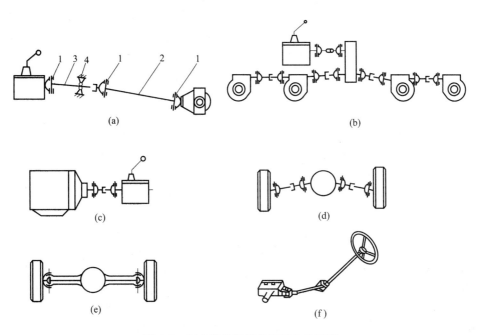

图 4-1　万向传动装置在车辆上的应用

1—万向节；2—传动轴；3—前传动轴；4—中间支承

4.2　万向节

4.2.1　万向节的分类

万向节是实现变角度动力传递的机件，用于需要改变传动轴线方向的地方。

按万向节在扭转方向上是否有明显的弹性可分为刚性万向节和挠性万向节两类。刚性万向节又可分为不等速万向节（常用的为普通十字轴式）、准等速万向节（如双联式）和等速万向节（如球叉式和球笼式）三种。

4.2.2　不等速万向节

在工程机械与车辆传动系统中用得较多的是普通十字轴式万向节。这种万向节结构简单，工作可靠，两轴间夹角允许大到 $15°\sim20°$。其缺点是当万向节两轴夹角 α 不为零的情况下，不能传递等角速转动。

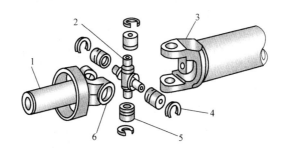

图 4-2　普通十字轴式万向节

1—套筒；2—十字轴；3—万向节（传动轴）叉；4—卡环；5—滚针轴承；6—万向节（套筒）叉

图 4-2 所示为普通十字轴式刚性万向节。普通十字轴式刚性万向节一般由一个十字轴，两个万向节叉和四个滚针轴承组成。两万向节叉 3 和 6 上的孔分别套在十字轴 2 的两对轴颈上，这样当主动轴转动时，从动轴既可随之转动，又可绕十字轴中心在任意方向摆动。为了减少摩擦损失，提高传动效率，在十字轴轴颈和万向节叉孔间装有滚针轴承 5，其外圈靠卡环 4 轴向定位。为了润滑轴承，十字轴上一般装有注油嘴并有油路通向轴颈，润滑油可从注油嘴注到十字轴轴颈的滚针轴承处。

有的工程机械采用的十字轴式万向节，其万向节叉上与十字轴轴颈配合的圆孔不是一个整体，而是采用瓦盖式，两半之间用螺钉连接；也有的把万向节叉的两耳分别用螺钉和托盘连接在一起而组成十字轴万向节叉，这种结构的特点是拆装方便。

单个万向节用于两轴线不重合的传动轴之间时，不等速传递运动。虽然主传动轴转过 1 周从动轴也随之转过 1 周，但在主动轴等速旋转 1 周时，从动轴的速度出现 2 次超前及滞后变化，故称其为不等速万向节。

十字轴式万向节的损坏是以十字轴轴颈和滚针轴承的磨损为标志的，润滑与密封的好坏直接影响万向节的使用寿命。为了提高密封性能，在十字轴式万向节中采用图 4-3 所示的密封性能远优于毛毡或软木垫油封的橡胶油封。当用注油枪通过注油嘴 4 向十字轴的内腔注入润滑油而使内腔油压大于允许值时，多余的润滑油便从橡胶油封内圆表面与十字轴轴颈接触处溢出，所以在十字轴上无需安装溢流阀，并且防尘、防水效果好。

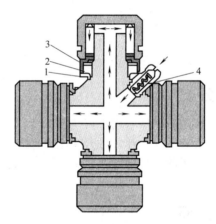

图 4-3　十字轴的润滑油道及密封装置
1—油封挡盘；2—橡胶油封；3—油封座；4—注油嘴

图 4-4 所示为双万向节等速传动的两种布置方案简图。注意到主、从动轴的相对位置是由整机的总布置和总装配确定的；传动轴两端万向节叉的相对位置则由装配传动轴时保证。因此，在安装时必须注意传动轴两端的万向节叉要在同一平面上。

如前所述，万向节两轴间夹角愈大，则传动的不等速性愈严重，传动效率愈低。为此，在总体设计中应尽量设法减小万向节两轴间夹角。实际上由于机械在运行过程中不可能保证 α_1 与 α_2 总相等，故只是近似的等速传动。

采用双万向节传动虽能近似解决等速传动问题，但在某些情况下，例如转向驱动桥，由于受到空间位置的限制，要求万向传动装置结构紧凑，尺寸小；而转向轮的最大转角受作业机械机动性的要求，常达 $30°\sim40°$，甚至更大；此外，直线行驶时，又要求两侧转向轮等速转动。因此，普通十字轴万向节传动已难满足要求。这就需要采用单个等速万向节传动来满足上述要求。

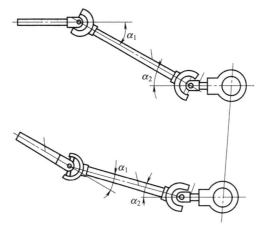

图 4-4　双万向节等速传动布置

4.2.3　准等速万向节

常见的准等速万向节有双联式和三销轴式两种，它们的工作原理与上述双十字轴万向节实现等速传动的原理是一样的。

图 4-5 所示为双联式万向节的实际结构。在万向节叉 6 的内端有球头，在万向节叉 1 内端则压配有导向套 2，球碗放于导向套内，被弹簧压向球头。在两轴交角为 0°时，球头与球碗的中心与两十字轴中心 O_1、O_2 的连线中点重合。当万向节叉 6 相对万向节叉 1 在一定角度范围内摆动时，如果球头与球碗的中心（实际上也是两轴轴线交点）能沿两十字轴中心连线的中垂线移动，就能够满足 $\alpha_1 = \alpha_2$ 的条件。但是球头与球碗的中心（实际上就是球头的中心）只能绕万向节叉 6 上的十字轴中心 O_2 做圆弧运动。如图 4-6 所示，在两轴交角较小时，处在圆弧上的两轴轴线交点离上述中垂线很近，能够使 α_1 与 α_2 的差值很小，从而保证两轴角速度接近相等，其差值在允许范围内，故双联式万向节是一种准等速万向节。

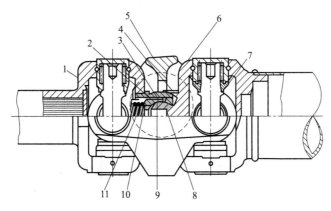

图 4-5　双联式万向节

1,6—万向节叉；2—导向套；3—衬套；4—防护圈；5—双联叉；7—油封；8,10—垫圈；9—球碗；11—弹簧

4.2.4　等速万向节

等速万向节有球叉式和球笼式两种。

43

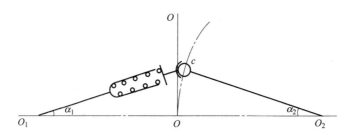

图 4-6　双联式万向节分度机构工作原理

O_1—万向节叉 1 上的十字轴中心；O_2—万向节叉 6 上十字轴中心；

O—球头中心；OO—O_1O_2 的中垂线

（1）球叉式万向节

图 4-7 所示为球叉式万向节工作原理。万向节的工作情况与一对大小相同的锥齿轮传动相似，其传力点永远位于两轴夹角平分面上。图 4-7（a）表示一对大小相同的锥齿轮传动情况，两齿轮接触点 P 位于两齿轮轴线夹角的平分面上，由 P 点到两轴的垂直距离都等于 r。由于两齿轮在 P 点处的线速度是相等的，因此两齿轮的角度也相等。与此相似，若万向节的传力点 P 在其夹角变化时始终位于角平分面内 ［图 4-7（b）］，则可使两万向节叉保持等角速关系。

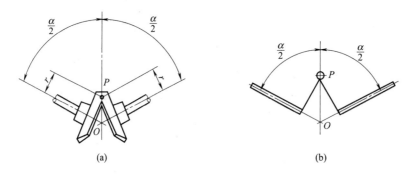

图 4-7　球叉式万向节工作原理

球叉式万向节就是根据这种工作原理做成的，它的构造如图 4-8 所示。主动叉 5 与从动叉 1 分别与内、外半轴制成一体。在主、从动叉上，各有四个曲面凹槽，装合后形成两个相交的环形槽，作为钢球滚道。四个传动钢球 4 放在槽中，中心钢球 6 放在两叉中心的凹槽内，以定中心。

为了能顺利地将钢球装入槽内，在中心钢球 6 上铣出一个凹面，凹面中央有一深孔。当装合时，先将定位销 3 装入从动叉内，放入中心钢球，在两球叉槽中放入三个传动钢球，再将中心钢球的凹面对向未放钢球的凹槽，以便放入第四个传动钢球，然后再将中心钢球 6 的孔对准从动叉孔，提起从动叉使定位销 3 插入球孔内，最后将锁止销 2 插入从动叉上与定位销垂直的孔中，以限制定位销轴向移动，保证中心钢球的正确位置。

球叉式万向节工作时，只有两个钢球参加传力，当反转时，则是另外两个钢球参加传力。因此，钢球与曲面凹槽之间的压力较大，易磨损。此外，使用中钢球易脱落；曲面凹槽加工较复杂。其优点是结构紧凑、简单。

球叉式万向节的主、从动轴间夹角可达 $32°\sim33°$，较好地满足了转向驱动桥的要求，使用较广泛。

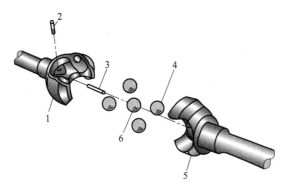

图 4-8　球叉式万向节

1—从动叉；2—锁止销；3—定位销；4—传动钢球；5—主动叉；6—中心钢球

（2）球笼式万向节

球笼式万向节如图 4-9 所示。星形套 7 以内花键与主动轴 1 相连，其外表面有六条弧形凹槽，形成内滚道。球形壳 8 的内表面有相应的六条弧形凹槽，形成外滚道。六个钢球 6 分别装在由六组内、外滚道所围成的空间里，并被保持架 4 限定在同一个平面内。动力由主动轴 1 及星形套经钢球 6 传至球形壳 8 输出。

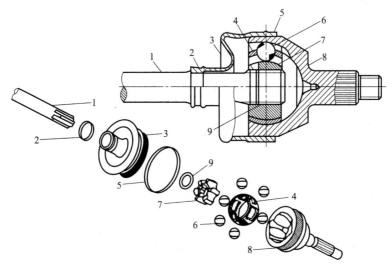

图 4-9　球笼式万向节

1—主动轴；2,5—钢带箍；3—外罩；4—保持架（球笼）；
6—钢球；7—星形套（内滚道）；8—球形壳（外滚道）；9—卡环

球笼式万向节的等速传动原理如图 4-10 所示。外滚道的中心 A 与内滚道的中心 B 分别位于万向节中心 O 的两边，且与 O 等距离。钢球在内滚道中滚动和钢球在外滚道中滚动时，钢球中心所经过的圆弧半径是一样的。钢球中心所处的 C 点正是这样两个圆弧的交点，所以有 $AC = BC$。又由于有 $AO = BO$，$CO = CO$，这就可以导出 $\triangle AOC \cong \triangle BOC$，因而 $\angle AOC = \angle BOC$，也就是说当主动轴与从动轴成任一夹角 α（当然要在一定范围内）时，C 点都处在主动轴与从动轴轴线的夹角平分线上。处在 C 点的钢球中心到主动轴的距离 a 和到从动轴的距离 b 必然是一样的，从而保证了万向节的等速传动特性。

在图 4-10 中上下两钢球处，内外滚道所夹的空间都是左宽右窄，钢球很容易向左跑出。

为了将钢球定位，设置了保持架。保持架的内外球面、星形套的外球面和球形壳的内球面均以万向节中心 O 为球心，并保证六个钢球球心所在的平面（主动轴和从动轴是以此平面为对称面的）经过 O 点。当两轴交角变化时，保持架可沿内外球面滑动，这就限定了上下两球及其他钢球不能向左跑出。

球笼式万向节内的六个钢球全部传力，承载能力强，可在两轴最大交角为42°情况下传递转矩，同时其结构紧凑，拆装方便，因而得到广泛应用。

图 4-11 所示的伸缩型球笼式万向节的内、外滚道是直槽的，在传递转矩过程中，星形套可在筒形壳内沿轴向移动，能起到滑动花键的作用，使万向传动装置结构简化。又由于星形套与筒形壳之间轴向相对移动是通过钢球沿内、外滚道滚动实现的，滑动阻力比滑动花键的小，所以很适用于断开式驱动桥。

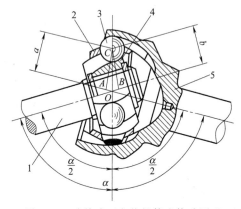

图 4-10　球笼式万向节的等速传动原理

1—主动轴；2—保持架（球笼）；3—钢球；4—星形套
（内滚道）；5—球形壳（外滚道）；
O—万向节中心；A—外滚道中心；B—内滚道中心；
C—钢球中心；α—两轴交角（指钝角）

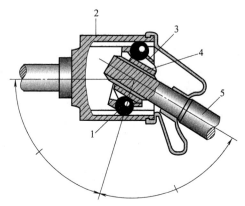

图 4-11　伸缩型球笼式万向节

1—钢球；2—筒形壳（外滚道）；
3—保持架（球笼）；
4—星形套（内滚道）；
5—主动轴

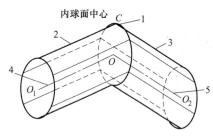

图 4-12　伸缩型球笼式万向节工作原理

1—钢球中心；2,3—在内、外滚道中移动的钢
球中心轨迹；4,5—主、从动轴轴线

如图 4-12 所示，这种万向节的内、外滚道各是六条直槽，钢球在星形套或筒形壳的六条直槽中移动的球心轨迹都可以视为圆柱面上的六条均布的母线，并且两圆柱面的直径是相同的。当从动轴和主动轴不在一条直线上时，两圆柱面相贯交出一个椭圆。在钢球的作用下，两圆柱面上的母线两两相交于此椭圆上，钢球球心处在椭圆上的这些交点上。从动轴轴线和主动轴轴线的交点也在椭圆所在的平面内，实际上就是这一椭圆的中心。钢球（见图 4-11 中上面的钢球）中心 C 处在从动轴轴线与主动轴轴线夹角（图 4-12 中 $\angle O_1 O O_2$）的平分线上，C 点到两轴线距离相等（用类似的方法可以证明其他钢球到两轴的距离也是一样的），从而保证万向节做等角速传动。

与一般球笼式万向节类似，在图 4-11 中上面的钢球处，内、外滚道所夹的空间是左窄右宽，在图 4-11 中下面的钢球处，内、外滚道所夹的空间是左宽右窄，钢球很容易跑出（其他钢球也有这种问题）。为了将钢球定位，设置了保持架。

这种万向节的输入轴轴线通过保持架的外球面中心 A，输出轴轴线通过保持架的内球

面中心 B。A、B 两点处在保持架的轴线上，钢球中心 C 处于线段 AB 的中垂面内，由此决定了钢球中心 C 到 A、B 距离相等。这样的机构保证了：当从动轴轴线从主动轴轴线方向开始转过 θ 角时，保持架轴线对主动轴轴线的转角和从动轴轴线对保持架轴线的转角均为 $\theta/2$，于是保持架将钢球定位在适当的位置。

4.2.5　其他形式的万向节

（1）自由三枢轴等速万向节

在富康轿车上，驱动轴采用了自由三枢轴等速万向节，如图 4-13 所示。这种万向节包括：三个位于同一平面内互成 $120°$ 的枢轴（见图 4-14），它们的轴线交于输入轴上一点，并且垂直于传动轴；三个外表面为球面的滚子轴承，分别活套在各枢轴上；一个漏斗形轴，在其筒形部分加工出三个槽形轨道，三个槽形轨道在筒形圆周上是均匀分布的，轨道配合面为部分圆柱面，三个滚子轴承分别装入各槽形轨道，可沿轨道滑动。

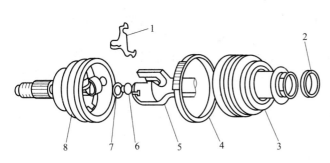

图 4-13　自由三枢轴等速万向节
1—锁定三角架；2—橡胶紧固件；3—保护罩；4—保护罩卡箍；
5—漏斗形轴；6—止推块；7—垫圈；8—外座圈

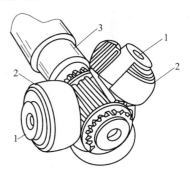

图 4-14　自由三枢轴组件
1—枢轴；2—滚子轴承；3—传动轴

从以上装配关系可以看出，每个外表面为球面的滚子轴承能使其所在枢轴的轴线与相应槽形轨道的轴线相交。当输出轴与输入轴交角为 $0°$ 时，由于三枢轴的自动定心作用，能自动使两轴轴线重合；当输出轴与输入轴交角不为 $0°$ 时，因为外表面为球面的滚子轴承可沿枢轴轴线移动，所以它还可以沿各槽形轨道滑动，这样就保证了输入轴与输出轴之间始终可以传递动力，并且是等速传动（其等速性证明从略）。

（2）挠性万向节

如图 4-15 所示，挠性万向节由橡胶件将主、被动轴交叉连接而成，依靠橡胶件的弹性变形来实现小角度夹角（$3°$～$5°$）和微小轴向位移的万向传动。它具有结构简单、无需润滑、能吸收传动系统中的冲击载荷和衰减扭转振动等优点。

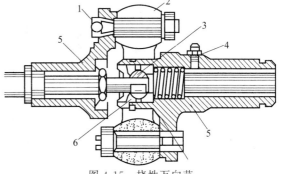

图 4-15　挠性万向节
1—连接螺栓；2—橡胶件；3—中心钢球；
4—黄油嘴；5—传动凸缘；6—球座

4.3　传动轴

传动轴是万向传动装置的组成部分之一，如图 4-16 所示。这种轴一般长度较长，转速

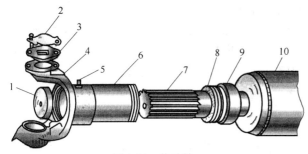

图 4-16 传动轴

1—盖子；2—盖板；3—盖垫；4—万向节叉；5—加油嘴；6—伸缩套；
7—滑动花键槽；8—油封；9—油封盖；10—传动轴管

高；并且由于所连接的两部件（如变速箱与驱动桥）间的相对位置经常变化，要求传动轴长度也要相应地有所变化，以保证正常运转。为此，传动轴结构一般具有以下特点。

① 目前广泛采用空心传动轴。这是因为在传递相同转矩情况下，空心轴具有更大的刚度，而且质量较小，可节省钢材。

② 传动轴的转速较高，为了避免离心力引起剧烈振动，要求传动轴的质量沿圆周均匀分布，为此，通常不用无缝钢管，而是用钢板卷制对焊成圆管轴（因为无缝钢管壁厚不易保证均匀，而钢板厚度均匀）。

此外，在传动轴与万向节装配以后，要经过动平衡，用加焊小块钢片的办法平衡。平衡后应在叉和轴上刻上记号，以便拆装时保持原来两者的相对位置。

③ 传动轴上通常有花键连接部分，如传动轴的一端焊有花键接头轴，使之与万向节套管叉的花键套管连接，这样传动轴总长度允许有伸缩变化。花键长度应保证传动轴在各种工况下既不脱开也不顶死。

为了润滑花键，通过油嘴注入润滑脂，用油封和油封盖防止润滑脂外流。有时还加防尘套，以防止尘土进入。

传动轴另一端则与万向节叉焊成一体。

为了减少花键轴与套管叉之间的摩擦损失，提高传动效率，有些机械上已采用滚动花键来代替滑动花键，其构造如图4-17所示。由于花键轴与套管叉之间是用钢球传递动力，当传动轴长度变化时，因钢球的滚动摩擦代替了花键齿的滑动摩擦，从而大大减小了摩擦损失。

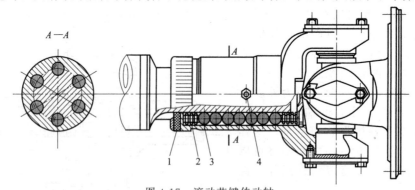

图 4-17 滚动花键传动轴

1—油封；2—弹簧；3—钢球；4—油嘴

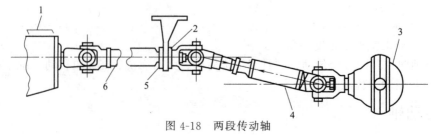

图 4-18 两段传动轴

1—变速器；2—中间支承；3—后驱动桥；4—后传动轴；5—球轴承；6—前传动轴

有的工程机械，由于变速箱（或分动箱）到驱动桥主传动器之间距离很长，如果用一根传动轴，因其过长，在运转中容易引起剧烈振动。为此，将传动轴分成两根或三根短的，中间加支承点，如图 4-18 所示。

4.4　万向传动装置的维修

在工作条件恶劣、润滑条件差，以及在不良的道路上行驶等情况下，冲击载荷的峰值往往会超过正常值的一倍以上，万向传动装置不仅要承受较大的阻力转矩和冲击载荷，还要适应工程机械行驶中的悬架变形、传动轴与变速器输入轴及减速器输出轴之间的夹角的不断变化；传动轴的长度也会随着悬架的变化而变化，使伸缩节不断滑磨；万向传动装置在工程机械的底部，泥土、灰尘极易侵入各个机件。在这些情况下，万向传动装置会出现各种耗损，造成传动轴弯曲、扭转和磨损超限，产生振动、异响等故障，破坏万向传动装置的平衡特性和速度特性，传动效率降低，万向传动装置技术状况变化，从而影响工程机械的动力性和经济性。

4.4.1　万向传动装置的常见故障及其原因分析

（1）万向节异响

万向节异响，在车速变化时尤为明显。造成这种故障的原因主要是润滑不良导致十字轴、滚针轴承、万向节叉轴承孔严重磨损、配合松旷或滚针折断等。

滚针轴承工作时，滚针只能原地自转，不能沿轴承壳内圆公转，润滑条件较差会使磨损加剧。一旦十字轴颈或轴承壳内磨损出现凹痕，滚针逐渐失去了在轴颈上转动的可能性而陷在凹坑内，使接触条件恶化，磨损更加严重，造成十字轴早期损坏，万向节产生异响。因此，加强维护，使万向节轴承处于良好润滑状态，是预防轴承早期损坏的重要措施之一。

（2）花键松旷异响

轮式机械行驶时，由于悬架变形，传动轴长度会经常变化，使滑动叉和传动轴轴管花键槽磨损而松旷。磨损的传动轴花键在工程机械行驶速度发生变化时便会产生异响。

（3）传动轴抖动

传动轴的结构特点是细而长，如果不平衡，旋转时由于离心力的作用会产生抖振。严重时，会使传动轴零件迅速损坏，并影响变速器和主传动器的正常工作。

传动轴变形，装配时滑动叉与轴管未对准记号，动平衡块脱落，焊修传动轴时歪斜，十字轴轴承磨损等情况极易使传动轴失去平衡。因此，维修时应特别注意传动轴的平衡检查，以保证传动轴安全可靠地工作。

4.4.2　万向传动装置的维护

万向传动装置的维护工作主要包括检查及紧固，定期润滑，必要时拆检清洗。

在一级维护时应进行润滑和紧固作业。对传动轴的十字轴、传动轴滑动叉、中间支承轴承等加注润滑脂；检查传动轴各部螺栓和螺母的紧固情况，特别是万向节叉凸缘连接螺栓和中间支承支架的固定螺栓等，应按规定的力矩拧紧。

二级维护时，检查传动轴十字轴轴承的间隙。十字轴轴承的配合应用手不能感觉出轴向移动量。对传动轴中间支承轴承，应检查其是否松旷及运转中有无异响，当其径向松旷量超过规定或拆检轴承出现粘着磨损时，应更换中间支承轴承。

拆卸传动轴时，应从传动轴前端与驱动桥连接处开始，先把与后桥凸缘连接的螺栓拧松取下，然后将与中间传动轴凸缘连接的螺栓拧下，拆下传动轴总成。接着，松开中间支承支架与车架的连接螺栓，最后松下前端凸缘盘，拆下中间传动轴。同时应做好标记，以确保原位装配，避免破坏传动轴的动平衡性。

4.4.3 万向传动装置的检修

（1）传动轴

传动轴轴管不得有裂纹以及严重的凹瘪。

检查传动轴的弯曲变形，传动轴轴管全长上的径向全跳动公差应符合表 4-1 的规定。超过规定应对传动轴进行校正或更换。

表 4-1　传动轴轴管的径向圆跳动公差　　　　　　　　　　　　　　mm

轴长	≤600	600～1000	＞1000
径向圆跳动公差	0.6	0.8	1.0

传动轴花键与滑动叉花键、凸缘叉与所配合花键的侧隙一般不大于 0.3mm，装配后应能滑动自如。

（2）万向节

① 十字轴刚性万向节

a. 检查滚针轴承，如果滚针断裂、油封失效，应更换新件。

b. 十字轴轴颈轻微磨损、轻微压痕或轻微剥落，仍可继续使用，如果轴颈磨损过甚、严重压痕（深度超过 0.1mm）或严重剥落时，予以更换。

十字轴与轴承的最小配合间隙应符合原厂规定，最大配合间隙应符合表 4-2 的规定。

表 4-2　十字轴轴承的配合间隙　　　　　　　　　　　　　　　　mm

十字轴轴颈直径	≤18	18～23	＞23
最大配合间隙	符合原厂规定	0.10	0.14

c. 检查万向节叉不得有裂纹或其他严重损伤，否则更换新件。

② 等速万向节　主要是检查内、外等速万向节中各部件的磨损情况和装配间隙。一般外等速万向节酌情单件更换。内等速万向节，如某部件磨损严重，则应整体更换。

外等速万向节的 6 颗钢球要求有一定的配合公差，并与星形套一起组成配合件。检查轴、球笼、星形套与钢球有无凹陷与磨损，若万向节间隙过大，需更换万向节。

内等速万向节的检修要检查球形壳、星形套、球笼及钢球有无凹陷与磨损，如磨损严重则应更换。

防尘罩及卡箍、弹簧挡圈等损坏时，应予以更换。

（3）中间支承

检查中间支承的橡胶垫环是否开裂、油封磨损是否过甚而失效、轴承松旷或内孔磨损是否严重，如果是，均应更换新的中间支承。

检查轴承转动是否平稳，检查垫块是否损坏，必要时更换。

中间支承轴承经使用磨损后，需及时检查和调整，以恢复其良好的技术状况。

（4）传动轴管焊接组合件

传动轴管焊接组合件经修理后，原有的动平衡已不复存在。因此，传动轴管焊接组合件（包括滑动套）应重新进行动平衡试验。传动轴管焊接组合件的平衡可在轴管的两端加焊平衡片，每端不得多于 3 片。

复习与思考题

一、填空题

1. 由于工程车辆总体布置需要和机械行驶实际情况相适应，故在工程机械的传动系统中_____与变速器之间或_____与_____之间设置万向传动装置。

2. 按万向节在扭转方向上是否有明显的弹性可分为刚性万向节和_____两类。刚性万向节又可分为_____、_____和_____三种。

3. 常见的准等速万向节有_____和_____两种，等速万向节有_____和_____两种。

4. 万向传动装置一般由_____和_____组成。

5. 柔性万向节由橡胶件将_____交叉连接而成，可以实现小角度夹角_____和_____位移的万向传动。

二、选择题

1. 在多轴驱动的车辆上，在（　　）与驱动桥之间或驱动桥与驱动桥之间也需要采用万向传动装置。

A. 分动器　　　　B. 传动轴　　　　C. 差速器　　　　D. 车桥

2. 在下列万向节中，（　　）是不等速万向节。

A. 普通十字轴刚性万向节　　　　B. 双联式万向节

C. 球叉式万向节　　　　D. 三销轴式万向节

3. 除了传动系统外，在机械的（　　）机构中也常采用万向传动装置。

A. 转向操纵　　　B. 变速箱　　　C. 供油阀　　　D. 电控

4. 万向节是实现变（　　）动力传递的机件，用于需要改变传动轴线方向的部位。

A. 传动力矩　　　B. 速度　　　　C. 长度　　　　D. 角度

5. 在不等速万向节的运动过程中，主动轴等速旋转一周时，从动轴的角速度出现（　　）超前及滞后变化。

A. 1 次　　　　　B. 2 次　　　　　C. 3 次　　　　　D. 不定次

6. 在制造传动轴时，由于传动轴的转速较高，为了避免离心力引起剧烈振动，一般采用（　　）。

A. 无缝钢管　　　　　　　　　B. 钢板卷制对焊成圆管轴

C. 空心铸铁　　　　　　　　　D. 实心钢棒

三、判断题

1. 目前应用最广泛的是普通十字轴刚性万向节。为保证较高的传动效率，它允许相邻两轴的轴线交角（安装角度）在 10°～20°之间。（　　）

2. 在一级维护中，应对万向节轴承、传动轴花键连接等部位加注润滑油并进行紧固作业。（　　）

3. 在万向节二级维护时，应检查传动轴花键连接及传动轴十字轴轴颈和端面与滚针轴承之间的间隙。该间隙超过标准规定时应全部更换。（　　）

4. 在采用独立悬架的车辆上，车轮与差速器之间位置经常变化，也必须采用万向传动装置。（　　）

5. 普通十字轴刚性万向节的运动过程中，两轴交角 α 愈大，转角差愈小，即万向节传动的等速性愈好。（　　）

四、简答题

1. 简述普通十字轴刚性万向节传动装置的等速传动条件。

2. 简述传动轴结构的特点。

3. 简述万向传动装置的常见故障及其原因。

4. 简述万向传动装置的维护内容。

单元5 驱动桥构造与维修

教学前言

1. 教学目标

① 正确描述驱动桥的组成与功用及动力的传递路线。
② 正确描述主减速器的构造和调整项目，正确描述差速器的工作原理及构造。
③ 了解半轴和桥壳的检修方法。
④ 分析驱动桥常见故障的产生原因及故障排除方法。
⑤ 掌握驱动桥的维护和主要零件的检修方法。

2. 教学要求

① 驱动桥的功用与组成。
② 主减速器的构造与调整。
③ 差速器的工作原理与拆装。
④ 半轴和桥壳的检修。

3. 教学建议

采用现场实物教学与多媒体相结合的方式。

系统知识

5.1 认识驱动桥

驱动桥是传动系统中最后一个大总成，它是指变速箱或传动轴之后，驱动轮或驱动链轮之前所有传力机件与壳体的总称。根据行驶系统的不同，驱动桥可分为轮式驱动桥和履带式驱动桥两种。

轮式驱动桥如图5-1所示。它由主传动器、差速器、半轴、最终传动（轮边减速器）和桥壳等零部件组成。

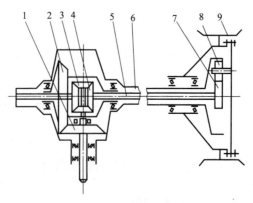

图 5-1 轮式驱动桥示意

1,2—主传动器锥齿轮；3—行星齿轮；4—半轴齿轮；5—半轴；6—驱动桥壳；7,8—最终传动齿轮；9—驱动轮

变速箱传来的动力经主传动器锥齿轮 1、2 传到差速器上，再经差速器的十字轴、行星齿轮 3、半轴齿轮 4 和半轴 5 传到最终传动，又经最终传动的太阳轮 7、行星齿轮 8 和行星架最后传动到驱动轮 9 上，驱动机械行驶。

履带式驱动桥如图 5-2 所示。它由主传动器、转向机构（多采用转向离合器）、最终传动和桥壳等零部件组成。变速箱传来的动力经主传动器锥齿轮 3、2 传到转向离合器 8，再经半轴 1 传到最终传动，由最终传动齿轮 5、6 最后传到驱动链轮 7 上，卷绕履带，驱动机械行驶。

驱动桥的功用是通过主传动器改变转矩旋转轴线的方向，把轴线纵置的发动机的转矩传到轴线横置的驱动桥两边的驱动轮；通过主传动器和最终传动将变速箱输出轴的转速降低，转矩增大；通过差速器解决两侧车轮的差速问题，减小轮胎磨损和转向阻力，从而协助转

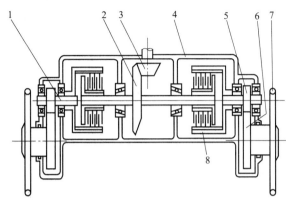

图 5-2　履带式驱动桥示意
1—半轴；2,3—主传动器锥齿轮；4—驱动桥壳；
5,6—最终传动齿轮；7—驱动链轮；8—转向离合器

向；通过转向离合器既传递动力，又执行转向任务；另外驱动桥壳还起支承和传力作用。

5.2　轮式驱动桥

5.2.1　轮式驱动桥的特点与组成

（1）轮式驱动桥的特点

① 轮式工程机械通常采用全桥驱动。轮式工程机械经常在荒野土路甚至无路的场地行驶或作业，为了获得更大的牵引力，常采用全桥驱动。

② 采用低压大轮胎。为了提高轮式工程机械的越野性和通过能力，常采用低压大轮胎。

③ 驱动桥的传动比大。轮式机械驱动桥的传动比一般在 12～38，所以多采用轮边减速器。

（2）轮式驱动桥的组成

轮式驱动桥由主传动器、差速器、半轴、最终传动（轮边减速器）和桥壳等零部件组成。主传动器为一对锥齿轮，它与差速器组成一个整体，安装在驱动桥壳体中。由传动轴传来的动力经过传动器、差速器、左右半轴再分别经左右轮边减速器驱动车轮转动。

5.2.2　主传动器

主传动器的功能是把变速器传来的动力进一步降低转速、增大转矩，并将动力的传递方向改变 90°后经差速器传给轮边减速器。

（1）主传动器的类型

① 按减速级数分

a. 单级减速主传动器　这种主传动器（见图 5-1 和图 5-2）通常由一对锥齿轮组成。由于结构简单，因此一般机械均采用这种传动形式，但由于主动小锥齿轮的最少齿数受到限制，传动比不能太大，否则从动锥齿轮及其壳体结构尺寸大，离地间隙小，工程机械通过性能差。

b. 双级减速主传动器　这种主传动器通常由一对锥齿轮和一对圆柱齿轮组成。它可以获得较大的传动比和离地间隙，但结构复杂，采用较少。在贯通式驱动桥上，为解决轴的贯通问题，通常采用双级减速主传动器。

另外，在个别机械上还有采用双速主传动器，它可以获得两种传动比，但由于这种结构形式过于复杂，故使用极少。

② 按锥齿轮的齿形分　主传动器锥齿轮的齿形常见的有五种，如图 5-3 所示。

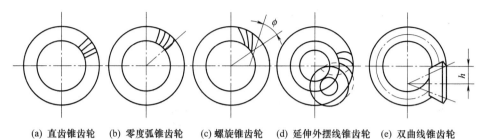

(a) 直齿锥齿轮　(b) 零度弧锥齿轮　(c) 螺旋锥齿轮　(d) 延伸外摆线锥齿轮　(e) 双曲线锥齿轮

图 5-3　主传动器锥齿轮的齿形

a. 直齿锥齿轮［见图 5-3（a）　齿形为直线，制造简单，轴向力小，没有附加轴向力；但它不发生根切的最少齿数多（最少 12 个），齿轮重叠系数小，齿面接触区小，故传动噪声大，承载能力小，在主传动器上使用较少。

b. 零度弧锥齿轮［见图 5-3（b）　齿形为圆弧形，螺旋角（在锥齿轮的平均半径处，圆弧的切线与过该切点的圆锥母线之间的夹角）等于零。它的轴向力和最少齿数同直齿锥齿轮，传动性能介于直齿锥齿轮和螺旋锥齿轮之间，即同时啮合的齿数比直齿锥齿轮多，传递载荷能力较大，传动较平稳。

c. 螺旋锥齿轮［见图 5-3（c）　齿形是圆弧形，螺旋角 ϕ 不等于零，这种齿轮最少齿数可为 5~6 个，故结构尺寸小，且同时啮合齿数多，重叠系数大，传动平稳，噪声小，承载能力高，使用广泛。缺点是由于有附加轴向推力，因此轴向推力大，加重了支承轴承的负荷。

d. 延伸外摆线锥齿轮［见图 5-3（d）］　齿形开头为延伸外摆线，其性能和特点与螺旋锥齿轮相似。

e. 双曲线锥齿轮［见图 5-3（e）］　这种齿轮最少齿数可少到 5 个，啮合平稳性优于螺旋锥齿轮，故噪声最小。另外它的主、从动齿轮轴线不相交，而偏移一定距离 h，因此在总体布置上可以增大机械离地间隙或降低机械重心，从而提高机械的通过性或稳定性。它的缺点是传动过程中齿面间有相对滑动，传动效率低，必须使用特种润滑油。

③ 按主从动锥齿轮轴的相互位置分

a. 两轴垂直相交。

b. 两轴相交但不垂直。

c. 两轴垂直但不相交。

这三种布置形式中，以第一种形式采用最普遍。另外如果按主动锥齿轮的支承形式又可分为悬臂式支承和跨置式支承两种。前者结构简单，容易布置，但承载能力受限制；后者支承刚度好，故在大中型轮式机械上采用较多，但结构复杂。

（2）ZL50 型装载机的主传动器

ZL50 型装载机的主传动器结构如图 5-4 所示，主要由主、从动螺旋锥齿轮和支承装置组成。

主动锥齿轮与轴制成一体，通过三个轴承以跨置方式支承在主传动装置的壳体上。轴的小端压装在圆柱滚子轴承上，装在壳体的支承孔内；大端用两个直径大小不同的圆锥滚子轴承支承在主传动轴承壳内，在两轴承间装有隔套和用以调整两轴承紧度的调整垫片。轴的花键部分装着与传动轴相连接的凸缘，并用挡板和螺母固定。

轴承壳与端盖用螺钉固定在壳体上。轴承壳和壳体之间装有调整垫片，用于调整主、从

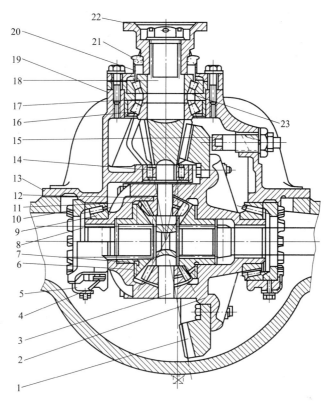

图 5-4 ZL50 型装载机主传动器

1—从动螺旋锥齿轮；2—差速器右壳；3—十字轴；4—锁紧片；5—轴承座；6—半轴齿轮垫片；7—半轴齿轮；
8—差速器左壳；9、16—圆锥滚子轴承；10—调整螺母；11—行星齿轮；12—行星齿轮垫片；13—托架；
14—圆柱滚子轴承；15—止推螺钉；17—轴承套；18—主动螺旋锥齿轮；
19—调整垫片；20—密封盖；21—油封；22—输入凸缘；23—垫片

动齿轮的啮合间隙和啮合印痕。为防止润滑油泄漏，在轴承壳外端的垫圈和接盘轴颈处装有油封，并用端盖固定。

从动锥齿轮用螺栓固定在差速器壳体上，差速器壳体通过轴承支承在桥壳的轴承座上，两侧有调整螺母，用以调整轴承的松紧度。主、从动锥齿轮常啮合，由传动轴传来的动力经主动锥齿轮、从动锥齿轮可传给差速器壳体。

为加强从动锥齿轮的强度，在 ZL50 型装载机的主减速器两齿轮啮合的背面壳体上装有一个止推螺栓，其端面到齿轮背面的间隙应调整到 0.25～0.4mm，以防重载工作时，从动锥齿轮产生过大的变形而破坏齿轮的正常啮合。

（3）D85A-18 型推土机主传动器

D85A-18 型推土机的主传动器（见图 5-5）由一对螺旋锥齿轮组成。主动锥齿轮（图中未示出）与变速箱的输出短轴制成一体，由安装在变速箱的输出端盖和轴承盖（两盖由螺钉连接，中间有调整垫片）中的一对轴承悬臂支承。从动锥齿轮 5 的齿圈用螺栓 4 固定在横轴 3 的凸缘上，横轴由一对锥柱轴承 2 支承。轴承座 1 用螺钉固定在主传动器室两侧的隔板上，中间安装有调整垫片 6。

（4）贯通式驱动桥的主传动器

在有的多桥驱动的轮式机械上，其各驱动桥不是分别用各自的传动轴与分动器相连的，而是在两桥间采用串联，因此传动轴必须从距离分动器或变速箱较近的驱动桥中穿过，这种

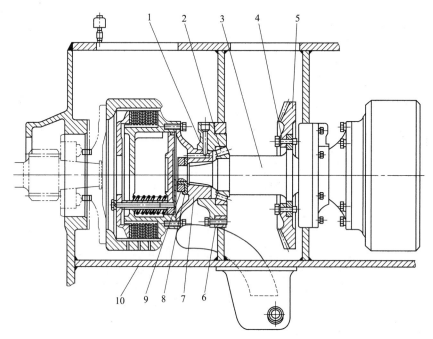

图 5-5　D85A-18 型推土机的主传动器与转向离合器

1—轴承座；2—锥柱轴承；3—横轴；4—螺栓；5—从动锥齿轮；
6—调整垫片；7—接盘；8—锁片；9—螺母；10—驱动桥壳

驱动桥称为贯通式驱动桥。

　　贯通式驱动桥上采用双级主传动器，其结构形式有两种，如图 5-6 所示。一种是第一级采用斜齿圆柱齿轮副，第二级采用螺旋锥齿轮副或双曲面齿轮副 [见图 5-6（a）]。由于安装尺寸的限制，第一级斜齿轮副的传动比约为 1 左右，主要是为了解决轴的贯通问题。另一种是第一级采用螺旋锥齿轮副，第二级采用圆柱齿轮副 [图 5-6（b）]。因圆柱齿轮副两轴线在垂直平面内，故垂直方向尺寸大，增加了机械的重心高度。但由于主传动器偏于桥壳上部，其位置不受桥壳尺寸的限制，因此可以获得较大的传动比。

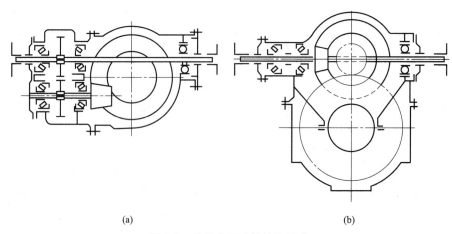

(a)　　　　　　　　　　　　　　　　(b)

图 5-6　贯通式驱动桥结构示意

　　图 5-7 所示为 SH361（上安 QY15 型汽车起重机）的贯通式驱动桥。后桥传动轴 14 经中驱动桥主传动器第一级主动锥齿轮 10 的空心轴中穿过，两者之间安装有滑块凸轮式差速器。

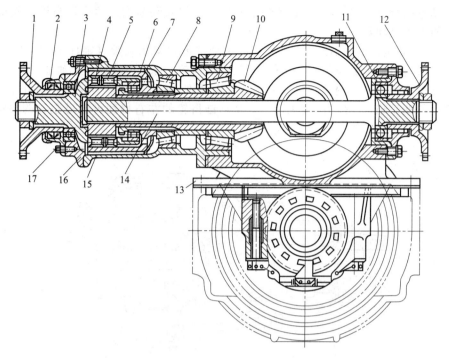

图 5-7 SH361（上安 QY15 型汽车起重机）的中驱动桥（贯通式驱动桥）

1—凸缘盘；2—油封；3—主动套；4—短滑块；5—长滑块；6—接中桥内凸轮花键套；
7—滚柱轴承；8,9—锥柱轴承；10—中桥主动锥齿轮；11—滚珠轴承；12—后桥传动轴接盘；
13—主传动器壳；14—后桥传动轴；15—轴间差速器壳；16—轴间差速器盖；17—轴承

（5）主传动器的调整

主传动器由于传递转矩大，受力复杂，既有切向力、径向力，又有轴向力，在机械作业中有时还产生较大的冲击载荷，因此要求主传动器除了在设计制造上要保证具有较高的承载能力外，在装配时还必须保证正确的啮合关系，否则在使用中将会造成噪声大，磨损快，齿面剥落，甚至轮齿折断，故对主传动器必须进行调整，调整项目包括锥柱轴承的安装紧度、主、从动锥齿轮的啮合印痕和齿侧间隙。

主传动器的正确啮合，就是要保证两个锥齿轮的节锥母线重合。其判断方法通常采用检查两齿轮的啮合印痕，即在一个锥齿轮的工作齿面上涂上红铅油，转动齿轮，检查在另一个锥齿轮面上的印痕，要求印痕在齿高方向上位于中部，在齿长方向上不小于齿长之半，并靠近小端，这样当齿轮承载后，小端变形大，使实际工作印痕向大端方向移动，而趋向齿长中间。啮合印痕不合适时，可通过前后移动小锥齿轮或左右移动大锥齿轮来调整。

齿侧间隙作为检查项目。检查方法一般是在锥齿轮的非工作齿面间放入比齿侧间隙稍厚的铅片，转动齿轮后，取出挤压过的铅片，最薄处的厚度即是齿侧间隙。新齿轮的齿侧间隙一般为 0.2～0.5mm，如 966D 型装载机和 D85A-18 型推土机主传动器锥齿轮的齿侧间隙分别为（0.3±0.1)mm 和 0.25～0.33mm。必须注意的是，工作中因齿面磨损而使齿侧间隙增大是正常现象，这时不需对锥齿轮进行调整。否则调整后反而会改变啮合位置，破坏正确啮合关系。齿侧间隙调整可通过左右移动大锥齿轮实现。

锥齿轮传动由于有较大轴向力作用，因此一般采用锥柱轴承支承。但这种轴承当有少量磨损时对轴向位置影响却较大，这将破坏锥齿轮的正确啮合关系。为消除因轴承磨损而增大的轴向间隙，恢复锥齿轮的正确啮合关系，故在使用中要注意调整轴承紧度。

主传动器的调整顺序一般是先调整好锥柱轴承的安装紧度，然后调整锥齿轮的啮合印痕，最后检查齿侧间隙。

966D 型装载机主传动器（见图 5-8）的主动锥齿轮支承轴承（锥柱轴承）14、16 的安装紧度调整通过适当上紧螺母 19 来进行，从动锥齿轮及差速器壳体支承轴承（锥柱轴承）9 的安装紧度通过适当上紧调整螺母 7 来进行；主动锥齿轮的前后移动通过增减托架与主传动器壳体之间的调整垫片 13 的厚度来进行，从动锥齿轮的左右移动可通过左右调整螺母 7 一

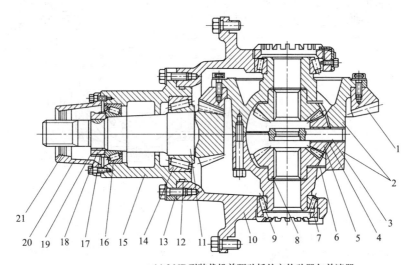

(a) 966D 型装载机前驱动桥的主传动器与差速器

1—从动锥齿轮；2—差速器壳；3—十字轴；4—行星齿轮垫片；5—行星齿轮；
6—半轴齿轮垫片；7—调整螺母；8—半轴齿轮；9，14，16—锥柱轴承；10—主传动器壳体；
11—主动锥齿轮；12—密封圈；13—调整垫片；15—托架；17，19—螺母；18—衬垫；20—密封盖；21—油封

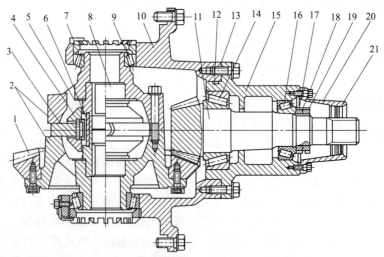

(b) 966D 型装载机后驱动桥的主传动器与差速器

1—从动锥齿轮；2—差速器壳；3—主动环；4—从动环；5—花鼓毂垫片；
6—弹簧；7—调整螺母；8—花键毂；9，14，16—锥柱轴承；10—主传动器壳体；
11—主动锥齿轮；12—密封圈；13—调整垫片；15—托架；17，19—螺母；18—衬垫；20—密封盖；21—油封

图 5-8　966D 型装载机主传动器与差速器

边扭松多少，另一边相应扭紧多少的方法来进行。

驱动桥中的主动锥齿轮 11 和轴制成一体，通过一对大、小锥柱轴承 14 和 16 悬臂支承在托架 15 上，托架与主传动器壳体 10 用螺钉连成一体，中间装有调整垫片 13，主传动器壳体又用螺栓固装在驱动桥壳上，从动锥齿轮 1 用螺栓固定在差速器壳 2 上，差速器壳通过一对锥柱轴承 9 安装在主传动器壳体 10 的座孔中。

D85A-18 型推土机主传动器（见图 5-5）的从动锥齿轮支承轴承的安装紧度通过增减轴承座与后桥壳隔板间的调整垫片 6 的厚度来进行；主动锥齿轮的前后移动通过增减支承轴承盖与变速箱输出端盖间的调整垫片的厚度来进行；从动锥齿轮的左右移动可通过将轴承座处的调整垫片 6 从一侧减少一定厚度加到另一侧的方法来进行。

5.2.3　差速器

轮式机械在行驶过程中，为了避免两侧驱动轮在滚动方向上产生滑动，经常要求它们能够分别以不同的角速度旋转，这是因为：转弯时外侧车轮走过的距离要比内侧车轮走过的距离大；在高低不平的道路上行驶时，左右车轮接触地面所经过的实际路程必然是不相等的；即使在平路上直线行驶，由于轮胎气压不等、胎面磨损程度不同，或左右两侧载荷不等，车轮的滚动半径也不相等。

在上述情况下，若左右两侧车轮用同一根轴驱动，则势必不会做纯滚动，而是边滚动边滑动，即产生了驱动轮的滑磨现象。由于滑磨将导致轮胎磨损加快，转向困难，功率消耗增加，同时减小了转向时机械的抗侧滑能力，稳定性变坏。

为了使车轮相对地面的滑磨尽量减少，因此在驱动桥中安装差速器，并通过两侧半轴分别驱动车轮，使两侧驱动轮有可能以不同转速旋转，尽可能接近纯滚动。

基于同样原因，在多桥驱动桥之间也会产生上述轮间无差速器的类似情况，造成驱动桥间的功率循环，导致传动系统中增加附加载荷，损伤传动零件，增大功率消耗和轮胎磨损，因此这些机械的驱动桥间也安装了轴间差速器。

差速器的结构形式很多，这里主要阐述现代工程机械采用较普遍的几种差速器的结构和作用原理。

（1）普通锥齿轮式差速器

普遍锥齿轮式差速器如图 5-8（a）所示。它主要由左右两半组成的差速器壳 2、十字轴 3、左右半轴齿轮 8 和行星齿轮 5 组成。

左、右差速器壳用螺钉连为一体，在分界面处固定安装着十字轴 3，两端通过锥柱轴承 9 支承在主传动器壳体 10 上，行星齿轮 5 与左右半轴齿轮 8 啮合，行星齿轮空套在十字轴 3 上，齿轮背面加工成球形，便于对正中心，并装有球形垫片。半轴齿轮 8 的颈部滑动支承在差速器壳 2 的座孔中，并通过内孔花键和半轴相连，齿轮背面与壳体之间安装有垫片 6。差速器壳上有窗孔，靠主传动器壳内的润滑油经窗孔来润滑各零件。普通锥齿轮式差速器的工作原理可由图 5-9 来说明。

设主传动器传来的转矩为 T_0，经差速器壳 4 和十字轴作用在行星齿轮（假设只有一个行星齿轮 3）的圆心 C 处一力 P，由于行星齿轮两侧与半轴齿轮啮合，因此又分别受到两半轴齿轮反作用力，故行星齿轮如同一个等臂杠杆。

当机械在平路面上直线行驶时，两侧车轮受力情况相同，左、右半轴齿轮 1、2 给行星齿轮 3 的反作用力也就相同，各为 $P/2$。此时行星齿轮受力平衡，无自转，则两侧驱动轮犹如一根整轴相连一样以相同转速旋转。即整个系统变为一体旋转。左、右半轴齿轮的转速 n_1 和 n_2 与差速器壳的转速 n_0 相等。

当机械转弯时（如图 5-9 所示向右转弯），在车轮滚动的同时，则外侧（左侧）车轮将

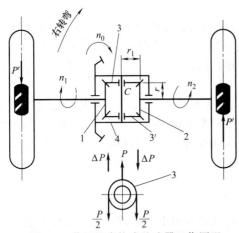

图 5-9　普通锥齿轮式差速器工作原理
1—左半轴齿轮；2—右半轴齿轮；
3,3'—行星齿轮；4—差速器壳

产生滑移趋势，内侧（右侧）车轮将产生滑转趋势（注意，这里所讲内、外侧车轮分别产生滑转、滑移的趋势，仅仅是"趋势"，滑转和滑移并未发生），因此在两则轮胎与地面接触点的切线方向上将各产生一个附加阻力 P'，两力方向相反，而现在安装有差速器，则附加阻力 P' 通过半轴齿轮作用到行星齿轮传输线上，使外侧阻力减小 ΔP，内侧阻力增大 ΔP，于是产生一个力图使行星齿轮转动的力矩 $2\Delta Pr_1$（r_1 为行星齿轮半径），当此力矩克服行星齿轮自转的摩擦阻力矩时，则行星齿轮便沿顺时针方向（自行星齿轮背面看）产生自转，使外侧车轮转速加快，内侧车轮转速减慢，起差速作用。

若左半轴齿轮 1、右半轴齿轮 2 和行星齿轮 3 的齿数分别为 z_1、z_2 和 z_3 行星齿轮自转的转速为 n_2，则左半轴齿轮的转速加快为

$$n_1 = n_0 + n_3 \frac{z_3}{z_1}$$

而右半轴齿轮的转速减慢为

$$n_2 = n_0 - n_3 \frac{z_3}{z_1}$$

通常左、右半轴齿轮齿数相等，即 $z_1 = z_2$。因此上两式相加可得出

$$n_1 + n_2 = 2n_0$$

此式称为普通锥齿轮式差速器的运动特性方程。特性方程表明两半轴齿轮的转速之和恒等于差速器壳转速的 2 倍，分析方程式可知：

① 机械在平路上直线行驶时，因为 $n_1 = n_2 = n_0$，所以也满足特性方程 $n_1 + n_2 = 2n_0$。

② 当 $n_1 = 0$（或 $n_2 = 0$）时，则 $n_2 = 2n_0$（或 $n_1 = 2n_0$）。说明当一侧半轴齿轮转速为零时，另一侧半轴齿轮的转速等于差速器壳转速的 2 倍。此时相当于一侧车轮陷入泥泞中打滑时，另一侧车轮在附着性能较好的路面上静止不动，而陷入泥泞中的打滑车轮则以 2 倍差速器壳的转速高速旋转。

③ 若 $n_1 = 0$ 时，则 $n_1 = -n_2$。说明当差速器壳转速为零，两半轴齿轮则以相反方向同速旋转。此时相当于中央制动器紧急制动时，差速器壳不转，由于两侧驱动轮的附着力不同，则将使两侧驱动轮沿相反方向转动，造成机械偏转甩尾。

由于差速器在转弯时起差速作用的原因是两侧驱动轮上的阻力矩不同而产生的，因此即便机械直线行驶时，倘若两侧驱动轮遇到的路面情况不同，或由各种原因引起滚动半径存在差异，则差速器同样都能起到差速作用。

下面分析差速器中转矩分配情况。

当机械直线行驶时，行星齿轮没有自转，由于左、右半轴齿轮给行星齿轮的反作用力都是 $P/2$，且两半轴齿轮的半径 r 相等，因此若半轴齿轮分传给左、右半轴的转矩为 T_1 和 T_2，则 $T_1 = T_2 = Pr/2$，而主传动器传给差速器壳的转矩 $T_0 = Pr$，所以 $T_1 = T_2 = T_0/2$，即直线行驶时差速器把主传动器传给其壳体的转矩 T_0 平均分配给两半轴齿轮。

当机械右转弯时，行星齿轮产生自转，因转动力矩为 $2\Delta Pr$，所以分传给左、右半轴的转矩将发生变化，左半轴齿轮上的转矩为

$$T_1=(P/2-\Delta P)r=Pr/2-\Delta Pr$$

右半轴齿轮上的转矩为

$$T_2=(P/2+\Delta P)r=Pr/2+\Delta Pr$$

因为 $Pr/2=T_0/2$，而 $2\Delta Pr$ 是克服差速器内摩擦阻力矩 Fr 的，故 $\Delta Pr=Fr/2$。所以

$$T_1=T_0/2-Fr/2$$
$$T_2=T_0/2+Fr/2$$

由此可得

$$T_1+T_2=T_0$$
$$T_2-T_1=Fr$$

上两式表明：当机械转弯时，两侧驱动轮得到的转矩之和仍等于传到差速器壳上的转矩；内侧车轮得到的转矩比外侧车轮得到的转矩大，但转矩的差值只能等于差速器的内摩擦阻力矩。

因为普通锥齿轮差速器的内摩擦阻力矩 Fr 很小，可以忽略不计，所在差速器起差速作用的情况下，仍然可视为转矩是平均分配给两半轴齿轮的。这就是普通锥齿轮差速器的"差速不差扭"特性。

这种特性在某些情况下给机械带来缺陷。例如当一侧驱动轮掉入泥坑中，由于附着力小而产生滑转，则牵引力很小；另一侧驱动轮虽然在好的路面上，本来能够提供较大的附着力，但因差速器平均分配转矩的特性，使这侧驱动轮也只能得到与滑转侧驱动轮相同的很小转矩，故机械得到的总牵引力很小，于是一侧车轮静止，另一侧车轮以差速器壳的两倍转速滑转，机械不能前进。

为了克服普通锥齿轮差速器的上述缺陷，提高车辆的通过性，出现了不同形式的防滑差速器。

（2）强制锁住式差速器

强制锁住式差速器是在普通锥齿轮式差速器上安装差速锁，当一侧车辆打滑时，接合差速锁，使差速器不起差速作用。

一般差速锁的结构如图 5-10 所示。在半轴 1 上通过花键安装着带牙嵌的滑动套 2，在差速器壳上有固定牙嵌 3，带牙嵌的滑动套可通过机械式或气力、电力、液力式等进行操纵。

当一侧车轮打滑时，移动牙嵌滑动套 2，使它与差速器壳上的固定牙嵌 3 接合，则差速器壳与半轴被锁在一起，行星齿轮不能自转，差速器失去作用，两半轴即被刚性地连在一起，这样两侧驱动轮便可以得到由附着力决定的驱动力矩，从而充分利用不打滑侧车轮的附着力，驱动车辆前进，驶出打滑地段。当然，如果两侧附着力都比较小，即便锁住差速器，而行驶所需要的牵引力还是大于附着力时，则车辆仍无法前进。

要特别注意，当驶出打滑地段后，应及时脱开差速锁，使差速器恢复正常工作。这种强制锁住式差速器结构简单，使用广泛。这种差速器也称带刚性差速锁的差速器。

（3）带非刚性差速锁的差速器

这种差速器用液压控制的湿式多片摩擦离合器作为差速锁，如图 5-11 所示。

外摩擦片 6 与差速器壳 3 用花键相连，内摩擦 5 与右半轴齿轮 9 也用花键相连。需要差速锁起作用时，活塞 7 在油压力作用下将内、外摩擦片压紧，利用摩擦力将右半轴齿轮与差速器壳锁在一起从而使左、右半轴不能相对转动。这种差速锁的特点是，不论两根半轴处在任何相对转角位置都可以随时锁住；当一侧车轮突然受到大外阻力矩时，摩擦片有打滑缓冲作用；此外，液压操纵非常方便，通过操纵电磁控制阀可随时将差速锁打开或关闭。

（4）无滑转差速器

这种差速器也称 NO-spin 差速器，其结构如图 5-12（a）所示。差速器壳体的左右两部

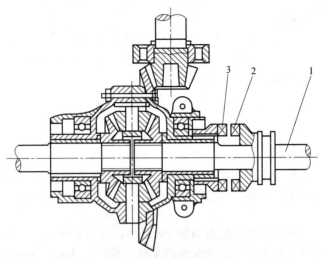

图 5-10　强制锁住式差速器

1—半轴；2—带牙嵌的滑动套；3—差速器壳上的固定牙嵌

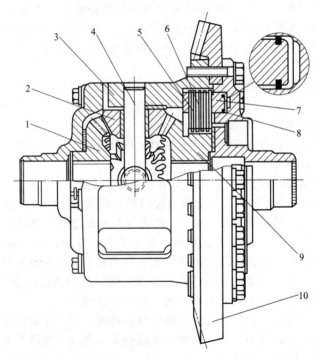

图 5-11　带非刚性差速锁的差速器

1—左半轴齿轮；2—行星锥齿轮；3—差速器壳；4—十字轴；
5—内摩擦片；6—外摩擦片；7—活塞；8—密封圈；9—右半轴齿轮；10—大锥齿轮

分 10 和 1 与大齿轮 12（一般为主传动的大锥齿轮或第二级圆柱齿轮）用螺栓 11 紧固在一起，主动环 2 固定在左右两半壳体之间，随差速器壳体一起转动。主动环的两个侧面有沿圆周分布的许多倒梯形（角度很小）断面的径向传力齿，左右从动环 3 的内侧面也有相类似的传力齿。倒梯形传力齿之间有很大的侧隙，制成倒梯形的目的在于防止传递转矩的过程中，从动环与主动环脱开。弹簧 4 力图使主、从动环处于接合状态。花键毂内外均有花键，外花键与从动环 3 相啮合，内花键用以连接半轴。

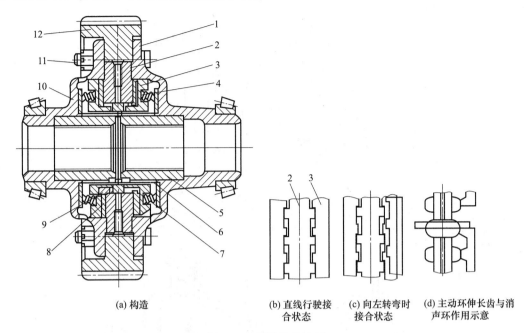

(a) 构造　　(b) 直线行驶接合状态　　(c) 向左转弯时接合状态　　(d) 主动环伸长齿与消声环作用示意

图 5-12　无滑转差速器

1—差速器右壳；2—主动环；3—从动环；4—弹簧；5—花键毂；
6—垫圈；7—消声环；8—卡环；9—中心环；10—差速器左壳；11—螺栓；12—大齿轮

当直行时，主动环 2 通过传力齿带动左、右从动环 3、花键毂 5 及半轴一起转动，如图 5-12（b）所示，传动齿传给主动环的转矩，按左、右车轮阻力的大小分配给左、右半轴，此时与不设差速锁时相同。

当转弯时，要求差速器起差速作用。为此，在主动环 2 的孔内装有中心环 9，它可以相对于主动环自由转动，但受卡环 8 的限制不能轴向移动。中心环的两侧有沿圆周分布的许多轴向梯形断面齿，它分别与两个从动环内圈相应的梯形齿接合，梯形齿间为无侧隙啮合。设此时为左转弯［见图 5-12（c）］，则主动环 2 与左从动环紧紧啮合，带动左半轴及车轮转动，中心环与左从动环的梯形齿也紧紧啮合，右从动环有相对主动环快转的趋势，两者的倒梯形传力齿有较大的齿侧间隙，允许有一定的相对角位移，而右从动环与中心环 9 上的梯形齿是无侧隙啮合，右轮的快转将迫使从动环克服弹簧 4 的压力向右移动，使右从动环与主动环 2 的传力齿分开，中断右轮的转矩传递，这时左轮（内侧车轮）驱动，右轮则被带动以较高的转速旋转。

由于右从动环是被迫不断地在中心环梯形齿作用下向右滑移，又在弹簧 4 作用下返回，因此相对转动中会引起响声和磨损，为了避免这一情况，在从动环的传力齿与轴向梯形齿之间的凹槽中还装有带相同梯形齿的消声环 7。消声环是个带缺口的弹性环，卡在从动环上，可绕从动环自由转动，但不能轴向移动。当右从动环脱出时，消声环也被带着轴向脱出，并顶在中心环的梯形齿上［见图 5-12（d）］，使从动环保持离主动环最远位置，消除了从动环轴向往复移动的冲击响声。当右从动环转速下降到稍低于主动环的转速时，又重新与主动环接合。

这种差速器的优点是既能实现转向差速，又可防止单侧驱动轮打滑。但由于转向时外侧车轮是被带动的，没有驱动力，只有内侧车轮驱动，这会使转向阻力增大，转向时车速瞬时增大，不利于转向操纵。

（5）圆柱行星齿轮式差速器

部分国产三轮二轴式压路机采用圆柱行星齿轮式差速器。其工作原理与结构分别如图5-13 和图 5-14 所示。

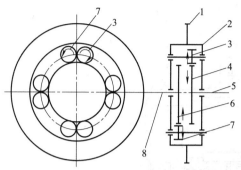

图 5-13　圆柱行星齿轮式差速器工作原理

1—中央传动从动大齿轮；2—差速器壳体；3—第一副行星齿轮；
4—右半轴齿轮；5—右半轴；6—左半轴齿轮；7—第二副行星齿轮；8—左半轴

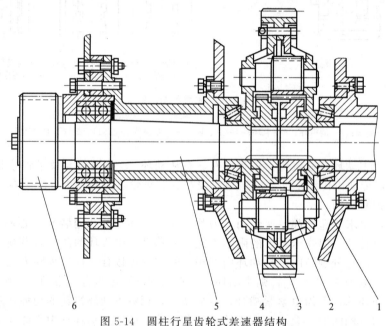

图 5-14　圆柱行星齿轮式差速器结构

1—差速齿轮；2—行星齿轮；3—中央传动大齿轮；4—差速器壳体；5—左半轴；6—小齿轮

在差速器壳体内装着第一副和第二副行星齿轮各四个，第一副行星齿轮 3 与右半轴齿轮 4 相啮合，第二副行星齿轮 7 与左半轴齿轮 6 相啮合，行星齿传输线又在中部互相啮合。

图 5-13 中，当压路机直线行驶时，左、右驱动轮阻力相同，两副行星齿轮都只随差速器壳体 2 公转，而无自转，同时两副行星轮又分别带动左、右半轴齿轮 6、4 和左、右半轴 8、5，使其与差速器壳体同速旋轮。当压路机左、右驱动阻力不同时，如在弯道上行驶时，内边驱动轮受阻力较大，则两副行星齿轮既随壳体公转，又绕其轴自转，但它们的自转方向相反。于是受阻力较大的一边半轴齿轮（右转弯时为右半轴齿轮 4）转速减小，相反，受阻力较小的半轴齿孔（左半轴齿轮 6）转速增大，从而使左、右两驱动轮产生差速。

5.2.4　半轴、驱动桥壳及最终传动装置

（1）半轴

轮式驱动桥的半轴是安装在差速器和最终传动之间传递动力的实心轴。不设最终传动的驱动桥，半轴外端直接和驱动轮相连。

半轴与驱动轮轮毂在桥壳上的支承形式决定了它的受力情况，据此通常把半轴分为半浮式、3/4 浮式和全浮式三种形式（见图 5-15），"浮"是指卸除了半轴的弯曲载荷而言。

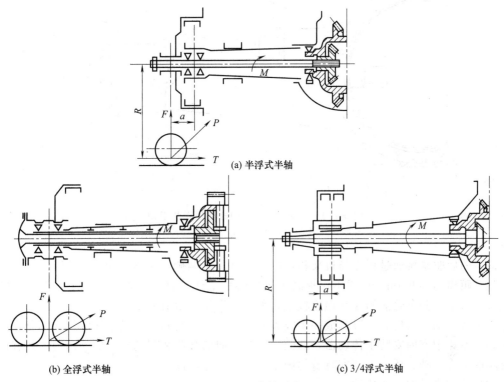

(a) 半浮式半轴

(b) 全浮式半轴

(c) 3/4浮式半轴

图 5-15 半轴形式

① 半浮式半轴 半轴［见图 5-15（a）］除了传递转矩外，还要承受作用在驱动桥上的垂直力 F、侧向力 T 和纵向力 P 以及由它们产生的弯矩。这种半轴受到载荷较大，但优点是结构简单，故多用在小轿车等轻型车辆上。

② 3/4 浮式半轴 反力偏离轴承中心的距离 a 较小，因此半轴承受各反力产生的弯矩也较小［见图 5-15（c）］，但即使是在 $a=0$ 时，虽然纵向力 P 和垂直力 F 作用在桥壳上，但半轴仍然承受有侧向力 T 产生的弯矩 TR 作用。由于这种半轴除传递转矩外又受到不大的弯矩作用，故称为 3/4 浮式。它受载荷情况与半浮式半轴相似，一般也只用在轻型车辆上。

③ 全浮式半轴 驱动轮上受到的各反力及其由它们产生的弯矩均由桥壳承受［见图 5-15（b）］，半轴只承受转矩而不受任何弯矩作用。这种半轴受力条件好，只是结构较复杂。由于轮式机械半轴需承受很大的载荷，所以通常均采用全浮式。

（2）桥壳

轮式机械驱动桥的桥壳是主传动器、差速器、半轴及最终传动装置的外壳，同时又是行驶系统的组成部分。它承受重力并传递给车轮，又承受地面作用给车轮的各种反作用力并传递给车架，因此要求桥壳具有足够的强度和刚度，另外还要考虑主传动器的调整及拆装维修方便。

图 5-16 所示的 966D 型装载机的驱动桥壳由左、中、右三段组成，用螺栓连接。左、右两段相同，又称花键套，用来安装最终传动和轮毂等部件。主传动器和差速器预先组

装在主传动器壳体内，再将主传动器壳体用螺栓固定在驱动桥壳中段。因此这种驱动桥壳在拆检、调整、维修主传动器等内部机件时非常方便，不需拆下整个驱动桥，故应用比较广泛。

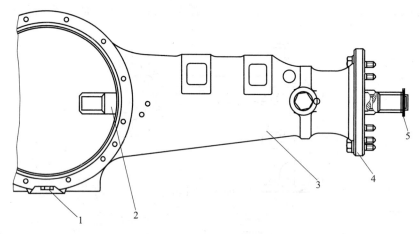

图 5-16 966D 型装载机的驱动桥壳和半轴
1—螺塞；2—半轴；3—桥壳；4—连接凸缘；5—卡环

该机的后驱动桥通过桥壳与机架相铰接，允许左右两侧上下各摆动 15°，相应两侧车轮上下跳动距离为 569mm，这样不仅提高了机械的稳定性，而且当机械在不平路面上行驶或作业时，由于两侧车轮能始终和地面接触，因此又提高了牵引力。

履带式驱动桥的桥壳一般制成一个较大的箱体结构，它同时又是车架的组成部分，内部分隔为三室，中室内安装主传动器，两侧室安装转向离合器和制动器。最外两边安装着由壳体封闭的最终传动。桥壳上部安装着驾驶室、油箱等零部件。

（3）轮式机械的最终传动

最终传动是传动系统的最后一个增矩减速机构，它可以加大传动系统总的减速比，满足整机的行驶和作业要求；同时由于可以相应减小主传动器和变速箱的速比，因此降低了这些零部件传递的转矩，减小了它们的结构尺寸。故在几乎所有的履带机械上和大部分轮式机械上都装有最终传动。

现代轮式工程机械通常采用行星齿轮式最终传动。现以 966D 型装载机为例介绍其结构（见图 5-17）。

在驱动桥壳两端分别由螺钉固定住花键套 4，在它的外圆花键上安装着齿圈架 5，两者由挡圈 7 通过螺钉 6 连接在一起。齿圈 8 与齿圈架 5 通过齿形花键连接，并用卡环 18 限制齿圈轴向移动，因此齿圈 8 是固定件。

太阳轮 9 通过花键安装在半轴外端，端头由卡环定位（图中未示出）。

行星轮 16 通过滚针轴承支承在与行星架 15 固装的行星轮轴 13 上，它分别与太阳轮 9 和齿圈 8 啮合。

行星架 15 和轮毂 17 用螺钉固定在一起，轮毂通过一对大、小锥柱轴承支承在花键套 4 上，从差速器和半轴传来的转矩经太阳轮 9、行星轮 16、行星架 15、最后传到轮毂 17（即驱动轮）上，使驱动轮旋转，驱动机械行驶。

最终传动采用闭式传动，它的外侧由固定在行星架上的端盖 10 封闭，端盖上安装有挡销 12，防止半轴向外窜动；还加工有螺纹孔，用来加注润滑油并控制油面高度，平时由螺塞 11 封堵，轮毂内侧与花键套之间安装着浮动油封 3，防止润滑油漏入制动器中。

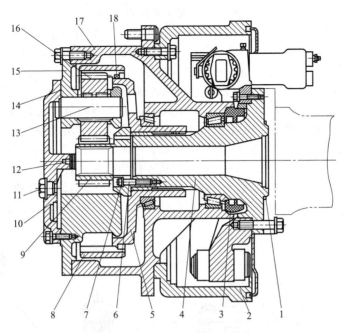

图 5-17　966D 型装载机的最终传动

1,14—密封圈；2—制动鼓；3—浮动油封；4—花键套；5—齿圈架；6—螺钉；7—挡圈；8—齿圈；9—太阳轮；
10—端盖；11—螺塞；12—挡销；13—行星轮轴；15—行星架；16—行星轮；17—轮毂；18—卡环

5.2.5　转向驱动桥

在全轮驱动的现代工程机械上，若机架为整体（非铰转向），必然有一车桥为转向驱动桥。转向驱动桥兼有转向和驱动两种功能。

图 5-18 所示为转向驱动桥示意。这种桥有着和一般驱动桥同样的主传动器 1 和差速器 3。但由于它的车轮在转向时需要绕主销偏转一个角度，故半轴必须分成内、外两段 4 和 8，并用万向节 6（一般多用等速万向节）连接，同时主销 12 也因而分制成上、下两段，转向

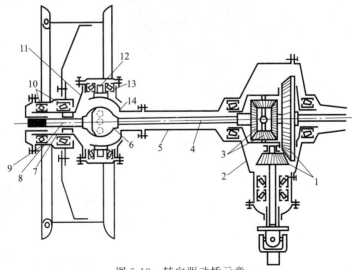

图 5-18　转向驱动桥示意

1—主传动器；2—主传动器壳；3—差速器；4—内半轴；5—半轴套管；6—万向节；7—转向节轴颈；
8—外半轴；9—轮毂；10—轮毂轴承；11—转向节壳体；12—主销；13—主销轴承；14—球形支座

节轴颈部分做成中空的,以便外半轴(驱动轴)8 穿过其中。

图 5-19 示出了转向驱动桥的结构。在该种桥上,半轴套管(前轴)17 两端用螺栓固定着转向节球形支座 15。转向节由转向节外壳 6 和转向节轴颈 7 组成,两者用螺钉连成一体。球形支座 15 上带有主销 4,转向节通过两个圆锥滚子轴承活装在主销 4 上,主销 4 上、下两段在同一轴线上,且通过万向节 2 的中心,以保证车轮转动和转向互不干涉。两半轴用轴承盖 5 压紧,其间装有调整垫片,以调整轴承间隙;为使万向节中心在球形支座的轴线上,上、下调整垫片的厚度应相同。转向节轴颈 7 外装有轮毂 13,轮毂轴承用调整螺母 10、锁止垫圈 11 和锁紧螺母 12 固紧。转向节轴颈 7 与外半轴 8 之间压装有青铜衬套 20,以支承外半轴 8。外半轴 8 通过凸缘盘和轮毂 13 连接,从差速器传来的转矩即可通过万向节 2、外半轴 8 传给轮毂 13。为了防止半轴的轴向窜动,在球形支座 15 与转向节轴颈 7 内孔的端面装有止推垫圈 18、19。在转向节外壳 6 上还装有调整螺钉,以限制车轮的最大偏转角度。

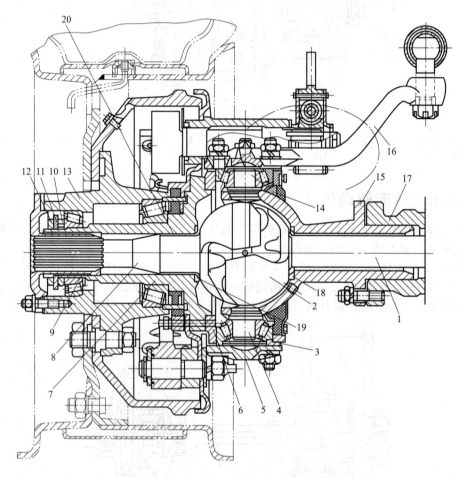

图 5-19 转向驱动桥的结构

1—内半轴;2—等速万向节;3—调整垫片;4—主销;5—轴承盖;6—转向节外壳;7—转向节轴颈;
8—外半轴(驱动轴);9—凸缘盘;10—调整螺母;11—锁止垫圈;12—锁紧螺母;13—轮毂;14—油封;
15—转向节球形支座;16—转向节臂;17—半轴套管;18,19—止推垫圈;20—青铜衬套

为了保持球形支座内部的滑脂和防止主销轴承、万向节被沾污,在转向节外壳 6 的内端面上装有油封 14。

当通过转向节臂 16 推动转向节时,转向节便可绕主销偏转而使前轮转向。

5.2.6　几种特殊的驱动桥

（1）ZL30 型装载机的前驱动桥

ZL30 型装载机前驱动桥如图 5-20 所示。其工作原理与单级主传动器及强制锁住式差速器的工作原理相似，但在结构上有较大不同。

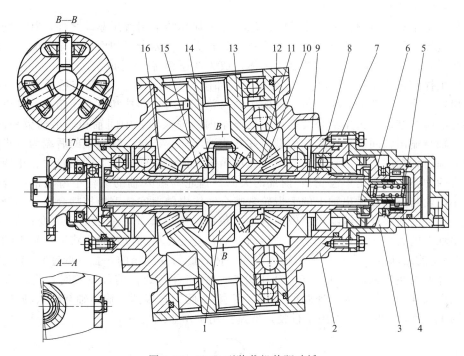

图 5-20　ZL30 型装载机前驱动桥

1—行星架；2—主传动器壳体；3—气箱；4—活塞；5—弹簧；6—牙嵌离合器；7,11,12—垫片；
8—从动轴套；9—传动轴；10—半圆环；13—从动弧锥齿轮；14—行星齿轮；
15—传动锥齿轮；16—主动弧锥齿轮；17—连接盘

主传动器由两对弧锥齿轮 13 和 16 组成，主动弧锥齿轮分别通过花键安装在与传动轴 9 空套的两个从动轴套 8 上，从动弧锥齿轮通过轴承支承在主传动器壳体 2 上，通过内花键与左、右半轴分别相连。由于主、从动弧锥齿轮的轴线互相不垂直（相差 4°），这就使两个主动弧锥齿轮与两个从动弧锥齿轮分别啮合传动，实现减速增矩，最后通过两半轴将动力传出。

差速器的行星架 1 与传动轴 9 为花键连接，在行星架上安装三个行星齿轮 14，与行星齿轮传输线啮合的传动锥齿轮 15 也分别通过花键装在两个从动轴套 8 上，实现差速功能。

动力由变速箱传来，经连接盘 17 传给传动轴 9，再经行星架 1、行星齿轮 14、传动锥齿轮 15、从动轴套 8 及主动弧锥齿轮 16，最后传给左右两边从动弧锥齿轮 13 和半轴，直至最终传动和驱动轮上。

由于这种主传动器是由两对弧锥齿轮构成的，两对单级主传动分别向两边驱动传递动力，因此弧锥齿轮上传递的载荷减小了一半，从而使结构尺寸减小，桥壳的尺寸也随着减小，增大了离地间隙，提高了装载机的通过性，但缺点是结构复杂。

另外，由于动力传递的过程中是先经差速器，后到主传动器再减速增矩，因此差速器各零件受力较小，故差速器零件结构尺寸小，便于布置。

这种主传动器与差速器上还装有气压操纵式差速锁。当操纵差速锁手柄后，使压缩空气进入气箱 3 内，推动活塞 4 压缩弹簧 5，通过推力轴承使牙嵌离合器 6 啮合，则传动轴 9 和从动轴套 8 被连为一体，即主动弧锥齿轮和传动轴被固定在一起，差速器不起差速作用，实现了强制锁紧的功能。当操纵手柄恢复原位时，进气路切断，因气路不通，在弹簧作用下，牙嵌离合器分离，差速器功能重新恢复。

（2）稳定土拌和机的驱动桥

现代稳定土拌和机通常采用全液压传动：除了拌和转子用液压驱动之外，其行驶也是液压驱动。这样，传动系统的结构就大大简化了；省去了主离合器和由变速箱到驱动桥间的万向传动装置，而将变速箱和驱动桥制为一体，成为变速箱-后桥总成。

稳定土拌和机的变速箱-后桥总成结构原理如图 5-21 所示。变速箱与后桥装成一体，变速箱输出轴圆锥齿轮即为后桥主传动器的主动齿轮。国内外的拌和机变速箱一般都设计成这种定轴式的两挡结构，采用啮合套换挡，变速箱内的输入轴、中间轴和输出轴呈平面布置，其中输入轴与输出轴同心。输入轴前端与柱塞式液压马达连接；输出轴的后端为一小圆锥齿轮。中间轴由轴端的两个滚动轴承支承于变速箱的壳体上，中间轴上固装着大、小两个圆柱齿轮（有的为整体式宝塔形齿轮）；前部的大圆柱齿轮与输入轴的圆柱小齿轮常啮合；后部安装的小齿轮与空套在输出轴上的大齿轮常啮合。输出轴上安装着换挡啮合套。啮合套用气动操纵。气缸的活塞杆操纵啮合套做前后轴向位移。啮合套处在中位时，为变速箱的空挡，此时输出轴上的大齿轮不能带动输出轴转动。啮合套处在后部位置时，将输出轴上的大齿轮（通过该齿轮前毂部的直齿）与输出轴固定为一体，此为变速箱的一挡（低速），输入轴的动力经两次降速增矩传到输出轴，其传动比为 7.23。啮合套处在前部位置时，将输入轴的小齿轮与输出轴连为一体，为变速箱的二挡（高速），此为直接挡，输出轴与输入轴同步旋转，传动比为 1。变速箱的高速挡用于行驶，低速挡用于作业或爬坡。

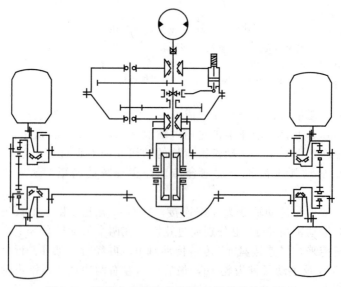

图 5-21　稳定土拌和机变速箱-后桥总成结构原理

后桥由主传动器和差速器组成，其功用、结构原理与普通轮式车辆的驱动桥无异，轮边减速器的功用是进一步增大驱动轮的转矩。考虑到结构的紧凑性，稳定土拌和机通常采用行星齿轮式轮边减速器。

（3）平地机的后桥平衡箱串联传动

为了提高行驶、牵引和作业性能，一般六轮平地机都采用在后桥的每一侧由两个车轮前后布置的结构形式，但只用一个后桥。平衡箱串联传动就是将后桥半轴传出的动力，经串联传动分别传给中、后车轮。由于平衡箱结构有较好的摆动性，因而保证了每侧的中、后轮同时着地，有效地保证了平地机的附着牵引性能。此外，平衡箱可大大提高平地机刮刀作业的平整性。如图 5-22（a）所示，当左右两中轮同时踏上高度为 H 的障碍物时，后桥的中心升起高度为 $H/2$，而位于机身中部的刮刀的高度变化为升高 $H/4$。如果只有一只车轮［如图 5-22（b）所示的左中轮］踏上高度为 H 的障碍物，此时后桥的左端升高 $H/2$，后桥中部升高 $H/4$，刮刀的左端升高 $3H/8$，右端升高仅 $H/8$。

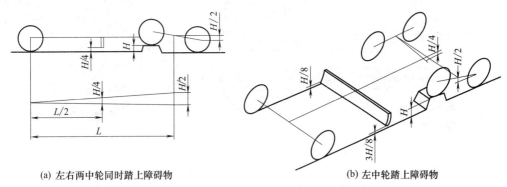

(a) 左右两中轮同时踏上障碍物　　　　　　　(b) 左中轮踏上障碍物

图 5-22　平地机越障进工作装置高度变化示意图

平衡箱串联传动有链条传动和齿轮传动两种形式。链条传动结构简单，并且有减缓冲击的作用，缺点是链条寿命短，需要时常调整链条长度。齿轮传动寿命较长，不需调整，但是这种结构造价较高，齿轮传动可以在平衡箱内实现较大的减速比，所以采用这种形式的平衡箱时，后桥主传动器通常只使用一级螺旋齿轮减速。目前大多数平地机上采用链条传动式平衡箱。

后桥平衡箱串联传动的结构如图 5-23 所示。

5.2.7　轮式机械驱动桥的常见故障及其原因分析

（1）驱动桥异响

① 故障现象及危害　轮式驱动桥的异响有多种表现，有的连续响，有的间断响；有的车速改变时响，有的正常行驶时响；有的上坡时响，有的下坡时响；有的响声沉闷，有的响声清脆。

驱动桥异响大多来自主减速器及差速器，也有的发生在最终传动装置处。

驱动桥异响是驱动桥零部件间技术状态不正常的反映，应及时查明原因并排除，否则可能引起更大的故障甚至事故。

② 驱动桥异响的原因分析　驱动桥异响多是由于后桥（包括最终传动装置）中某些零件产生碰撞或干涉所致。由于不同零件在不同状态下产生响声的强度、性质不同，所以可根据异响产生的条件、部位来判断异响的声源，查明异响的原因。

从异响产生的原因看，异响可分为两大类：一是由于零件间连接松动、零件损坏引起的响声，此种异响多属零件不正常的摩擦与碰撞，故响声比较清脆；二是由于轴承配合不正常、齿轮啮合不正常产生的异响。齿轮啮合不正常是指啮合间隙过小或过大，啮合部位不正确，啮合面积不足，此时会产生连续、清脆的响声，且声音也随转速的增大而增大；轴承配合不正常是指轴承间隙过大或过小，间隙过大时会产生连续的响声，且声音随车速的增高而增大。

（2）驱动桥发热

① 故障现象和危害　驱动桥发热是指驱动桥在工作一段时间后，其温度超过了正常温

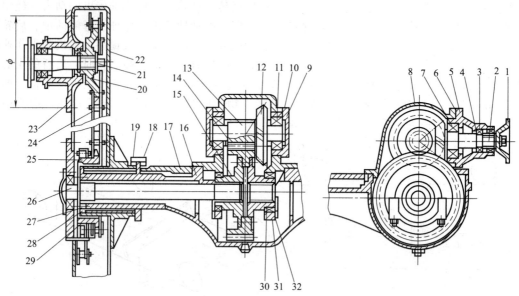

图 5-23　后桥平衡箱串联传动

1—连接盘；2—主动锥齿轮轴；3,7,11,30—轴承；4,6,10,14,28,31—垫片；5—主动锥齿轮座；
8—齿轮箱体；9—轴承盖；12—从动锥齿轮；13—直齿轮传输线；14—从动直齿轮；15—轮毂；16—壳体；
17—托架；18—导板；20—链轮；21—车轮轴；22—平衡箱体；23—轴承座；
24—链条；25—主动链轮；26—半轴；27—端盖；29—钢套；32—压板

升的允许范围，一般手摸检查时，会有烫手的感觉。驱动桥发热主要产生在驱动桥的主减速器、差速器处及最终传动装置处。

驱动桥发热同样是驱动桥零部件技术状态不正常，配合关系不正常或润滑不正常的表现，应及时予以排除，以免损坏相关零部件。

② 驱动桥发热的原因分析　驱动桥发热一般是由于产生热量多且热量不能及时散出去。轮式驱动桥的热源主要是摩擦热，而摩擦热又只能是相对运动件配合间隙过小所致。驱动桥的配合件一类是轴承，另一类是齿轮。因此，驱动桥发热的根本原因是轴承配合间隙过小或齿轮啮合间隙过小所致。

驱动桥热量散不出去的主要原因是驱动桥（最终传动装置）中缺油或油质低劣。缺油或油质低劣不仅使驱动桥产生的摩擦热不能及时散出，而且会使相对运动件处于干摩擦状态，使摩擦热大大增加。

驱动桥发热可根据发热的部位判明发热的原因，如轴承处过热时，可判明是轴承引起的；整个驱动桥壳体发热时，可能是齿轮啮合不正常或因缺油引起的，要及时加注符合标准的润滑油。

（3）驱动桥漏油

① 故障现象和危害　驱动桥漏油大多发生在桥包处及最终传动装置处，且大多从密封处与接合面处外漏。

② 驱动桥漏油的原因分析　驱动桥漏油主要是由于密封件损坏所致，如最终传动装置油封损坏引起的漏油，桥壳、最终传动装置接合面的漏油等。

5.2.8　轮式机械驱动桥的维护

（1）润滑油的添加与更换

添加或更换润滑油时，应根据季节和主减速器的齿轮形式正确选用齿轮油。更换新油时，趁机械走热时放净旧油，然后加入黏度较小的机油或柴油，顶起后桥，挂空挡运转数分钟，以冲洗内部，再放出清洗油，加入新润滑油。整体式驱动桥也可拆下桥壳盖清洗。

车轮轴承应定期更换润滑脂。目前，车轮轴承多用锂基或钙基润滑脂。

（2）主传动器轴承的调整

主传动器轴承调整的目的是保证轴承的正常间隙。间隙过小，则其表面压力过大，不易形成油膜，加剧轴承磨损；间隙过大，齿轮轴向旷量增大，影响齿轮啮合。主传动器主动锥齿轮两个轴承的间隙可用百分表检查。检查时将百分表固定在后桥壳上，百分表触头顶在主锥齿轮外端，然后撬动传动轴凸缘，百分表的读数差即为轴承间隙。间隙不符合技术要求时，改变两轴承间垫片或垫圈的厚度进行调整。维护时，后桥拆洗装配后，主动锥齿轮轴承预紧度用拉力弹簧或用手转动检查。当轴承间隙正常时，转动力矩为 $1\sim3.5\mathrm{N\cdot m}$。间隙小加垫或增厚垫圈，间隙大则相反。

双级减速器主传动器中间轴的轴承间隙为 $0.20\sim0.25\mathrm{mm}$，不适合时，用轴承盖下的垫片进行调整。在左右任意一侧增加垫片时，轴承间隙增大，相反则减小。减速器壳轴承松紧度采用旋转螺母进行调整。调整时，先将螺母拧紧，然后退回 $1/6\sim1/10$ 圈，使最边上的一个调整螺母缺口与锁止片对正，以便锁止。

（3）锥齿轮啮合的调整

主传动器的使用寿命和传动效率在很大程度上取决于齿轮啮合是否正确。检查主动锥齿轮和从动锥齿轮的啮合印痕应符合相关尺寸规定。齿轮啮合印痕不正确时，应调整两边轴承座下的垫片，即从一边轴承座下取出垫片，装入另一边。

调整主动锥齿轮位置也可通过增加或减少调整垫片的厚度实现。调整后齿轮啮合间隙为 $0.15\sim0.40\mathrm{mm}$。

有些单级主传动器（如 ZL50 型装载机）的从动锥齿轮背面有止推螺栓，防止负荷过大或轴承松动时，从动齿轮产生过大偏差或变形。此时，调整主动锥齿轮和从动锥齿轮后，应重新调整止推螺栓，使其与从动锥齿轮背面保持 $0.25\sim0.40\mathrm{mm}$ 的间隙。

（4）后桥车轮轴承的调整

车轮轴承过紧将增大转动阻力，摩擦损失增大，容易磨损；轴承过松，将使车轮歪斜，甚至在运行时产生摇摆，同样会损坏轴承及驱动桥其他零件。因此，在维护时，应检查车轮轴承的松紧度，及时进行调整。

在装配车轮轴承前，首先检查轴承油封、轴承、后轴管螺纹及螺母等的技术状况，后轮轴承松紧度的调整方法是，先装上轮毂内轴承，再装制动鼓与轮毂外轴承，在旋紧调整螺母的同时旋转制动鼓（安装位置准确），直到感觉微有转动阻力为止。将调整螺母反方向旋松 $1/8\sim1/10$ 圈（约 2 个孔），最后紧固锁紧螺母。调整完成的后轮轴承不应有可察觉的轴向松动感觉，并且转动自如无摆动。调整后进行路试，行驶 10km 左右，然后用手摸轮毂的温度，如有发热现象，则为轴承过紧所致，必须重新调整。

后桥的维护除上述内容外，还应检查油封、轴承盖、螺塞及各总成密封垫，并按规定进行必要的清洗、调整和紧固。

5.3　履带式驱动桥

5.3.1　履带式驱动桥的组成

履带式驱动桥主要由中央传动装置、转向制动装置（含转向离合器、转向制动器）、侧传动装置和桥壳等零部件组成。中央传动装置、转向制动装置、侧传动装置都装在一个整体的桥壳内。

在桥壳的底部装有左、右后半轴，作为整个驱动桥的支承轴。此轴的左、右两端装在行驶装置的轮架上，此轴同时也作为侧传动装置最后一级从动齿轮和驱动轮的安装支承。

5.3.2 中央传动装置

（1）功用

中央传动装置的功用是将变速器传来的动力降低转速、增大转矩，并将动力的传递方向改变 90°，传给转向离合器。中央传动装置大多是由一对锥齿轮组成的单级减速器。目前重型和中型履带式机械上大多采用螺旋锥齿轮传动装置。

（2）组成

中央传动装置主要由主动锥齿轮、从动锥齿轮、中央传动轴、轴承、油封和接盘等组成（见图 5-24）。

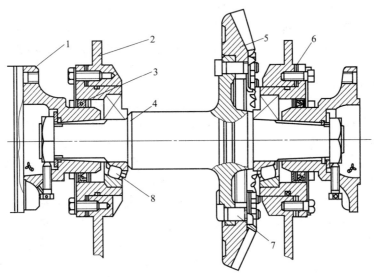

图 5-24 T2-120 型推土机中央传动装置

1—接盘；2—驱动桥箱隔壁；3—油封；4—中央传动轴；5—从动锥齿轮；

6—调整垫片；7—螺栓；8—轴承

5.3.3 转向制动装置

（1）功用与组成

根据履带式机械行驶和作业的需要，切断或减小一侧驱动轮上的驱动转矩，使两边履带获得不同的驱动力和转速，使机械以任意的转弯半径进行转向，并可与制动器配合进行360°的原地调头。制动器可保证机械在坡道上可靠地停车。

转向制动装置装在中央传动装置和侧传动装置之间，它包括转向离合器、转向制动器及其操纵机构。

转向制动装置目前在工程机械上大体上有两种形式，一种为行星齿轮式，另一种为摩擦离合器式。行星齿轮式转向制动装置具有结构紧凑、体积小、使用寿命长的优点，但制造工艺复杂，要求精度高，应用少。摩擦离合器式转向制动装置具有加工容易、成本低，能保证达到机械转向的要求，应用广泛。目前履带式工程机械上大多采用多片常结合式摩擦离合器，这是因为它装在中央传动装置之后，所传递的转矩较大，并且这种离合器结合和分离的动作柔和，使机械转向动作圆滑平顺。

（2）分类

① 转向离合器分类

a. 根据工作条件分　可分为干式和湿式。干式转向离合器多用在轻型及中型履带式机械上，湿式转向离合器在重型履带式机械上被广泛采用。

b. 根据操纵形式分　可分为人力式、助力式和液压式。

人力式操纵的转向离合器，其操纵机构简单，但操纵费力，所以只用于轻型履带式机械上。

助力式操纵的转向离合器操纵轻便，因此多用于中型和重型履带式机械上，有液压助力和弹簧助力两种。T2-120A 推土机采用的即为液压助力式，它可在转向时把拉动转向操纵杆所需的力从 343N 减小到 49N。

液压助力式转向离合器通过控制换向阀来改变液流的方向，在液压作用下，使转向离合器分离或接合，可使操纵轻便灵活、维护简便，目前在大型机械上采用较多。

根据液压作用的方式分可分为单作用式和双作用式两种。若转向离合器的接合靠弹簧的力量，而分离则是靠液压的作用，这就是单作用式，如 TY-180 型推土机就是采用这种形式。若转向离合器的分离和接合均是靠液压作用的，就是双作用式，如小松 D85A 型、T2120A 型推土机的转向离合器。

如图 5-25 中采用的是湿式、多片、铜基粉末冶金摩擦衬面、弹簧压紧、油压分离的单作用式转向离合器。

接盘液压缸用锥形花键装在横轴的端部，由螺母和垫片将其紧固。液压缸的接盘与主动鼓用螺钉紧固，主动鼓的外圆柱面上有齿形键，带有内齿的主动片松套在上面，并可以轴向移动，相邻主动片之间又穿插着一片带有粉末冶金摩擦衬面的从动片。主动片共 9 片，从动片共 10 片。从动鼓为一圆筒形，其内周也有齿槽，带有外齿的从动片松套在它上面，也可以轴向移动。在最后一片从动片的外表面装有压盘。在接盘液压缸内装有带密封环的活塞，在弹簧压盘的杆端颈部以半圆键与外压盘连接，当离合器接合时，外压盘可以带着弹簧压盘一起旋转。

在外压盘与主动鼓的凸缘之间夹着主动片和从动片，它们借主动鼓的 16 副大、小螺旋弹簧的张力使之接合。此时由横轴传来的动力经接盘液压缸、主动鼓、主动片与从动片和从动鼓、从动鼓接盘一直传至最终传动装置的主动轴。当液压缸内进入压力油时，活塞被向外推，通过弹簧压盘克服弹簧张力，使外压盘外移，离合器即可分离。

压力油从轴承座的油道进来，经过接盘液压缸的内油道而进入液压缸内，在轴承座与接盘液压缸之间装有油封环。

这种转向离合器是湿式的，故从动鼓和外压盘上都有油孔。在 16 副弹簧螺杆中有 4 副使中空的，以便进入油液润滑压盘与主、从动鼓之间的配合面以及主、从动片。

由于采用了湿式粉末冶金摩擦片，转向离合器的耐磨性强，散热性好，可以防止摩擦片过热和烧蚀现象，延长了使用寿命。

单作用式转向离合器靠弹簧压紧传递转矩，靠油压分离，所以油路系统较简单。工作时系统建立常压，液压泵消耗的功率少，而且不必加设工作油的冷却系统，因而结构简单、工作可靠。并可保证在低温条件下的拖启动。

双作用式转向离合器如图 5-26 所示。与前述单作用式转向离合器的区别是离合器的接合主要依靠液压，小弹簧是考虑到发动机拖启动或液压系统出故障时辅助之用。在结构上把图 5-25 中的弹簧压盘作为活塞，把液压缸接盘改为锥形接盘，主动鼓的内圆孔就是离合器的工作液压缸，为限制分离离合器时的活塞行程，此内圆孔制成阶梯形。

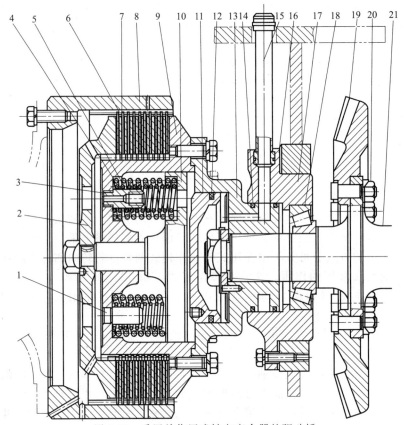

图 5-25 采用单作用式转向离合器的驱动桥

1—弹簧螺杆；2—外压盘；3—弹簧杆；4—大螺旋弹簧；5—小螺旋弹簧；6—从动片；7—主动片；
8—从动鼓；9—主动鼓；10—弹簧压盘；11—活塞，12,14—油封环；13—接盘液压缸；15—油管；
16—调整垫片；17—轴承座；18—滚锥轴承；19—大锥齿轮；20—螺栓；21—横轴

在主动鼓中有油道与锥形接盘斜壁上的油道相通。在压力油经这些油道进入活塞外侧的油腔时（靠最终传动装置的一侧），将活塞向内腔推。通过活塞杆头部的螺母使外压盘将离合器主、从动片压紧，这时离合器处于接合状态。活塞内侧的锥形接盘内腔为分离离合器时的压力油腔。自横轴中心油道来的压力油进入此腔时，将活塞向外推，于是外压盘卸压，转向离合器分离。活塞向外移动的距离只能到达主动鼓内孔的台阶上（此时也已把回油道堵住）。

活塞内、外侧油腔一边进油，另一边则回油。活塞与活塞杆同主动鼓的配合面上都有密封环。活塞杆头部与外压盘是用键和螺母固装的。

当液压系统无压力时，主动鼓内的 10 副小弹簧仍使离合器以较小的压力常接合，小弹簧压紧力较小，只占总压力的 25％左右，该压紧力所产生的摩擦力矩只够用于拖启动时传力带动发动机转动。而液压系统出故障时，推土机仍可以空载驶回修理地点，转向制动器制动可使转向离合器打滑，以实现转向。

这种双作用转向离合器省去大弹簧，可大大减少转向离合器的结构尺寸，对于重型推土机较为适用，但是依靠液压使离合器常接合，工作时液压系统中要保持常压，这样液压泵消耗的功率增加，同时压力油经常处于负荷下，易使油温升高，所以，必须增设良好的油冷却系统，这就增加了推土机结构的复杂性。

　②转向制动器分类　转向制动器一般都采用踏板、拉杆操纵的带式制动器，其特点是

结构简单、紧凑。根据制动带的作用方式可分为单作用式和浮动式两种。

a. 单作用式　只在机械前进时能自行增力，倒车制动时，制动效果较差，它多用在轻型履带式推土机上。

b. 浮动式　在机械前进或倒车时都可以自行增力，制动效果较好，它多用在重型机械上。

目前履带式机械采用的转向制动装置多为两种：液压助力多片干式转向制动装置和液压操纵多片湿式转向制动装置。

（3）结构与原理

以 T2-120A 型推土机的转向制动装置为例，它由转向离合器及其操纵机构和转向制动器组成，转向离合器属于弹簧压紧多片干式液压助力式转向离合器，其制动器为浮动式带式制动器。

① 转向离合器　主要由主动部分、从动部分和加压松放部分组成（见图 5-27）。

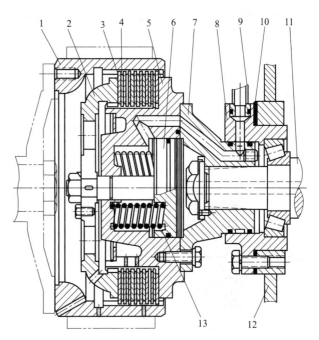

图 5-26　双作用式转向离合器
1—从动鼓；2—外压盘；3—从动片；4—主动片；5—主动鼓；
6—活塞；7—锥形接盘；8—轴承座；9—油管；
10—调整垫片；11—横轴；12—驱动桥隔板；
13—小弹簧

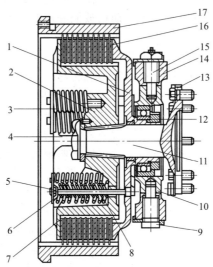

图 5-27　T2-120A 型推土机转向离合器结构
1—压盘；2—主动鼓；3,8—弹簧；4—固定螺母；5—弹簧杆；6—弹簧座；7—主动片；9—下螺柱；10—松放圈；
11—转向离合器轴；12—分离轴承；13—接盘；14—松放环；15—上螺柱；16—从动片；17—从动鼓

主动部分包括转向离合器轴、主动鼓和主动片等。离合器轴以接盘与中央传动轴接盘连接。主动鼓以花键装在离合器轴上，端部用挡板、螺母固定。主动鼓外圆面制有齿槽，9 片带内齿的主动片套装在上面，随主动鼓一起旋转。

从动部分由从动鼓和从动片组成。从动鼓装在主动部分外面，其内表面制有齿槽，外端面以螺钉与侧传动装置从动齿轮轴接盘连接，外圆面作为制动器的制动鼓。从动片制有外齿，两侧铆有摩擦片，同样数量的主、从动片间隔地安装在主、从动鼓之间。

加压松放部分主要由压盘、松放圈、分离轴承、复式弹簧、弹簧杆等组成。压盘内孔滑装于转向离合器轴上。其延长套外缘通过轴承与松放圈连接。松放圈外边通过两个螺柱活动地装有松放环，松放环下短轴插入壳体球窝内，上短轴与拉杆连接。松放环与松放圈连接的上螺柱为中空的，注油软管的内端与其连接，软管外端用空心螺柱与驱动桥壳上的注油嘴连接。8根弹簧杆的一端穿过压盘、主动鼓的孔后，用弹簧座和锁片将复式弹簧压紧在主动鼓上。这样，利用8组复式弹簧的压力（13000N）将主、从动片紧紧地压在主动鼓与压盘之间。

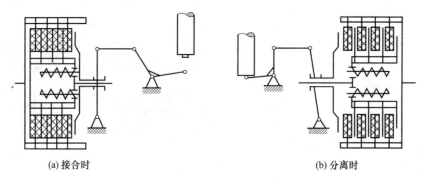

(a) 接合时　　　　　　　　　　　　　　(b) 分离时

图 5-28　转向离合器工作原理

转向离合器的工作原理如图5-28所示。当推土机直线行驶时，主、从动片在弹簧作用下紧紧地压在一起，从中央传动轴传来的动力，经转向离合器、主动鼓，借助主、从动片的摩擦力传给从动鼓，经接盘传出。当需要改变或修正行进方向时，向后拉动一侧的转向操纵杆，经过推杆、液压助力器等，使松放环带动松放圈和压盘内移，复式弹簧被压缩，压盘与主动鼓之间的距离增大，使主、从动片失去压紧力而处于分离状态，推土机即可向相应的方向慢转向。由于转向离合器为多片式，因此分离不彻底，主、从动片之间的滑动摩擦还可传出较小的动力，使推土机两边履带转速不一致。急转弯时，必须同时踏下相应一侧的制动踏板，使从动鼓制动。拉动另一侧的转向操纵杆时，以同样的原理，使推土机向另一侧转向。当推土机转到所要求的方向后，放开制动踏板和转向操纵杆，在复式弹簧的作用下，转向离合器恢复接合状态。转向操纵机构用来操纵转向离合器的分离和接合，以使推土机转向或直线行驶。它由转向操纵杆和液压助力器两部分组成。两根转向操纵杆位于驾驶室内前部，下端以轴套装在横轴上，并通过连接叉与推杆连接。推杆后端部插入液压助力器顶端前端孔内。可改变转向推杆的长度，从而使推杆与顶杆之间的间隙得到调整。为了在操纵杆放回时不致猛烈振动，在操纵杆前下方缓冲座孔内装有橡胶缓冲垫。

② 转向制动器　用来配合转向离合器使推土机急转弯或坡地停车。制动器左右各一个，可独立工作。

履带式推土机一般采用带式制动器，T2-120A型推土机采用浮动式带式制动器。它主要由制动带、支架、双臂杠杆、支承销、内外拉杆、内外摇臂、调整螺母和踏板等组成，如图5-29所示。制动钢带内圆面铆有摩擦片，为便于拆卸或修理，它由两部分搭接，用螺栓连接成一个整体。制动带一端焊有带球面孔的连接块，另一端铆有安装支承销的耳环。支架以螺钉固定在转向离合器室后壁上，双臂杠杆下端两个孔内的支承销，分别支承在支架的上、下钩形槽内，后支承销连接制动带下端，前支承销经调整螺杆连接制动带的上端，调整螺母球形凸面支承在制动带上端的连接块球形座上，靠铆在钢板上的弹簧钢片防松。双臂杠杆上端通过轴销、拉杆、摇臂等与制动踏板连接。为使踏板自动回位，在外拉杆后部与后桥

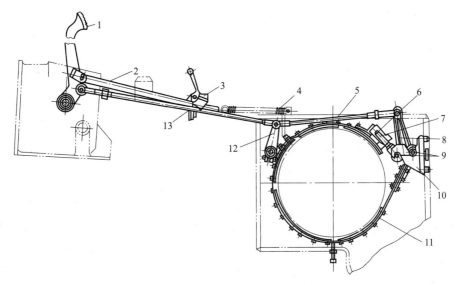

图 5-29　转向制动器

1—制动踏板；2—制动齿条；3—制动卡爪；4—弹簧；5—内拉杆；6—调整螺母；7—调整螺杆；
8—双臂杠杆；9—支承销；10—支架；11—制动带；12—外摇臂；13—外拉杆

箱间装有回位弹簧。在右制动踏板上装有齿条，与固定在变速机壳体上的卡爪配合使用，可实现坡地停车制动。转向离合器室底部装有支承调整螺钉，以防制动带自由状态时过度下垂，使制动带磨损。

当需要急转向时，先向后拉动转向操纵杆，再踏下制动踏板，作用力通过外拉杆等连接件使双臂杠杆上端向前摆动。此时，若推土机是前进行驶，则制动鼓为逆时针旋转，作用在制动带上的摩擦力将制动带后端拉起，双臂杠杆则绕前支承销转动，后支承销离开支架，将制动带拉紧，使从动鼓制动，推土机即可向相应的方向急转弯。当放松踏板时，在回位弹簧的作用下，制动器各机件恢复到原来位置，停止急转向。当推土机需要在坡地停车时。可将右踏板踏下，使制动卡爪卡住齿条，不使踏板回位，即可使推土机可靠制动。

5.3.4　最终传动装置

（1）履带式机械传动最终传动装置（侧传动装置）的功用及分类

① 功用　再次降低转速、增大转矩。

② 分类

a. 单级齿轮传动　结构简单、使用可靠，使用广泛。

b. 双级齿轮传动　第一级为圆柱齿轮减速，第二级为行星齿轮减速。尺寸小，传力大，但结构复杂。

（2）双级外啮合齿轮传动式侧传动装置

T-100 型、T2-120A 型、TY-180 型等推土机上的侧传动装置都是采用这种形式。它主要由侧减速器和驱动轮等组成（见图 5-30）。

① 侧减速器　包括壳体、齿轮、轴承和轮毂等，固定在转向离合器室外侧壁上，其上有加油口和放油口，壳体内通过轴承装有主动齿轮、双联齿轮和从动齿轮。主动齿轮与轴制为一体，轴内端花键部分伸入转向离合器内，其上固定着接盘。主动齿轮与双联大齿轮常啮合，双联小齿轮与从动大齿轮啮合，从动大齿轮用螺栓固定在轮毂上。为了保证主动齿轮和双联齿轮正常的轴向游隙，在主动齿轮轴承座与壳体之间和双联齿轮外侧盖与壳体之间装有

调整垫片。齿轮和轴承靠飞溅润滑，为防润滑油漏入转向离合器室，在主动齿轮轴承座内装有油封。

② 驱动轮　主要包括轮体（驱动桥）、半轴、轴承、轴承座、调整圈和油封等。轮体压装在轮毂的花键上，并用螺母固定。轮毂两端通过锥形滚柱轴承支承。内端轴承装在后桥壳上，外端轴承通过轴承外壳装在半轴轴承座大端孔中。轴承外壳与半轴轴承座间装有导向销，其上还装有调整圈。轴承的间隙可通过拧动调整圈来调整，调整圈用卡铁固定。半轴轴承座为半剖式，用夹紧螺杆将轴承外壳固定。半轴轴承座小端以半圆键固定在半轴外端，小端外圆套装着端轴承。端轴承座装在端轴承上，并用螺钉固定于轮架后端部，它与轮架间有定位销。半轴装在后桥壳体上，并用螺母锁紧。为防止轴承座等外移，在半轴外端装有挡板和螺母，外侧用带有油嘴的端盖密封。这样，当推土机在不平地面上行驶时，可使轮架绕端轴承摆动一个角度，以减小振动，保证推土机行驶平稳。

③ 油封　侧传动装置在工作时常与泥水接触，因此其密封要好，否则泥水易于侵入和造成漏油而影响轴承和齿轮的使用寿命。油封的形式有三种：铜皮折叠油封、端面浮动油封和皮膜油封。目前工程机械上应用较多的是端面浮动油封。T2-120A 型、TY-180 型等推土机的驱动轮采用的就是端面浮动油封。此密封由两个金属密封环（定环、动环）和两个 O 形橡胶密封圈组成（见图 5-31），两个密封环的接触端面（密封面）经过精密加工形成封油面。安装好的油封其 O 形橡胶圈处于弹性变形状态，从而使密封面保持一定的轴向压紧力（0.6MPa），同时也避免润滑油从 O 形橡胶圈的上下接触面漏出。这种油封结构简单，密封

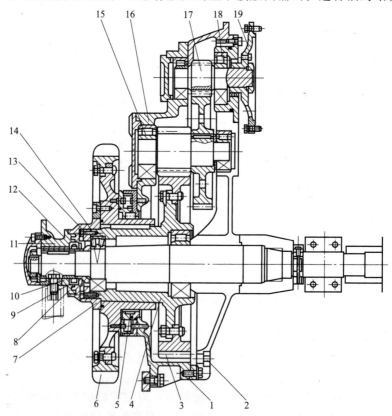

图 5-30　T2-120A 型推土机的侧传动装置

1—齿罩；2—放油螺塞；3—齿圈；4—轮毂；5—自紧油封；6—驱动轮；7—调整螺母；8—半轴外瓦；
9—圆柱销；10—轴承壳；11—半轴；12—轴承壳；13,15,18—轴承；14—轮毂螺母；
16—双联齿轮；17—主动轮；19—驱动盘

效果好，使用寿命长，维护保养方便，因此目前已被广泛采用。

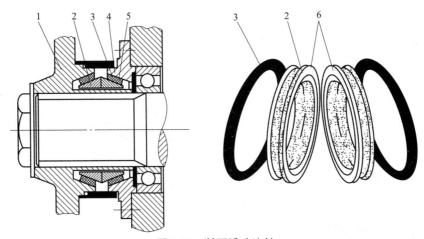

图 5-31 断面浮动油封

1—箱体；2—定环；3—O 形密封圈；4—驱动轮轮毂；5—动环；6—密封面

（3）双级行星齿轮传动式侧传动装置

T-160 型推土机侧传动装置如图 5-32 所示。该型推土机的侧传动装置采用的是行星齿轮传动式，它为二级综合减速，第一级仍为外啮合齿轮减速，与双级外啮合齿轮传动的第一级相同，第二级为行星齿轮减速，行星齿轮机构主要由太阳轮、行星轮、行星架、齿圈等组成。

太阳轮固定在第一级减速齿轮的从动轴上。三个行星轮通过轴承、行星轮轴装在行星架上，行星架固定在驱动轮的轮毂上。齿圈与壳体固定在一起。动力经一级减速齿轮传给太阳轮时，经行星轮带动行星架和驱动轮转动。

5.3.5 履带式驱动桥的常见故障与排除

（1）中央传动装置

中央传动装置由大、小锥齿轮及横轴、轴承等组成。其作用是进一步增大传动比并改变传动方向，以利于对驱动轮的驱动。履带式机械后桥中央传动装置多为单级锥齿轮减速，因长期使用会出现异动、发热等故障现象。

① 中央传动装置异响 主要发生在齿间与轴承处。齿轮响主要由于齿面加工精度低、啮合间隙与啮合印痕调整不当、壳体形位误差超限等引起。啮合间隙过小会引起"嗡嗡"声，间隙过大会引起撞击声。啮合间隙不均是齿轮本身有缺陷。啮合印痕不正确，除调整不当外，还因使用中壳体、齿轮轴、齿轮变形以及轴承磨损所致。轴承异响是由于轴承磨损、安装过紧、歪斜及壳体与轴变形等引起的。

② 中央传动齿轮室发热 是由于齿轮啮合间隙过小，轴承安装过紧、歪斜，滚动体内有杂物，润滑油不足或油质较差等引起的。有时也会因转向离合器与制动器工作不正常，其摩擦热会引起整个后桥箱发热。

（2）最终传动装置

最终传动装置的主要故障时漏油和异响。最终传动装置漏油主要发生在油封处，有时也发生在最终传动装置壳体与后桥壳体结合面处。油封处漏油多为油封损坏所致，有时也会由于油封安装不当引起。壳体结合面处漏油是由于壳体变形、垫片损坏、连接螺钉松动等造成的。漏油易引起缺油，如果齿轮与轴承磨损，进一步引起响声和发热。最终传动装置异响大多是因为缺油或轴承、齿轮磨损过度引起的。

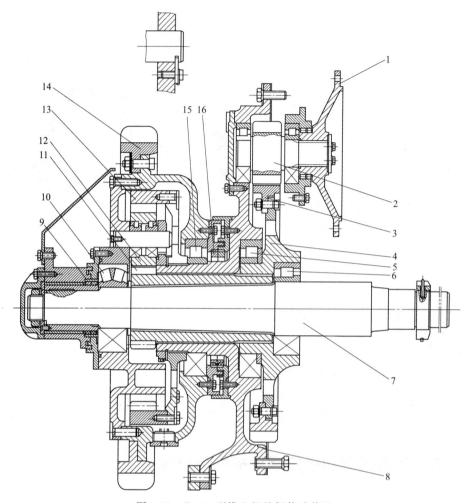

图 5-32　T-160 型推土机的侧传动装置

1—接盘；2—主动轴；3,13—齿圈；4—从动轮毂；5,6,10,15—轴承；7—半轴；8—壳体；
9,16—浮动油封；11—太阳轮；12—行星轮；14—驱动轮

5.3.6　中央传动装置的维护

（1）中央传动齿轮室润滑油的检查与更换

中央传动齿轮室中润滑油油面高度以油面高度检查口或油尺刻度为准。天气热时，油面可与油面高度检查口齐平；天气冷时低于油面高度检查口 10~15mm。工作过程中因润滑油消耗使油面高度低于标准值时，应及时添加。当季节变化和润滑油脏污时，应更换新油。换油应在机械工作结束后、润滑油尚未冷却时进行，以保证废油放得最快最彻底，同时可以使箱壁及底面上沉积的杂质放出，以减少清洁用油的消耗。放油后，用相当于后桥容积 1/3 的清洗油（混合 5％机油的煤油）加入中央传动齿轮室进行清洗。为了清洗彻底，让中央传动齿轮以不同转速运转 1~2min 后放出清洗油，并清除磁性螺塞上的铁屑和污垢，然后注入规定牌号的齿轮油至标准油面高度。此外对后桥的油量应在每班前检查，对温度升高及渗漏情况应在每班后检查。

（2）后桥漏油的检查与处理

后桥常见故障是漏油，常发生漏油的部位是轴孔处和接合处。后桥漏油是由于油封状态

不良（老化、磨损、破裂）或密封垫损坏、壳体破裂所引起的。放油螺塞处漏油是由于垫片不良（过厚、过薄、破裂）或螺纹损坏所引起的。后桥漏油应在每班前后擦净外壳仔细检查。必要时紧固、维修或更换零件。

（3）主传动器各机件的检查与调整

中央传动锥齿轮的啮合位置不正确往往是造成噪声大、磨损快、齿面剥落、齿轮折断等的原因。正确啮合就是要求两个锥齿轮的节锥母线重合，节锥顶点交于一点。中央传动有轴向的作用，通常多采用能承受较大轴向力的滚锥轴承支承。滚锥轴承具有这样的特点：轴承有少量磨损，即可对齿轮轴向位置产生较大的影响，使大、小锥齿轮离开原来的啮合位置。因此，在使用过程中调整中央传动装置，就是为了消除因轴承磨损而增大的轴承间隙，使锥齿轮恢复正确的啮合位置。为了恢复主动齿轮的正确啮合位置，需调整主、从动齿轮的轴向位置，但主动齿轮的轴向位置只有在拆散后重新安装（大修或成对更换）时才进行调整，平时技术维护中只检查和调整从动齿轮的轴向间隙，而且在调整时应保证原来的啮合位置和啮合间隙不变。因为从动齿轮的轴向间隙过小时在工作过程中会发热，严重时还会烧损轴承，反之则会在工作过程中产生冲击和噪声，有时还会破坏锥齿轮副的正常啮合位置，从而使锥齿轮过早磨损。此轴向间隙的调整方法随机械结构的不同而有所不同。中央传动装置的调整是其安装中的一道重要工序。下面以 T2-120 型推土机为例介绍中央传动装置的调整方法。

① 卸下燃油箱、助力器和转向离合器，清除后桥箱上的污垢，并用煤油清洗传动室。

② 装上检查轴向间隙的夹具和百分表，并将表的触头顶在从动锥齿轮的背面。

③ 用手扳动从动锥齿轮使横轴转动几圈，以消除滚锥轴承外圆和滚子的间隙。

④ 先用撬棍使从动锥齿轮带动横轴向左移动至极端位置，将百分表大指针调零，再将横轴推至极右位置，百分表摆差即为横轴轴向间隙。其正常值应为 0.10～0.20mm，不符合要求时应进行调整。

⑤ 如果轴向间隙因轴承磨损而过大，可在左、右两轴承座下各抽出相同数量的垫片，其厚度等于要求减小间隙数值的 1/2。这样就可保持从动锥齿轮原来的啮合位置基本不变。

（4）锥齿轮啮合间隙的检查与调整

轴向间隙调整好后，用压铅丝法检查其啮合间隙。检查时将铅丝（比所测间隙稍厚或稍粗）放在齿轮间，并转动齿轮使铅丝进入齿轮啮合表面而被挤压，然后取出被挤压的铅片，测量最薄处的厚度，即为齿侧间隙。一般新齿轮副啮合间隙为 0.20～0.80mm，且在同一对齿轮上沿圆周各点间隙的差值不得大于 0.20mm。旧齿轮副的啮合侧隙最大可允许为 2.50mm，超过此值应更换新件。

若不符合以上要求时，可将一侧轴承座下的调整垫片抽出并加到另一侧（两边垫片的总数仍不变，以保证横轴轴承间隙不变）进行调整。抽出左边垫片加到右边时，侧隙增大，反之则减小。

TY180 型、T100 型、D80-7 型、T20 型等推土机的此项调整工作与 T2-120 型相同，数据稍有差别。

（5）锥齿轮啮合印痕的检查与调整

中央传动装置的使用寿命与传动效率在很大程度上决定于锥齿轮啮合的正确性。正确的啮合印痕是避免早期磨损和事故性损坏、减小噪声、增大传动效率的重要保证。

啮合印痕的检查方法是：在一个圆锥齿轮齿面上涂以红铅油，转动齿轮 1～2 圈，在另一个圆锥齿轮的齿面上即留下了啮合印痕，检查啮合印痕应以前进挡啮合面为主，适当照顾后退挡位，正确的啮合印痕应在齿面中部偏向小端（但距小端端面大于 5mm），前进挡时啮合面积应大于齿面的 50%，后退挡时应大于齿面 25%，印痕长应大于齿长的一半，印痕应在齿高中部，印痕允许间断成两部分，但每段长度不得小于 12mm，断开间距不得大于 12mm。印痕大小及位置不当时，可通过移动大、小锥齿轮来改变轴向位置。当小锥齿轮轴向位置安装正确时，一般情况下调整大锥齿轮轴向位置即可满足要求。当调整大锥齿轮不能满足啮合印痕时才调整小锥齿轮。调整大锥齿轮轴向位置的方法与调整啮合间隙的方法相同。小锥齿轮的轴向位置可通过增减变速器第二轴前端轴承座与变速器壳体间垫片的厚度进行调整。

当用以上方法调整不出合适的啮合印痕时，则往往是由于后桥壳体变形、齿轮轴变形等造成的，需更换或维修有关零件。

5.3.7 最终传动装置的维护

最终传动装置的技术维护，主要是紧固驱动轮的螺母及调整轴承间隙、检查后轮毂油封及润滑油油面等。下面以 T120 型推土机最终传动装置的检查与调整为例予以介绍。

（1）最终传动装置润滑油与齿轮油的更换

最终传动装置的润滑油应该按技术维护规程定期进行更换。更换最终传动装置齿轮室的齿轮油时，应在推土机熄火后趁齿轮油尚热时立即进行。放油时先将齿轮室外壳下部的放油螺塞拧下，使旧齿轮油放完为止，然后再将放油螺塞拧上。

清洗时，先将齿轮室后部的注油口螺塞拧下，并由此注入煤油，然后开动推土机，在无负荷下用低速前进及后退运转 5min，再按放旧油的方法放出清洗油，同时仔细清除放油螺塞上杂质，再将放油螺塞拧上。注入新齿轮油，使油面高度达到量尺上刻度线，最后将注油口螺塞拧紧。维护时，对左右两侧的最终传动装置应同时进行。加油完毕后应仔细检查齿轮室外壳螺栓、螺母的紧固情况和有无油液渗漏。

（2）最终传动装置驱动轮轮毂轴向间隙的检查与调整

最终传动装置驱动轮轮毂轴向间隙标准值为 0.125mm。间隙过大或过小都会加速轴承和齿轮的损坏，引起驱动轮在行驶中轴向摆动量增大，加速啮合处的磨损和端面油封的损坏。调整方法是取下驱动轮轴承调整螺母的锁止片，用约 1500N·m 的扭矩将调整螺母拧到极点，即将轴承间隙完全消除，然后退回一个齿（即 1/4 圈）。用撬杠把驱动轮向外撬，以消除半轴外轴瓦和调整螺母之间的间隙。调整后，装上调整螺母的锁止片，并拧紧半轴外轴套的夹紧螺栓，装复其他附件。

（3）最终传动装置驱动链轮油封漏油的检查和调整

推土机在使用初期，链轮油封有轻微的漏油现象是正常的，若长时间漏油，则必须进行检查，找出原因并加以排除。其方法如下：检查链轮轮毂花键的配合情况，如发现自紧油封的垫圈压得不紧，必须拧紧轮毂螺母。油封一般采用浮动油封，工作寿命长。如果产生漏油现象时，可拆开更换 O 形圈，研磨动环与定环端面后重新装复。

T140 型、T180 型、T220 型等推土机最终传动装置的维护与 T120 型相同。

复习与思考题

一、填空题

1. 轮式工程机械驱动桥一般由_____、_____、_____及_____等组成。

2. 主减速器的功能是_____，并改变发动机输出动力的旋转方向。

3. 轮式工程机械的主减速器从动锥齿轮的调整包括从动锥齿轮_____的调整和主、从动锥齿轮之间的_____的调整。

4. 半轴的支承形式分为_____和_____两种。

5. 为了提高轮式工程机械通过坏路面的能力，可采用_____差速器。

6. 轮式机械驱动桥的常见故障有_____、_____和_____三大类。

7. ZL50 型装载机的主减速器从动锥齿轮用螺栓固定在_____壳体。

8. 半轴是在差速器与驱动轮之间传递动力的实心轴，其内端与差速器的_____连接，而外端则与驱动轮的轮毂相连。半轴与驱动轮的轮毂在桥壳上的_____，决定了半轴的受力状况。

9. 差速器主要由壳体、_____、_____和半轴齿轮等组成。

10. 最终传动装置的功用是将_____传来的动力在传给驱动轮（链轮）之前进一步减速增矩，以满足工程机械行驶和各种作业的需要。

11. 转向驱动桥兼有_____和_____两种功能。

12. 转向离合器根据液压作用的方式可分为_____和_____两种。

13. 液压助力器固定在驱动桥壳上面，其主要作用是：拉动转向操纵杆时，借助压力油的作用，推顶套后移，经摇臂等连接件使_____分离。

14. 驱动桥壳的功用是支承并保护主减速器、差速器和半轴等，使_____的轴向相对位置固定。

15. 驱动桥轴承调整工作的目的在于保证_____的正常间隙。

二、选择题

1. 车轮转向时，差速器的行星齿轮（　　　）。
A. 只是公转　　　　　　　　　　　　B. 只是自转
C. 既有公转，也有自转　　　　　　　D. 不一定

2. 当一侧半轴齿轮的转速为零时，另一侧半轴齿轮的转速为差速器壳转速的（　　　）。
A. 1 倍　　　　　　B. 2 倍　　　　　　C. 3 倍　　　　　　D. 4 倍

3. 全浮式半轴支承，半轴只支承（　　　）。
A. 侧向力　　　　B. 转矩　　　　C. 垂直反力　　　　D. 所有反力和弯矩

4. 驱动桥的一级维护有（　　　）。
A. 左右半轴的换位　　　　　　　　　B. 加注润滑脂
C. 检查异响　　　　　　　　　　　　D. 检查发热

5. 早期生产的 PY160 型平地机后转向驱动桥的主减速器采用（　　　）。
A. 直齿锥齿轮主减速器　　　　　　　B. 零度圆弧锥齿轮主减速器
C. 螺旋锥齿轮主减速器　　　　　　　D. 双级主减速器

6. 载货汽车的前桥一般属于（　　　）。
A. 转向桥　　　　B. 驱动桥　　　　C. 转向驱动桥　　　D. 支承桥

7. 不是引起中央传动异响的原因是（　　　）。
A. 齿面加工精度低
B. 啮合间隙与啮合印痕调整不当
C. 轴承磨损、安装过紧
D. 缺油或油的黏度太小

8. 各配合副磨损会导致驱动桥产生异响、漏油、发热等故障。其中不是驱动桥异响的是（　　　）。
A. 离合器响　　　B. 螺旋锥齿轮响　　C. 差速器响　　　D. 轮边减速器响

9. 不是引起壳体结合面处漏油的原因是（　　　）。
A. 壳体变形　　　B. 垫片损坏　　　C. 连接螺钉松动　　D. 安装过紧

10. 差速器的运动特性和传力特性是（　　　）。
A. 差速差扭　　　B. 不差速差扭　　C. 不差速不差扭　　D. 差速不差扭

11. 下列说法错误的是（　　　）。
A. 普通十字轴式万向节无法等速传扭

B. 等速万向节传力点永远位于两轴的角平分面上

C. 全浮式半轴只受弯矩作用

D. 普通差速器将转矩平分给左、右半轴

12. 差速器起差速作用时（　　　）。

A. 一侧半轴转速减少的数值等于另一侧半轴转速增加值的两倍

B. 一侧半轴转速减少的数值等于另一侧半轴转速增加值的一半

C. 一侧半轴转速增加的数值等于另一侧半轴转速减少的数值

D. 两侧半轴转速仍大致相等

13. 转向离合器根据操纵形式可分为三种，其中不正确的是（　　　）。

A. 人力式　　　　　　B. 助力式　　　　　　C. 液压式　　　　　　D. 机械式

14. 轮式工程机械直线行驶时无异响，当转弯时驱动桥处有异响，说明（　　　）。

A. 主、从动锥齿轮啮合不良

B. 差速器行星齿轮与半轴齿轮不匹配，使其啮合不良

C. 制动鼓内有异物

D. 齿轮油加注过多

三、判断题

1. 轮式驱动桥采用高压大轮胎。　　　　　　　　　　　　　　　　　　　　（　　）

2. 普通行星锥齿轮差速器具有转矩等量分配的特性。　　　　　　　　　　（　　）

3. 自锁式差速器能够根据路面的附着情况而自动地锁住，使它能自动地失去或恢复差速器功能。　　　　　　　　　　　　　　　　　　　　　　　　　　　　　　（　　）

4. 零度圆弧锥齿轮由于螺旋角等于零，因而可以增加工作时的轴向力。　　（　　）

5. 主减速器位于驱动桥之内，通常为一对锥齿轮传动。　　　　　　　　　（　　）

6. 车辆在转弯时，内转向轮和外转向轮滚过的距离是不相等的。　　　　　（　　）

7. 全浮式半轴既承受转矩，又承受弯矩。　　　　　　　　　　　　　　　（　　）

8. 强制锁止式差速器由驾驶员通过杠杆机构或电磁操纵机构来操纵。　　　（　　）

9. 驱动桥壳可分为整体式桥壳和分段式桥壳两类。　　　　　　　　　　　（　　）

10. 差速器壳的主要损伤有：行星齿轮球面座磨损，半轴齿轮支承端面磨损，半轴齿轮轴颈座孔磨损，滚动轴承内圈支承轴颈磨损，差速器十字轴座孔磨损以及螺栓孔磨损等。

（　　）

11. 目前履带式工程机械上大多数都采用单片常合式摩擦离合器。　　　　（　　）

12. 转向制动器一般都采用踏板、拉杆操纵的带式制动器，其特点是结构简单、紧凑。根据制动带的作用方式可分为单作用式和双作用式两种。　　　　　　　　　　（　　）

13. TY-180 型推土机上的侧传动装置采用双级外啮合齿轮传动。　　　　　（　　）

14. 在轮式工程机械上主减速器齿轮较多应用螺旋锥齿轮。　　　　　　　（　　）

四、问答题

1. 驱动桥的功用是什么？轮式驱动桥由哪几部分组成？

2. 主减速有哪些调整项目？

3. 差速器的功用是什么？

4. 履带式机械中央传动装置的功用是什么？

5. 驱动桥壳的功用是什么？

6. 简述轮式机械驱动桥的常见故障及其原因。

模块2 液力及液压传动系统构造原理与维修

单元6 液力变矩器构造与维修

教学前言

1. 教学目标

① 能够知道液力传动原理、特点。
② 能够知道液力变矩器原理、功用、类型。
③ 能够知道液力变矩器的典型结构。
④ 能够分析液力变矩器常见故障原因。

2. 教学要求

① 了解液力传动系统功用、组成。
② 了解液力传动系统原理及动力传动路线。
③ 能够正确检修液力变矩器。

3. 教学建议

以教师讲解和示范为主，并结合多媒体课件或录像组织教学。检修部分也可由学生分组讨论，然后由教师总结。

系统知识

6.1 液力变矩器的结构及工作原理

6.1.1 液力变矩器的结构组成

液力变矩器作为液力传动的一种主要形式，已广泛应用在现代工程机械与汽车自动变速器上，它与液力偶合器最主要的区别是具有变矩功能，即能够改变发动机所供给的力矩，使其涡轮输出的力矩有可能超过发动机通过泵轮所输入力矩的若干倍，从而改善主机的性能。

液力变矩器的结构与液力偶合器相近，只是液力变矩器在循环圆内加装了工作液导向装置——导轮。另外，为了保证液力变矩器具有一定的性能，使工作液在循环圆中很好地循环流动，各工作轮采用弯曲成一定形状的叶片，并且各工作轮带有内环。

公路工程机械的液力变矩器一般由泵轮、涡轮和导轮组成，简称为三元件液力变矩器。基本结构如图6-1所示。

泵轮：与变矩器壳连成一体，并用螺钉固定在输入轴的凸缘上，内侧有许多曲面叶片，为主动件，可使叶片中的油液在离心力的作用下沿曲面向外流动，在叶片出口处射向涡轮叶

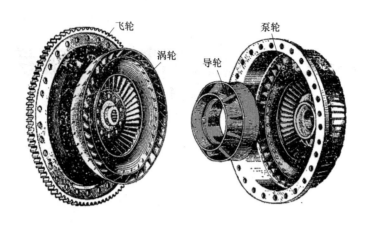

图 6-1　液力变矩器结构

片入口，完成机械能向流体动能的转变。

　　涡轮：通过输出轴与传动系统相连，由许多曲面叶片组成，通过输出轴输出转矩，为从动件，可将液体的动能转换为输出轴的机械能。

　　导轮：是一个固定不动的工作轮，通过导轮固定座与变速器的壳体连接，由许多曲面叶片组成，从涡轮流出的油液经其油道改变方向后再流入泵轮。

　　循环圆：各工作轮（泵轮、涡轮、导轮）的内外环构成相互衔接的封闭空腔，形成工作液流的环流通道，工作液就在环流通道内循环流动，这个环流通道便是循环圆。为分析方便，通常用循环圆在轴面上的断面图来表示整个循环圆（见图 6-2）。循环圆表示了变矩器内各工作轮的相互位置和几何尺寸，说明了液力变矩器的几何特性，某一型号的液力变矩器一般就用它的循环圆来表示。

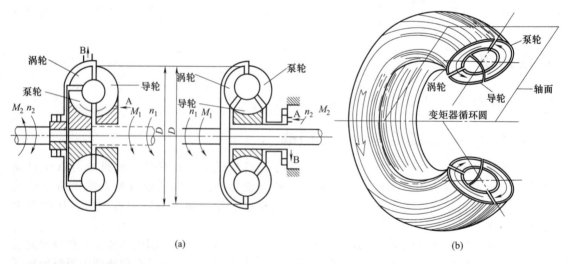

图 6-2　循环圆简图

　　液力变矩器与发动机的常见连接方式：如图 6-3（a）所示，变矩器与发动机的连接采用弹性板与飞轮连接；如图 6-3（b）所示，变矩器与发动机的连接由驱动齿轮直接插入发动机飞轮齿圈内。

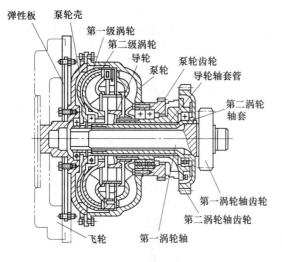

(a) 双涡轮弹性连接板变矩器

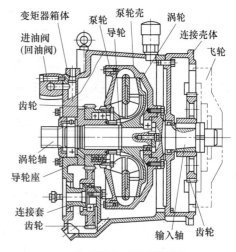

(b) 单涡轮飞轮连接变矩器

图 6-3 液力变矩器与发动机的常见连接方式

6.1.2 液力变矩器的工作原理

液力变矩器工作时泵轮、涡轮、导轮叶栅组成循环圆。将三元件的液力变矩器，沿着循环圆的截面展开布置，如图 6-4 所示。

在液力变矩器的工作过程中，液流自泵轮冲向涡轮时使涡轮受一力矩，其大小方向都和发动机传给泵轮的力矩 M_B 相同。液流自涡轮冲向导轮时也使导轮受一力矩，由于导轮是固定的，此时它便以大小相同方向相反的力矩 M_D 作用于涡轮上。因此涡轮受到的总力矩 M_T 为泵轮力矩 M_B 与导轮反作用力矩 M_D 的向量和。

即 $$M_T = M_B + M_D$$

由此可知，液力变矩器可以起增大转矩的作用，这个所增加的转矩就是导轮的反作用力矩。

液力变矩器变矩原理还可以通过变矩器中工作液体周而复始的环流特性说明。现设泵轮、涡轮和导轮对工作液流的作用力矩分别为 M_B、$-M_T$（负号表示涡轮对工作液流的作用力矩与泵轮转向相反）和 M_D。由于液体的环流是一种周而复始的循环运动，根据力学原理，三个工作轮对工作液流的作用力矩总和应为零，即

$$M_B + (-M_T) + M_D = 0$$

或 $$M_T = M_B + M_D$$

因为液流对涡轮的作用力矩与涡轮对液流的作用力

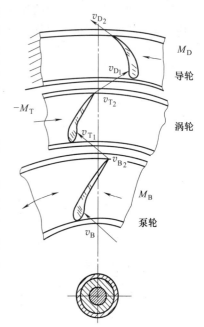

图 6-4 液力变矩器工作简图

矩 $-M_T$ 大小相等，方向相反（即为 M_T），所以涡轮力矩 M_T 等于泵轮力矩 M_B 与导轮力矩 M_D 的向量和。同样可以得出，液力变矩器起到了增大转矩的作用。

由上可知，液力偶合器只能将发动机的转矩如数地传给涡轮。但液力变矩器不仅能传递转矩，而且能在泵轮转速和力矩不变的情况下，随着涡轮转速的不同而改变涡轮上的力矩数

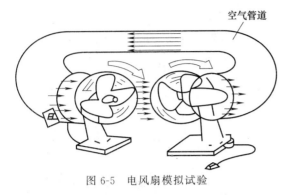

空气管道

图 6-5　电风扇模拟试验

值，即涡轮上的力矩能随车辆行驶阻力的增加、涡轮转速的降低而自动地增加。

下面介绍另一种理解液力变矩器的方法。如图 6-5 所示，用两台电风扇做模拟试验，一台电风扇接通电源就像变矩器中的泵轮，另一台电风扇不接电源就像涡轮。

将两台电风扇对置，当接通电源的电风扇叶片旋转时，产生的气流可以吹动不接电源的电风扇叶片使其转动。这样两台电风扇就组成了偶合器，它能够传递转矩，但不能增大转矩。如果添加一个管道，空气就会从后面通过管道，从没有电源的电风扇回流到有电源的电风扇，这样会增加了有电源电风扇吹出的气流。在液力变矩器中，导轮起到了这种空气管道的作用，增加了由泵轮流出的油液的动能。

6.2　液力变矩器的类型和典型构造

6.2.1　液力变矩器的类型

6.2.1.1　基本概念

元件——与液流发生作用的一组叶片称为元件。

级——涡轮的元件数即为液力变矩器的级数。

相——借助于某些机构的作用，一些元件在一定工况下改变作用，从而改变了变矩器的工作状态，这种工作状态数称为变矩器的相数。

6.2.1.2　类型

液力变矩器的类型大致如图 6-6 所示。

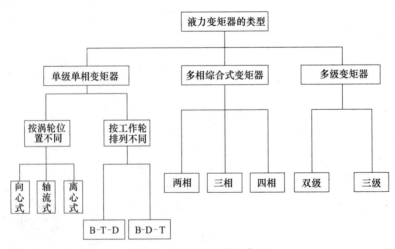

图 6-6　液力变矩器的类型

（1）按工作轮在循环圆内的排列顺序分

按工作轮在循环圆内的排列顺序可分为 B-T-D 型［见图 6-7（a）］和 B-D-T 型［见图 6-7（b）］两类液力变矩器。对于 B-T-D 型液力变矩器，在正常状态下，涡轮的转向和泵轮转向一致，又称为正转液力变矩器。对于 B-D-T 型液力变矩器，在正常状态下，涡轮的转向与泵轮的转向相反，故又称反转液力变矩器。工程机械中大多数采用 B-T-D 型液力变矩器。

（2）按涡轮在循环圆中的位置（或形态）分

① 向心涡轮式液力变矩器［见图 6-7（g）］　变矩器涡轮中的工作液流从周边流入中心，这个工作液流方向由涡轮进口半径大于涡轮出口半径来保证实现。

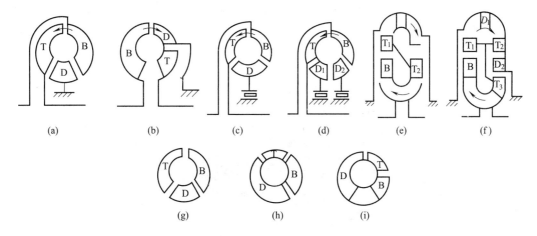

图 6-7　液力变矩器的类型简图

② 轴流涡轮式液力变矩器［见图 6-7（h）］　变矩器涡轮中的工作液流是轴向流动的，这将由大小相似的涡轮进、出口半径来实现。

③ 离心涡轮式液力变矩器［见图 6-7（i）］　该变矩器涡轮中工作液流是从中心流向周边的，这将由涡轮进口半径小于涡轮出口半径来保证实现。

（3）按液力变矩器各工作轮相互结合工作的数目分

按变矩器在工作时可组成的不同工况数，液力变矩器可分为单相、两相、三相液力变矩器。单相液力变矩器只有一个变矩器工况；两相液力变矩器不仅具有一个变矩器工况，而且具有一个偶合器工况［见图 6-7（c）］；三相液力变矩器具有两个变矩器工况和一个偶合器工况［见图 6-7（d）］。

（4）按循环圆内涡轮的个数来分

按循环圆内涡轮的个数来分有单级液力变矩器、双级液力变矩器［见图 6-7（e）］和多级液力变矩器［见图 6-7（f）］。

（5）按泵轮和涡轮是否锁成一体分

按泵轮和涡轮是否锁成一体可分为闭锁式和非闭锁式液力变矩器。

闭锁式液力变矩器是指在泵轮和涡轮之间装有多片锁止离合器的变矩器。车辆起步及在道路阻力较大的条件下行驶时，锁止离合器松开，液力变矩器按变矩器工况工作。当涡轮转速较高时，锁止离合器自动结合，将泵轮和涡轮连在一起，转为直接机械传动。将液力变矩器闭锁后，传动效率提高了，但是传动变为纯机械式，失去了液力变矩器的各种优良性能。因此，运输车辆一般仅在高等级路面，高挡行驶时闭锁变矩器；有时为了机械用拖车方法启动发动机和下长坡时利用发动机制动，也可以采用可操纵的闭锁离合器来实现。

6.2.2　典型变矩器的结构与性能

6.2.2.1　进口公路工程机械用液力变矩器

美国 CAT 966 型装载机用液力变矩器结构如图 6-8 所示，为单级单相三元件变矩器。

① 变矩器的主要零件　泵轮驱动壳体、泵轮、涡轮、导轮。壳体用螺栓与带有外齿的凸缘总成连接，泵轮与壳体用螺栓连接，涡轮用花键与涡轮轴连接，导轮连接在支座组件

上，但不转动。

② 变矩器油的流向（如图 6-8 中箭头所示） 由变矩器齿轮泵供给的油自进油口流入，通过支座油道进入泵轮的内油道，旋转的泵轮通过离心力使油进入涡轮，并将油的能量传至涡轮并冲击涡轮旋转，动力从涡轮轴输出，涡轮的油流入导轮，并通过其叶片流入泵轮，从而在工作腔内循环，不断改变其能量，有一部分油从导轮支座另一油道，通过箱体油道，流入回油口进入冷却器。

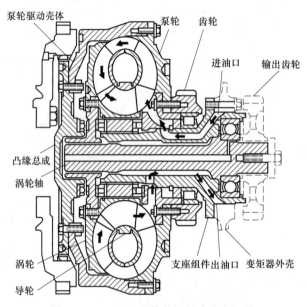

图 6-8 CAT966 型装载机用液力变矩器

③ 动力传递 液力变矩器安装在发动机与变速器之间，相当于机械传动中主离合器。来自发动机的原动力经飞轮、凸缘总成、泵轮驱动壳体、泵轮给油液加压，泵轮上的油沿叶片向外缘流动，围绕着壳体的内部流至涡轮，油液冲击涡轮叶片的力致使涡轮转动，带动涡轮轴转动将动力传送至变速器的输入轴。

6.2.2.2 国产公路工程机械用液力变矩器

国产公路工程机械除了有应用上述三元件液力变矩器的之外，还有如轮式装载机 ZL50 系列，多采用由泵轮、双涡轮、导轮四元件组成的双级单相液力变矩器或采用泵轮、涡轮、双导轮四元件组成的单级两相综合式液力变矩器（如 TL160 型推土机、WD140 型推土机）。图 6-3（a）所示为 ZL50 系列装载机用双涡轮液力变矩器简图，图 6-3（b）所示为 ZL30 系列装载机用单涡轮液力变矩器简图。下面以最常用的国产 YB-355-2 型液力变矩器（见图 6-9）为例，介绍其结构及工作原理。

（1）型号

YB-355-2 型液力变矩器是单级单相 B-T-D 型液力变矩器。"YB"是液力变矩器的汉语拼音缩写，"355"是指该变矩器最大圆直径（以 mm 计），最后的数值"2"表示此种变矩器的系列化数。

（2）YB-355-2 型液力变矩器的组成

① 液力变矩器的能量转换元件：泵轮 B、涡轮 T、导轮 D。

② 动力由输入端到输出端的一些传力件：弹性连接盘、液压泵驱动盘、涡轮轴、涡轮轮毂、液压泵驱动轴以及相应的连接件（螺栓）等。

③ 旋转零件的支承件：各轴承及轴承座。

④ 压力油的密封件：金属密封环、橡胶油封及 O 形密封圈。

⑤ 变矩器壳体、导轮固定支承部件及其他附件。

（3）结构及传动原理

① 动力输入部分

a. 传动路线　发动机的动力按如下路线输入泵轮：

发动机飞轮→弹性连接盘→

{ 罩轮→泵轮

{ 液压泵驱动盘→液压泵驱动轴

b. 结构　发动机飞轮和弹性连接盘用双头螺栓连接；弹性连接盘和罩轮用 6 个双头螺栓和 6 个圆柱销来连接和传力。力矩的传递主要靠圆柱销。弹性连接盘与罩轮连接处的表面应平整。这个液力变矩器需用一部分功率驱动液压泵。在结构上，这部分功率由罩轮、液压泵驱动盘和液压泵驱动轴输出。

在动力输入系统中，弹性连接盘除了传递力矩外，还可以缓冲和减小由于偏心和热膨胀等引起的附加荷载。罩轮除了作为动力的中间传递零件外，并在此变矩器中构成循环圆的一部分。泵轮由 ZL-10 铸铝浇铸而成，泵轮内分布着 26 个圆曲面叶片。

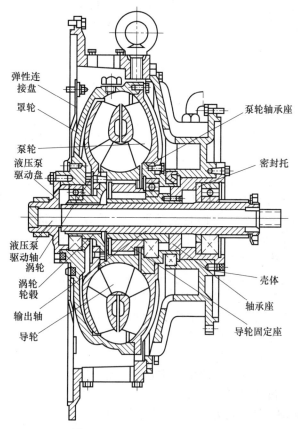

图 6-9　YB-355-2 型液力变矩器

② 动力输出部分

a. 传动路线　变矩器动力按如下路线传递：涡轮→涡轮轮毂→涡轮输出轴。

b. 结构特点　涡轮与涡轮轮毂之间用螺栓连接，用圆柱销传力，涡轮轮毂与涡轮轴采用花键连接。为使涡轮在涡轮轴上轴向固定，在涡轮轮毂两侧各设有一个轴用挡圈。为了调整涡轮与泵轮和罩轮间的轴向间隙，在涡轮轮毂与轴承和挡圈间都设有调整垫圈。轴承外环左侧有一密封托，它与外环一起紧靠在轴承座内；外环的右侧有一个挡圈使轴承轴向定位。轴承的内环一侧靠在涡轮轴的键上，另一侧经密封托靠挡圈轴向定位。这样整个涡轮输出部分的轴向位置是确定的。涡轮与涡轮轴的同轴度由花键定心来保证。涡轮由 ZL-10 铸铝浇铸而成，涡轮内有 28 个均布的曲面叶片。涡轮为向心式，它的循环圆形状和叶片进出口轴面轮廓线位置与泵轮大致对称。

③ 导轮的固定支承部分

a. 传动路线　导轮在 YB-355-2 型液力变矩器中是一个固定不动的工作轮。它与壳体之间的连接路线是：导轮→导轮固定座→轴承座→壳体。

b. 结构特点　导轮和导轮固定座之间采用平键连接。为了防止键的轴向移动，在右侧有一挡圈。导轮固定座与轴承座之间用螺栓连接，用定位销定位。为了拆卸方便，轴承座上钻有 2 个顶丝孔。

导轮也是用 ZL-10 铸铝铸成的。导轮内均布 24 个近似圆柱曲面的叶片。

④ 压力油的密封　在 YB-355-2 型液力变矩器上采用了以下三种密封装置。

　　a. 固定处密封,采用耐油橡胶制成的 O 形密封圈,如罩轮和泵轮的连接处,泵轮和泵轮轴承座的连接处,罩轮和液压泵驱动盘的连接处。

　　b. 旋转处密封,采用合金铸铁制成的密封环。罩轮与涡轮轮毂之间、泵轮轴承座与导轮固定轴承座之间以及密封托和密封座间,都采用了合金铸铁的密封环。

　　c. 对于压力较低而又有相对运动的连接处,采用橡胶密封圈。

　　⑤ 液力变矩器的补偿和冷却系统　YB-355-2 型液力变矩器应用于工程机械,其补偿和冷却包括下列一些部件:滤油器、齿轮泵、油冷却器和三个压力控制阀,其中前三个是不附属于液力变矩器的独立部件,而三个压力控制阀则往往安装在液力变矩器上,作为液力变矩器的组成部件。

　　第一个压力阀是定压阀。它的作用是限定工程机械变速器换挡离合器的油压,压力一般为 1.1～1.4MPa。在油压低于规定值时,补偿油液不进入液力变矩器以保证离合器的操纵油压。

　　第二个压力阀是溢流阀。它控制工作液体进入泵轮时的压力,压力一般为 0.35～0.4MPa。它同时又起着控制供油流量的作用。

　　第三个压力阀是背压阀。它保证液力变矩器中的压力不得低于所规定的压力(0.25～0.28MPa),以防止工作时液力变矩器因压力过低产生汽蚀和工作液体全部流空。

6.2.2.3　液力变矩器的性能

　　液力变矩器基本性能反映了液力变矩器主要特性,具体性能有变矩性能、经济性能,这些性能均属于使用性能。

　　(1) 变矩性能

　　液力变矩器的变矩性能是指变矩器在一定范围内按一定规律无级地改变由泵轮输给涡轮力矩值的能力。液力变矩器的变矩能力用变矩系数 K 表示。变矩系数指液力变矩器涡轮力矩 M_T 与泵轮力矩 M_B 的比值,即

$$K = M_T/M_B = (M_B \pm M_D)/M_B$$

　　液力变矩器变矩系数 K 又称为变矩比,反映了变矩器改变转矩的能力。它不是一个常数,是传动比 i (n_T/n_B) 的函数。汽车起步时 ($i=0$) 时,变矩系数达到最大值,以 K_0 表示,K_0 值越大说明机械的起步加速性能越好或机械的爬坡能力越强。

　　(2) 经济性能

　　液力变矩器的经济性能以液力变矩器的效率为评价指标。液力变矩器的效率是指输出功率与输入功率之比,即

$$\eta = M_T n_T/(M_B n_B) = Ki$$

　　效率随变矩器工况的改变而变化,在涡轮轴完全制动时,效率为零,随后随着涡轮负荷的减小,即 i 的增加,而增至最大值以后又逐渐降低。工程机械高效工作区一般指效率大于 75% 的变矩工况。

6.3　液力变矩器的常见故障及其原因分析

6.3.1　液力变矩器的故障诊断与排除实例

　　某 ZL30C 型装载机工作时,变矩器齿轮室透气孔处向外窜油,随着使用时间的加长变速器油底壳中油位逐渐升高。

　　故障原因:该装载机变速器、变矩器为分体式结构,一般是由于工作装置油泵或转向油泵轴端骨架油封损坏所致。故障诊断与排除方法:将工作泵的固定螺钉松开,并向外移动使工作装置油泵与变速油泵之间有少量缝隙,然后启动装载机并操纵动臂及转斗油缸做动作,如果发现从缝隙处漏油(严重时呈油流状,轻微是断续滴油),即可判定是工作装置油泵轴

端骨架油封损坏，否则需检查转向油泵；可以用相同方法，启动装载机后左右打转向盘，如果漏油，即可判定是转向油泵轴端骨架油封损坏。在检查油封轴径处轴径磨损不超过极限的情况下，可分别更换轴端骨架油封进行排除。

6.3.2　液力变矩器的故障诊断与排除

液力变矩器的故障诊断与排除见表 6-1。

表 6-1　液力变矩器的常见故障诊断与排除

故障	故障现象	故障原因分析	故障诊断与排除方法
油温过高	仪表上的变矩器温度指示超过正常工作温度（正常工作温度为 70～110℃）	①连续重载荷作业或高速行车时间过长 ②变速器油位过低或过高 ③散热器阻塞 ④滤油器堵塞 ⑤变速器换挡离合器分离不彻底 ⑥管路堵塞 ⑦变矩器内油压过低 ⑧变矩器零件损坏 ⑨轴承配合松旷或损坏	①首先应立即停车,让发动机怠速运转,查看冷却系统有无泄漏,水箱是否加满水;若冷却系统正常,则应检查变速器油位是否位于油尺两标记之间,若油位太低,应补充同一牌号的变速器油液,若油位太高,则必须放油至适当油位 ②如果油位符合要求,应调整机器,使变矩器在高效区范围内工作,尽量避免在低效区长时间工作。如果调整机器工作状况后油温仍过高,应检查油管和冷却器的温度,若用手触摸时温度低,说明泄油管或冷却器堵塞或太脏,应将泄油管拆下,检查是否有沉积物堵塞,若有沉积物应予以清除,再装上接头和密封泄油管。若触摸冷却器时感到温度很高,应从变矩器壳体内放出少量油液进行检查。若油液内有金属粉末,则说明轴承松旷或损坏,导致工作轮磨损,应对其进行分解,更换轴承,并检查泵轮与泵轮驱动壳体紧固螺栓是否松动,若松动应予以紧固。
供油压力过低	当发动机油门全开时,变矩器进口油压仍小于标准值	①供油量少,油位低于吸油口平面 ②油管泄漏或堵塞,流到变速器的油过多 ③进油管或滤油网口堵塞 ④液压泵磨损严重或损坏 ⑤吸油滤网安装不当 ⑥油液起泡沫 ⑦进、出口压力阀不能关闭或弹簧刚度减小	如果出现供油压力过低,首先应检查油位,若油位低于最低刻度,应补充油液;若油位正常,应检查进、出油管有无泄漏,若漏油,应予以排除。若进、出油管密封良好,应检查进、出口压力阀的工作情况;若进、出口压力阀不能关闭,应将其拆下,检查其上零件有无裂纹或伤痕,油路和油孔是否畅通,以及弹簧刚度是否变小,发现问题应及时解决。如果压力阀正常,应拆下油管或滤网进行检查。如果堵塞,应进行清洗并清除沉积物;如油管畅通,则需检查液压泵,必要时更换液压泵。如果液压油起泡沫,应检查回油管的安装情况,如回油管的油位低于油池的油位,应重新安装回油管
变矩器漏油	①变矩器与发动机的连接处漏油 ②变矩器加油口或放油口位置处漏油	①变矩器后盖与泵轮接合面不可靠 ②泵轮与泵轮驱动壳体连接处连接螺栓松动或密封件老化或损坏 ③加油口或放油口连接螺栓松动或有裂纹等	发动漏油应及时检查漏油部位。如果从变矩器与发动机的连接处漏油,说明泵轮与泵轮驱动壳体连接螺栓松动或密封圈老化,应紧固连接螺栓或更换 O 形密封圈;如果漏油部位在加油口或放油口位置,应检查螺栓连接的松紧度以及是否有裂纹等
工作时有异响	①变矩器与发动机的连接处漏油 ②变矩器加油口或放油口位置处漏油	①涡轮固定挡圈损坏,涡轮与泵轮工作面摩擦 ②齿轮轴承、花键等磨损严重,间隙增大 ③管道吸进空气,或油量不足	①首先检查是否漏油或变矩器的油量和质量,必要时紧固或更换油管,添加或更换新油 ②检查工作油中是否有铝末,若有应分解液力变矩器,查出原因并更换相应零部件;若无应检查轴承是否损坏,工作轮连接是否松动或与发动机连接是否松动,若出现上述松动或损坏情况,应进行紧固、调整或更换新轴承
串油	油从气窗或透气塞中冒出	工作装置油泵或转向油泵轴端骨架油封损坏	更换油封

6.4　液力变矩器的维护

6.4.1　液力变矩器的维护

每次启动机器前，检查冷态油平面应在规定的范围内，以保证液力变矩器的正常工作。

变矩器油（变速器油底壳内）应按该种机械规定的期限换油，由于公路工程机械工作条件及环境比较恶劣，若发现油液中含有污物或油液变质，必须及时更换新油液。若发现油液中含有铝质碎屑，则表明液力变矩器内异常磨损（如涡轮轴承松旷时，涡轮与导轮产生摩擦会产生铝屑），必须拆检液力变矩器。

定期清扫液力变矩器油冷却器表面的杂物，以保证其正常的冷却，使液力变矩器正常工作。

6.4.2　液力变矩器的检测

液力变矩器的性能检测往往采用就机检测方法。就机检测的项目主要有主压力、变矩器进口压力、变矩器出口压力及变速器润滑压力、液力传动油油温等。下面以小松 D85-18 型推土机用液力变矩器为例讲述其检测方法。

（1）变矩器进口压力（安全阀压力）的检测

① 启动发动机使液力传动系统内的油温保持在正常的工作温度，停止发动机，取下变矩器安全阀的测试堵头，安装接头、测试软管及压力表（2.5MPa）。

② 变速杆置于空挡，然后启动发动机，在高速运转条件下检测并读取数值。

③ 检测标准：油温为 70～80℃ 时，标准压力为 850～880kPa。

（2）变矩器出口压力（调节器压力）的检测

① 启动发动机使液力传动系统内的油温保持在正常的工作温度，停止发动机，拆下液力变矩器的调节器测试堵头，安装 90°测头体、软管、压力表（2.5MPa）。

② 变速杆置于空挡，然后启动发动机，在高速空转条件下检测并读取数值。

③ 检测标准：油温为 70～80℃ 时，标准压力为 1225kPa。

当液力变矩器工作不太正常时应进行失速试验，其目的是确定是否有不正常工作的部件。

在进行失速试验时，使用制动器，使机械可靠地制动。每次失速试验时间不应过长（<30s）油门全开时间绝不能超过 5s，不能连续进行试验，必须等到发动机和变速器油冷却到正常温度才能进行第二个挡位的失速试验，以防止油温过高。在两次试验之间，变速器处于空挡，发动机以中速运转 2min，使油冷却。一般变矩器出口温度不允许超过 120℃。失速试验时将发动机加速至最大供油位置（此时，挂某挡位的同时制动器也要起作用），记录发动机达到的最高转速、主压力和变矩器进、出口压力及润滑压力。若测得的发动机最高转速较规定正常转速的差值超过 ±150r/min，则说明发动机或液力传动装置工作不正常；若失速转速高于标准值，说明主油路油压过低或换挡执行元件损坏；若失速转速低于标准值，则可能是发动机动力不足或液力变矩器有故障。

其他型号的液力变矩器可参照上述方法依据各自的检测标准进行检测。

复习与思考题

一、填空题

1. 液力偶合器主要由_____和_____组成。

2. 变矩器由于不动的导轮能给涡轮施加一个_____，故起到_____的作用。

3. 机械行驶速度过低或行驶无力，往往与液压系统的_____和_____有关。

二、选择题

1. 三相变矩器具有（　　）个液力变矩器工况和（　　）个液力偶合器工况。

A. 2，2　　　　B. 2，1　　　　C. 1，1　　　　D. 1，2

2. 液力变矩器通常是以下列哪个元件作为动力输出的（　　）。

A. 泵轮　　　　B. 导轮　　　　C. 涡轮　　　　D. 行星轮

3. 123 型变矩器从液流在循环中的流动方向看，导轮在泵轮（　　）。

A. 前　　　　B. 中　　　　C. 后

4. 133 型变矩器从液流在循环中的流动方向看，导轮在泵轮（　　）。

A. 前　　　　B. 中　　　　C. 后

5. 液力变矩器油温过高的现象是机械工作时油温表显示超过_____或用手触摸偶合器或变矩器时感觉烫手。

A. 60℃　　　　B. 80℃　　　　C. 100℃　　　　D. 120℃

三、判断题

1. 液力偶合器和液力变矩器都是利用液体作为工作介质传递动力的，均属于动液传动。
（　　）

2. 液力偶合器的作用是增大转矩。（　　）

3. 123 型变矩器在正常运转条件下，涡轮旋转方向与泵轮一致，故称为正转变矩器。
（　　）

4. 单级指变矩器只有一个涡轮，单相则指只有一个变矩器的工况。（　　）

5. 液力变矩器供油压力过低的现象是在发动机油门半开时，进口油压小于标准值。
（　　）

6. ZL50 型装载机低速大负荷工作时两个涡轮共同输出动力。（　　）

7. 变矩器油量不足，将导致工作温度过高。（　　）

四、简答题

1. 工程车辆采用液力传动具有哪些优点？

2. 简述液力变矩器的工作过程。

3. 液力偶合器和液力变矩器的日常维护保养包括哪些项目？

单元 7　动力换挡变速器构造与维修

教学前言

1. 教学目标

　　① 能够知道工程机械动力换挡变速器功用、类型及原理。
　　② 能够知道动力换挡变速器的典型结构。
　　③ 学会分析动力换挡变速器各挡动力传递路线。
　　④ 知道动力换挡变速器控制原理。
　　⑤ 学会分析动力换挡变速器常见故障原因。

2. 教学要求

　　① 知道动力挡变速器的典型结构，并能正确拆装。
　　② 能够对动力换挡变速器主要零件进行检修。
　　③ 能正确分析动力换挡变速器的常见故障原因。

3. 教学建议

　　以实验室现场教学为主，以教师讲解、学生自学等为辅，可以运用多媒体教学进行介绍或总结。

系统知识

　　液力变矩器虽然能在一定范围内自动地、无级地改变输出转矩，但由于变矩系数不够大，难以满足进一步的要求，尤其对工况复杂多变的推土机来说，外阻力变化范围很大，这就需要有一个与液力变矩器相配合的变速器。液力变矩器不能彻底切断动力，因此与它配合使用的变速器应具有不切断动力就能换挡的性能，这种变速器就是动力换挡变速器。它由液压离合器或液压制动器来操纵，实现挡位变换。采用这种形式变速器的推土机无需再装主离合器。动力换挡变速器具有结构紧凑、传动比大、传递转矩能力大等特点，在工程机械上得到了广泛的应用，如 ZL-40（50）型装载机、CL7 型铲运机等均采用了此种形式的变速器。动力变速器主要有两种基本形式：行星齿轮式和定轴式。

7.1　简单行星排

　　如图 7-1 所示，简单行星排由太阳轮 t、齿圈 q、行星架 j 和行星轮 x 组成。其中，图 7-1（a）、（b）所示为带有单行星轮的行星排，图 7-1（c）所示为带有双行星轮的行星排。由于行星轮轴线旋转，与外界连接困难，故在行星排中只有太阳轮 t、齿圈 q 和行星架 j 三个元件能与外界连接，并称之为基本元件。在行星排传递运动过程中，行星轮只起到传递运动的惰轮作用，对传动比无直接影响。

　　由机械原理中对单排行星传动的运动学分析可得出行星排转速方程（也称特征方程）。

　　单行星轮行星排转速方程为

$$n_t + \alpha n_q - (1+\alpha)n_j = 0 \tag{7-1}$$

双行星轮行星排转速方程为

$$n_t - \alpha n_q + (\alpha - 1)n_j = 0 \tag{7-2}$$

综合为

$$n_t \pm \alpha n_q - (1 \pm \alpha) n_j = 0 \tag{7-3}$$

式中　n_t——太阳轮转速；

　　　n_q——齿圈转速；

　　　n_j——行星架转速；

　　　α——行星排特性参数；为保证构件间安装的可能，α 值的范围是 $\frac{4}{3} \leqslant \alpha \leqslant 4$，$\alpha = \frac{z_q}{z_t}$；

　　　z_q——齿圈的齿数；

　　　z_t——太阳轮的齿数。

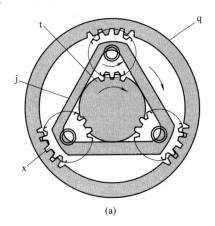

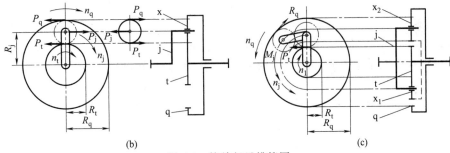

图 7-1　简单行星排简图

　　通过对单排行星传动的运动学分析可知，这种简单的行星机构具有三个互相独立的构件，而仅有一个表征转速关系的三元一次线性方程，故其具有两个自由度。当以某种方式（如应用制动器制动）固定某一元件后，则行星排变成单自由度系统，即可由转速方程式（7-3）确定另外两构件的转速比（即行星排传动比）。这样，通过将行星排三个基本构件分别作为固定件、主动件、从动件或任意两构件闭锁，则可组成六种方案（对于单行星轮行星排），如图 7-2 所示。由式（7-1）不难求得这些方案的传动比。

　　例如，方案①中，齿圈固定，太阳轮为主动件，行星架为从动件，此时因齿圈转速 $n_q = 0$，由（7-1）式即得

$$n_t - (1 + \alpha) n_j = 0$$

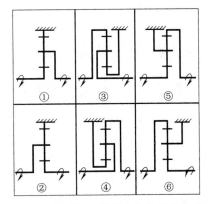

图 7-2　简单行星排基本构件组合方案

故传动比为
$$i_{tj}=\frac{n_t}{n_j}=1+\alpha$$

$\alpha>1$，$i_{tj}>1$，即为减速运动。

方案⑤中，行星架固定，太阳轮为主动件，齿圈为从动件，此时，$n_j=0$，故传动比为
$$i_{tq}=\frac{n_t}{n_q}=-\alpha$$

负号表示 n_i 与 n_q 转向相反，故为倒挡减速运动。

同理可得其他方案的传动比，现列于表 7-1 中。

表 7-1　简单行星排六种方案的传动比

传动类型	齿圈固定		太阳轮固定		行星架固定为倒转	
	太阳轮主动为大减（方案①）	太阳轮从动为大增（方案②）	齿圈主动为小减（方案③）	齿圈从动为小增（方案④）	太阳轮主动为减速（方案⑤）	齿圈主动为增速（方案⑥）
传动比	$1+\alpha$	$\dfrac{1}{1+\alpha}$	$\dfrac{1+\alpha}{\alpha}$	$\dfrac{\alpha}{1+\alpha}$	$-\alpha$	$-\dfrac{1}{\alpha}$

直接挡传动：若使用闭锁离合器将三元件中的任何两个元件连成一体，则行星排中所有元件（包括行星轮）之间都没有相对运动，像一个整体，各元件以同一转速旋转，传动比为1，从而形成直接挡传动。

这也可用式（7-1）得到证明，如使太阳轮和齿圈连成一体，则 $n_t=n_q$，由式（7-1）即得
$$n_j=\frac{n_t+\alpha n_t}{1+\alpha}=n_t=n_q$$

同理，当 $n_q=n_j$ 或 $n_t=n_j$ 时，都可得出同一结论。

如果行星排中三个基本元件都不受约束，则各元件处于运动不定的自由状态，此时行星排不能传递运动。

如果把双行星轮行星排的齿圈固定，太阳轮为主动件，行星架为从动件，由式（7-2）即得，
$$n_t-(1-\alpha)n_j=0$$

则传动比为
$$i_{tj}=\frac{n_t}{n_j}=-(\alpha-1)=-\alpha+1$$

由于 $\alpha>1$，即该机构可实现倒挡。

由上述可见，一个简单行星排可给出六种传动方案，但其传动比数值因受特性参数 α 值的限制，尚不能满足机械的要求，因此行星变速箱通常是由几个行星排组合而成，以便得到所需的传动比。

7.2　典型行星齿轮式动力换挡变速器

7.2.1　ZL-50 型装载机行星齿轮式动力换挡变速器

（1）变速器结构

ZL-50 型装载机是我国装载机系列中的主要机种，系列中其他机种的结构与之相似。如图 7-3 所示，与该变速器配用的液力变矩器具有一级、二级两个涡轮（称为双涡轮液力变矩器），分别用两根相互套装在一起的并与齿轮做成一体的一级、二级输出齿轮（轴），将动力通过常啮齿轮副传给变速器。由于常啮齿轮副的转速比不同，故相当于变矩器加上一个两挡自动变速器，它随外载荷变化而自动换挡。再由于双涡轮变矩器高效率区较宽，故可相应减

少变速器挡数，以简化变速器结构。ZL-50 型装载机的行星变速器由两个行星排组成，只有两个前进挡和一个倒挡。输入轴和输入齿轮做成一体，与二级涡轮输出齿轮常啮合；二挡输入轴与二挡离合器摩擦片连成一体。前、后行星排的太阳轮、行星轮、齿圈的齿数相同。两行星排的太阳轮制成一体，通过花键与输入轴二挡输入轴相连。前行星排齿圈与后行星排行星架、二挡离合器受压盘三者通过花键连成一体。前行星排行星架和后行星排齿圈分别设有倒挡摩擦片、一挡摩擦片。变速器后部是一个分动器，输出齿轮用螺栓和二挡油缸、二挡离合器受压盘连成一体，同变速器输出齿轮组成常啮齿轮副，后者用花键和前桥输出轴连接。前、后桥输出轴通过花键相连。

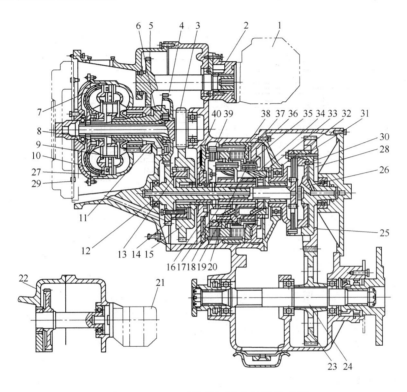

图 7-3　ZL-50 型装载机液力机械传动图

1—工作油泵；2—变速油泵；3——级涡轮输出齿轮；4—二级涡轮输出齿轮；5—变速油泵输入齿轮；
6—导轮座；7—二级涡轮；8——级涡轮；9—导轮；10—泵轮；11—分动齿轮；12—变速箱输入齿轮
及轴；13—大超越离合器；14—大超越离合器凸轮；15—大超越离合器外环齿轮；16—太阳轮；17—倒
挡行星轮；18—倒挡行星架；19——挡行星轮；20—倒挡内齿圈；21—转向油泵；22—转向油泵输入
齿轮；23—变速箱输出齿轮；24—输出轴；25—输出齿轮；26—二挡输入轴；27—罩轮；28—二挡
油缸；29—弹性板；30—二挡活塞；31—二挡摩擦片；32—二挡受压盘；33—倒挡、一挡连接盘；
34——挡行星架；35——挡油缸；36——挡活塞；37——挡内齿圈；
38——挡摩擦片；39—倒挡摩擦片；40—倒挡活塞

（2）变速器动力传递

ZL-50 型装载机行星变速器的传动路线如图 7-4 所示。该变速器两个行星排间有两个连接件，故属于二自由度变速器。因此，只要接合一个操纵件即可实现一个排挡，现有两个制动器和一个闭锁离合器可实现三个挡。

①前进一挡　当接合制动器 9 时，实现前进一挡传动。这时，制动器 9 将后行星排齿圈固定，而前行星排则处于自由状态，不传递动力，仅后行星排传动。动力由输入轴 5 经太阳轮从行星架、二挡受压盘 11 传出，并经分动器常啮齿轮副 C、D 传给前、后驱动桥。

　　由于只有一个行星排参与传动，故转速比计算很简单。这里是齿圈固定，太阳轮主动，行星架从动，属于简单行星排的方案①，由表7-1即得前进一挡行星排的传动比为 $i_1=1+\alpha$。

　　该变速器的输入端有两对常啮齿轮副 3、4，两个涡轮随外载荷的变化，通过不同的常啮齿轮副 3、4 将动力传给变速器输入轴 5、变速器的输出端还有分动器内的一对常啮齿轮 C、D，故变速箱前进一挡总传动比为 $i_1=2.69$。

　　② 前进二挡　当闭锁离合器接合时，实现前进二挡。这时闭锁离合器将输入轴、输出轴和二挡受压盘直接相连，构成直接挡，此时行星排传动比 $i_2=1$，故变速器前进二挡总传动比为 $i_2=0.72$。

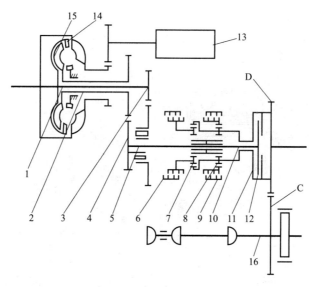

图 7-4　ZL-50 型装载机液力机械传动简图

1——一级涡轮输出轴；2—二级涡轮输出轴；3—一级涡轮输出减速齿轮副；4—二级涡轮输出减速齿轮副；5—变速器输入轴；6,9—换挡制动器；7,8—齿轮副；10—二挡输入轴；11—二挡受压盘；12—换挡离合器；13—转向油泵；14—一级涡轮；15—二级涡轮；16—输出轴

　　③ 倒退挡　当制动器 6 接合时，实现倒退挡。这时，制动器将前行星排行星架固定，后行星排空转不起作用，仅前行星排传动。因为行星架固定，太阳轮主动，齿圈从动，属于简单行星排方案⑤，由表7-1得行星排传动比 $i_倒=-\alpha$，故得变速器倒退挡总传动比 $i_倒=-1.98$。

　　(3) ZL-50 型装载机液力机械传动的液压控制系统

　　图 7-5 所示为 ZL-50 型装载机液力变矩器-变速器液压控制系统，该系统主要由油底壳、变速泵、滤油器、调压阀、切断阀、变速操纵阀、变矩器入口压力阀、背压阀、散热器及管路等组成：

　　变速泵通过软管和滤网从变速器油底壳吸油。泵出的压力油从箱体壁孔流出经软管到滤油器过滤（当滤芯堵塞使阻力大于滤芯正常阻力时，里面的旁通阀开启通油），再经软管进入变速操纵阀。自此，压力油分为两路：一路经调压阀（1.1~15MPa）、离合器切断阀进入变速操纵阀，根据变速阀杆的不同位置分别经油路进入一、二挡和倒挡油缸，完成不同挡位的工作；另一路经箱壁埋管进入变矩器传递动力后流出，通过软管输送至散热器，经过散热冷却后的低压油回到变矩器壳体的油道，润滑大超越离合器和变速器各行星排后流回油底壳。压力阀保证变矩器进口油压最大为 0.56MPa，出口油压最大为 0.45MPa，背压阀保证润滑油压最大为 0.2MPa，超过此值即打开泄压。

　　变速操纵阀主要由调压阀、分配阀、弹簧蓄能器、切断阀及阀体组成，如图 7-6 所示。

① 调压阀 减压阀杆和小弹簧相平衡，小弹簧顶住弹簧蓄能器的滑块。滑块除压缩小弹簧外，还压缩大弹簧。C 腔为变速操纵阀的进油口。A 腔和 C 腔通过减压阀杆中的小节流孔相通，B 腔与油箱相通，D 腔通变矩器。当启动发动机时，变速泵来油从 C 腔进入调压阀，从油道 F 通过切断阀进入油道 T，通向分配阀。与此同时，压力油通过减压阀杆中的小节流孔到 A 腔，从 A 腔向减压阀杆施压，使减压阀杆右移，打开油道 D，变速泵来油一部分通向变矩器。油道 T 内的油还经油道 P 进入弹簧蓄能器 E 腔，推动滑块左移，控制调压阀的压力。调压圈防止油压过高。若系统油压继续升高，超过规定范围时，弹簧蓄能器的滑块已被调压圈所限制，而 A 腔的压力随着油压的升高而升高，推动减压阀杆右移，打开B、C 腔，部分油流回油箱，压力随之降低，使系统压力保持在规定范围内，减压阀杆又左移，关闭 B 腔。调压阀既起调压的作用，又起安全阀的作用。

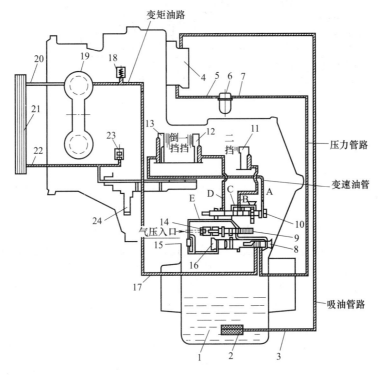

图 7-5 ZL-50 型装载机变矩器-变速器液压控制系统

1—油底壳；2—滤网；3,5,7,20,22—软管；4—变速泵；6—滤油器；8—调压阀；
9—离合器切断阀；10—变速操纵阀；11—二挡油缸；12——挡油缸；13—倒挡油缸；
14—气阀；15—单向节流阀；16—滑阀；17—箱壁埋管；18—压力阀；19—变矩器；
21—散热管；23—背压阀；24—大超越离合器

② 分配阀 分配阀杆由弹簧 14 及钢球定位，扳动分配阀杆，可分别接合一、二挡或倒挡。M、L、J 腔分别与一、二挡及倒挡油缸相通，N、K、H 腔分别与油箱相通。U、V、W 腔始终与油道 T 相通。各挡位进油口及回油口如表 7-2 所示。

表 7-2 各挡位进油口及回油口

挡位	进油口	回油口
一挡	M	N
二挡	L	K
倒挡	J	H

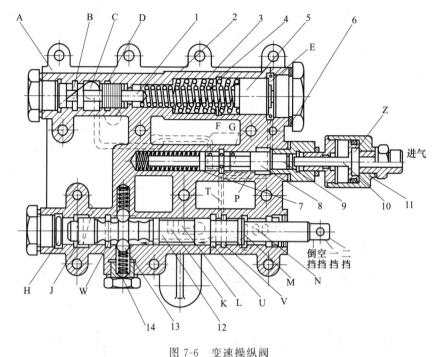

图 7-6 变速操纵阀

1—减压阀杆；2—小弹簧；3—大弹簧；4—调压圈；5—滑块；6—垫圈；7，14—弹簧；
8—制动阀杆；9—圆柱塞；10—气阀杆；11—气阀体；12—分配阀杆；13—钢球

③ 弹簧蓄能器 作用是保证摩擦离合器迅速而平稳地结合。

弹簧蓄能器 E 腔，通过单向节流阀的节流孔及单向阀，与压力油道 P 相通。换挡时，油道 T 与新结合的油缸相通，显然刚接合时，油道 T 的压力很低，因而不仅调压阀来的油通向油道 T 进入油缸，而且弹簧蓄能器 E 腔的压力油，打开单向阀钢球，由油道 P 经油道 T 也进入油缸，由于两条油路的压力油同时进入油缸，使油缸迅速充油，油压骤增，油道 T 的油压也随之增加。

弹簧蓄能器起着加速摩擦离合器接合的作用。若这时仍按上述情况继续对油缸充油，就有使离合器骤然接合而造成冲击的趋势。由于弹簧蓄能器 E 腔油流入油缸，压力已降低，滑块右移，减压阀杆也右移。当油液充满油缸后，油道 T 的油压回升，经油道 P，使单向阀关闭，油从节流孔流进弹簧蓄能器 E 腔，使压力回升缓慢，从而使挂挡平稳，减少了冲击。当摩擦离合器接合后，油道 T 与 E 腔的压力也随之达到平衡，为下一次换挡准备能量。

④ 切断阀 由弹簧 7、制动阀杆、圆柱塞、气阀杆、气阀体等组成。

一般情况下（非制动），气阀杆在图 7-6 所示位置，油道 F 与 T 相通。阀体内的 G 腔与油箱相通。

当制动时，从制动系统来的压缩空气进入 Z 腔，推动气阀杆左移，圆柱塞、制动阀杆也被推向左，压缩弹簧 7，使油道 F 切断，同时使油道 T 与 G 腔打通，工作油缸的油经油道 T、G 腔迅速流回油箱，因而摩擦离合器分离，自动进入空挡，有助于制动器的制动。

当制动结束时，Z 腔与大气相通，在弹簧力的作用下，气阀杆右移，圆柱塞、制动阀杆在弹簧 7 的作用下恢复到原来的位置，油道 T 与 G 腔隔断，同时接通油道 T 与 F，调压阀来的压力油经油道 F、T 进入工作油缸，使摩擦离合器自动接合。装载机恢复正常运转，制动过程全部结束。

7.2.2 TY220型履带推土机行星齿轮式动力换挡变速器

（1）变速器的组成和构造

国产 TY220 型履带推土机采用行星式动力换挡变速器与简单三元件液力变矩器相配合组成液力机械传动。日本 D155A 型履带推土机及上海-320 型履带推土机的变速器均是这种结构。

如图 7-7 所示，该变速器由四个行星排组成，前面第Ⅰ、Ⅱ行星排构成换向部分（或称前变速器），这里行星排Ⅱ是双行星轮行星排，当其齿圈固定时，则行星架与太阳轮转向相反而实现倒退挡；后面第Ⅲ、Ⅳ行星排构成变速部分（或称后变速器），整个变速器实际上是由前变速器与后变速器串联而成。应用四个制动器与一个闭锁离合器实现三个前进挡与三个倒退挡，通过液压系统操纵进行换挡。

变速器各行星排结构与连接特点是：输入轴Ⅰ与行星排Ⅱ的太阳轮制成一体，通过滚动轴承支承在箱体前后箱壁的支座上，在其上经花键装有行星排Ⅰ的太阳轮；输出轴以其轴孔套装在输入轴上，在其上通过花键装有行星排Ⅲ、Ⅳ的太阳轮以及减速机构的主动齿轮；整个输出轴总成用两个滚动轴承支承定位在后箱壁上；输出轴还通过连接盘以螺栓固连着闭锁离合器的从动鼓；行星排Ⅰ、Ⅱ、Ⅲ的行星架为一体，经一对滚动轴承支承在输入轴和箱壁支座上，行星排Ⅳ的行星架前端通过齿盘外齿与行星排Ⅲ的齿圈固连，而后端则经销钉、螺栓与闭锁离合器主动鼓相连，并通过滚动轴承支承在输出轴上；闭锁离合器的主动鼓与从动鼓的齿形花键上交错布置着内、外摩擦片，在施压活塞与主动鼓间还装有分离离合器的碟形弹簧。

在各行星排齿圈的外花键齿毂上，分别装着四组多片摩擦制动器的从动片，制动器主动片、施压油缸和活塞压盘等均以销钉与箱体定位；此外在制动器压盘与止推盘间以及主动摩擦片间，均装有分离回位螺旋弹簧。以上制动器及闭锁离合器均以油压控制，用制动齿圈或两元件闭锁连接来实现换挡。

需要指出的是，制动器与闭锁离合器均属于一种多片式离合器，通过油压推动活塞压紧主、从动片而接合工作。但由于这里的制动器是连接箱体（固定件）与某一运动件，当制动器接合时，则使某运动件被固定而失去自由度。而闭锁离合器是连接两个运动件，当闭锁离合器接合时，则使两个运动件连成一体运动而失去一个自由度。另外，制动器的油缸是固定油缸；而闭锁离合器的油缸是旋转油缸，对密封要求更严格。可见两者在功能上有所不同，为区别起见，而有制动器与闭锁离合器之称。

（2）变速器的传动路线

① 结构分析绘出变速器传动简图　在弄清变速箱构造的基础上，进一步分析各行星排间有关元件的相互连接关系，然后突出其运动学特征而画出变速器的传动简图，如图 7-7（b）所示。

② 变速器的自由度和挡数分析

a. 自由度分析　如前所述，一个行星排有三个基本元件，但应满足一个运动方程式，故一个行星排只有两个自由度，若限制某一元件不动（加约束），则由运动方程可得另两元件的转速比（即得到一个传动比）。

由图 7-7（b）可见，该变速器除Ⅱ、Ⅲ排之间有一个连接件之外（称串联）；其余各排之间有两个连接件（称并联）。这表明第Ⅰ、Ⅱ行星排组成一个二自由度变速器（称前变速器），这是因为，两个行星排共有四个自由度，但有两个连接件（即太阳轮 3 与 4 相连，两行星排的行星架 17 相连），又失去两个自由度，故属于二自由度变速箱。同理，第Ⅲ、Ⅳ行星排也是二自由度变速器（称后变速器）。可见整个变速器是由两个二自由度变速箱串联

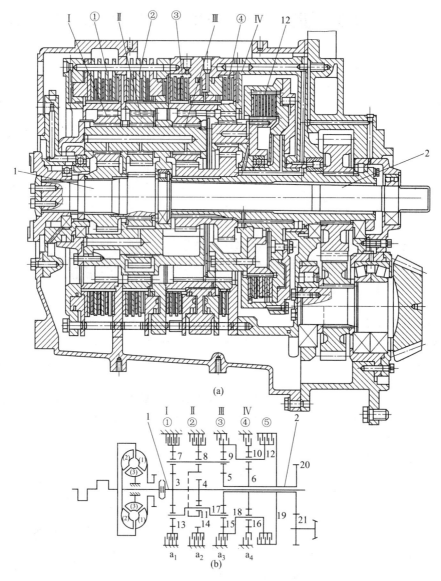

图 7-7 TY220 型履带推土机行星变速器

1—输入轴；2—输出轴；3~6—太阳轮；7~11—行星轮；12—闭锁离合器；13~16—齿圈；
17,18—行星架；19—轮毂；20—输出轴主动齿轮；21—输出轴被动齿轮；
Ⅰ、Ⅱ、Ⅲ、Ⅳ—各行星排；①、②、③、④—各行星排制动器

组成。

b. 挡数分析　前变速器中将第Ⅰ行星排制动器①接合，使齿圈 13 被固定而实现前进挡；当第Ⅱ行星排制动器②接合，使齿圈 14 被固定，则实现倒退挡（由于该星排是双行星轮结构，齿圈固定，太阳轮主动，行星架从动，太阳轮和行星架旋转方向相反），即前变速器是换向部分。

后变速器中只要接合一个制动器或闭锁离合器即可实现一个挡位，两个制动器与一个闭锁离合器共可实现三个挡位。可见只要前、后变速器各接合一个操纵件即可使变速器成为一自由度而实现某一挡位，故总共可实现前进三挡与倒退三挡。

（3）变速器的传动路线

下面结合前进一挡与倒退三挡具体说明传动路线。

a. 前进一挡传动路线　当接合制动器①与闭锁离合器 12 时，实现前进一挡。此时，第 Ⅰ 行星排齿圈 13 被固定，闭锁离合器的接合把输出轴 2 与行星架 18 连在一起。输入轴 1 通过第 Ⅰ 排太阳轮 3，带动行星轮 7 在齿圈 13 内旋转，从而带动第 Ⅰ、Ⅱ、Ⅲ 排行星架 17 按同方向旋转，实现前进挡。行星架 17 使第 Ⅲ 排行星轮 9、齿圈 15 与太阳轮 5 旋转，齿圈 15 带动第 Ⅳ 排行星架 18 旋转，行星架 18 带动第 Ⅳ 排行星轮 10、齿圈 16 和太阳轮 6 及闭锁离合器主动鼓旋转；而第 Ⅲ、Ⅳ 排太阳轮与闭锁离合器从动鼓都与输出轴 2 相连，其转速相同，这是由于闭锁离合器接合，从而使行星架 18 通过闭锁离合器带动输出轴旋转。可见前进一挡时，输入轴 1 的动力是经第 Ⅲ 排太阳轮 5、第 Ⅳ 排太阳轮 6 和行星架 18 分三路传至输出轴 2 的。实际上，由于闭锁离合器的作用使变速部分的传动比为 1。此时，第 Ⅱ 排不参与传动。

b. 倒退三挡传动路线　当接合制动器②和③时，实现倒退三挡。此时，第 Ⅱ 排齿圈 14 与第 Ⅲ 排齿圈 15 被固定；输入轴 1 带动第 Ⅱ 排太阳轮 4 与行星轮 11 和 8，由于是双星轮，使行星架 17 反向旋转，实现倒挡。行星架 17 带动第 Ⅲ 排行星轮 9 与太阳轮，从而将动力传给输出轴 2。此时，只有 Ⅱ、Ⅲ 排参加传动。

(4) 变速器的液压控制系统

图 7-8 所示为 TY220 型履带推土机液力机械传动的液压控制系统，该系统主要由后桥箱（油箱）、粗滤器、细滤器、变速泵、变速操纵阀、溢流阀、调节阀、冷却器、润滑阀、回油泵等组成。

变速泵 2 由齿轮箱驱动，从后桥箱 20 内经粗滤器 1 吸出油液，通过细滤器 3 将压力油送至变速箱控制系统。压力油进入调压阀 4 后分三路通往液力变矩器 11、变速换向操纵阀 7、8 以及转向离合器。从调压阀分出的压力油经溢流阀 10 到调节阀 13 和润滑阀 15 去的油路为主油路。

由于调压阀 4 具有限压作用，它可限制进入变速箱控制系统的油压在一定的数值内。超过限定压力的油液经溢流阀 10 的限制后进入变矩器（所超出油压流回油室 18 及 20）。由变矩器 11 内排出的压力油经调节阀 13 减压后进入冷却器冷却后经润滑阀 15 而进入变速箱和齿轮箱作润滑用。

图 7-9 所示为变速操纵阀。该变速操纵阀主要由调压阀、急回阀、减压阀、速度阀、方向阀、安全阀等组成。

调压阀和急回阀的作用是保证换挡离合器油缸中油液的工作压力和进行离合器的转矩容量调节，使换挡离合器油缸的油压缓慢上升，离合器平稳地接合，保证推土机不产生变速冲击，能平稳地变速和起步。

在升压过程中，压力油推动急回阀右移，使压力油沿急回阀节流孔进入调压阀阀套背室而产生节流效应，此节流效应使调压阀产生背压，背压的作用使调压阀阀套压缩弹簧和阀杆一起左移，关闭了溢流口，使压力上升，压力升高，使阀杆继续左移，重新开启溢流口，同时阀套背压也相应增大，继续推动阀套随阀杆左移，再关闭溢流口使压力又一次上升，如此下去，油压不断上升，直至阀套移到左边锁止位置，不再移动，油压保持工作压力的定值。

方向阀有前进与倒退两个工作位置，当在前进挡位置时，它配合着速度阀的第五离合器作低压的供油。在倒挡位置时，它不但可以满足自己所需的压力油，同时还可以保持 1 速离合器的稳压油液。总之，方向阀无论在任何位置上，它总要保持给一个换向离合器的充足供油，而不会阻断油路，也就是说，它不会使变速箱成为空挡。空挡只有当速度阀只供给第五离合器油液时或同时阻断了去安全阀的油路时才会发生。

速度阀通过连杆的杠杆系统和方向滑阀 8 装在同一根变速杆上，因此两阀是联动的。变

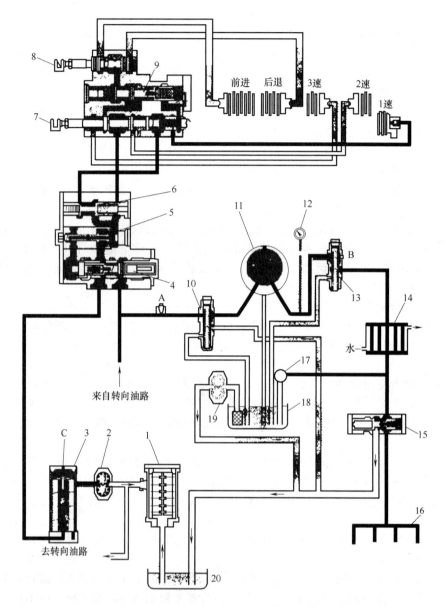

图 7-8　TY220 型履带推土机液力机械传动的液压控制系统

1—粗滤器；2—变速泵；3—细滤器；4—调压阀；5—急回阀；6—减压阀；7—速度阀；8—方向阀；
9—安全阀；10—溢流阀；11—变矩器；12—油温计；13—调节阀；14—油冷器；15—润滑阀；
16—变速箱润滑；17—分动箱润滑；18—变矩器壳体；19—回油泵；20—后桥箱；A—变矩器
进油压力测量口；B—变矩器出油压力测量口；C—操纵阀进油压力测量口

速杆的前后拨动是选择高低挡位置，而变速杆的左右拨动便可改变推土机的行驶方向。

　　安全阀位于方向滑阀 8 和速度阀之间。在变速箱换挡时，它对油压的改变反应很灵敏。作用是在某种情况下（如推土机在工作或行驶中，当发动机熄火后要再启动，但此时的变速滑阀和换向滑阀都仍停留在某挡的工作位置上），自动阻断压力油进入第二变速挡及方向滑阀的通道。从而使推土机仍不能起步，以免发生发动机的启动与推土机的起步同时进行的不安全现象。

　　减压阀位于调压阀至急回阀的回路途中，作用是因液压控制系统整个管路的设定压力为

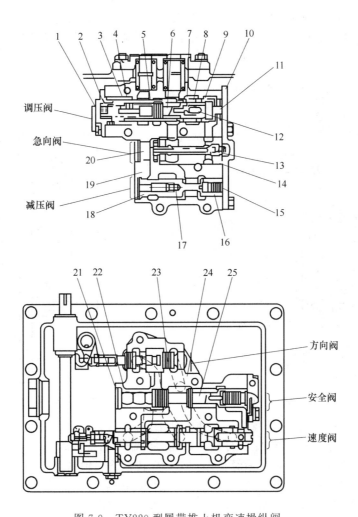

图 7-9　TY220 型履带推土机变速操纵阀

1—盖；2—阀杆弹簧；3—座；4—阀套弹簧；5,12—阀杆弹簧；6,25—阀杆；7,9,13,14—阀芯；
8—滑阀；10—阀端盖；11—挡块；15—柱塞；16—减压阀芯；17—减压弹簧；18—弹簧座；
19—上阀体；20,21—挡块；22—弹簧；23—进退阀杆；24—下阀体

2.5MPa，当内部压力到达 1.25MPa 时，1 速离合器管路将通过减压阀而被关闭。在空挡时，随着发动机的启动，从油泵输出的压力油，由减压阀流入 1 速离合器填满油缸。这是为了在推土机起步时，缩短液压油首先填满油缸（Ⅰ 和 Ⅱ 离合器）所需的时间。当变速及换向杆由空挡转为前进 1 速时，压力油不但能填满 Ⅰ 离合器的油缸，而且当前进 1 速转变为 2 速时，因 Ⅰ 离合器油缸已填满，故只需把液压油充满 Ⅱ 离合器油缸。所以在空挡时，1 速离合器油缸的液压油始终保持在设计要求范围内的压力，当在需要变速换向时一切都能顺利地工作。

7.3　定轴式动力换挡变速器

7.3.1　定轴式动力换挡变速器的工作原理

动力换挡变速器的挡位变换是通过操纵液压离合器来实现的。其基本结构原理如图7-10和图 7-11 所示。它由动力输入轴、液压离合器 1、液压离合器 2、中间轴、输出轴、齿轮等

组成。离合器 1 的大齿轮通过花键固装在输入轴上，且主动片通过主动鼓与大齿轮连在一起，由动力输入轴带动旋转。从动片和小齿轮的轮毂固装在一起，可绕输入轴单独旋转。离合器 2 的大齿轮及小齿轮的安装同离合器 1。

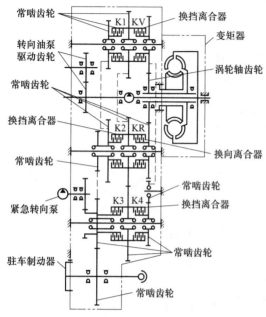

图 7-10 ZF 定轴式动力换挡变速器结构简图

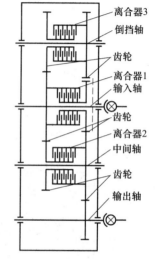

图 7-11 定轴式动力换挡变速器工作原理

离合器 1、2 均处于分离位置时，变速器处于空挡。

当离合器 1 接合，离合器 2、3 分离时，动力由输入轴传给离合器 1，经离合器 1 的小齿轮传给离合器 2 的大齿轮，然后经输出轴上齿轮传给输出轴输出动力。

当离合器 2 接合，离合器 1、3 分离时，动力由输入轴传给离合器 1 的大齿轮，经离合器 2 的小齿轮传给离合器 2，再由离合器 2 的大齿轮经输出轴上齿轮传给输出轴输出动力。

上述动力换挡变速器的传动中齿轮与轴的位置固定，故称为定轴式动力换挡变速器。

倒挡原理：定轴式动力换挡变速器一般是通过倒挡离合器来实现机械的反向行驶。如图 7-11 中，离合器 3 为倒挡离合器，当离合器 3 接合，离合器 1、2 分离时，动力由输入轴传给离合器 1 的大齿轮，经离合器 3 的小齿轮传给离合器 3，再由离合器 3 的大齿轮传给离合器 2 的大齿轮经输出轴上齿轮传给输出轴输出动力。

7.3.2 定轴式动力换挡变速器的结构

PY180 型平地机 6WG180 电液变速器、PY180ZF 液力变矩器-变速器或 ZL30 型装载机 BTD4208 变速器等均为定轴式动力换挡变速器。

图 7-12 是国产 ZL30 型装载机常用的 BTD4208 定轴式动力换挡变速器。其结构特点为：液力变矩器和动力换挡变速器为分开式，变速器由四根轴、三个换挡离合器和一个换挡拨叉组成。具有四个前进挡、两个倒挡。

变速器的传动机构由输入轴总成、中间轴总成、倒挡轴总成、换挡拨叉等组成。输入轴总成、中间轴总成各装有一个多片湿式前进挡摩擦离合器，倒挡轴总成装有一个多片湿式倒挡摩擦离合器。高低挡的变换采用机械式操纵，靠拨动换挡拨叉来实现。

（1）换挡离合器

齿轮包相当于外鼓，输入齿轮相当于内鼓，外鼓有内齿，内鼓有外齿。靠摩擦片彼此啮

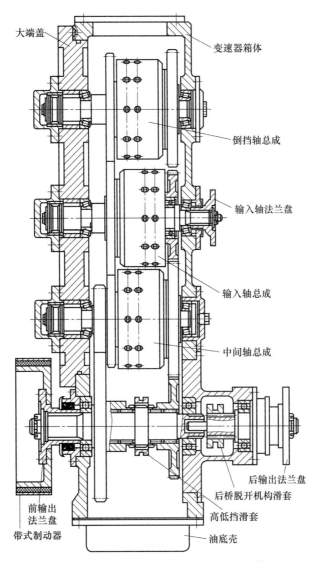

大端盖

变速器箱体

倒挡轴总成

输入轴法兰盘

输入轴总成

中间轴总成

后输出法兰盘

后桥脱开机构滑套

高低挡滑套

前输出
法兰盘

带式制动器

油底壳

图 7-12　ZL30 型装载机 BTD4208 变速器构造

合。油道孔开在传动轴中，压力油迫使活塞运动，克服弹簧力压紧摩擦片，内外鼓连为一个整体。在压力油消失的情况下，弹簧弹力推活塞，摩擦片彼此分开。齿轮包和齿轮互不干涉，分别运动或保持静止。

（2）变速操纵阀

变速操纵阀由进退阀、变速阀和制动脱挡阀（制动联动阀）等组成（见图7-13）。

阀体上的 A 孔通变速器组合阀。当移动变速滑阀时，压力油便可以分别流入换挡离合器 1、换挡离合器 2 或换挡

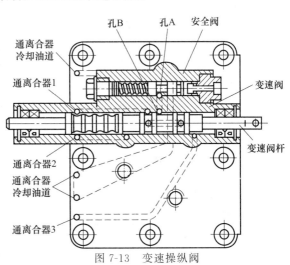

孔B　　孔A　安全阀

通离合器
冷却油道

通离合器1

变速阀

变速阀杆

通离合器2

通离合器
冷却油道

通离合器3

图 7-13　变速操纵阀

离合器 3，从而使变速器得到前进或后退各挡。

制动脱挡阀的工作原理：当踏下制动踏板时，来自制动总泵的压力油通入制动滑阀，推动滑阀杆，切断工作油路（A 与 B 不通），使变速器处于空挡，从而保证了制动可靠。

（3）高低挡滑套及操纵杆

当滑套在图 7-12 中向左时为低挡，即Ⅰ挡、Ⅱ挡、倒Ⅰ挡，当向右移动时为高挡，即Ⅲ挡、Ⅳ挡、倒Ⅱ挡，中间位置无输出。

操纵杆有三个停留位置，即高、空、低。用高低挡滑套换挡必须在挂空挡的情况下，并在机械停车后进行，否则会发生冲击。

（4）后桥脱开机构

在图 7-12 中，当操纵手柄使后桥脱开机构滑套位于左面的位置，动力可传向后桥；位于右面的位置，将切断传向后桥的动力。后桥脱开机构的变换必须在停车后进行。

（5）液压操纵系统

液力传动装置的液压操纵系统原理如图 7-14 所示，图中双点划线右半部分由变矩器等组成，左半部分由变速操纵阀、油缸（离合器）、滤清器、油箱（由油底壳和箱体构成）等组成。

变矩器泵轮运转时，通过传动齿轮驱动主油泵运转，从油箱吸油输出压力油，通入变速器组合阀。变速器组合阀由变速压力阀、进油压力阀和限流片组成。进入组合阀的工作油在变速压力阀的作用下，首先保障操纵用油，然后再经变速压力阀输往变矩器。变速操纵油压及变矩器进口油压分别由变速压力阀、进油压力阀来控制，其油压分别为 1.1～1.5MPa 和 0.3～0.6MPa（怠速时变矩器进口油压为 0.1～0.2MPa）。当变矩器的进口油压超过进口压力阀的调定值时，阀口便打开，油溢供给变速器、变矩器淋油达到润滑、降温的目的。变矩器出口压力将变矩器的出口压力控制在 0.05～0.15MPa 范围内。由出口压力阀流出的油液经散热器后流往变速器润滑系统。

（6）换挡液压离合器

变速器的输入轴总成、中间轴总成和倒挡轴总成结构相似，各有一个结构相同的核心部件——换挡液压离合器。

换挡液压离合器由传动轴、离合器壳、活塞、粉末冶金片、摩擦片、复位弹簧、离心倒空阀组成，如图 7-15 所示。

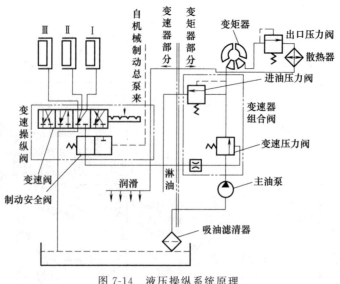

图 7-14　液压操纵系统原理

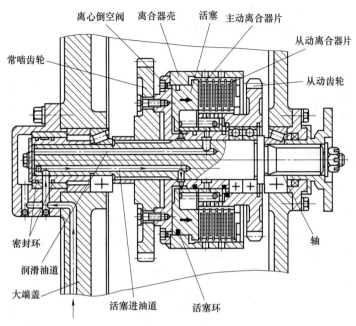

图 7-15　换挡液压离合器构造

主动离合器片是铜基粉末冶金摩擦片，共 6 片。从动离合器片材质为 65Mn，共 5 片，并有 5mm 的凹度，装配时凸面向着活塞端。

其工作原理如下。

① 接合时：来自变速操纵阀的液压油，经箱壁和埋在大端盖内的管道流进传动轴中的油道再进入活塞腔，使活塞向前移动，压紧主、从动离合器摩擦片，传动轴就和从动齿轮一起转动，将动力输出。

② 分离时：压力油切断，离心倒空阀自动打开，活塞在复位弹簧的作用下迅速复位，主、从动离合器摩擦片分离，从动齿轮空转，停止动力输出。

（7）离心倒空阀（泄油阀）

在离合器壳的内侧，相对于活塞的一角，装有离心倒空阀。在换挡离合器分离时，作用在活塞右侧的压力油必须迅速卸压，活塞才能迅速复位，但是由于离合器壳旋转，液压油在离心力的作用下被甩到离合器壳的内侧壁上，阻碍了活塞的迅速复位，即换挡离合器不能迅速分离。因此，必须安装一泄油阀将这部分油液卸掉。

离心倒空阀工作原理：如图 7-16（a）所示，当离合器接合时，钢球在受到离心力 F_L 的同时还受到左侧油的压力 F_y 作用，此时油压作用在钢球上的分力大于离心力，迫使钢球压紧在泄油孔的圆弧密封带上，将右侧的泄油孔堵住，离心倒空阀处于关闭状态；如图 7-16（b）所示，当离合器分离时，钢球左侧的油压消失，在离心力的作用下钢球的一侧脱离密封带，

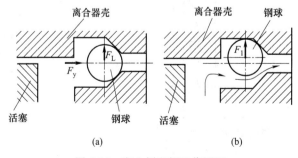

图 7-16　离心倒空阀工作原理

使离心倒空阀处于开启状态，因离心力而甩在内壁的液压油就会从泄油孔迅速泄出，经换挡离合器的外壳流回变速器的油底壳。

113

（8）变速器各挡动力传递路线

ZL30 型装载机变速器各挡动力传递路线如图 7-17 所示，动力传递顺序见表 7-3。

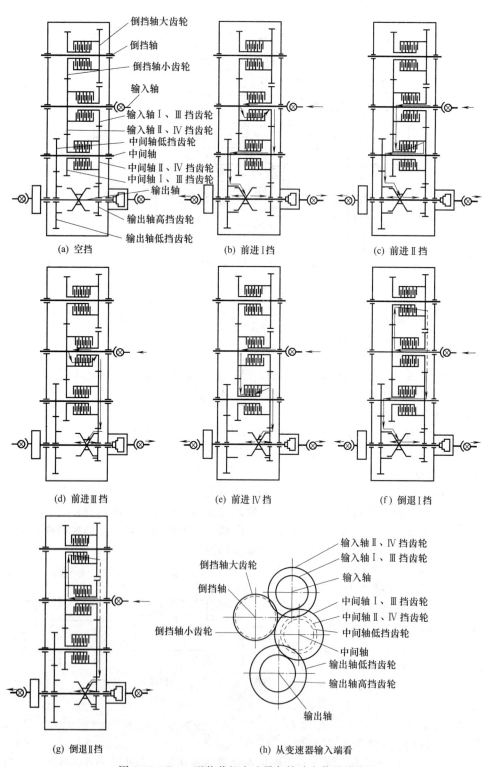

图 7-17　ZL30 型装载机变速器各挡动力传递路线

表 7-3   ZL30 型装载机变速器各挡动力传递顺序

挡位 \ 操纵杆	Ⅰ	Ⅱ	Ⅲ	拨叉（高低挡滑套）
前进Ⅰ	√			←
Ⅱ		√		←
Ⅲ	√			→
Ⅳ		√		→
空挡				中位
倒退Ⅰ			√	←
Ⅱ			√	→

7.3.3 定轴式动力换挡变速器电液控制系统

图 7-18 所示为 WA380-3 型装载机液力机械传动电液控制系统，该系统主要由油箱、变速泵、滤油器、主溢流阀、变速操纵阀、电磁阀、蓄能阀、驻车制动阀等组成。

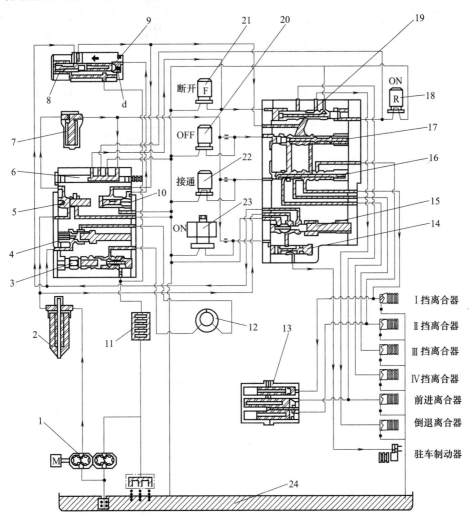

图 7-18   WA380-3 型装载机液力机械传动电液控制系统

1—变速泵；2—滤油器；3—液力变矩器出口压力阀；4—主溢流阀；5—先导减压阀；6—紧急手动阀；
7—先导油过滤器；8—调制阀；9,13—蓄能阀；10—快速复位阀；11—油冷却器；12—液力变矩器；
14—驻车制动阀；15—顺序阀；16—范围选择阀；17—H-L 选择阀；18—电磁阀倒退挡；
19—方向选择阀；20～22—电磁阀；23—驻车制动器电磁阀；24—油箱

来自泵的油通过滤油器进入变速器控制阀。油通过顺序阀进行分配，然后流入先导回路、驻车制动器回路以及离合器操纵回路。顺序阀控制油流，以使油按顺序流入控制回路和驻车制动器回路，保持油压不变。流入先导回路的油的压力由先导减压阀进行调节。流入驻车制动器回路的油，通过驻车制动阀控制驻车制动器的释放油的压力。通过主溢流阀流入离合器操作回路的油，其压力用调制阀调节，这种油用来制动离合器。由主溢流阀释放的油，供应给液力变矩器。当通过快速回流阀和蓄能阀的动作换挡时，调制阀平稳地增高离合器的油压，因此就减小了齿轮换挡时的冲击。安装蓄能阀的目的是为了在齿轮换挡时减小延时和冲击。变速操纵阀分为上阀和下阀，其结构如图 7-19 所示。

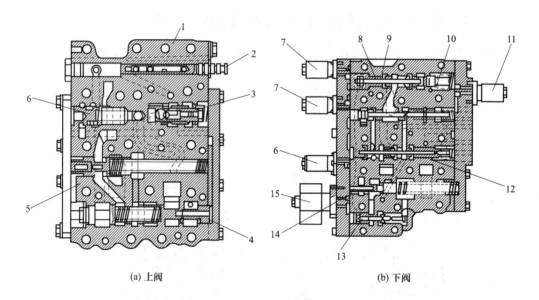

(a) 上阀 (b) 下阀

图 7-19　变速操纵阀

1—上阀体；2—紧急手动滑阀；3—快速恢复阀；4—液力变矩器出口阀；5—先导减压阀；6—减压阀；
7—电磁阀（前进挡）；8—方向选择阀；9—下阀体；10—H-L 选择阀；11—电磁阀（倒退挡）；
12—范围选择阀；13—驻车制动阀；14—顺序阀；15—电磁阀（驻车制动器）

7.3.4　主要液压元件介绍

（1）电磁阀

如图 7-20 所示，当操作齿轮换挡操纵杆做前进或倒退运动时，电气信号便发送到安装在变速器挡位阀上的四个电磁阀，根据打开和关闭的电磁阀组合，启动前进/倒退、H-L 或范围选择阀。

① 电磁阀断开：来自先导减压阀的油流至 H-L 选择阀和范围选择阀的端口 a 和 b，在 a 和 b 处，油被电磁阀 4 和 5 堵住，致使选择阀 2 和 3 按箭头方向移动到右边，结果来自泵的油便流至 Ⅱ 挡离合器。

② 电磁阀接通：当操作速度操纵杆时，电磁阀 4 和 5 的排放端口打开，在选择阀 2 和 3 的端口 a 和 b 处的油便从端口 c 和 d 流到排放回路，因此在端口 a 和 b 处的回路中的压力便下降，滑阀便利用回动弹簧 6 和 7 按箭头方向移动到左边，结果在端口 e 处的油便流到 Ⅳ 挡离合器，从 Ⅱ 挡转换到 Ⅳ 挡。

（2）方向选择阀

① 处于中间状态时［图 7-21（a）］：电磁阀 3 和 4 断开，排放端口关闭，油从先导回路

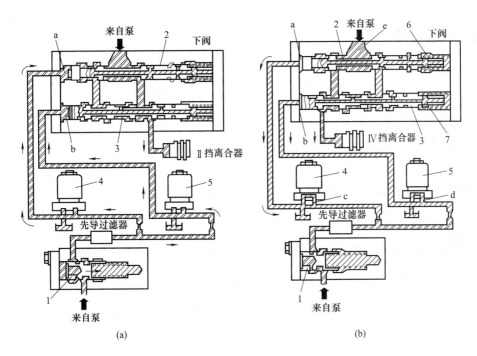

图 7-20 变速器电磁阀工作状态

1—先导减压阀；2—H-L 选择器；3—范围选择阀；4,5—电磁阀；6,7—回动弹簧

通过紧急手动滑阀中的油孔注入方向滑阀的端口 a 和 b。在这种状态中，P_1＋弹簧力＝P_2＋弹簧力，所以保持平衡。因此，在端口 c 处的油不流至前进或倒退离合器。

②处于"前进"状态时［图 7-21（b）］：当方向操纵杆处在"前进"位置时，电磁阀 3 接通，排放端口 d 打开，注入端口的油被排掉，所以 P_1＋弹簧力＜P_2＋弹簧力。当发生这种情况时，方向滑阀移到左边，端口 c 处的油流至端口 e，然后供给前进离合器。

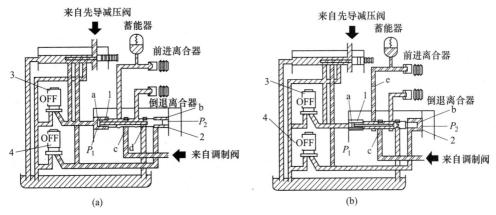

图 7-21 方向选择阀工作状态

1—减压阀；2—滑阀；3,4—电磁阀

（3）H-L 选择阀和范围选择阀

如图 7-22 所示，当操作换挡操纵杆时，电信号便发送到与 H-L 选择阀及范围选择阀配对的电磁阀。H-L 选择阀和范围选择阀根据电磁阀的组合而操作，使其可以选择速度（Ⅰ

挡到Ⅳ挡)。

① Ⅱ挡速度:当电磁阀1和2断开、排放口关闭时,来自先导回路的油压 P_1 克服 H-L 选择阀4及范围选择阀5的弹簧3的力,使选择阀4和5向左移动,离合器回路中的油从 H-L 选择阀4的端口 a 通过范围选择阀5的端口 b,供给Ⅱ挡离合器。

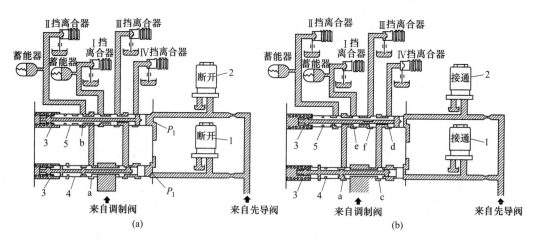

图 7-22 H-L 选择阀和范围选择阀工作状态
1,2—电磁阀;3—弹簧;4,5—选择阀

② Ⅳ挡速度:当电磁阀1和2接通、排放口打开时,来自先导回路的油通过电磁阀1和2排放,致使 H-L 选择阀4和范围选择阀5借助弹簧3的力向右移动,离合器回路中的油从 H-L 选择阀4的端口 c 通过范围选择阀5的端口 d,供给Ⅳ挡离合器。

③ Ⅰ挡、Ⅲ挡速度:对于Ⅰ挡速度,电磁阀1断开,电磁阀2接通,离合器回路中的油从 H-L 选择阀4的端口 c,通过范围选择阀5的端口 e,供给Ⅰ挡离合器;对于Ⅲ挡速度,电磁阀1接通,电磁阀2断开,离合器回路中的油从 H-L 选择阀4的端口 a 通过范围选择阀5的端口 f,供给Ⅲ挡离合器。

(4) 调制阀

调制阀由加注阀和蓄能阀组成。它控制流到离合器的油的压力和流量,并提高离合器的压力。

① 离合器回路的压力降低,如图 7-23 (a) 所示。当方向操纵杆从前进位置转换到倒退位置时,离合器回路的压力降低,油注入倒退离合器,使快速复位阀2向左移动。这就导致蓄能器中的油从快速复位阀的端口 a 排出。此时,b 室和 c 室中的压力降低,弹簧的力使加注阀向左移动,端口 d 打开。

② 离合器的压力开始升高,如图 7-23 (b)、图 7-23 (c) 所示。当来自顺序阀的油加至离合器活塞时,离合器回路中的压力开始升高。快速复位阀2向右移动,关闭蓄压器中的排放回路。此时,已经通过端口 d 的油便通过加注阀4,然后进入端口 b,使 b 室的压力 P_2 开始升高。此时,蓄压器部分的压力 P_1 和 P_2 之间的关系为 $P_2 > P_1 + P_3$(相当于弹簧张力的油压力)。加注阀向右移动,关闭端口 d,以防止离合器压力突然升高。端口 d 处的油流入离合器回路,由于 $P_2 > P_1 + P_3$,于是油便同时通过快速复位阀的节流孔 e 流入蓄压器的 c 室。压力 P_1 和 P_2 升高。在保持 $P_2 = P_1 + P_3$(相当于弹簧张力的油压力)的关系时,重复这一动作,离合器的压力逐步升高。

液力变矩器出口处的压力释放到加注阀的端口 f。液力变矩器出口处的压力根据发动机的速度而改变。

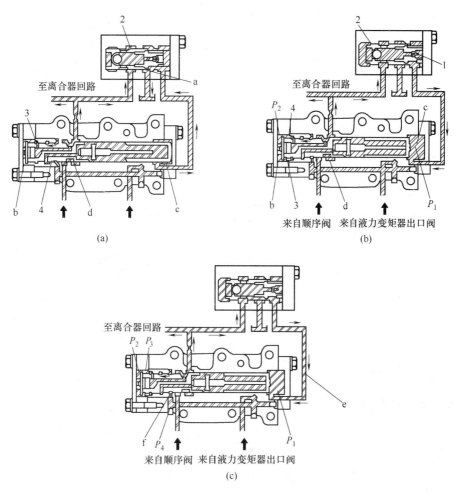

图 7-23　调制阀工作状态

1—调制阀；2—复位阀；3—弹簧；4—加注阀

（5）其他液压元件

先导减压阀用来控制方向选择阀、范围选择阀及停车制动阀动作的油压。

主溢流阀用来调节流至离合器回路的油的压力，并分配离合器回路的油流量。

液力变矩器出口阀安装在液力变矩器的出口管路中，用来调节液力变矩器的最高压力。顺序阀用来调节泵的压力，并提供先导油压和停车制动器释放油的压力。如果回路中的压力高于测量的油压水平，压力控制阀便起溢流阀的作用，降低压力以保护液压回路。

快速复位阀为了能使调制阀平衡地升高离合器压力，传送蓄能器中的压力，作用在调制阀上。当变速器换挡时，可使回路瞬间进行排放。

如果电气系统出故障以及前进/倒退电磁阀不能制动时，就要用应急手动滑阀，使"前进"和"倒退"离合器工作。

7.3.5　电控系统

图 7-24 所示为 WA380-3 型装载机变速器的电气控制原理。该电控系统可实现速度选择、方向选择、自动降速、变速器切断等功能。

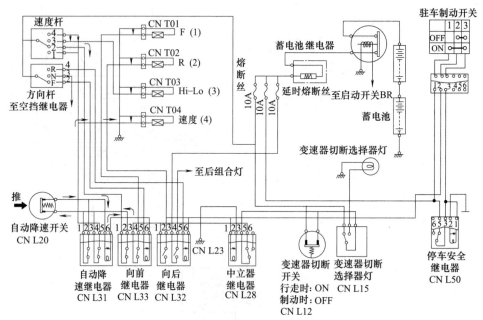

图 7-24　WA380-3 型装载机变速器电气控制原理

7.4　动力换挡变速器典型故障诊断与排除

7.4.1　故障分析

（1）挂不上挡

① 现象　变速器挂挡时不能顺利进入某一挡位。

② 原因分析　导致动力换挡变速器挂不上挡的主要原因有以下几种。

a. 挂挡压力过低，使换挡离合器不能良好接合，因而挂不上挡。

b. 液压泵工作不良、密封不好，导致液压系统油液工作压力太低，使换挡离合器打滑，导致挂不上挡。

c. 液压管路堵塞。随着使用时间的延长，滤油器的滤网或滤芯上附着的机械杂质增多，使过滤截面逐渐减小，液压油流量减小，难以保证换挡离合器的压力，使之打滑。

d. 换挡离合器故障。换挡离合器密封圈损坏而泄漏、活塞环磨损、摩擦片烧毁、钢片变形均可导致变速器挂不上挡。

③ 诊断与排除　动力变速器挂不上挡故障的诊断与排除的方法、步骤如下。

a. 挂挡时如果不能顺利挂入挡位，应首先查看挂挡压力表的指示压力。如果空挡时压力低，可能是液压泵供油压力不足。拔出油尺，检查变速器内的油面高度。若油位符合标准，则检查液压泵传动零件的磨损程度及密封装置的密封状况，如果液压泵油封及过滤器结合面密封不严，液压泵会吸入空气而导致供油压力降低，此时应拆下液压泵及过滤器进行检修。若液压泵及过滤器良好，则应查看变速压力阀是否失灵、变速操纵阀阀芯是否磨损，将阀拆下按规定进行清洗和调整。

b. 如果空挡时压力正常，挂某一挡位时压力低，则可能是湿式离合器供油管接头及变速器轴和离合器的油缸活塞密封圈密封不严而漏油，应拆下变速器予以更换。

c. 如果发动机转速低时压力正常，转速高时压力降低或压力表指针跳动，一般是油位过低、过滤器堵塞或液压泵吸入空气造成的，应分别检查并予以排除。

（2）挡位不能脱开

① 现象　动力换挡变速器进行换挡变速时某些挡位脱不开。

② 原因分析　导致变速时挡位脱不开的主要原因有以下几种。

a. 换挡离合器活塞环胀死。

b. 换挡离合器摩擦片烧毁。

c. 换挡离合器活塞回位弹簧失效或损坏。

d. 液压系统回油路堵塞。

③ 诊断与排除　启动发动机后变换各挡位，检查哪个挡位脱不开，以确定检修的部位。

拆开回油管接头，吹通回油管路，连接好后再进行检查。如果挡位仍脱不开，必须拆解离合器，检查回位弹簧是否损坏，根据情况予以排除；检查摩擦片烧蚀情况，如烧蚀严重应更换；检查活塞环是否发卡，如发卡应修复或更换。

（3）变速器工作压力过低

① 现象　压力表显示的变速器各挡的压力均低于正常值，机械各挡行走均乏力。

② 原因分析　造成变速器工作压力过低的原因有以下几种。

a. 变速器内油池油位过低。这不仅会导致液力变矩器传动介质减少而造成传力不足，甚至不能传递动力。此外，还会因液压系统内油压降低而使换挡离合器打滑，使机械行走乏力。

b. 滤油器的影响。变速器油泵的前后设有滤网或过滤器，以滤去工作油液中的机械杂质。随着使用时间的延长，过滤装置上附着的机械杂质增多，使过滤截面及油液流量减少，导致变速器工作压力下降。

c. 调压阀的影响。液压系统内设有调压阀，其作用是使系统工作压力保持在一定范围内，如果调整压力过低或调压弹簧弹力过小时，会使调压阀过早接通回油路，导致变速器工作压力过低。另外，如果调压阀的阀芯卡滞在与回油路相通的位置，会使液压系统内的压力难以建立，从而变速器的工作压力也无法建立。

d. 泄漏的影响。如果液压系统管道破漏、接头松动或松脱、变速器壳体机件平面接口处漏油或漏气，会使系统内的压力降低，变速器的工作压力相应下降。

e. 油泵的影响。如果液压泵使用过久，内部间隙增大，其泵油能力下降，因此系统内工作油液的压力及变速器工作压力降低。另外，液压泵轴上的密封圈损坏，也会使液压泵泵油能力下降。

f. 油温的影响。为使液压系统工作正常，在液压系统内设有散热器，如果散热器性能下降或大负荷工作时间过长等均会使液压油温升高、黏度下降，导致系统内的内泄漏量增大，也会使系统工作压力下降。

③ 诊断与排除　变速器工作压力过低的故障诊断与排除的步骤如下。

a. 检查变速器内的油位。如果油液缺少，应予以补充。

b. 检查泄漏。如果油液泄漏会有明显的油迹，同时变速器内油位明显降低，应顺油迹查明泄漏原因并予以排除。

c. 如果进、出口管密封良好，应检查离合器压力阀和变矩器进、出口压力阀的工作情况。若变矩器进、出口压力阀不能关闭，应将压力阀拆下，检查各零件有无裂纹或伤痕、油路或油孔是否畅通、弹簧是否产生永久变形而刚度变小。当零件磨损超过磨损极限值时应予以更换或修复。

d. 若压力阀工作正常，拆下进油管和滤网，如有堵塞则应进行清洗，清除沉积物。变速器油底壳中滤油器严重堵塞，会造成液压泵吸油不足，应适时清洗滤网。

（4）个别挡行驶无力

① 现象　机械挂入某挡后变速压力低，机械的行走速度不能随发动机的转速升高而提高。

② 原因分析　如果机械挂入某挡后行走无力，其主要原因是该挡离合器打滑。造成该挡离合器打滑的原因有以下几种。

a. 该挡换挡离合器的活塞密封环损坏，导致活塞密封不良，使作用在活塞上的油液压力降低。

b. 该挡液压油路严重泄漏。

c. 该挡液压油路某处密封环损坏，导致变速压力降低。

③ 诊断与排除　个别挡行走无力的故障诊断与排除的方法、步骤如下。

a. 检查从操纵阀至换挡离合器的油路、结合部位是否严重泄漏，根据具体情况排除故障。

b. 拆下并分解该挡换挡离合器，检查各密封圈是否失效、活塞环是否磨损严重，必要时予以更换。

c. 如果液压系统密封良好，应检查液力变矩器油液内有无金属屑。若油液内有金属屑，表明是该挡离合器摩擦片磨损过大，导致离合器打滑。

（5）自动脱挡或乱挡

① 现象　机械在行驶过程中所挂挡位自动脱离或挂入其他挡位。

② 原因分析　动力变速器自动脱挡或乱挡故障引起的原因有以下几种。

a. 换挡操纵阀的定位钢球磨损严重或弹簧失效，导致换向操纵阀定位装置失灵。

b. 由于长期使用，换挡操纵杆的位置及长度发生变化，杆件比例不准确，使操作位置产生偏差，导致乱挡。

③ 诊断与排除　动力变速器自动脱挡或乱挡故障的诊断与排除的步骤、方法如下。

a. 检查是否为定位装置引起的故障，可用手扳动变速杆在前进、后退、空挡等几个位置，如果变换挡位时，手上无明显阻力感觉，即为失效，应拆下检查，如果有明显的阻力感觉，则为正常。

b. 检查是否为换挡操纵杆引起的故障。先拆去换挡阀杆与换挡操纵杆的连接销，用手拉动换挡滑阀，使滑阀处于空挡位置，再把操纵杆扳到空挡位置，调整合适后再将其连接。

（6）异常响声

① 现象　变速器工作时发出异常响声。

② 原因分析　引起动力变速器异常响声有如下几个原因。

a. 变速器内润滑油量不足，在动力传递过程中出现干摩擦。

b. 变速器传动齿轮轮齿打坏。

c. 轴承间隙过大，花键轴与花键孔磨损松旷。

③ 诊断与排除　动力变速器异常响声故障的诊断与排除的方法、步骤如下。

a. 检查变速器内液压油是否足够，若不足应加足到规定位置。

b. 采用变速法听诊。若异常响声为清脆较轻柔的"咯噔"声，则表明轴承间隙过大或花键轴松旷。根据异响特征确诊为变速器故障后必须立即停止工作，然后解体检修。

7.4.2　故障实例

（1）ZL50 型装载机变速器常见故障的诊断与排除

ZL50 型装载机的变速器由箱体、超越离合器、行星变速器、摩擦离合器、液压缸、活塞、变速操纵阀、过滤器、轴和齿轮等主要零部件组成。变速器的动力来源是由变矩器二级蜗轮经蜗轮、输出齿轮把发动机的动力传至变速器的输入齿轮，而变矩器一级蜗轮的动力由一级蜗轮传至超越离合器外环齿。这种变速器为液力变速，一个倒退挡，两个前进挡。当前进或倒退时，都是变速压力油作用于该挡液压缸的活塞上，再经过中间传动过程而成为该挡的输出力。只要弄清变速器的这些工作机理，就能比较准确地判断故障并及时排除。

① 故障现象

a. 挂挡后，车不能行驶。如反复轰油门，某个时刻车就突然能行驶。

b. 挂挡后，较长时间（10～20min）车都似动非动。不能行驶，待能行驶时，行驶无力。

c. 挂挡后，无论时间多长，无论如何加油，车都不能行驶。

d. 车行驶正常，但没有滑行，或滑行时有制动的感觉。

② 故障诊断与排除 在没有认真分析之前，切不可随意拆修变速器，以避免重复劳动和不必要的损失。因为任何一个部位出现故障，除有其本质内在的因素外，也有其外部的原因，既有许多相似之处，也有各自不同的特征，如果不假思索地拆修，经常会出现失误，造成损失。

a. 挂挡后，车不能行驶，若间断轰油，有时车突然能够行驶，感觉好像离合器突然接合上似的。若检查变速油表指示压力正常，制动解除灵敏有效，那么出现这种情况，一般可确定是大超越离合器内环凸轮磨损所致。大超越离合器的功能之一就是当外负荷增加时，迫使变速器输入齿轮转速逐渐下降，当转速小于大超越离合器外环齿的转速时，滚子就被楔紧，经蜗轮传来的动力就经滚子传至大超越离合器的内环凸轮上，从而实现动力输出。但由于内环凸轮与滚子长期工作，相互摩擦，在内环凸轮的根部常常会被滚子磨出一个凹痕，而滚子在凹痕内不易被楔紧，因此动力始终传不出去，这时给人的感觉就像离合器没接合上一样，即使轰油，车也不动。但断续反复轰油，改变内、外环齿的相对位置，又可在某个时刻突然把滚子楔紧，因而又能达到行驶的状态。遇有此种故障，必须分解变速器，更换大超越离合器内环凸轮，以彻底排除故障。

b. 挂挡后，较长时间内（一般在 10～20min，或者更长一些），无论如何加油，车都似动非动，待能行驶时，又行驶无力。这种故障现象多发生在个别挡位，且正常用的工作挡位中Ⅰ挡为多。这是离合器接合不良，一般可断定为摩擦离合器发生了故障。

摩擦离合器是在操纵变速操纵阀，挂上挡位，接通变速压力油的油路后，压力油进入该挡液压缸，压紧活塞压紧离合器的摩擦片后工作的。此时若活塞内外密封圈磨损、摩擦片本身损坏、活塞与摩擦片的接触平面损伤、液压缸工作面损伤等，都可造成该挡活塞对摩擦片的压力不够，而使摩擦片的主、从动片相对打滑，使动力无法输出，所以表现出车辆无法行驶或行驶严重无力。遇到上述故障，首先检查挡位的准确性，因为有时由于挡位不准确就不能完全打开变速操纵阀，这就影响了工作油液的流量和压力，也表现出上述故障现象。Ⅰ挡液压缸油封损坏等也可导致上述故障。

c. 挂挡后，车根本不行驶，或个别挡不行驶。发生这种故障时，变速压力油没有压力，表明变速压力系统有故障。如接表试验有正常的油压，可检查变速操纵阀中的油路切断阀是否不回位，此时表压为零。在这种情况下，往往出现挂挡不能行驶的现象。若变速操纵阀工作正常，油压也正常，而挂挡后车不能行驶，这时应排除变速压力系统的故障，而注意摩擦片离合器，一般为行星架隔离环损坏，特别是新车或者是新装修的变速器发生这类故障时，基本上都是隔离环损坏。行星架上的隔离环损坏后，一般用 300mm 以下的板料气割一个大环，然后按其原尺寸车削，直径要比环槽直径大一些，按其实际尺寸裁留并焊接修磨好，其效果良好。

当然，挂挡后车不行驶，应首先查看传动轴是否转动，若传动轴转动，则是减速器发生故障，通常情况下，减速器出现故障伴有异响。

d. 挂挡后，车行驶比较正常，但抬起脚滑行时，车有制动的感觉，并不能滑行。出现这种故障，若检查减速器无异响、工作正常时，一般可断定是大超越离合器的故障。因为大超越离合器内环凸轮和外环齿楔紧滚子时，才能使变速器把发动机的动力输出去。而一旦松开油门踏板，在突然降低负荷时，滚子应立即松脱，从而达到滑行的目的。如滚子不能松脱，车就无法滑行。出现这种故障的原因多为大超越离合器隔离环损坏所致。遇有此种故障，就必须分解大超越离合器检修。

综上所述，变速器常见的四种较大故障，无论是修理还是判断都是比较复杂的，这就需要深入了解变速器的工作原理、各部件的功能，并本着"由外及里，由表入深，由简到繁"的原则来分析、判断，避免失误。

(2) 液力传动系统过热故障的诊断与排除

① 故障现象　有一台 966F 型轮式装载机，新机使用 1h 左右变速器油温就升高并报警。

② 故障诊断与排除　用压力测试法对传动系统进行了检测，很快就找到了过热的原因，并与拆检的结果相符，问题得以解决。

a. 确定测试目标。液力传动系统的散热一般是由传动油在冷却器中与发动机的冷却剂进行交换热量。如果发动机的工作温度正常，则系统的散热情况取决于传动油冷却器的状态和通过冷却器的传动油的油量。传动系统里任何一个运动元件工作异常，都会产生异常的热量，一般认为变矩器和离合器是两种主要生热元件，其他元件虽然对系统的温度有影响，但影响很小。所以，通过对冷却器、变矩器、离合器和液压泵进行压力测试，就很容易找到系统过热的原因。

b. 进行测试。按照规定的测试条件，分别测得液压泵、各速度离合器、各方向离合器、变矩器出口和冷却器出口在发动机低速和高速时的压力值，并记下数据。测试前应询问驾驶员，确认传动系统没有出现异常响声后才能进行测试，以免造成更严重的机械损坏。

c. 对测试结果进行数据分析。

ⅰ. 液压泵压力。液压泵向整个系统提供压力油，液压泵效率的高低直接影响离合器压力、送往变矩器和冷却器的油量。因此，液压泵压力是判断过热原因的基础。但是由于液压泵压力受系统压力调节阀调定压力（即速度离合器压力）的影响，所以，当泵的压力低时并不能肯定液压泵有问题，如果冷却器出口压力同时也低，可以断定液压泵泄漏严重，否则应在确定压力调节阀状况后，才能判断液压泵有无问题。

ⅱ. 离合器压力。压力低时，离合器就会打滑，产生过多热量。若某个离合器的压力低，表明这个离合器有泄漏情况；若全部离合器压力都低，说明液压泵或压力调节阀有问题。参照对泵的检测结果判断压力调节阀的好坏。

ⅲ. 变矩器出口压力。压力过高或过低都会导致过热，应调整到正常压力。如果压力低但调不上去，说明变矩器或液压泵有问题。参照上述对泵的检测结果，可以确定变矩器是否有泄漏情况。由于从变矩器出来的油直接到冷却器，所以变矩器的泄漏会使冷却器出口压力降低。

ⅳ. 冷却器出口压力。压力低，表明通过冷却器的油量少。如果已确定液压泵和变矩器正常，则说明冷却器内部有堵塞。

该装载机传动系统的液压泵为齿轮泵，而齿轮泵的流量和发动机的转速成正比。由于发动机中速和低速工作时间较多，因而发动机高速时的压力值正常并不能说明传动系统工作正常，即发动机低速时的数据对判断过热有更高的价值。另外，所测的几个压力是相互关联的，要全面分析测试结果，才能正确地判断出过热的原因。

7.5 动力换挡变速器的维修

7.5.1 动力换挡变速器的维护

动力换挡变速器的维护主要是液压油的检查与更换以及变速压力的调整。

变速器加油时，必须按制造厂家规定的牌号加注至规定的油量刻度范围。如国产 ZL50 型装载机用动力换挡变速器加注约 45L 6 号或 8 号液力传动油，并在发动机启动后 5min 再次检查油面应达到规定要求。

新的（或大修）变速器装车后，应进行 12h 磨合，三个挡位各运行 4h，磨合期内负荷不得超过 70%，磨合结束后应清洗变速器油底壳、滤网并更换新油，并检查紧固螺栓。

在使用中，一般可参照厂家提供的时间进行维护，表 7-4 为 ZL50 型装载机用动力换挡变速器维护方案。

表 7-4 ZL50 型装载机用动力换挡变速器维护方案

时间/h	维 护 内 容
50	检查油位;检查变速器操纵装置等
200	清洗或更换滤清器,清洗油底壳
600	更换新油;清洗或更换滤清器,清洗油底壳
2400	对变矩器、变速器进行解体检查,更换易损件,酌情更换其他零部件

变速器工作时的操纵油压为 1.1～1.4MPa，出现异常时应及时调整，以防损坏变速器内部零件。

7.5.2 动力换挡变速器的检测

由于动力换挡变速器的试验需要动力源，生产厂家采用台架试验，而使用单位采用就机进行检测较为经济可行。

动力换挡变速器的就机检测项目主要有变速换挡离合器压力和调节压力（主油路压力）检测，另外还有变速器换挡迟滞时间的检测。

下面以小松 D85-18 型推土机用动力换挡变速器为例介绍其检测方法。

① 动力换挡变速器前进 I 挡或倒退 I 挡离合器压力的检测 把工作装置放于地面，锁上停车制动器。

a. 停止发动机，取下随动阀前盖，再取下变速阀上盖，取下测试堵头，安装接头、测试软管、压力表（2.5MPa）。

b. 启动发动机，变速杆置于前进 I 挡或倒退 I 挡，读取压力值。

c. 检测标准：测量进口油温为 70～80℃ 时标准油压为 1225kPa。

② 动力换挡变速器调节压力的检测

a. 变速杆置于空挡，锁上停车制动器。

b. 停止发动机，取下变速器上部的测试堵头，安装接头、测试软管、压力表（6MPa）。

c. 启动发动机，在高速空转条件下检测并读取数值。

d. 检测标准：测量进口油温为 70～80℃ 时标准油压为 2255～2648kPa。

③ 动力换挡变速器换挡迟滞时间的检测

a. 变矩器油温为 70～80℃，发动机为全速。

b. 记录将变速杆从空挡移至任意挡位履带刚刚开始转动时所需的时间。

c. 检测标准：时间为 0.2～0.8s，若过长可能是离合器打滑或进油压力不足。其他型号的动力换挡变速器的检测可参照上述方法进行。

复习与思考题

一、填空题

1. ZL50D 型装载机的行星变速器，具有_____前进挡和_____倒挡。

2. 动力换挡变速器一般维修时间间隔是_____h。

3. 动力换挡变速器的维护包括_____和_____。

二、选择题

1. 国产 ZL50 型装载机采用的是（　　　）变速器。

A. 机械式 　　　　　　　　B. 定轴式 　　　　　　　　C. 行星齿轮式

2. ZL50 型装载机的变速器有（　　　）。

A. 1 个前进挡和 2 个倒挡　　B. 2 个前进挡和 2 个倒挡　　C. 2 个前进挡和 1 个倒挡

3. 动力变速器自动脱挡或乱挡故障引起的原因，下列说法错误的是（　　　）。

A. 换挡操纵阀的定位钢球磨损严重或弹簧失效，导致换向操纵阀定位装置失灵

B. 液压泵工作不良、密封不好，导致液压系统油液工作压力太低

C. 由于长期使用，换挡操纵杆的位置及长度发生变化，杆件比例不准确，使操作位置产生偏差，导致乱挡

三、判断题

1. ZL-50 型装载机的行星变速器由两个行星排组成，TY220 型履带推土机行星齿轮式动力换挡变速器由三个行星排组成。　　　　　　　　　　　　　　　　　　　（　　　）

2. 动力换挡变速器比机械换挡变速器省力并可在运行中换挡。　　　　　　　　（　　　）

3. 定轴式动力换挡变速器是将变速器的换挡齿轮用离合器与其轴连接起来，通过换挡离合器的分离、接合实现换挡的。　　　　　　　　　　　　　　　　　　　　　（　　　）

模块 3 行驶系统构造原理与维修

单元 8 轮式机械行驶系统构造与维修

教学前言

1. 教学目标

① 能够知道轮式机械行驶系统的组成和功用。
② 能够知道轮式机械行驶系统的原理。
③ 能够对轮式机械行驶系统进行简单的维修。

2. 教学要求

① 了解轮式机械行驶系统的组成、功用。
② 了解轮式机械行驶系统的原理。

3. 教学建议

现场实物教学和多媒体教学相结合，最后教师总结。

系统知识

8.1 认识行驶系统

8.1.1 行驶系统功能

行驶系统是工程机械底盘的重要组成部分之一，它的主要作用，一是把发动机传到驱动轮上的驱动转矩和旋转运动转变为工程机械工作与行驶所需的驱动力和前后运动执行行走功能，二是支承整机。

8.1.2 行驶系统的分类

目前，工程机械行走系统主要分为轮式机械行走系统和履带式机械行走系统。履带式行走装置具有坚固耐用、与地面附着力大、接地比压小、越障物能力强、容易维护保养等优点，它的缺点是，质量大、运动惯性大、结构复杂、磨损严重维修量大，而且没有像轮胎那样有吸收振动和缓和冲击的作用，因此它的速度也受到很大的影响，特别适合低速行走的工程机械。

8.2 轮式机械行驶系统的功用和组成

轮式行驶系统的功用是用来支持机体，并保证机械行驶和进行各种作业。轮式机械行驶系统如图 8-1 所示，通常是由车架、车桥、车轮和悬挂装置等组成。车架通过悬挂装置连接着车桥，悬挂装置起吸收振动及缓和冲击的作用，车轮则安装在车桥的两端。对于行驶速度较低的轮式工程机械，为了保证其作业时的稳定性，一般不安装悬挂装置，而将车桥直接与车架刚性连接，仅依靠低压的橡胶轮胎缓冲减振，因此缓冲性能较装有弹性悬挂装置者差。对于行驶速度高的其他工程机械，则必须装有弹性悬挂装置。

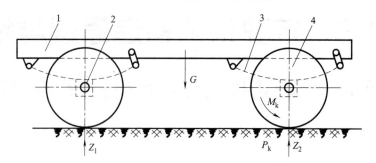

图 8-1　轮式机械行驶系统的组成示意
1—车架；2—车桥；3—悬挂装置；4—车轮

8.2.1　车架

（1）车架的功用和要求

车架是整机的骨架，机械上所有的零部件、工作装置以及驾驶室等都直接或间接地安装在车架上，并保证它们具有一定的相互位置。

车架支承着机体，在机械行驶时，还承受着各有关部件传来的力和力矩，当道路、场地崎岖不平时还要承受更大的冲击载荷。

车架应具有足够的强度和刚度，同时质量要尽量小，以防止其受力过大时被破坏或产生过大的变形以影响其正常的工作。此外，为了使机械具有良好的行驶和工作稳定性，车架结构在保证必要的离地间隙的同时，应使机械中心位置尽量低。

（2）车架的类型和构造

机种不同，车架的构造形式也不相同。一般分为铰接式（折腰式）和整体式两大类。

① 铰接式车架　由于其转弯半径小，前后桥通用，工作装置容易对准工作面等优点，在铲土-运输机械中得到广泛的应用。

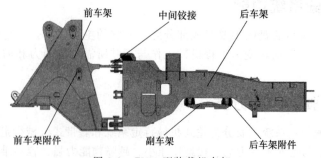

图 8-2　ZL50 型装载机车架

图 8-2 所示为 ZL50 型装载机的铰接式车架，它由前车架与后车架两部分组成，两者通过铰销相连，从而方便装载机的转向，另外还包括前、后车架附件及副车架总成。

铰接式车架铰接点的结构形式主要有三种，即销套式、球铰式和滚锥轴承式。

a. 销套式　如图 8-3 所示，前、后车架由上下两个相同的铰点组成。两铰点距离布置得越远，则车辆行驶在不平道路上时每个铰点的受力越小。就每个铰点而言，销套 5 压入后车架 4，然后将铰销 1 销入孔内形成铰点；为了防止铰销相对前车架 6 转动，将锁板 2 焊接于铰销的端头，再用螺钉固定，因此回转面将总在铰销和销套之间，便于磨损后更换。为了防止前、后车架铰销孔端面磨损，装有铜垫圈。以上两对摩擦面都注有润滑油。

ZL20 型、ZL30 型、ZL50 型装载机都采用此结构，其特点是结构简单，工作可靠，但上、下两个铰点的轴孔的同轴度要求较高，所以两个铰点的距离不能太大。

b. 球铰式　如图 8-4 所示，铰销 1 用锁板 2 锁定，在前车架 7 的销孔处装有关节轴承，即球头 5 和球碗 6。球碗由上下两块构成，增减调整垫片 8 可调整球头和球碗的间隙，并可由油嘴 4 定期注入黄油来润滑关节轴承。由于采用关节轴承使铰销受力良好，同时上下铰点销孔的同轴度比销套式要求低，因此可增大上下铰销的距离，从而减轻铰销的受力。大型装载机如 ZL70 型和 ZL910 型装载机均采用这种形式。

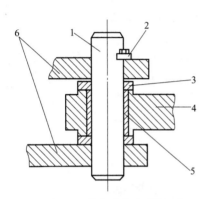

图 8-3　销套式铰点结构

1—铰销；2—锁板；3—垫圈；4—后
车架；5—销套；6—前车架

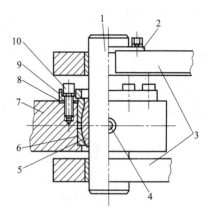

图 8-4　球铰式铰点结构

1—铰销；2—锁板；3—后车架；4—油嘴；5—球头；
6—球碗；7—前车架；8—调整垫片；9—压盖；10—螺钉

c. 滚锥轴承式　如图 8-5 所示，铰销 2 用弹性销 8 固定在后车架上，前车架 1 的销孔处装有滚锥轴承。由于采用了滚锥轴承使前、后车架的偏转更为灵活，但结构较为复杂，成本也较高。

② 整体式车架　一般用于车速较高的工程机械，机种不同，结构也不同。现以 QY-16 型汽车起重机支架为例进行介绍。

如图 8-6 所示，整体式车架是一个完整的框架，由两根纵梁与七根横梁焊接而成。纵梁根

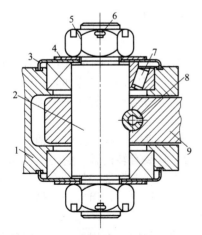

图 8-5　滚锥轴承式铰点结构

1—前车架；2—铰销；3—盖；4—垫圈；
5—螺母；6—开口销；7—滚锥轴承；
8—弹性销；9—后车架

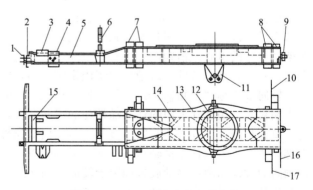

图 8-6　QY-16 型汽车起重机车架

1—前拖钩；2—保险杠；3—转向机支座；4—发动机支座板；
5—纵梁；6—吊臂支架；7,8—支脚架；9—牵引钩；10—右
尾灯架；11—平衡轴支架；12—圆垫板；13—上盖板；
14—斜梁；15—第一横梁；16—左尾灯架；17—牌照灯架

据受力不同，从左到右逐步加高，其断面形状左端为槽形，右端为箱形。整个纵梁有采用全部钢板焊接的，也有采用部分钢板冲压成形后焊接的。这些差异都是由于右端承载较大所造成的。

横梁的形状与位置由受力大小以及安装的相应零部件所决定。X形斜梁主要是为了加强机架的强度和刚度。K形斜梁主要是由于车架的尾部装有牵引钩而设置的，它增加了车架尾部的强度和刚度。

8.2.2 车桥

（1）车桥的功用与结构

轮式工程机械的车桥通常是一根刚性的实心或空心梁，它的两端安装车轮，它直接或通过悬架与车架相连，用以在车轮和车架之间传递各种作用力。

根据车桥两端车轮作用的不同，轮式工程机械的车桥可分为驱动桥、转向驱动桥、转向从动桥和支承桥四种。本节着重介绍转向桥，它兼有支承作用，一般用于整体式车架。图8-7所示为转向桥。

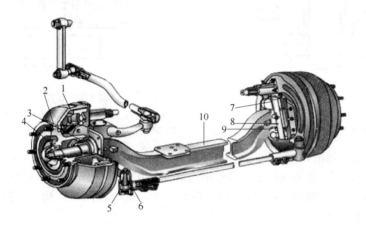

图 8-7 转向桥

1—制动鼓；2—轮毂；3,4—轮毂轴承；5—转向节；6—油封；
7—衬套；8—主销；9—滚子止推轴承；10—前轴

前轴10用中碳钢做成工字梁，其目的是为了提高其抗弯强度。接近两端处，前轴截面略呈方形，以提高其抗扭强度，轴上有钢板座便于安装钢板弹簧，中部向下弯曲，借此降低车架及整机的重心。前轴两端各有一个加粗部分，呈拳状，其上有通孔，转向主销即插入此孔内，并用带细螺纹的楔形销将主销固定于孔内，使转向主销不能转动。

转向节5称"羊角"，为Y形，带有销孔的两耳通过主销与前轴相连，转向节销孔内装入青铜衬套，用装在上面的注油嘴加注润滑脂。在转向节的上耳装有转向臂，它与转向系统的纵拉杆相连，下部则装有转向节臂，与转向横拉杆连接。为使转向灵活轻便，在下耳与拳形部位装有锥形滚柱止推轴承。在下耳下端与拳形部位之间装有调整垫片用以调整转向节与前轴间的轴向间隙。制动底板固定于转向节凸缘外侧。

轮毂2通过两个滚锥轴承支承在转向节外承的轴颈上，轴承的紧度可用外端的调整螺母加以调整，然后通过锁圈级固定螺母预紧。轮毂外圈的接盘上，用螺栓装着车轮，内侧凸缘上固定着制动鼓。为防止润滑油进入制动鼓内，破坏制动器的制动性能，在内轴承的内侧装有油封。

（2）转向轮的定位

为了保证轮式工程机械稳定地直线行驶和转向操纵轻便，同时减少机械行驶中轮胎和转向机构的磨损，在转向轮、转向节、前轴之间，装配时应保证一定的相对位置关系，它包括主销后倾、主销内倾、前轮外倾及前轮前束四项内容，总称为转向轮的定位。

① 主销后倾 主销在前轴上安装时略向后倾斜，使主销轴线与通过车轮中心的垂线在机械纵向垂直剖面内的投影成一个夹角 γ（见图 8-8），该夹角称为主销后倾角。

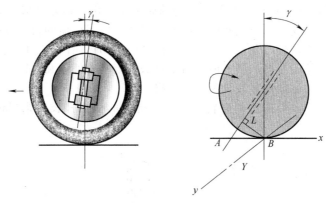

图 8-8 主销后倾角

当机械直线行驶时，若车轮受到外力作用而偏转时（假设向右偏转），由于离心力的作用，在车轮与地面的接触点 B 处，地面对车轮产生一个侧向反作用力 Y。由于主销轴线延长线与地面的交点为 A，侧向反作用力 Y 就对车轮形成一个绕主销轴线的作用力矩 YL（回正力矩），其方向和车轮偏转方向相反。因此，车轮在回正力矩作用下自动恢复到原来的中间位置，确保机械直线行驶。从以上分析可以看出，主销后倾的目的是使车轮具有自动回正的能力，保持机械直线行驶的稳定性。

主销后倾角一般为 1°～3°，视机械不同而适当选取。主销后倾角如选取不当或发生变化，则可能出现转向沉重，或者使机械直线行驶的稳定性降低。

② 主销内倾 安装主销时，在横向垂直平面内略向内倾斜，其轴线与铅垂线之间形成一个夹角 β（见图 8-9），该夹角称为主销内倾角。由于主销内倾，当车轮因转向或受到外力作用而偏转时，轮胎下部将被"压入"路面以下，但事实上这是不可能的。由于地面的支承作用，只能使机械前桥及头部向上抬起，从而在机械自身重力作用下产生一个使车轮回复原位的趋势，这种趋势使机械转弯时的自动回正能力和机械直线行驶的稳定性提高。同时，主销内倾减少了主销轴线延长线与地面交点到车轮接地中心的距离，使转向变得轻便。由此可见，主销内倾的目的是为了保证机械直线行驶的稳定性和转向操纵的轻便性。

主销内倾角 β 是在设计中将前轴两端主销孔轴线上端略向内倾斜而形成的。

③ 前轮外倾 安装前轮后，上端略向外倾斜，使其旋转平面和纵向平面间形成一个夹角 α（见图 8-10），该夹角称为前轮外倾角。如果前轮外倾角为零，则因前桥承载后的变形，会使前轮出现内倾现象。此时，车轮将呈现"锥状体"滚动，这不仅使机械难以直线行驶，还会使轮胎磨损加剧。前轮外倾的另一个目的是使地面的垂

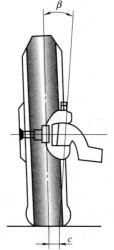

图 8-9 主销内倾角

直反力能产生一个沿转向节轴向内的分力，迫使车轮靠紧轮毂内轴承，减小轮胎螺栓、轮毂锁紧螺母的受力，以保证行车安全。否则，地面的垂直反力将产生一个沿转向节轴向外的分力，此分力增加了轮毂外端轴承及轮胎螺栓的受力，降低了它们的使用寿命。同时前轮外倾还可以与拱形路面相适应。

前轮外倾角一般为1°左右，它是通过转向节设计时使转向节轴颈向下倾斜而得以保证的。

④ 前轮前束　安装前轮后，其前端略向内收缩，使同一轴的两侧车轮轮辋的后端距离 A 大于前端距离 B（见图8-11），其差值称为前轮前束。由于前轮外倾，以及在推进力、地面阻力作用下造成前桥变形，车轮有向外滚开的趋势。但因机械的行驶方向未变和横拉杆及车桥的约束使车轮不能向外滚开，于是，车轮出现边滚动边向内滑拖的现象，从而造成机械行驶的稳定性降低、轮胎磨损加剧。前轮前束克服了因车轮外倾和前桥变形而带来的不良影响，保证了机械行驶的稳定性并减少了轮胎磨损。

前轮前束值的大小，可通过调整转向传动机构中的横拉杆长度来保证，一般前束值为 $0\sim12\mathrm{mm}$。

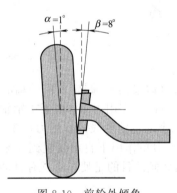

图8-10　前轮外倾角

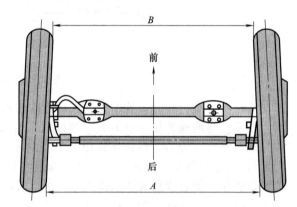

图8-11　前轮前束

8.2.3　车轮与轮胎

（1）车轮

轮式工程机械的车轮是由轮毂、轮辋以及两个部件之间的连接零件所组成的。其功用为：承受整个机械车辆的重力与其他负荷；传递各种力和力矩，保证车轮与路面间有足够的附着力；轮胎与悬架一起，共同缓和与吸收由于路面不平而产生的冲击和振动。

按连接部分的构造不同，车轮可分为盘式和辐式两种，盘式车轮在工程机械中应用较广，如图8-12（a）所示。在盘式车轮中，用以连接轮毂和轮辋的钢制圆盘称为轮盘。轮盘大多数是冲压的，与轮辋焊成一体或直接制成一体，通过螺栓孔用螺栓固定在轮毂上。安装孔便于拆装并减轻自重，轮辋上的椭圆孔是为气门嘴伸出而设置的。辐式车轮如图8-12（b）所示，其轮辐有的是和轮毂铸成一个钢制空心辐条，为了便于安装轮胎，轮辋做成可拆卸的，并用螺栓装在轮辐上。

① 轮辋　是用来固定轮胎的，为了便于轮胎在轮辋上的拆装，轮胎内径应做得略大于轮辋直径。轮辋的结构通常采用深式、平式和锥式三种。一般小型工程机械多采用平式轮辋，随着工程机械功率的提高，轮胎的尺寸越来越大，传递的转矩也越来越大。同时，为了提高越野性能，轮胎的充气压力趋于降低，使轮胎与轮辋之间的压力降低，摩擦力下降，因而不能传递足够的转矩，产生两者之间的相对滑动，既降低轮胎的寿命，又使机器不能正常

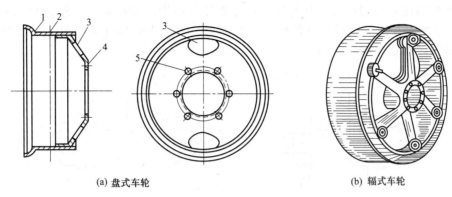

(a) 盘式车轮　　　　　　　　　　　(b) 辐式车轮

图 8-12　车轮的构造

1—轮辋；2—椭圆孔；3—安装孔；4—轮盘；5—螺栓孔

工作。因此，目前工程机械的轮辋广泛采用锥式轮辋。

锥式轮辋有许多形式，如图 8-13 所示。其中 Ⅰ 型轮辋两面有 5°锥度，断面中部凹进去，主要用于平地机和装载机；Ⅱ 型轮辋由四片组成，在装垫根处有微小锥度，结构简单，拆装方便，但因锥度较小，轮胎与钢圈的固定不牢，易引起轮胎和钢圈之间打滑；Ⅲ 型轮辋是平式轮辋的改进型，由两片构成，结构简单，弹性圈易拆装；Ⅳ 型轮辋由两片构成，垫根处对称布置 5°锥角，使轮胎良好地固定在轮辋上；Ⅴ 型轮辋由五片或四片组成，结构比较复杂，但拆装方便，固定可靠，常用于大型轮胎。此外，轮辋按宽窄可分为宽轮辋和窄轮辋。窄轮辋轮胎的轮辋宽度一般为轮胎断面宽度的 64%～67%，宽轮辋为 70%～73%。为了改善轮胎的弹性，宽轮辋的凸缘比相应的窄轮辋稍有降低。

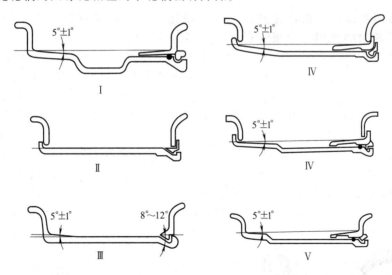

图 8-13　工程机械锥式轮辋结构形式

② 轮毂　是车轮的中心，它通过轮毂内的圆锥轴承安装在车桥轴头或转向联轴器轴上，以保证车轮在车桥两端灵活转动。圆锥滚子轴承的间隙可由调节螺母进行调节，调整后锁定调整螺母，使轴承在调整位置保持固定，以免因螺母松动而使车轮脱出。为了使轴承空腔内的润滑脂不溢出，在轮毂上装有油封。轮毂外围的凸缘用来固定轮盘和制动鼓。轮盘与轮毂的同轴度是由轮胎螺栓的锥面和轮盘螺栓孔锥面来保证的。常用的轮毂固定方法有单胎轮盘和双胎轮盘两种，如图 8-14 所示。双胎轮盘的内轮盘

用具有锥形端面的特制螺母 6 和螺栓 3 固定在轮毂凸缘的外端面上，外轮盘 1 紧靠着内轮盘 2，通过旋在特制螺母 6 上的螺母 5 来固定。为防止螺母自动松脱，一般左边车轮采用左螺纹，右边车轮采用右螺纹。

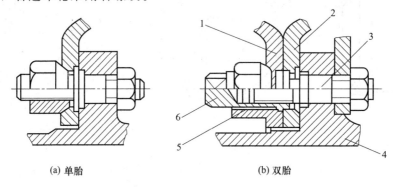

(a) 单胎　　　　　　　　　(b) 双胎

图 8-14　轮毂固定方法

1—外轮盘；2—内轮盘；3—螺栓；4—轮毂；5—螺母；6—特制螺母

（2）轮胎

轮胎是运输车辆及各种行走工程机械的重要弹性缓冲元件，它安装在轮辋上与轮辋构成了车轮，并与地面直接接触。轮胎是行走机械的重要组成部件，对机械的使用质量有很大的影响。它的主要功用是保证车轮和路面具有良好的附着性能，缓和和吸收由不平路面引起的振动和冲击。尤其现代轮胎式工程机械多采用刚性悬架，吸振缓冲的作用是完全靠轮胎来实现的。此外，车辆的牵引性能、制动性能、稳定性、越野性能都和轮胎的性能有着直接的关系。

轮胎的使用寿命并不长，尤其在工作环境比较恶劣的条件下，轮胎的使用寿命更短，因此延长轮胎的使用寿命很有意义。为了减少轮胎的磨损，延长轮胎的使用寿命，近年来国内外在轮胎的设计、制造、材料和保护装置方面进行了大量的研究，取得了很大的成效。目前，已经有了各种类型的轮胎供各类机械选用。轮胎的分类方法很多，按轮胎的结构类型可分为充气轮胎和实心轮胎两种。由于充气轮胎轻便、富有弹性、能缓和、吸收振动和冲击，在工程机械上得到广泛应用。实心轮胎只用于混凝土等路面低速行驶的机械。

充气轮胎根据其部件构成的不同，又可分为有内胎和无内胎两种。无内胎轮胎内表面上衬有一层高弹性的、不透气的橡胶密封层，因此要求轮胎和轮辋之间要有良好的密封性。无内胎轮胎结构简单、气密性好、工作可靠、质量小、使用寿命长，由于可通过轮辋散热，因而散热性能也好。目前，大部分工程机械都广泛采用无内胎轮胎。

充气轮胎按胎内充气压力的大小，又可分为高压轮胎、低压轮胎和超低压轮胎三种。一般充气压力为 0.5～0.7MPa 的为高压轮胎，充气压力为 0.2～0.5MPa 的为低压轮胎，充气压力低于 0.2MPa 的为超低压轮胎。轮胎根据充气压力不同标记也不同（见图8-15），低压胎标记为 B-d，"-"表示低压，如 17.5-25，表示轮胎断面宽 B 为 17.5in，轮胎内径 d 为 25in；高压胎标记为 $D \times B$，"×"表示高压，如 34×7，表示外径 D 为 34in，胎面宽 B 为 7in。

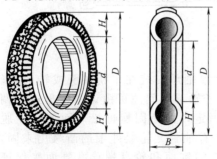

图 8-15　轮胎的尺寸

根据帘线的排列形状，轮胎可分为普通轮胎、斜交轮胎和子午线轮胎三种形式。

普通轮胎是指胎体帘布层间交角为 $48°\sim54°$ 的一种轮胎。普通轮胎的帘布层通常是由成双数的多层帘布用橡胶贴合而成的。这种轮胎的转向和制动性能良好，具有胎体坚固、胎壁不易损伤、生产成本低等优点，但它的耐磨性能、减振性能和附着性能等较差。

斜交轮胎如图 8-16（a）所示，是指胎体帘布层帘线延伸到胎圈并与胎面中心线呈小于 $90°$ 夹角（一般为 $48°\sim60°$ 夹角）排布的轮胎。这种轮胎构造比较简单，具有转向和制动性能良好、胎体坚固、稳定性好、胎壁不易受损伤、制造成本低等优点。它的主要缺点是耐磨性能、缓冲性能、附着性较差及滚动阻力大。

子午线结构轮胎如图 8-16（b）所示，是指胎体帘布层帘线延长到胎圈并与胎面中心线呈 $90°$ 排列，很像地球的子

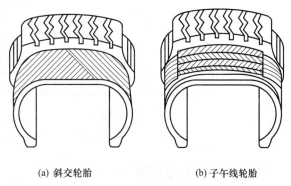

(a) 斜交轮胎　　　　　　(b) 子午线轮胎

图 8-16　轮胎形式

午线，因此而得名。它的主要两个受力部件帘布层和缓冲层，分别按不同的受力情况排列，使帘线的变形方向和轮胎的变形方向一致，从而能更大限度地发挥各自的作用。子午线轮胎与普通轮胎相比，这种轮胎胎体中帘线的排列方向不同，帘布的层数少，缓冲层的帘布层数多，子午线轮胎胎体所有帘线都彼此不交叉，每层帘布可以独立地工作。与斜交轮胎相比，子午线轮胎比斜交轮胎的帘布层数少，胎圈部分的刚性差，所以采用特殊断面的硬三角胶条，钢丝外包布等来补偿。而且，仅有这种构造还不能抵抗轮胎胎体冠部周向的伸张，所以在轮胎的周向还配置了一条基本不伸张的环形带束层箍紧。这种带束层通常是采用高模数、伸张率极小的钢丝帘线制造。子午线轮胎具有滚动阻力小、附着性能好、缓冲性能好、耐穿刺、不易爆破、散热好、工作温度低、使用寿命长等一系列优点，但这种轮胎的胎壁薄，变形大，因此胎壁易产生裂口，侧向稳定性较差，生产成本高。随着子午线轮胎技术的不断提高，大型子午线结构的工程机械轮胎在国内外已开始应用，大型机械的轮胎将会逐渐向子午线结构发展。此外，根据轮胎的断面宽度可分为标准轮胎、宽基轮胎和超宽基轮胎。标准轮胎的断面形状近似圆形，宽基轮胎的断面形状近似椭圆形。由于宽基轮胎比标准轮胎宽度大，因此接地面积大、接地比压小，在软基路面上通过性能好，牵引力也大。但宽基轮胎的转向阻力大，滚动阻力也大。

胎面花纹的形状对车辆的行驶性能有很大的影响，它的主要作用是保证轮胎和路面之间具有良好的附着力。随着使用条件的不同，胎面花纹也形形色色。工程机械常用轮胎的胎面花纹有岩石型花纹、牵引型花纹、混合花纹和块状花纹，如图 8-17 所示。

岩石型花纹是一些横跨胎面的条形、波纹形花纹，接地幅宽，沟槽窄，耐切伤和耐磨伤性好，但牵引性稍差，适合于岩石路面上使用；牵引型花纹是八字形和人字形花纹，前者在松软土地上或雪地上行驶有足够的附着力，并具有较好的自行清泥作用，但耐磨性较差，后者耐磨性和横向稳定性较前者好，但自行清泥作用和附着性能较差；混合花纹是一种中间部分是纵向而两肩是横向的花纹，中间纵向花纹可保证操纵稳定，两肩横向花纹可提供驱动力和制动力，并具有较好的耐磨性和耐切伤的性能；块状花纹是一种由密集的小凸块组成的人字形花纹，当载荷增加时，接地面积容易增大，因此接地压力小，浮力大，适合在松软地面上使用。

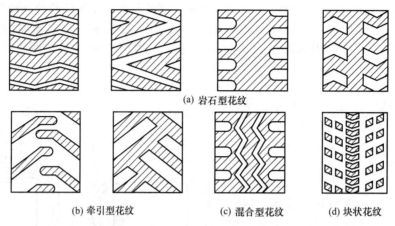

(a) 岩石型花纹

(b) 牵引型花纹　　　　　　(c) 混合型花纹　　　　　(d) 块状花纹

图 8-17　轮胎的花纹

8.2.4　悬挂装置

悬挂装置是将车架和车桥弹性连接起来的部件的总称。其功用是将路面作用于轮式机械车轮上的力以及这些力所造成的力矩传给车架，缓和并吸收车轮在不平道路上所受到的冲击和振动。悬挂装置可以分为刚性和弹性两种。

刚性悬挂装置是将车架与车桥通过刚性连接，在工程机械中，低压宽基轮胎能起良好的吸振缓冲作用，所以有的工程机械不设悬挂装置。但是，行驶速度超过 35km/h 的工程机械，要有弹性悬挂装置。

刚性悬挂装置有两种连接形式：用螺栓直接将车桥固定在车架上；车桥通过副车架和水平销铰接于主车架下面，使车桥可以摆动，适应不平路面，称为平衡刚性悬架。

弹性悬挂装置是将车架与车桥弹性连接，能吸收并缓和冲击振动，为高速车辆使用。弹性悬挂装置又可分为非独立悬挂装置和独立悬挂装置两种基本类型（见图8-18）。

非独立悬挂装置［见图8-18（a）］的特点是两侧的车轮安装在一整体式的车桥上，车桥通过弹性元件连接在车架的下面。当一侧的车轮在横向平面内相对于车架摆动时，则势必要引起另一侧车轮的摆动。由于这种悬挂装置的结构简单，制造方便，故目前被普遍采用。

独立悬挂装置［见图8-18（b）］的特点是车桥为断开式，每一侧的车轮单独弹性地连接在车架的下面，当一侧的车轮发生摆动时，对另一侧的车轮不产生影响，故称独立悬挂装置。在工作时，独立悬挂装置比非独立悬挂装置要平稳得多。由于它的结构复杂，故一般多用于小客车和越野汽车上。

通常悬挂装置由弹性元件和减振器两部分组成。弹性元件用来承受并传递垂直负荷，缓和在不平道路上行驶时所引起的冲击；减振器的作用是迅速衰减车架和车身的振动，使乘员比较舒适，货物和有关机件也不致受到损伤。

轮胎式施工机械和汽车的悬挂装置通常用钢板弹簧作为弹性元件。由于钢板弹簧是用多片钢板重叠制成，因此片与片之间的摩擦具有一定的衰减振动的能力。

下面分别介绍钢板弹簧和减振器的简单结构。

钢板弹簧（见图 8-19）由若干片宽度和厚度相等而长度不等的弹簧钢板组成。装配时长片在上、短片在下，依次重叠而成。各片的相对位置由中心螺栓和若干个弹簧夹来确定。

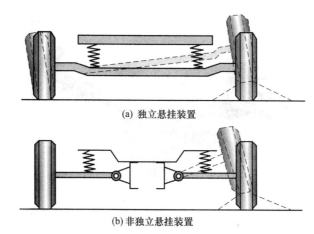

(a) 独立悬挂装置

(b) 非独立悬挂装置

图 8-18　车架悬挂装置的类型

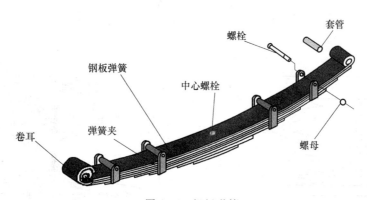

图 8-19　钢板弹簧

钢板弹簧与车架是纵向安置的，其中部用两个 U 形螺栓（骑马螺栓）与车桥固定（见图 8-19、图 8-20）。钢板弹簧主片的两端弯成卷耳的形状，内装铜套或塑料、尼龙衬套，其前卷耳用销子与固定在车架上的支架相铰接，后卷耳通过销子与铰接在车架上可以自由活动的吊耳相连。这种连接方式可以保证钢板弹簧变形时的自由伸缩。

减振器与弹性元件是并联安装的（见图 8-21）。目前使用最普遍的是液力减振器，其工作原理如下。当车桥与车架做往复相对运动时，减振器壳体内的油液便反复地由一个内腔通过一些窄小的孔隙流入另一内腔，由于油液与孔壁间的摩擦阻力和油液分子内摩擦阻力使振动受阻而起减振作用。振动能量变为热能后散发到大气中。当车桥与车架相对运动的速度增加，即振动频率增加，油液的流速也增加，减振器的阻力也就急剧增大。

常用的液力减振器有摇臂式和筒式两种。图 8-22 所示为摇臂式减振器工作过程。当车桥遇到障碍物而上跳时［见图 8-22 （a）］，通过连杆 5 和驱动臂 4 使凸轮 3 逆时针转动，推动活塞 8 右移。右室中的油液受压后经压缩活门 7 流向左室，同时另一小部分油液经伸张活门杆上的缝隙也流向左室。当车桥下落时［见图 8-22 （b）］，通过驱动臂使凸轮顺时针转动，推动活塞左移。左室中的油液就压开伸张活门 6 而流入右室。油液来回流动时，都要克服活门的阻力，因而起到减振作用。由于车桥上跳时（即压缩行程），油液可以流经两条油道且压缩活门的弹簧较软，而车桥下落时（即伸张行程），油液只能流经一条油道且伸张活门的弹簧较硬，因而保证了伸张行程的阻尼力大于压缩行程阻尼力的要求。筒式减振器在具体结构上不同于摇臂式减振器，但它们的工作原理是一样的，都是利用油液在减振器内流动的阻力而起减振作用的。

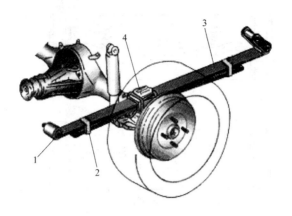

图 8-20　钢板弹簧组装

1—卷耳；2—弹簧夹；3—钢板弹簧；4—中心螺栓

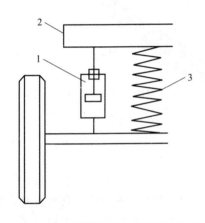

图 8-21　减振器与弹性元件安装示意

1—车架；2—减振器；3—弹性元件

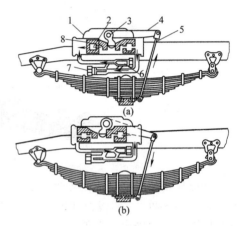

图 8-22　摇臂式减振器工作过程

1—壳体；2—单向活门；3—凸轮；4—驱动臂；
5—连杆；6—伸张活门 ；7—压缩活门；8—活塞

8.3　轮式机械行驶系统的维护

8.3.1　轮胎的维护

保证轮胎正常的气压是轮胎正常运行的主要条件，气压过低或过高都将导致轮胎使用寿命缩短。为此应经常用轮胎气压表检验轮胎气压，正常的气压不得与标准气压相差 5%。运行中，如轮胎发热应停止行驶使其冷却，同时应特别注意防止汽油或机油沾到轮胎上。车辆停放时，禁止将轮胎放气，长期停放的车辆，应使车轮架起，不使轮胎着地。

轮胎的日常维护工作主要是经常检查气压和注意轮胎的选用与装配，并按规定行驶里程进行轮胎换位。在日常维护中还应及时清除轮胎间夹石和花纹中的石子和杂物等。

（1）轮胎的选用与装配

① 轮胎的选用　为了使同一台轮式机械上的轮胎达到合理使用，在没有特殊的规定时，

应装用同一尺寸类型的轮胎。如装用新胎，最好用同一厂牌整套的新胎，或按前、后桥来整套更换。如装用旧胎，应选择尺寸、帘布层数相同，磨损程度相近的轮胎。后桥并装双胎的，直径不可相差 10mm，大直径的应装在外，以适应路面拱形，使后轮各胎负荷均匀。

装换的轮胎如为人字形花纹或在胎侧上标有旋转方向的，应依照规定的方向装用。此外，轮胎的花纹种类还必须与路面相适应，如人字形花纹适用于崎岖山路或泥泞的施工地段。

② 轮胎的装配　轮胎在滚动时将产生离心力，它的方向是从轮胎中心沿半径向外，如轮胎周围每处质量都相等即轮胎是平衡的，则离心力便平衡；如果轮胎平衡误差大，就会因离心力不平衡而引起剧烈的偏转。因此，对于装好的车轮应进行动平衡试验，其平衡度误差应不大于 1000g·mm，这对高速行驶的车辆尤为重要。对于双胎并装的后轮，为减小其平衡度误差，气阀应相对排列。经过修补后的轮胎，若外胎内垫有较大帘布层或补洞 250mm（大型胎）以上的，不宜装在汽车前轮上，以免引起驾驶操纵困难。

（2）轮胎的换位与拆装

轮胎在使用过程中，因安装部位和承受负荷的不同，其磨损情况也不一样。为使轮胎磨损均匀，安装于机械上的所有轮胎，应按技术维护规定及时地进行轮胎换位。轮胎的换位方法一旦选定就应坚持，且必须注意轮胎的检查和拆装工作。

轮胎检查和拆装注意事项如下。

① 轮胎的拆装应在清洁、干燥、无油污的地面上进行。

② 拆装轮胎时，应用专用工具，如手锤、撬胎棒等，不允许用大锤或用其他尖锐用具。

③ 轮辋应完好，且轮辋及内、外胎的规格应相符。

④ 内胎装入外胎时，应在外胎内表面、内胎外表面及垫带上涂一层干燥的滑石粉，内、外胎之间应保持清洁，不得有油污，更不得夹入沙粒、铁屑。

⑤ 气门嘴的位置应在气门嘴孔的正中；安装定向花纹的轮胎时，花纹的方向不得装反；双胎并装时，两胎的气门嘴应错开 180°，在重车时两轮胎应保持 20mm 的间隙。轮胎充气时，应注意安全，并将轮辋装锁圈的一面朝下，最好用金属罩将轮胎罩住。

8.3.2　悬挂装置的维护

（1）钢板弹簧的维护

在轮式车辆二级维护时，应拆检和润滑钢板弹簧总成。钢板弹簧虽不是精密零件，但装配或使用不当，也会直接影响正常工作或损坏其他机件。

日常维护和一级维护时，只需对钢板弹簧销进行润滑，不必进行拆卸检查和润滑。

装配钢板弹簧时应注意以下问题。

① 装配前应检查并更换有裂纹的钢板，用钢丝刷清除钢板片上的污物和锈斑，涂一层石墨钙基润滑脂。

② 中心孔与中心螺栓的直径差不得大于 1.5mm，否则易引起钢片间的前后窜动，影响行驶的稳定性。

③ 钢板夹子的铆钉如有松动，应予重铆，夹子与钢板两侧应有 2mm 左右的间隙，以保证自由伸张；夹子上的铁管应与弹簧片间有一定间隙；装螺栓和套管时，其螺母应靠轮胎一侧，以免螺栓退出时刮伤轮胎。

④ 装好后的钢板弹簧，各片间应彼此贴合，不应有明显的间隙。

⑤ 前后钢板弹簧销与孔的间隙不得超过 1.5mm。

⑥ 在紧固 U 形螺栓螺母时，应先均匀拧 U 形螺栓螺母（按车辆行驶方向），然后再均匀拧紧后紧 U 形螺栓螺母。

⑦ 在钢板弹簧盖板中间装有橡胶缓冲块。

（2）钢板弹簧的检查内容

① 检查钢板是否断裂或错开，钢板夹子是否松动，钢板弹簧在弹簧座上的位置是否正确，缓冲块是否损坏，钢板弹簧销润滑情况及衬套磨损情况等。如不合要求，应立即解决所存在的问题。

② U 形螺栓有无松动。如有松动，检查前后钢板弹簧，应在重载下及时拧紧。一般钢板弹簧的 U 形螺栓应反复紧固两次以上，扭力要符合所属车型的规定。

复习与思考题

一、填空题

1. 工程机械的行驶系统可分为_____和_____两类。

2. 轮式机械行驶系统的功用是用来支持整机的_____和_____，保证机械行驶和进行各种作业。此外，它还可减少作业机械的_____并缓和作业机械受到的_____。

3. 轮式行驶系统通常是由_____、_____、_____和_____等组成，悬架装置有用弹簧钢板制作的（如起重机），也有用气-油为弹性介质制作的。

4. 根据车架的共同构造与特点可将车架分为_____和_____两大类。

5. 车桥可分为_____、_____、_____、_____四种。

6. 整体车架的轮胎式工程机械的转向桥与汽车转向桥的结构基本相同。它们主要由_____、_____和_____三部分组成。

7. 车轮由_____和_____以及这两元件间的连接部分所组成。

8. 根据轮胎的断面尺寸又可将轮胎分为_____、_____、_____三种。

9. 根据轮胎帘线的排列形式，轮胎可分为_____、_____、_____。

10. 按导向装置的不同形式可分为_____和_____两大类。前者与断开式车轴联用，后者与整体式车轴联用。

11. 悬架按弹性元件的不同，又可分为_____、_____和_____等。

12. 按照原厂规定检查调整轮胎的气压。轮胎的气压过高，其偏离角_____，轮胎产生的稳定力矩_____，自动回正能力_____。

二、选择题

1. 铰接式车架由于其转弯（　　），前、后桥通用，工作装置容易对准工作面等优点，在压实机械和铲土运输机械中得到了广泛的应用。

A. 半径大　　　　B. 半径小　　　　C. 直径大　　　　D. 直径小

2. 车桥与车架的连接形式为（　　）。

A. 悬架　　　　B. 销连接　　　　C. 链接　　　　D. 铰接

3. 根据轮胎的充气压力可分为三种，气压为 0.5～0.7MPa 者为（　　）。

A. 中压胎　　　　B. 超低压胎　　　　C. 高压胎　　　　D. 超高压胎

4. 在轮胎的表示中，17.5-25 即轮胎断面宽为 17.5in，轮胎（　　）为 25in。

A. 内径　　　　B. 外径　　　　C. 直径　　　　D. 半径

5. 推土机所用 L-2 牵引型轮胎，花纹呈"八"字形，花纹块与沟的面积之比为（　　），易于嵌入土壤增加牵引力，易于自行清理土壤。

A. 1∶1.5　　　　B. 1∶1　　　　C. 1∶2　　　　D. 2∶1

6. 悬架是用于（　　）与车桥（或车轮）连接并传递作用力的结构。

A. 车架　　　　B. 车桥　　　　C. 车　　　　D. 车胎

7. 车辆操纵的稳定性主要取决于（　　）轮定位的准确程度。

A. 左前　　　　　B. 右后　　　　　C. 前　　　　　D. 后

8. 引起前轮摆动的主要原因是转向节主销后倾角和主销内倾角过小，前桥、转向系统配合松旷而引起的前束值过（　　　）。

A. 小　　　　　B. 弱　　　　　C. 变化过快　　　D. 大

三、判断题

1. 轮式机械行驶系统与履带式行驶系统相比，附着力大，通过性能较好。（　　　）

2. 轮式机械行驶系统对于行驶速度高于 50～60km/h 的工程机械，必须装有弹性悬架装置。（　　　）

3. 车架是全机的骨架。全机的零部件都直接安装在它上面。（　　　）

4. 轮式装载机铰接式车架前、后车架铰接点的形式有三种，即销套式、链铰式、锥柱轴承式。（　　　）

5. 整体式车架通常用于车速较低的施工机械与车辆。（　　　）

6. 车桥是一根刚性的空心梁，车轮安装在它的两端。（　　　）

7. 稳定力矩值不能过大，太大了则驾驶员操纵转向费力；此力矩的大小取决于力臂的数值，故主销后倾角 γ 也不宜过大，一般 γ 不宜超过 5°。（　　　）

8. 车轮可分为盘式与辐式两种，而辐式车轮采用最广。（　　　）

9. 对于负荷较重的重型机械的车轮，其轮盘与轮辋通常是做成分体的，以便加强车轮的强度与刚度。（　　　）

10. 轮式机械装有充气的橡胶轮胎是因为橡胶和空气的弹性（主要是空气的弹性）能起一定的降压作用，从而减轻冲击和振动带来的有害影响。（　　　）

11. 高压胎标记为 D×B，34×7 表示内径为 34in，胎面宽为 7in。（　　　）

12. 子午胎的优点是附着性能好，滚动阻力小，承载能力大，耐磨性能与耐刺扎性能好。但侧向稳定性差，对制造工艺、精度、设备的要求高，所以造价高。（　　　）

四、简答题

1. 工程机械轮式行驶系统的作用及部件的作用有哪些？

2. 转向轮定位有哪几项内容？各起何作用？简要说明其原理。

3. 子午线轮胎具有哪些结构特点？

单元 9　履带式机械行驶系统构造与维修

教学前言

1. 教学目标

① 能够知道履带式机械行驶系统的组成和功用。
② 能够知道履带式机械行驶系统的原理。
③ 能够对履带式机械行驶系统进行简单的维修。

2. 教学要求

① 了解履带式机械行驶系统的组成、功用。
② 了解履带式机械行驶系统的原理。

3. 教学建议

现场实物教学和多媒体教学相结合，最后教师总结。

系统知识

9.1　履带行驶系统的功用和组成

履带行驶系统的功用是用来支持机体，并将传动系统传到驱动链轮上的驱动力矩转变为驱动力，利用履带在地面上所产生的牵引力，使机械行驶与作业。

履带式与轮式行驶系统相比有如下特点。

① 支承面积大，接地比压小。因此履带车辆适合在松软或泥泞场地进行作业，下陷度小，滚动阻力也小，通过性能较好。

② 履带支承面上有履齿，不易打滑，牵引附着性能好，有利于发挥较大的牵引力。

③ 履带车辆可以在高温场地工作。

④ 结构复杂、质量大、运动惯性大、缓冲性能差、"四轮一带"磨损严重、造价高、寿命短。

因此履带车辆的行驶速度不能太高，机动性能也较差。

履带式机械行驶系统包括机架、悬架和行走装置三大部分。机架是全机的骨架，用来安装所有的总成和部件，使主机成为一个整体。悬架是机架和行走装置之间的连接装置，同时还起传力、缓冲作用。行走装置由驱动轮、支重轮、托轮、张紧轮（或称导向轮）、履带（统称"四轮一带"）、台车架、张紧装置等组成。

履带绕上述四种轮子转动，不直接在地面滚动。张紧轮的作用是张紧履带，并引导履带正确卷绕，但不能相对于机身偏转，即不能起转向作用。多个支重轮在履带轨道上滚动，起着传递机重给履带的作用。托轮支持着履带的上半边，使之不下垂。

图 9-1 所示为 TY180 型推土机左台车。在推土机上，支重轮、托轮、张紧轮和张紧装置集装在一个轮架即台车架上，形成一个台车。每台推土机上都有左右两个履带台车。

推土机的机身自重通过台车架、支重轮传给履带的接地下半段，当驱动轮被最终传动的从动齿轮带动时，其轮齿拉动履带，地面立即产生作用于履带上的反作用力，使台车架对地面产生向前或向后的运动，整个推土机就随之运动。

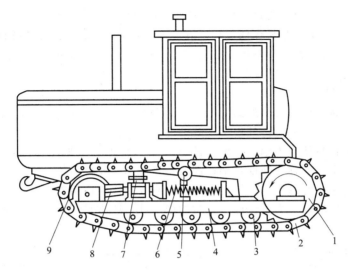

图 9-1　TY180 型推土机左台车

1—驱动轮；2—履带；3—支重轮；4—台车架；5—托轮；

6—缓冲弹簧；7—悬挂弹簧；8—履带张紧装置；9—导向轮

9.1.1　机架

机架（也称作车架）是整个机械的骨架，上面用来安装发动机和传动系统，下面用来安装行走装置，使机械成为一个整体。机架有全梁架式、半梁架式和无梁架式三种。无梁架式机架没有梁架，机架由各种壳体连接而成，这种结构具有减轻车体自重、节省金属、简化结构等优点，在轮式拖拉机上广泛采用。履带式底盘的机架主要采用全梁架式和半梁架式两种。全梁架式机架为一个整体式焊接结构，如东方红 75 拖拉机、履带式起重机等采用全梁架式机架。采用全梁架式机架使部件拆装方便，但同时也增加了机体自重，因此应用较少。

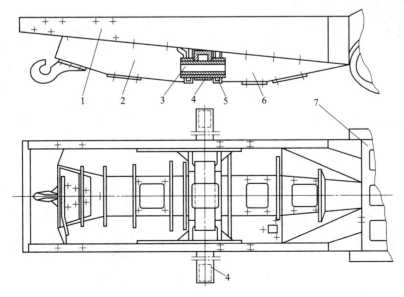

图 9-2　推土机机架

1—大梁；2—下中护板；3—中心销轴；4—平衡梁；

5—横梁；6—下后护板；7—后桥壳体

由一部分是梁架，另一部分是传动系统壳体所组成的机架称为半梁架式机架。这种机架广泛应用于履带式推土机上，它以后桥壳体代替了机架的后半部分，前面有两根箱形断面的大梁，大梁前部焊有元宝形横梁，横梁中央用中心销轴与平衡梁铰接。推土机机架如图9-2所示。

9.1.2 悬架

悬架是用来连接机架和台车架的，使机体自重通过悬架传到台车架，同时还兼有缓冲作用，可以减轻行驶装置产生的传到传动系统的冲击振动。

悬架可分为弹性悬架、半刚性悬架和刚性悬架三种形式（见图9-3）：机体自重完全经弹性元件传递给支重轮的称为弹性悬架；部分自重经弹性元件而另一部分自重经刚性元件传递给支重轮的称为半刚性悬架；机体自重完全经刚性元件传递给支重轮的称为刚性悬架。工程机械由于行驶速度较低，为了保证作业时的稳定性，通常采用半刚性或刚性悬架。

(a) 刚性悬架   (b) 半刚性悬架   (c) 弹性悬架

图 9-3 三种悬架形式

图9-4所示为沃尔沃EC210B型挖掘机上采用的半刚性悬架结构简图。

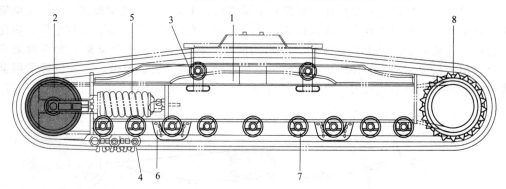

图 9-4 沃尔沃EC210B型挖掘机半刚性悬架结构简图

1—履带架；2—导向轮；3—顶部滚子；4—履带连接；5—弹簧组；6—履带保护装置；7—底辊；8—链轮齿

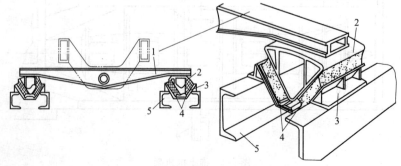

图 9-5 橡胶弹性平衡悬架

1—平衡梁；2—活动支架；3—固定支座；4—橡胶块；5—台车架

图 9-5 所示为橡胶弹性平衡悬架，由橡胶块 4 和平衡梁 1 等组成。橡胶块夹在上、下支座中间的楔形槽内，上支座的顶面为弧形表面，以保证平衡梁横向摆动时与支座有良好的接触。下支座用螺钉固定在台车架 5 上。平衡梁中部与车架横梁铰接，可绕该铰接点横向摆动，限位面用来限制橡胶块的最大变形量。

这种结构的特点是承载能力大，单位质量储能量大，结构简单，寿命长，不需要特殊的维护保养，成本也较低，因此近年来在履带式推土机上得到了广泛应用，但减振性能较差。当行驶装置行驶在崎岖的路面时，为了保持上部机体的稳定性和舒适性，整个台车可绕机架后轴上下摆动。

9.1.3　履带

图 9-6 所示为沃尔沃 EC290B 底盘结构。

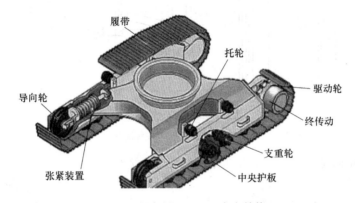

图 9-6　沃尔沃 EC290B 底盘结构

履带既是行走驱动链条，又是行走轨道，此外履带还将机械的自重传给地面。履带承受很大的拉力，且经常在泥泞或石质、土壤及凹凸不平的地面上工作，工作条件恶劣，受力情况不良，极易磨损。主要是履带销和销套之间铰链处的磨损，它使履带节距变长，销套和驱动轮齿面间的啮合点逐渐向齿顶方向外移，最终引起跳齿和掉轨。另外，与驱动轮啮合的销套表面磨损也很严重。因此，对履带的要求除了具有较好的附着性能、滚动阻力和转向阻力小外，还要求它具有足够的强度、刚度和耐磨性，而且自重应当尽可能轻。

工程机械用的履带主要有整体式和组合式两种。整体式是履带板上带啮合齿，直接驱动啮合，履带本身成为支重轮等轮子的滚动轨道。这种履带制造方便，连接履带板的销子装拆容易。缺点是磨损较快，"三化"性能差。

目前，工程机械广泛采用组合式履带，它主要由履带板 1、轨链节 9 和 10、履带销 4、销套 5 等组成，如图 9-7 所示。每条履带都由几十块履带板和相同数量的轨链节组成，各节轨链节之间用销轴铰接。图 9-7 所示为统一规格的履带构造，履带板 1 用螺栓 2 固定在轨链节 9 和 10 上，每对轨链节的前销孔压配一个销套 5，然后以履带销 4 与前一对轨链节的后销孔铰接。履带销与前一对轨链节的后销孔为过盈配合，而与后一对轨链节前销孔内的销套为间隙配合。这种结构节距小，绕转性好，行走速度较快，销轴和衬套的硬度较高、耐磨、使用寿命长。为防止泥沙进入销子与销套之间，造成履带销及销套的磨损，可制成密封式履带销。为了更有效地密封和润滑，已研制出密封润滑式履带，将履带销制成中空，并充满润滑油脂。为防尘和防止润滑油泄出，在销套两端装有密封圈，润滑油经履带销径向油孔进入销与套之间起润滑作用。密封润滑式履带大大增加了履带的寿命，并减低了运行中的噪声。

每条履带由几十块履带板、履带销等零件组成，如图 9-7 和图 9-8 所示。上面为轨道，

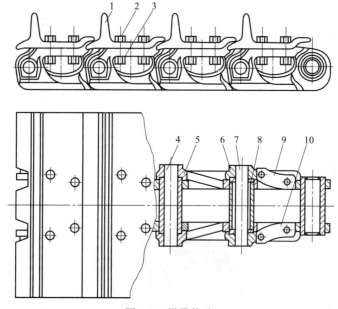

图 9-7 履带构造

1—履带板；2—履带螺栓；3—螺母；4—履带销；5—销套；
6—垫圈；7—主销；8—主销套；9—左轨链节；10—右轨链节

下面为支承面，中间是驱动轮的啮合部分，两端为连接铰链。

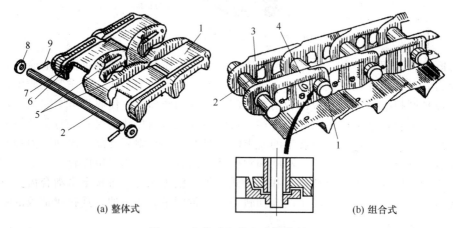

(a) 整体式　　　　　　　　　　　　　　(b) 组合式

图 9-8 整体式和组合式履带板

1—支承板；2—履带销；3—左链轨；4—右链轨；
5—导轨；6—销孔；7—节销；8—垫圈；9—锁销

　　履带板是履带总成的重要组成部分，履带板的形状和尺寸对工程机械的牵引附着性能和其他一些使用性能有很大的影响。履带板的形式很多，图 9-9 所示为三种履带板的断面形状。单筋履带板的筋较高，易插入地面产生较大的牵引力，主要用于推土机上；双筋履带板的筋稍短，易于转向，且履带板刚度较好，规定用于装载机上；三筋履带板同样为短筋，虽然牵引附着性能不及单筋，由于筋多使履带板的强度和刚度提高，承载能力大，转向阻力小，规定用于挖掘机上。三筋履带板上有四个连接孔，中间有两个清泥孔。当链轨绕过驱动轮时可借助轮齿自动清除链轨节上的淤泥。相邻两履带板制成有搭接部分，以防止履带板之间夹进石块而产生很高的应力。此外为了适应沼泽湿软地面的工作环境，还设计了一种三角形履带板。这种履带板的横断面为三角形，纵端面呈梯形，如图 9-10 所示，顶部履带板长度小于底部履带板长度。履带板用特殊螺钉固定在链轨上，由于三角形履带运行在松软地面时，相邻两三角形板的两侧面将松软地面挤压，使土壤表层密实度增大，同时这种履带常采用加宽型的，接地比压也小，因而提高了支承能力。

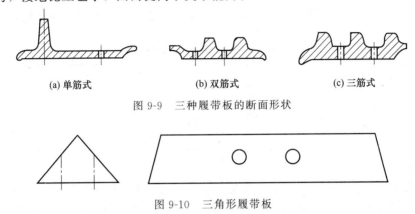

(a) 单筋式　　　　　　　(b) 双筋式　　　　　　　(c) 三筋式

图 9-9　三种履带板的断面形状

图 9-10　三角形履带板

9.1.4　驱动轮、支重轮和托轮

（1）驱动轮

在工程机械上多数把驱动轮安装在台车架的后方，这样履带的张紧段较短，可以减少磨损和功率损失。发动机的动力经传动系统传至驱动轮使之转动，并拨动履带轨链驱动机械行走。因此，对驱动轮的要求应是与履带啮合正确，传动平稳，并且当履带销套磨损而伸长时，仍能很好地啮合。驱动轮的结构有多种形式，如按轮体结构分有整体式和分体式。分体式驱动轮的轮齿被分割成 5～9 片齿圈，如图 9-11 所示，每个齿圈用 3～4 个螺栓固定在驱动轮轮毂上。当轮齿磨损后不必卸下履带便可更换局部的轮齿，在施工现场修理方便。按驱动轮轮齿节距的不同，分为等距齿驱动轮和不等距齿驱动轮。等距齿驱动轮使用较多，不等距齿驱动轮是一种较新的结构，图 9-12 所示为不等距齿驱动轮。它的齿数较少，仅有八个，其中有两个齿之间的节距最小，其余的节距均相等。该驱动轮的轮齿并非在履带的包角范围内都同时啮合，同时啮合的仅有两个齿左右。由于驱动轮与链轨节踏面相接触，因此一部分扭转便由驱动轮的踏面来传递，同时履带中很大的张紧力也由驱动轮踏面承受，这样就减少了轮齿的受力，也减少了磨损，从而提高了驱动轮的寿命。轮齿数少，齿根较厚，强度提高了。驱动轮的轮齿要驱动轮转两圈才啮合一次，它的啮合是逐渐接触的，因而冲击较小。此外这种驱动轮由于齿数少，加工容易，要求精度低，若铸造质量较好可以不必加工即可使用。它的缺点是链轨节的踏面易磨损，降低了其使用寿命。

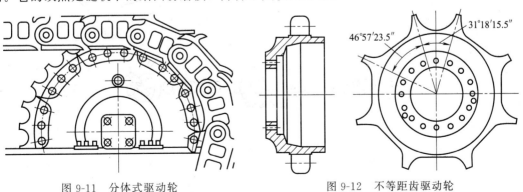

图 9-11　分体式驱动轮　　　　　　　图 9-12　不等距齿驱动轮

　　驱动轮轮齿工作时受履带销套反作用的弯曲压应力，并且轮齿与销套之间有磨料磨损。因此，驱动轮应选用淬透性较好的钢材，通常用 50Mn、45SiMn，中频淬火，低温回火。驱动轮与履带的啮合方式有节齿式啮合和节销式啮合两种：驱动轮齿与履带的节销相啮合称为节销式啮合；驱动轮齿与履带的凸齿相啮合称为节齿式啮合。

　　任何轮齿当达到一定的磨损量时，就会发生失效，需要进行更换。驱动轮磨损量检测见表 9-1。

表 9-1　驱动轮磨损量检测

符号	项目		磨损极限/mm	补救措施
	驱动轮齿齿廓磨损极限		6	更换
	驱动轮齿宽度	标准值	68±1.5	
		允许值	60	

（2）支重轮

　　支重轮用来支承机械的自重，并在履带上滚动，起到夹持履带、不使履带横向滑脱以及当转向时迫使履带在地面滑移的作用。支重轮的轮缘应耐磨，轮缘的形状取决于履带的结构。当采用组合式履带时，支重轮具有轮缘侧面，对履带起导向和防止横向滑脱的作用，一般制成单边外凸缘和双边内外凸缘，并间隔安装，且单边支重轮数多于双边支重轮数，以减轻机械自重，减小滚动阻力。

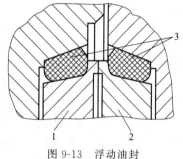

图 9-13　浮动油封
1—金属环（动环）；2—金属环（静环）；3—O 形密封圈

　　由于支重轮的工作条件比较恶劣，经常处于尘土中，有时甚至工作于泥土中，为了减少轴和轴承的磨损，轴承的密封性要求必须可靠，既要防止润滑油脂外流，又要防止砂土、泥水进入。过去由于缺乏密封可靠的油封，支重轮较多采用滚动轴承，其寿命长、滚动阻力小，但径向尺寸大。近年来由于有了浮动油封，开始广泛采用滑动轴承。

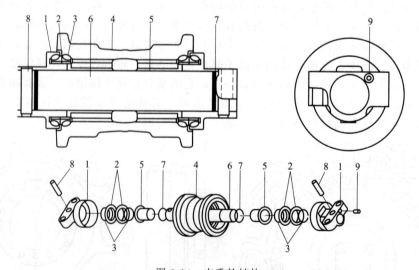

图 9-14　支重轮结构
1—轴环；2—密封；3,7—O 形环；4—滚动壳；5—轴瓦；
6—曲轴；8—销；9—塞

　　浮动油封（见图 9-13）是一种结构较简单、密封效果较好的端面密封装置。它由两个形状和尺寸相同的油封环和两个 O 形密封圈组成，每个油封环上各套一个 O 形密封圈，O 形密封圈与油封环相接触的端面形成密封面。为了保持滑磨面的润滑，减小端面磨损以及在磨损后仍能保持一定的密封带宽度，通常将油封环做成碟形。不转动的油封环固定在轴座的槽中，另一个油封环装在支重轮槽内，随着轮子转动。当旋转件被压紧后，O 形密封圈受轴向压缩产生弹性变形，在密封端面上产生一定的压紧力，使两油封环端面始终贴紧，起到密封作用。润滑油从支重轮中间的螺塞孔加入，不但润滑了轴与轴套的摩擦面，而且也润滑了油封环的端面。同时防止了水灰等污物的进入。浮动油封的结构简单、密封效果好、使用寿命长，广泛应用在工程机械上。

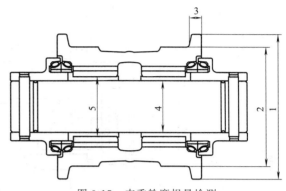

图 9-15　支重轮磨损量检测

　　图 9-14 和图 9-15 所示为沃尔沃 EC290B 使用的双边支重轮，当长时间使用之后，需要对支重轮进行磨损量检测，主要对以下项目进行检测（见表 9-2）。

表 9-2　支重轮磨损量检测

序号	检查项目	标准尺寸	补救措施
1	凸缘外直径	212	加固焊接或更换
2	纹面外直径	178	
3	凸缘宽	24.5	
4	轴和衬套	75	更换衬套
5	滚轮和衬套	85	

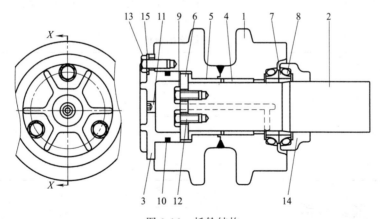

图 9-16　托轮结构

1—滚动壳；2—曲轴；3—盖；4,5—轴瓦；6—金属板；7—密封；8,10—O 形环；
9—锁片；11—塞；12,13—螺钉；14—衬环；15—弹簧垫圈

（3）托轮

　　托轮用来托住履带上部，防止履带产生过大的下垂，以减少履带运动中的振动；防止履带侧向滑脱。为了减少托轮与履带之间的摩擦损失，托轮数目不宜过多。每侧履带一般为 1～2 个。托轮的位置应有利于履带脱离驱动轮的啮合，并平稳而顺利地滑过托轮和保持履

带的张紧状态。当采用两个托轮时后面的一个托轮应靠近驱动轮。托轮与支重轮相比，受力较小，工作中受污物的侵蚀也少，工作条件要比支重轮好，所以结构较简单，尺寸也较小。图 9-16 所示为托轮的结构。

当长时间使用后，需要对托轮进行磨损量检测（见图 9-17），对于沃尔沃 EC290B 主要进行以下项目的检测（见表 9-3）。

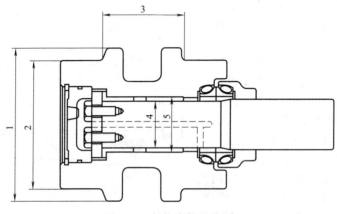

图 9-17　托轮磨损量检测

（4）导向轮

导向轮的作用是支承链轨和引导履带正常绕转，并用以防止跑偏和越轨。同时它与其后面安装的张紧装置一起使履带保持一定的张紧度，并缓和地面传来的冲击力，减少履带在运动过程中的振跳现象。其通常以滑块与台车架相连，后接张紧装置，通过沿纵向移动导向轮的位置，可以调整履带的松紧度。大部分液压挖掘机的导向轮同时起到支重轮的作用，这样可增加履带对地面的接触面积，减小比压。导向轮的轮面大多制成光面，中间有挡肩环作为导向用，如图 9-18 所示，两侧的环面能支承轨链起支重轮的作用。导向轮的中间挡环应有足够的高度，两侧边的斜度要小。导向轮与最靠近的支重轮距离越小，则导向性能越好。

表 9-3　托轮磨损量检测

序号	检查项目	标准尺寸	补救措施
1	法兰外直径	184	加固焊接或更换
2	纹面外直径	155	
3	法兰宽	95	
4	轴和轴承	55	更换衬套
5	滚轮和衬套	63	

9.1.5　张紧装置

履带式行走机械使用一段时间后由于链轨销轴的磨损会使节距增大，并使整个履带伸长，导致摩擦履带架、脱轨等影响其行走的性能。因此，每条履带必须装设张紧装置，使履带经常保持一定的张紧度。张紧轮和张紧装置主要用来引导履带并调节履带的松紧程度。张紧装置的缓冲弹簧在履带行走机构受到冲击时，起到缓冲作用。张紧装置可分成机械式张紧装置和液压式张紧装置两种形式。图 9-19 所示为机械式张紧装置，张紧螺杆 5 的颈部由左右两叉臂 3 用四只螺栓夹紧，该螺杆的尾部拧在可以前后移动的活动支座 9 内。拧转张紧螺

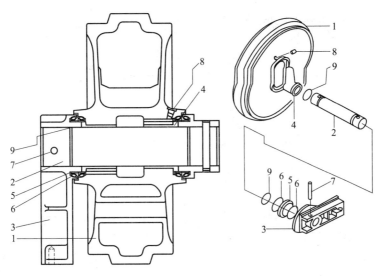

图 9-18　导向轮结构

1—导向轮；2—曲轴；3—底座；4—轴瓦；5—密封环；
6—O 形环；7—销；8—塞；9—O 形环（轴）

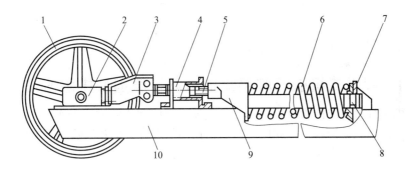

图 9-19　机械式张紧装置

1—导向轮；2—滑块；3—叉臂；4—螺杆托架；5—张紧螺杆；6—张紧弹簧；
7—固定支座；8—调整螺母；9—活动支座；10—台车架纵梁

杆 5 使它伸长或缩短，就可使履带张紧或放松。张紧弹簧 6 为一根大螺旋弹簧，它装在活动支座 9 和固定支座 7 之间。拧转调整螺母 8，可以调整张紧弹簧的预紧力。螺杆式张紧装置结构简单，但是由于履带机械经常在泥水中作业，易锈蚀，所以实际上转动张紧螺杆是很困难的。

　　图 9-20 所示为沃尔沃挖掘机液压式张紧装置，这种张紧装置的特点是把张紧螺杆与活动支座的螺纹配合换成一个内部充黄油的液压缸-活塞组合件。油缸的前腔用高压油枪注入黄油使缸体前移，从而使导向轮前移而使履带张紧。注入油缸内的黄油的量的多少决定履带的张紧程度。若履带过紧或需要拆卸履带时，可拧松放油螺塞，挤出黄油，于是履带就可以调松一些。这种张紧装置除使履带有足够的张紧度外，在挖掘机行驶于不平道路上或遇到障碍物而受到冲击时，导向轮可向后移动一些，并带动叉臂、连接杆、油缸、活塞及弹簧前座对张紧弹簧进行压缩，从而达到缓冲的目的。弹簧的预紧力可以由调整螺母进行调整。在进行作业前，必须根据土壤特性调节履带张紧度，从履带板的顶部到底部测量履带板的送进下垂量，测量下垂量最大的地方。

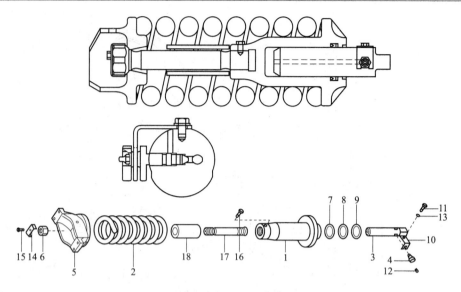

图 9-20　液压式张紧装置

1—气缸体；2—弹簧；3—活塞；4—润滑脂阀；5—轭铁；6—螺母；7—衬垫；
8—托环；9—密封；10—金属板；11,15,16—螺钉；12—油脂枪嘴；
13—弹簧垫圈；14—金属板；17—连杆；18—闭锁装置

9.2　履带式机械行驶系统的维修

9.2.1　履带式机械行驶系统的故障、原因及排除方法

　　履带式机械行驶系统的常见故障及产生故障的原因和排除方法见表 9-4。由于履带式机械种类及型号繁多，结构也不尽相同，所以在使用中进行维护及故障判断与排除时，除参照表 9-4 中所述外，还应结合所属机型的使用说明书进行。

表 9-4　履带式机械行驶系统的常见故障、原因及排除方法

故　障	故　障　原　因	排　除　方　法
链轨和各轮迅速磨损或偏磨	①润滑不良或使用不合格的润滑油	①严格执行润滑表规定的润滑项目和使用规定的润滑油
	②各转动部分转动不灵或锈死	②检查,调整修复
	③轴承间隙过大或过小	③检查调整至规定间隙
	④导向轮偏斜	④修复
	⑤半轴弯曲,驱动轮外斜	⑤校正半轴,检查轮毂花键磨损情况
	⑥托轮歪斜	⑥检查并校正托轮支架
	⑦驱动轮装配靠里或靠外	⑦重新检查装配
支重轮、托轮、导向轮漏油	①橡胶密封圈硬化或损坏	①换新
	②内、外盖固定螺栓松动	②拧紧固定螺栓
	③轴磨损	③修复
	④因装配不当,引起油封失效	④重新正确安装
	⑤使用的浮动油封密封不平或油中杂质影响密封	⑤研磨修平,清洗干净
机件发热,转动困难	①轴承间隙太小,或无间隙	①按规定值调整轴承轴向游动量
	②轴承损坏,咬死	②更换轴承
	③润滑不良	③清洗,然后按润滑要求加注润滑油
	④严重偏磨	④检查同侧各轮是否在一个水平面上

故　障	故障原因	排除方法
履带脱轨	①履带松弛引起脱轨	①调整履带松紧度
	②由于导向轮、驱动轮等磨损量积累引起	②及时调紧履带，注意润滑
	③张紧弹簧的弹力不足	③调紧或换新
	④液压式张紧装置的液压缸严重失圆而不起作用	④镶套修复或换新
	⑤张紧装置的油压塑料密封损坏或腐蚀失效	⑤换新或以黄铜料加工待用
	⑥导向轮、驱动轮、支重轮中心不在同一直线上	⑥调整中心成一直线

9.2.2　履带式机械行驶系统的维护

（1）履带的维护

① 履带板螺栓的紧固　组合式履带板螺栓松动后，如不加以紧固而继续工作，会造成履带板螺孔扩大，最后导致螺栓损坏而无法紧固。因此，对工程机械的履带板螺栓必须每班都进行检查和紧固（紧固力矩应为 $600\sim700\mathrm{N\cdot m}$）。

② 履带张紧度的检查与调整　履带张紧度应合适，过紧会增加功率消耗并加速链节的磨损；过松则很易脱轨掉链，使履带对驱动轮及托轮产生冲击载荷。履带张紧度以履带上边中部的下垂量来衡量。测量履带张紧度时，将机械前进停置在平坦的硬地面上，以轨面作为基准，用撬杠将履带上边中部用力抬至极点，测其轨面与托轮滚动面之间的距离，该距离应符合所属机型的规定。

如果测量结果小于规定的下限值，表明履带过紧；大于规定上限值，则为过松。履带的张紧度不符合要求时应进行调整。调整方法按结构不同有如下两种。

a. 机械式张紧装置的调整　机械式张紧装置是通过拧转张紧螺杆来改变螺杆的伸出长度（T100 型推土机）进行调整的。调整时，为保证张紧螺杆不致过于伸出（甚至脱出活动支座）和影响整个张紧装置的刚度，在调整 T100 型推土机的张紧装置时，要注意测量叉臂后端面到张紧螺杆托架前端面之间的距离，该距离的极限值为 210mm。

b. 液压式张紧装置的调整　ECB210 型等挖掘机的液压式张紧缸筒的前方设有注油嘴和放油塞。当履带松弛时，可通过注油嘴往缸筒内注入润滑脂，油压将导向轮推向前，从而使履带张紧。反之拧开放油塞，从缸筒中放出一些润滑脂，导向轮则后移，履带变松。

不管何种调整装置，同台车上两条履带要同时调整以使其张紧度一致，否则会造成操纵困难并导致转向离合器过早磨损。履带张紧度调整后，应使机械低速前后行驶一下，使履带的张紧状况趋于均匀后再复测一次，必要时重调。最后在调整螺纹部位涂润滑脂并用塑料布包好，防止生锈。如果张紧装置已调整到极点，而履带仍过松，允许拆除一块履带板后重调。

（2）支重轮、导向轮、托轮的维护

① 支重轮、导向轮和托轮轴承间隙的调整　现代履带式机械行走装置的支重轮、导向轮和托轮的支承轴承多用滚柱轴承、滚锥轴承或滑动轴承，其轴承间隙的调整方法和主传动器的轴承相同，也是通过增减调整垫片的数量来减小或增大轴承间隙的。一般要求是：托轮轴向窜动量应调整在 $0.1\sim0.15\mathrm{mm}$ 范围内，转动时不应有阻滞现象，密封良好，不得漏油；支重轮轴向窜动量为 $0.4\sim0.6\mathrm{mm}$；导向轮轴与衬套间隙为 $0.25\sim0.35\mathrm{mm}$，导向轮轴两边的挡盖的间隙为 $0.5\sim1\mathrm{mm}$。对于使用铜套或双金属套等滑动轴承的支重轮或托轮及导

向轮，其轴向间隙是预先由结构确定的，不能调整。

② 支重轮、导向轮和托轮轴承的润滑

a. 支重轮和导向轮的润滑　先将轴端的螺塞拧下，再将注油器的注油嘴擦干净后插入轴内的油道，并使油嘴端头顶住油道内肩，压动注油器压杆向油道内注油，直到脏油经轮毂的孔和从油道与注油嘴之间的空隙被挤出为止。

b. 托轮的润滑　应将油孔置于下方，放出脏油，然后再将油孔置于托轮中心水平线上方45°的位置，加油至孔内流出润滑油为止。

履带式机械行走装置的支重轮、导向轮和托轮的轴承是滑动轴承时，其润滑是用黄油枪或加油器加注润滑脂。这种轴承在加注黄油时，也应使脏油从轴承两端的油封处排出为止。在调整和润滑履带行走装置前，应先清除轴承油封外部防尘罩上的泥土，以免泥沙侵入，损坏油封，导致漏油。

9.2.3 履带式机械行驶系统主要零件的检修

（1）机架的损伤与修复

机架的主要损伤是产生弯曲、扭曲等变形，其他损伤是构件产生裂纹或开裂，各支承面、安装面等产生磨损。

机架变形是由于设计不合理、残余内应力作用、机械操作不当、共振、意外碰撞等造成的。机架变形易破坏各总成、部件间的位置精度，损坏各总成、部件间的连接件。如发动机与变速器同轴度破坏时，将易损坏主离合器连接片。机架变形可用各种方法检验，如用长直尺放在纵梁上平面及侧平面，根据直尺与梁间缝隙大小检查梁的弯曲变形；对于整个机架，由于尺寸较大，可用拉线法检验。

机架裂纹的原因是：设计不合理，断面尺寸不足；受不正常负荷，如操作不当引起的冲击载荷，连接松动引起的额外负荷等。

机架各安装面、支承面磨损多是因为连接松动使接触面间产生相对摩擦所致。

① 机架变形多用冷压校正，热校正往往会影响机架刚度与强度。校正时可用大型压力机或螺旋加压机构进行校正，校正时多在机架上进行。当变形较大时，可将构件取下，校正后重新装配。

② 机架产生裂纹或焊缝开裂时，可用高强度低氢型焊条电焊或气焊修复。型钢壁厚小于6mm时应双面焊，重要部位或因强度不足而产生裂纹可单边焊；壁厚为6~8mm时应加焊补板，采用单面补板时应在另一面焊接裂纹，采用双面补板时只焊补板而不焊裂纹。

③ 铆接松动时，应去除旧铆钉，铰圆铆钉孔后重新铆接。铆钉直径大于12mm时应采用热铆。铆后零件间应贴合牢靠，用敲击法检查铆接质量，声音应如同整块金属一样清脆。

④ 各总成和部件的安装面、定位面磨损后可用堆焊或增焊补板法修复。安装孔磨损后可用加大尺寸、镶套或焊补法修复，此时应注意安装孔的位置精度。

（2）行走台车的维修

台车架也称履带架，其上装有支重轮、导向轮、托轮、张紧装置，它通过前梁与后半轴实现与机架的连接。

① 导向轮、支重轮、托轮的维修

a. 轮体的损伤　轮体主要缺陷是滚道（外圈）及导向轮凸缘磨损；其次是轮缘（尤其是某些中空导向轮）产生裂纹，轴承配合孔磨损等。

滚道与凸缘的磨损原因是综合性的，其中最主要的是摩擦磨损与磨料磨损。工作时滚道及凸缘与链轨间作用有强大的挤压应力，形成很大的微观挤压与干摩擦（既有滚动摩擦，又有滑动摩擦），因而形成强烈的摩擦磨损。由于滚动体经常工作在砂土、泥水、粒石之中，大量磨料进入滚道与链轨之间，形成强烈的磨料磨损。三轮中支重轮磨损最甚，导向轮次之，托轮磨损最轻微。滚道磨损严重时易降低轮体刚度与强度，凸缘严重磨损时易引起履带掉落。

b. 轮体的维修　轮体滚道直径磨损量达 10mm 以上时，可用堆焊或镶圈法修复；导向轮凸缘磨损达 10mm 以上时也应堆焊维修。堆焊时所用材料应有较好的耐磨、耐冲击性，一般多用硬度为 37～53HRC 的珠光体与马氏体组织焊条，具体选择应根据机械工作条件来考虑。

② 轮轴的维修　轮轴的主要损伤是弯曲、与轴承配合的轴颈及止推端面的磨损。

轮轴弯曲跳动量应小于 0.2mm，否则应校正。轮轴弯曲较大时也可用堆焊轴颈并重新加工的方法恢复其直线度。

与滚动轴承配合的轴颈磨损使配合间隙大于 0.05mm 时，可用刷镀法修复轴颈；与滑动轴承配合的轴颈磨损后配合间隙大于 1mm 时，可用振动堆焊或埋弧焊修复。由于轮轴磨损多属单边性质，所以有些轮轴可在单边磨损达 0.8mm 时，转动安装使用，根据结构不同，有时也允许用镶套法维修。

③ 轴承的维修　滚动轴承的损伤和维修与最终传动轴承相同。

滑动轴承常用青铜、铝合金与尼龙制成。与轮体配合松旷时，镶套轴承可刷镀轴承体外径；轴承孔磨损后，可修复轴颈恢复配合或更换新轴承套。尼龙套较耐用，磨损过大时应更换。青铜套与轴颈标准配合间隙为 0.16～0.30mm，铝合金套与轴颈标准配合间隙为 0.20～0.40mm，尼龙套与轴颈标准配合间隙为 0.40～0.70mm。轴承止推端面磨损后可将轴承座靠向轮体的端面车一层，使轴承内移，以恢复增大了的轴向间隙。

④ 油封的维修　导向轮、支重轮、托轮所用油封依轴承形式、润滑材料不同而异，润滑油油封多为密封环式与浮动油封，润滑脂油封常为橡胶碗式。油封的主要损伤是油封损坏或封油面划痕、变形引起漏油。油封损坏、老化等应更换，封油面划痕、不平可研磨修复，修后应进行封油性能试验。

（3）张紧缓冲装置的维修

① 张紧缓冲装置零部件的故障与损伤

a. 张紧缓冲装置调整不当　张力不足时会使履带松弛，急转弯时易掉履带，且缓冲量不足，易增加零件间的动载荷，张紧过度时会加速"四轮一带"的磨损。

b. 张紧缓冲装置零部件的损伤

ⅰ. 调整螺杆损伤　调整螺杆的主要缺陷是螺纹损坏，无法调整；螺杆弯曲使导向轮歪斜，引起机车跑偏。

ⅱ. 缓冲弹簧弯曲、弹力下降和断裂　缓冲弹簧过量弯曲会引起机车跑偏，弹力下降过多以及断裂时会使缓冲效能降低并易损坏弹簧中心拉杆。

ⅲ. 中心拉杆折断　主要是通过障碍时弹簧突然压缩和松弛，使拉杆产生冲击或拉伸载荷所致。

ⅳ. 液压张紧装置的损伤　大多数机械（如 ZL50 装载机等）采用液压张紧装置，其推杆、缓冲弹簧、中心拉杆等损伤与上述相同。其他损伤是：油缸与活塞配合面磨损，尤其是活塞密封元件损坏，张紧润滑脂进入低压腔，造成张紧装置失效。

② 张紧缓冲装置的维修

a. 调整螺杆损伤的修复　螺纹损坏时，可加工缩小尺寸的螺纹，同时更换调整座螺母（将旧螺母切去，焊接新螺母）。调整螺杆装配时应在螺纹处涂以石墨润滑脂。螺杆弯曲时可冷压校正。

b. 缓冲弹簧的检验与更换　缓冲弹簧弯曲大于 10mm 或断裂时应更换。弹力大小可参照各机型张紧装置缓冲弹簧的规格进行检查。

c. 弹簧中心拉杆的更换　弹簧中心拉杆折断时应更换。

d. 液压张紧装置的维修　活塞环等密封元件磨损后应更换，油缸与衬套间配合间隙增大至 0.50mm 以上时应更换衬套。缸孔磨损后可珩磨缸孔，更换加大外径尺寸的活塞与活塞环。

（4）履带总成的维修

① 链轨的维修

a. 链轨节的损伤　链轨节的主要损伤是滚道表面及导向侧面产生磨损，其磨损特点及原因与支重轮、导向轮等滚道磨损相同，为摩擦磨损与高应力磨料磨损。滚道磨损后壁厚减薄，链轨高度降低，抗拉强度不足，在沉重负荷下易被拉断，且易使链轨节的销孔凸缘与支重轮、导向轮等轮缘相碰，产生摩擦磨损。其他损伤是链轨节断裂，螺栓孔磨损（多因螺栓松动造成）。

b. 链轨销的磨损　链轨销与销套是间隙配合，其外径易产生单边性摩擦磨损，使配合间隙及节距增大。链轨节距的检查可将履带拉直，用直尺测量，为了准确，可同时测量四个节距。销与销套配合间隙大于 2.50mm 时应予修复。

c. 链轨套的磨损　链轨套也称销套，内孔易产生单边磨损，使节距增大。销套外径与驱动轮啮合也产生摩擦磨损与磨料磨损。当磨损量大于 3mm 时应修复或换新。测量外径磨损量时应在三个方向上测量。

② 链轨的维修

a. 链轨节的维修　链轨节用 45 钢等材料制造，滚道磨损大于 10mm 时可进行堆焊，或补焊中碳钢板。堆焊时可用手工电弧焊，用能产生 48～58HRC 硬度的焊条材料。另外，也可采用埋弧焊自动堆焊，生产率高，且不必拆卸链轨。为了焊接后直接可用，焊面应平滑，为此焊道重叠量以焊道宽度的 1/2～1/3 为宜。堆焊至边缘时应注意不要形成伞形，以防在边缘产生脱层。

b. 链轨销与链轨套的更换　链轨销常用 50Mn 制造，链轨套用 20Mn 制造。当链轨销与链轨套配合间隙大于 0.50mm 时，将销与销套转动 180°安装，以恢复节距；如果间隙大于或已转位使用过，应更换新销与新套。销或销套与链轨节配合过盈量消失时，可用外径刷镀或电镀法恢复配合。

③ 履带板的维修

a. 履带板的损伤　履带板的主要损伤是履齿磨损，其次是着地面磨损。履带磨损属磨料磨损。磨损后履齿高度降低，扒土能力下降，动力损耗与耗油量增加，生产效率降低。大修时应检查履齿高度，齿高磨去量大于 20mm 时应修复。

履带板的其他损伤是履带板断裂、螺栓孔磨成椭圆等。前者多因不正常负荷所致，后者因螺栓松动造成。

b. 履带板的维修　履带板是用 45 钢、40SiMn 等材料制造的。履带齿磨损较少时可直接堆焊，磨损严重时可加焊中碳钢条，以恢复其高度。堆焊时可用能产生硬度为 53～61HRC 的堆焊层的焊条。加焊钢条时应用高强度（＞500MPa）低氢型焊条焊接，可手工焊或自动焊。为防止裂纹与焊层剥落，堆焊（或焊接）前应预热履带板（温度为 100～150℃）。着地面磨损严重而使履带板过薄时应更换新件。

螺栓孔直径磨大 1mm 时应堵焊后重新钻孔。履带板裂纹时可焊接，裂纹引起严重变形以及断裂时应报废。

复习与思考题

一、填空题

1. 工程机械的行驶系统可分为_____和_____两类。

2. 轮式机械行驶系统的功用是用来支持整机的_____和_____，保证机械行驶和进行各种作业。此外，它还可减少作业机械的_____，并缓和作业机械受到的_____。

3. 轮式行驶系统通常由_____、_____、_____和_____等组成，悬架装置有用弹簧钢板制作的（如起重机），也有用气-油为弹性介质制作的。

4. 根据车架的共同构造与特点可将车架分为_____和_____两大类。

5. 车桥可分为_____、_____、_____、_____四种。

6. 整体车架的轮胎式工程机械的转向桥与汽车转向桥的结构基本相同。它们主要由_____、_____和_____三部分组成。

7. 车轮由_____和_____以及这两元件间的连接部分所组成。

8. 根据轮胎的断面尺寸又可将轮胎分为_____、_____、_____三种。

9. 根据轮胎帘线的排列形式，轮胎可分为_____、_____、_____。

10. 按导向装置的不同形式可分为_____和_____两大类。前者与断开式车轴联用，后者与整体式车轴联用。

11. 悬架按弹性元件的不同，可分为_____、_____和_____等。

12. 履带式机械行驶系统通常由_____和_____两部分组成。

13. 履带经常在泥水中工作，条件恶劣，极易磨损。因此，除了要求它有良好的_____外，还要求它有足够的_____、_____和_____。

14. 每条履带由几十块履带板和链轨等零件组成。其结构基本上分为四部分：即履带的下面为_____，上面为_____，中间为_____，两端为_____。

15. 按照原厂规定检查调整轮胎的气压。轮胎的气压过高，其偏离角_____，轮胎产生的稳定力矩_____，自动回正能力_____。

二、选择题

1. 铰接式车架由于其转弯（　　），前、后桥通用，工作装置容易对准工作面等优点，在压实机械和铲土运输机械中得到了广泛的应用。

A. 半径大　　B. 半径小　　C. 直径大　　D. 直径小

2. 车桥与车架的连接形式，即为（　　）。

A. 悬架　　B. 连接销　　C. 链接　　D. 铰接

3. 根据轮胎的充气压力可分为三种，其中气压为 0.5～0.7MPa 者为（　　）。

A. 中压胎　　B. 超低压胎　　C. 高压胎　　D. 超高压胎

4. 在轮胎的表示中，17.5-25 即轮胎断面宽为 17.5in，轮胎（　　）为 25in。

A. 内径　　B. 外径　　C. 直径　　D. 半径

5. 推土机所用 L 型轮胎，L-2 为牵引型轮胎，花纹呈八字形，花纹块与沟的面积之比为（　　），易于嵌入土壤增加牵引力，易于自行清理泥土。

A. 1:1.5　　B. 1:1　　C. 1:2　　D. 2:1

6. 悬架是用于（　　）与车桥（或车轮）连接并传递作用力的结构。

A. 车架　　B. 车桥　　C. 车轮　　D. 车胎

7. 根据履带板的结构不同，履带板可分为整体式和（　　）。

A. 一体式　　B. 分开式　　C. 分体式　　D. 组合式

8. 在每条履带中都有（　　）易拆卸的销子，这个销子称为主销。

A. 一个　　B. 两个　　C. 两对　　D. 三个

9. 矮履刺型中的（　　）型有矩形履刺，宽度相当，适用于一般土质地面。

A. 钝角　　B. 三履刺　　C. 标准　　D. 岩基履板

10. 车辆操纵的稳定性主要取决于（　　）轮定位的准确程度。

157

A. 左前　　　　B. 右后　　　　C. 前　　　　D. 后

11. 引起前轮摆动的主要原因是转向节主销后倾和主销内倾角过小，前桥、转向系统配合松旷而引起的前束值过（　　）。

A. 小　　　　B. 弱　　　　C. 变化过快　　D. 大

三、判断题

1. 轮式机械行驶系统与履带式行驶系统相比，附着力大，通过性能较好。　　　　　　（　　）

2. 轮式机械行驶系统对于行驶速度高于 $50\sim60$ km/h 的工程机械，必须装有弹性悬架装置。　　　　　　　　　　　　　　　　　　　　　　　　　　　　（　　）

3. 车架是全机的骨架。全机的零部件都直接安装在它上面。　　　　　　　　（　　）

4. 轮式装载机铰接式车架前、后车架铰接点的形式有三种，即销套式、链铰式、锥柱轴承式。　　　　　　　　　　　　　　　　　　　　　　　　　　　　　　（　　）

5. 整体式车架通常用于车速较低的施工机械与车辆。　　　　　　　　　　　（　　）

6. 车桥是一根刚性的空心梁，车轮即安装在它的两端。　　　　　　　　　　（　　）

7. 稳定力矩值不能过大，太大了则驾驶员操纵转向费力；此力矩的大小取决于力臂 L 的数值，故主销后倾角 γ 也不宜过大，一般 γ 角不宜超过 5°。　　　　　　（　　）

8. 车轮可分为盘式与辐式两种，辐式车轮使用广泛。　　　　　　　　　　　（　　）

9. 对于负荷较重的重型机械的车轮，其轮盘与轮辋通常是做成分体的，以便加强车轮的强度与刚度。　　　　　　　　　　　　　　　　　　　　　　　　　　　　（　　）

10. 轮式机械装有充气的橡胶轮胎是因为橡胶和空气的弹性（主要是空气的弹性）能起一定的降压作用，从而减轻冲击和振动带来的有害影响。　　　　　　　　　（　　）

11. 高压胎标记为 $D\times B$，34×7 表示内径 D 为 34in，胎面宽 B 为 7in。　（　　）

12. 子午线轮胎的优点是附着性能好，滚动阻力小，承载能力大，耐磨性能与耐刺扎性能好。但侧向稳定性差，对制造工艺、精度、设备的要求高，所以造价高。　（　　）

13. 在节销式啮合中，可将履带板的节距设计成驱动轮齿节距的数倍，这时，若驱动轮齿数为双数，则仅有一半齿参加啮合，其余一半齿为后备，若驱动轮齿为单数，则其轮齿轮流参加啮合，这就可以延长驱动轮的使用寿命。　　　　　　　　　　　（　　）

四、简答题

1. 工程机械轮式行驶系统的作用及部件的作用有哪些？

2. 转向轮定位有哪几项内容？各起何作用？用简图说明其原理。

3. 子午线轮胎具有哪些结构特点？

4. 履带式行驶系统的组成和各部分作用有哪些？

5. 为什么要进行四轮一带的磨损量检测？

6. 履带式行驶系统的技术维护有哪些注意事项？

模块 4　转向系统构造原理与维修

单元 10　偏转车轮式转向系统构造与维修

教学前言

1. 教学目标

① 能够知道工程机械各类型转向系统的组成和功用。
② 能够掌握转向系统的类型和特点。
③ 能正确分析典型工程机械转向系统故障原因并提出解决方案。

2. 教学要求

① 了解工程机械转向系统功用、组成。
② 了解工程机械转向系统的动力传递路线。
③ 了解工程机械转向系统的故障检测与排除方法。

3. 教学建议

由教师讲解和示范演示为主，有些项目学生可以分组进行拆装、检修和调整，以达到理论与实际一体化学习。

系统知识

10.1　认识转向系统

工程机械在行驶或作业中，根据需要改变其行驶方向，称为转向。控制车辆转向的一整套机构称为工程机械转向系统。

10.1.1　转向系统的功能

转向系统的功用是按照驾驶员的意愿准确灵活地改变车辆的行驶方向和保持车辆的稳定直线行驶。其转向是通过驾驶员操纵转向机构使转向轮偏转一定的角度或使铰接车架相对偏转或使左右驱动轮差速来实现的。

转向系统性能的优劣对于保障工程机械的行驶安全、减轻驾驶员的劳动强度和提高作业效率具有重要的意义。

10.1.2　转向系统的使用要求

（1）转向轮运动规律

轮式工程机械在转向行驶时，要求车轮相对于地面做纯滚动，如果有滑动的成分，车轮边滚边滑会导致转向行驶阻力增大，动力损耗，油耗增加，也会导致轮胎磨损增加。

转向时，内侧车轮和外侧车轮滚过的距离是不等的。一般而言，后桥左右两侧的驱动轮由于差速器的作用，能够以不同的转速滚过不同的距离。但前桥左右两侧的转向轮要滚过不同的距离，保证车轮做纯滚动就要求所有车轮的轴线都交于一点。此交点 O 称为车辆的瞬时转向中心，如图 10-1 所示。车辆转向时内侧转向轮偏转角 α 大于外侧转向轮偏转角 β。α 与 β 的关系为

$$\cot\beta - \cot\alpha = \frac{B}{L}$$

式中　B——两侧主销中心距（可近似认为是转向轮轮距）；

　　　　L——前后轴距。

这一关系是由转向梯形保证的。所有转向梯形的设计实际上都只能保证在一定的车轮偏转角范围内，使两侧车轮偏转角大体上接近以上关系式。

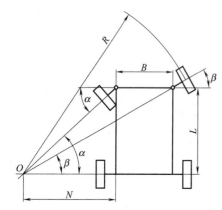

图 10-1　转向时理想的两侧
转向轮偏转角的关系

从转向中心 O 到外侧转向轮与地面接触点的距离 R 称为转弯半径。转弯半径 R 愈小，则转向所需要场地就愈小，车辆的机动性也愈好。当外侧转向轮偏转角达到最大值 α_{max} 时，转弯半径 R 最小。

（2）转向系统基本要求

① 工作可靠　转向系统对机械行驶的安全性和整机性能的充分发挥起到很大作用，因此对其零部件的强度、刚度和使用寿命以及结构连接的可靠性有较高要求。

② 具有较小的转弯半径　为提高工程机械的机动性和整机通过性，应在满足车辆稳定性的前提下尽可能增大内侧转向轮的最大偏转角，获得最小的转弯半径。

③ 操纵轻便　工程机械往往体积庞大，自重也大，转向时要求操纵力要小，且转向盘应反馈给驾驶员一定的路感，同时要求路面对车轮的冲击力尽可能小地传到转向盘上，这样有利于降低驾驶员的疲劳强度，提高行车安全性。

④ 转向灵敏　转向轮偏转某一角度时，转向盘相应转过的角度越小，则转向机构越灵敏，反之灵敏性较低。高灵敏性会降低操纵的轻便性，但灵敏性过高也会造成转向过大情况，为整机操纵带来危险，所以转向系统要选择传动比合适的转向器。另外，转向轮转向后要有一定的自动回正能力，进一步降低驾驶员的劳动强度。

⑤ 便于保养和调整　转向系统的设计应科学合理、考虑周全，为后期的保养和调整预留相应的空间，提高维修的便捷性，增加车辆在售后服务方面的竞争力。

10.1.3　转向系统的类型

（1）根据行驶方式分类

① 轮式机械转向　轮式工程机械按车架方式不同，转向方式又分为以下两类。

a. 对于整体式车架，采用偏转车轮转向方式（偏转前轮、偏转后轮、偏转前后轮），如图 10-2 所示。

b. 对于铰接式车架，采用偏转铰接相连的前后车架的方式，如图 10-3 所示。

② 履带式机械转向　履带式工程机械采用左右驱动轮差速式转向。通过控制两侧驱动轮的转速和驱动方向来实现转向。

（2）根据转向方式分类

① 偏转前轮式转向　前轮转向是通过前轮在路面上转一定角度来实现的，如图 10-4（a）所示。偏转前轮转向，由于前外轮的转弯半径最大，在弯道行驶时，驾驶员易于用前外

轮的位置来判断车辆是否通过障碍和把握整机的行驶路线，有利于保证安全。目前这种转向方式主要用于一些小型挖掘装载机上。图 10-5 所示为沃尔沃 BL71 型挖掘装载机，采用的就是前轮转向设计。

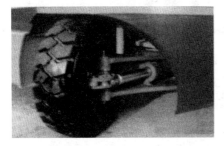

图 10-2　偏转车轮转向

图 10-3　偏转机架转向

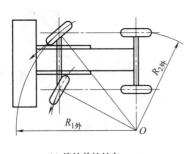

(a) 偏转前轮转向

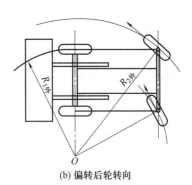

(b) 偏转后轮转向

图 10-4　偏转前轮、后轮转向

图 10-5　沃尔沃 BL71 型挖掘装载机

　　② 偏转后轮式转向　后轮转向［见图 10-4（b）］在不少整体式车架的工程机械上采用，因为工程机械前部往往装有工作装置，造成空间紧凑，若采用前轮转向，车轮的偏转角度受到局限，再加上工作机构前置使前桥载荷增加，转向阻力增加，进而导致转向功率增加，前桥及轮胎整体寿命缩短。为解决这一矛盾，往往采用后轮转向。图 10-6 所示为一辆后轮处于偏转状态的叉车。偏转后轮转弯的缺点是转向时后轮转弯半径大于前轮转弯半径，驾驶员不能按照前轮转向那样判断整机的通过性能。要求驾驶员对此种机械操作熟练，判断准确。目前，后轮转向方式主要应用于叉车、小型翻斗车等工程机械上。

　　③ 偏转前后轮转向（全轮转向）　对于操纵灵活性要求较高的工程车辆，往往采用偏转

图 10-6　偏转后轮转向应用

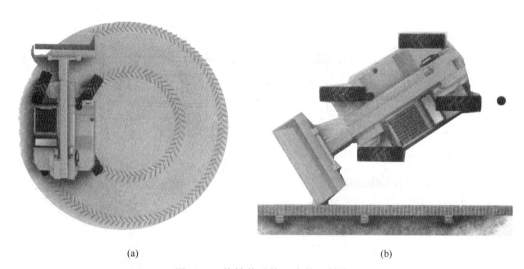

(a)

(b)

图 10-7　偏转前后轮（全轮）转向

前后轮（全轮转向）方式进行转向，如图 10-7（a）所示。这样能有效地缩小车辆的转弯半径，大大提高车辆的机动性能，尤其是对于作业空间相对比较狭窄、机架比较长的车辆，采用全轮转向方式显得尤为必要，如图 10-8 所示的大型起重机及大吨位运输设备。全轮转向方式除可以使机械实现单独的前轮转向、后轮转向、前后轮同时转向之外，还可实现蟹行转向，即使前后轮偏转方向一致且平行，整机保持蟹行（斜行），这样能够使机械缩短转向路程及时间，易于迅速靠近或驶离作业面，如图 10-7（b）所示。

(a)

(b)

图 10-8　偏转全轮转向车辆

　　此外，对于在横坡上工作的机械，采用蟹行可以提高作业时的稳定性，如图 10-9（a）所示。对于有较宽工作装置的机械，如图 10-9（b）所示的沃尔沃平地机等，在作业时往往

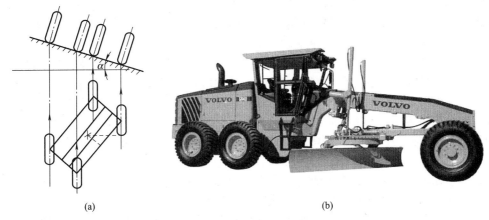

(a)　　　　　　　　　　　　　(b)

图 10-9　蟹行转向应用

因作用力不对称而使机械行驶方向跑偏，采用蟹行能够减少或消除这种现象。

　　④ 铰接转向　为增加整机的牵引力，提高其通过性及作业效率，在大多工程机械上均采用全轮驱动的方式，在此驱动方式下，若采用偏转车轮转向，则其结构将变得复杂。基于此，很多工程机械的车架不是采用整体式车架，而是通过用垂直销轴将前后两个独立的车架铰接组合在一起，利用两个转向油缸推动前后两个车架绕铰接销轴偏转一定角度来实现转向，故称为铰接转向或折腰转向，如图 10-10 所示。

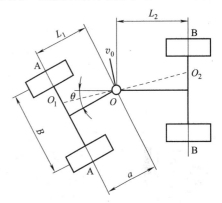

图 10-10　铰接转向示意

　　采用铰接转向的工程机械主要有装载机、压路机、平地机、铰接卡车等，图 10-11 所示为一沃尔沃铰接卡车。

　　因为由前后两个车架组成，铰接转向车辆一般轴距较长，尽管如此，但由于前后两个车架相对偏转角度较大（可达 40°），所以仍可获得较小的转弯半径，整车机动性能好，通过性能高。

图 10-11　铰接转向的应用

　　从理论上讲，将铰销布置在前驱动桥与后驱动桥的中间位置最为理想，这样前轮与后轮的转弯半径相同，行走轨迹重合，一则可使车辆避让障碍更容易，二则使前轮为后轮压实地面，降低行驶阻力，节省功率消耗。但出于工作装置安装位置的考虑，有些铰接机械的铰销不方便布置到前驱动桥与后驱动桥的中间位置，例如在车中间位置安装有铲刀的平地机，铰销的布置相对靠后，为增加平地机转向的灵活性，该机型在设计有铰接转向的同时，还设计有前轮转向，两种转向方式可配合使用。

⑤ 差速转向（滑移转向）　差速转向在履带式工程机械和轮式工程机械上均有所应用，在履带式机械上的应用尤为广泛。履带式车辆在转向时，通过转向操纵机构的控制改变左右两侧驱动轮上的转矩，使两侧履带以不同的行驶速度来实现转向。当履带式机械的转向离合器接合时，由中央传动过来的转矩通过转向离合器传递给两侧驱动轮，此时机械直线行驶。当驾驶员只分离右侧转向离合器，切断传至右侧驱动轮的转矩，右侧履带减速，机械沿较大半径右转，如图 10-12（a）所示；如果分离右侧转向离合器的同时，完全制动该侧驱动轮，就可使转弯半径减小，甚至以右侧履带为中心实现原地转向，如图 10-12（b）所示。

采用差速转向的机械在转向时履带或轮胎有明显的侧滑及纵滑现象，故差速转向又称滑移转向，图 10-13 所示为一美国山猫机械公司生产的滑移装载机，滑移转向装载机是一种以两侧车轮独立驱动，通过改变两侧车轮速度来实现不同半径的转向，当两侧车轮转动方向相反时，实现原地转向的小型通用工程车。

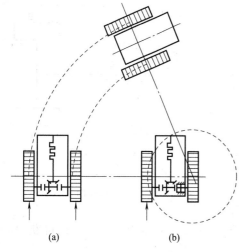

图 10-12　差速转向原理

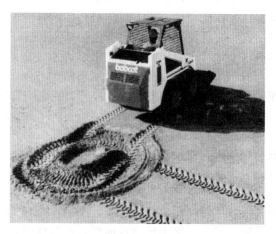

图 10-13　滑移装载机转向

（3）根据转向操纵方式分类

根据转向操纵方式的不同，转向系统分为以下三类。

① 机械式转向（人力转向）　机械式转向系统主要应用于小型偏转车轮式机型，转向轮的偏转完全借助于驾驶员在转向盘上施加的力，通过一系列传动机构后，使转向轮克服转向阻力而实现的，如农用拖拉机、三轮运输车等机械采用的均为机械式转向，转向时，阻力越大，则所需施加的操纵力也越大。其优点是结构简单，制造方便，工作可靠，成本低廉；缺点是转向操纵较费力，驾驶舒适性差。

② 液压助力转向　液压助力转向系统是在机械式转向系统的基础上升级而来的，其增设了一套液压助力系统，在转向时，转动转向盘的操纵力不直接作为促使转向轮偏转的驱动力，而仅仅用作操纵助力系统中液压控制阀动作的力，液压控制阀的动作使高压大流量液压油通向转向油缸等转向机构实现转向，在转向过程中还需借助特定的机械连接机构进行不停的反馈，因此该转向系统称为液压助力转向，但还不能称为全液压转向。

③ 全液压转向　全液压转向系统分为全液压恒流转向系统、流量放大液压转向系统和动（静）态负荷传感液压转向系统。同液压助力转向系统相比，全液压转向系统没有螺杆、

摇臂和随动杆等机械机构，其反馈装置和控制阀集成为一个元件——全液压转向器，因此大大简化了转向机构，使其不再存在机械磨损和间隙调整带来的问题，可靠性和稳定性都得到了大大提高。

全液压转向系统的优点如下。

a. 操纵轻便，驾驶员劳动强度低。

b. 转向灵敏，空程和滞后时间短。

c. 结构紧凑，布局方便。

d. 吸收振动，安全可靠。

由于油液有阻力作用，可以吸收路面冲击，当遇到较大的冲击时，可使油缸瞬时互通，避免由于巨大外力造成的机械破坏发生。

全液压转向系统的缺点如下。

a. 液压元件加工精度、密封性能要求高，成本昂贵。

b. 液压系统容易泄漏，排除故障麻烦。

c. 转向后不能自动回正，驾驶员无路感。

d. 发动机因故障熄火后手动转向费力。

10.2　机械式转向系统的构造

10.2.1　机械式转向系统的组成及工作原理

（1）基本组成

机械转向系统由转向操纵机构、机械转向器和转向传动机构三大部分组成，其具体组成如图 10-14 所示。转向操纵机构包括转向盘、转向轴、万向节、转向传动轴；机械转向器有多种类型，常见的有齿轮齿条转向器、球面蜗杆滚轮转向器、蜗杆曲柄销转向器和循环球式转向器；转向传动机构包括转向摇（垂）臂、转向直（纵）拉杆、转向节臂、转向梯形臂、转向横拉杆等。

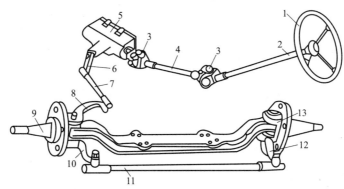

图 10-14　机械转向系统示意

1—转向盘；2—转向轴；3—万向节；4—转向传动轴；5—转向器；6—转向摇臂；7—转向直拉杆；
8—转向节臂；9—左转向节；10—左转向梯形臂；11—转向横拉杆；12—右转向梯形臂；13—右转向节

（2）工作原理

如图 10-14 所示，车辆转向时，驾驶员转动转向盘，通过转向轴、万向节和转向传动轴，将转向力矩输入转向器。转向器中有 1～2 级啮合传动副，具有降速增矩的作用。转向器输出的转矩经转向摇臂，再通过转向直拉杆传给固定在左转向节上的转向节臂，使左转向节及装于其上的左转向轮绕主销偏转。左、右转向梯形臂的一端分别固定在左、右转向节上，另一端则与转向横拉杆作球铰链连接。当左转向节偏转时经左转向梯形臂、转向横拉杆和右转向梯形臂的传递，右转向节及装于其上的右转向轮随之绕主销同向偏转一定的角度。

左、右转向梯形臂和转向横拉杆构成转向梯形，其作用是在车辆转向时，使左、右转向轮按转向轮运动规律进行偏转。

（3）转向系统参数

① 转向系统角传动比　是指转向盘的转角与转向盘同侧的转向轮偏转角的比值，一般用 i_w 表示。转向系统角传动比是转向器角传动比 i_1 和转向传动机构角传动比 i_2 的乘积。转向器角传动比是转向盘转角和转向摇臂摆角之比。转向传动机构角传动比是转向摇臂摆角与同侧转向轮偏转角之比。

转向系统角传动比越大，增矩作用越大，转向操纵越轻便，但由于转向盘转的圈数过多，导致操纵灵敏性变差，所以转向系统角传动比不能过大。而转向系统角传动比太小又会导致转向沉重，所以转向系统角传动比既要保证转向轻便，又要保证转向灵敏。但机械转向系统很难做到这点，所以越来越多的车辆采用动力转向系统。

② 转向盘的自由行程　是指转向盘在空转阶段的角行程，这主要是由于转向系统各传动件之间的装配间隙和弹性变形所引起的。由于转向系统各传动件之间都存在着装配间隙，而且这些间隙将随零件的磨损而增大，因此在一定的范围内转动转向盘时，转向节并不马上同步转动，而是在消除这些间隙并克服机件的弹性变形后，才相应地转动，即转向盘有一空转过程。

转向盘自由行程对于缓和路面冲击及避免驾驶员过于紧张是有利的，但过大的自由行程会影响转向灵敏性。所以车辆维护中应定期检查转向盘自由行程。一般车辆转向盘的自由行程应不超过 $10°\sim15°$，否则应进行调整。

10.2.2　转向器

转向器是转向系统中的降速增矩传动装置，其功用是增大由转向盘传到转向节的力，并改变力的传动方向。按转向器中传动副的结构形式，可分为齿轮齿条式、循环球式、蜗杆曲柄指销式、蜗杆滚轮式等几种。

转向器传动效率是指转向器输出功率与输入功率之比。当功率由转向盘输入，从转向摇臂输出时，所求得的传动效率称为正传动效率；反之，转向摇臂受到道路冲击而传到转向盘的传动效率则称为逆传动效率。

按传动效率的不同，转向器还可以分为可逆式转向器、极限可逆式转向器和不可逆式转向器。

可逆式转向器是指正、逆传动效率都很高的转向器。这种转向器有利于车辆转向后转向轮的自动回正，转向盘路感很强，但也容易在坏路行驶时出现"打手"，所以主要应用于经常在良好路面行驶的车辆。

极限可逆式转向器是指正传动效率远大于逆传动效率的转向器。这种转向器能实现车辆转向后转向轮的自动回正，但路感较差，只有当路面冲击力很大时才能部分地传到转向盘，主要应用于中型以上的工程车辆等。

不可逆式转向器是指逆传动效率很低的转向器，这种转向器使驾驶员不能得到路面的反馈信息，没有路感，而且转向轮也不能自动回正，所以很少采用。

（1）转向器结构及工作过程

① 齿轮齿条式转向器的结构和工作过程　齿轮齿条式转向器分两端输出式和中间（或单端）输出式两种，其工作原理相同，如图 10-15 所示，当转动转向器时，转向器主动齿轮转动，使与之啮合的齿条沿轴向移动，从而使左右横拉杆带动转向节左右转动，使转向车轮

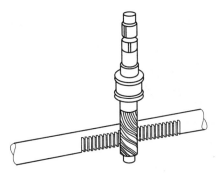

图 10-15　齿轮齿条式转向器的工作原理

图 10-16　齿轮齿条式转向器

偏转，以实现车辆转向。

　　中间输出的齿轮齿条式转向器实物如图 10-16 所示，结构如图 10-17（a）所示，主要由转向器壳体、转向齿轮、转向齿条等组成。转向器通过转向器壳体的两端用螺栓固定在车身（车架）上。齿轮轴通过球轴承、滚柱轴承垂直安装在壳体中，其上端通过花键与转向轴上的万向节（图中未画出）相连，其下部是与轴制成一体的转向齿轮。转向齿轮是转向器的主动件，它与相啮合的从动件转向齿条水平布置，齿条背面装有压簧垫块。在压簧的作用下，压簧垫块将齿条压靠在齿轮上，保证两者无间隙啮合。调整螺塞可用来调整压簧的预紧力。压簧不仅起消除啮合间隙的作用，而且还是一个弹性支承，可以吸收部分振动能量，缓和冲击。

　　转向齿条的中部［有的是齿条两端，如图 10-17（b）所示］通过拉杆支架与左、右转向横拉杆连接。转动转向盘时，转向齿轮转动，与之相啮合的转向齿条沿轴向移动，从而使左、右转向横拉杆带动转向节转动，使转向轮偏转，实现车辆转向。

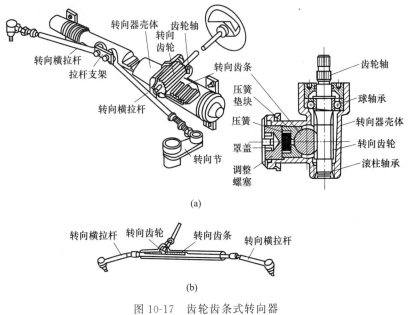

(a)

(b)

图 10-17　齿轮齿条式转向器

　　② 循环球式转向器的结构和工作过程　循环球式转向器是目前国内外应用最广泛的转向器结构形式之一，一般有两级传动副，第一级是螺杆螺母传动副，第二级是齿条齿扇传动副，结构示意如图 10-18 所示。其工作原理如下。为了减少转向螺杆与转向螺母之间的摩

167

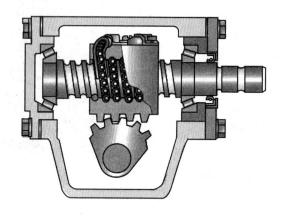

图 10-18　循环球式转向器的结构示意

擦，两者的螺纹并不直接接触，其间装有多个钢球，以实现滚动摩擦。螺母侧面有两对通孔，可将钢球从此孔塞入螺旋形通道内。转向螺母外有两根钢球导管，每根导管的两端分别插入螺母侧面的一对通孔中。导管内也装满了钢球。这样，两根导管和螺母内的螺旋管状通道组合成两条各自独立的封闭钢球"流道"。

转向螺杆转动时，通过钢球将力传给转向螺母，螺母即沿轴向移动。螺母通过齿条带动齿扇及与齿扇连接的转向垂臂转动，经转向传动机构使机械转向。同时，在螺杆及螺母与钢球间的摩擦力偶作用下，两列钢球只是在各自的封闭流道内循环，不会脱出。循环球式转向器分解如图 10-19 所示。

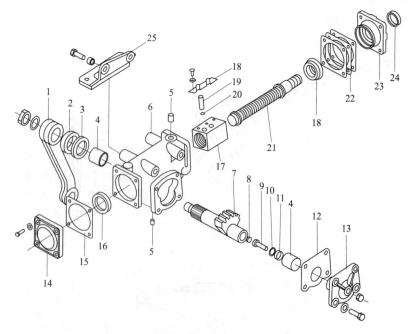

图 10-19　循环球式转向器

1—转向摇臂；2—毛毡油封；3—橡胶油封；4—衬套；5—螺塞；6—壳体；7—转向摇臂轴；
8—止推垫；9—调整螺钉；10—垫圈；11—挡圈；12,15—衬垫；13—侧盖；14—下盖；
16—轴承；17—转向螺母；18—管固定卡；19—钢球导管；20—钢球；
21—转向螺杆；22—调整垫片；23—上盖；24—油封；25—支架

③ 蜗杆曲柄指销式转向器的结构和工作过程　蜗杆曲柄指销式转向器的传动副以转向蜗杆为主动件，其从动件是装在摇臂轴曲柄端部的指销。驾驶员通过转向盘转动转向蜗杆（主动件），与其相啮合的指销（从动件）一边自转，一边以曲柄为半径绕摇臂轴轴线在蜗杆的螺纹槽内做圆弧运动，从而带动曲柄、转向摇臂摆动，实现车辆转向。其示意如图 10-20 所示。

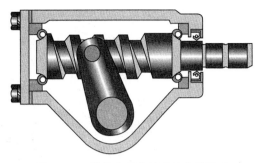

图 10-20　蜗杆曲柄单销式转向器示意

蜗杆曲柄指销式转向器属极限可逆式转向器，分单销式和双销式，双销式转向器如图 10-21 所示，它主要由转向器壳体、转向蜗杆、转向摇臂轴、曲柄和指销、上盖、下盖、调整螺塞和螺母、侧盖等组成。转向器壳体固定在车架的转向器支架上，壳体内装有传动副。蜗杆与两个锥形的指销相啮合，构成传动副。两个指销均用双列圆锥滚子轴承支承在曲柄上，并可绕自身轴线转动，以减轻蜗杆与指销啮合传动时的磨损，提高传动效率。

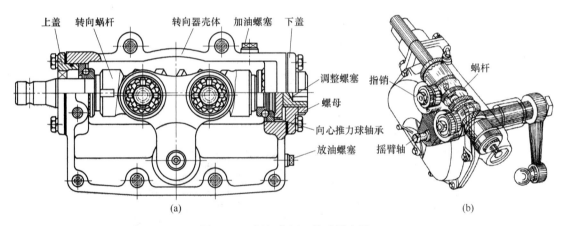

图 10-21　蜗杆曲柄双销式转向器

④ 球面蜗杆滚轮极限可逆式转向器的结构和工作过程　轮式推土机、铲运机多采用球面蜗杆滚轮极限可逆式转向器。该转向器主要由球面蜗杆、滚轮、滚轮架、转向器壳等组成（见图 10-22、图 10-23）。

转动转向盘，通过转向轴带动球面蜗杆旋转，滚轮在绕滚轮轴自转的同时，又沿蜗杆的螺旋线滚动，从而带动滚轮支架及转向垂臂轴摆动，通过转向传动机构使转向轮偏转。

（2）循环球转向器的拆装步骤

① 循环球液压助力转向器的拆卸　在拆卸分解之前，应先放掉润滑油，检查转向器的转动力矩，若转动力矩不符合原厂规定又无法调整时，应考虑更换转向器总成。拆卸顺序如下。

a. 拆卸摇臂轴。将摇臂轴上的扇形齿轮置于中间位置，先拆下摇臂轴油封；接着拆下侧盖固定螺栓，将摇臂轴压出约 20mm；然后给摇臂轴支承轴颈端套上约 0.1mm 厚的塑料筒，用手抓住侧盖抽出摇臂轴，同时用另一只手从另一端压入塑料筒，防止轴承滚柱散落到壳体内，引起拆卸不便。若是滑动轴承（衬套），就不需加塑料筒了。

b. 拆前端盖。用冲头冲击前端盖的弹簧挡圈，然后逆时针转动控制阀阀芯的枢轴，取下前盖。

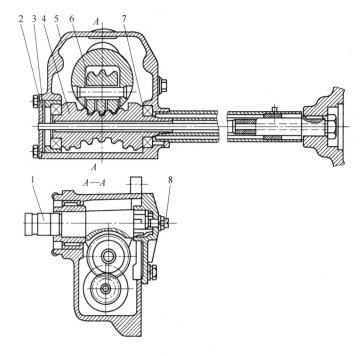

图 10-22　球面蜗杆滚轮式转向器

1—垂臂轴；2—轴承盖；3—调整垫片；4—球面蜗杆；

5—转向器壳体；6—滚轮；7—滚子轴承；8—调整螺钉

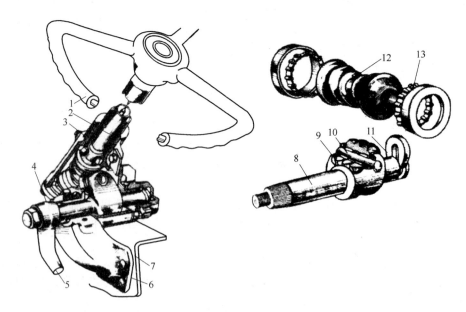

图 10-23　球面蜗杆滚轮式转向器立体图

1—转向盘；2—转向轴；3—壳体；4—调整垫片；5—转向垂臂；

6—转向器支架；7—车架纵梁；8—转向垂臂轴；9—滚轮轴；

10—滚轮；11—U 形垫圈；12—球面蜗杆；13—滚动轴承

c. 拆卸转向齿条活塞。把有外花键的专用心轴从前端插入转向齿条活塞的中心孔，直至顶住转向螺杆的端部。然后逆时针转动控制阀阀芯枢轴，将专用心轴、齿条活塞、钢球作为一个组件整体取出。

　　d. 拆卸调整螺塞（上端盖）。应先在螺塞和壳体上做对位标记，以便装配时易于保证滑阀的轴向间隙。然后用专用扳手插入螺塞端面上的拆卸孔内，拆下调整螺塞，拆下时应防止损坏调整螺塞。

　　e. 拆下阀体。滑阀与阀体都是精密零件，其公差为 0.0025mm，并且经过严格的平衡，在拆卸中不得磕碰，以防止损伤零件表面，拆下后应合理地堆放在清洁处。

　　f. 拆下所有的橡胶类密封元件。

　　② 循环球液压助力转向器的装配

　　a. 装配前，应将各零件清洗干净，并用压缩空气吹干，不得用其他织物擦拭。

　　b. 组装转向螺杆、齿条活塞组件。

　　ⅰ. 将转向螺杆装入齿条活塞中，然后将黑色间隔钢球和白色承载钢球间隔地从齿条活塞背上的两个钢球导孔装入滚道。

　　ⅱ. 将钢球装满钢球导管，再将导管插入导孔，按规定力矩导管夹固定好导管。

　　ⅲ. 将专用心轴从齿条活塞前端装入齿条活塞，直至顶住转向螺杆。

　　c. 安装阀体与螺杆，阀体上的凹槽与螺杆的定位销必须对准。

　　d. 安装阀芯、输入轴，并装好止推轴承及所有的橡胶密封圈和聚四氟乙烯密封圈。

　　e. 把阀体推入转向器壳体中，把专用心轴与齿条活塞一并装入壳体，待与螺杆啮合后，顺时针转动输入轴，将齿条活塞拉入壳体后，再取出专用心轴。

　　f. 安装调整螺塞，并调整好调整螺塞的预紧度。

　　g. 安装摇臂轴组件，注意对正安装记号和按规定力矩紧固侧盖。并注意用适当厚度的垫片调整 T 形销与销槽之间的间隙，达到控制摇臂轴轴向窜动量的目的。

　　h. 调整摇臂轴扇形齿轮与齿轮条活塞的啮合间隙，检验输入轴的转动力矩应符合原厂规定。

10.3 机械式转向系统的维修

10.3.1 机械式转向系统的常见故障与排除

　　机械式转向系统在使用过程中由于维护调整不当、磨损、碰撞变形等原因，会使转向器过紧、转向传动机构和转向操纵机构松旷、变形、发卡等，从而造成转向沉重、车轮回正不良、单边转向不足、低速摆头、高速摆头等故障。

　　（1）转向沉重

　　① 故障现象　　车辆在行驶中，转动转向盘感到沉重费力，转弯后又不能及时回正方向。

　　② 故障原因

　　a. 前束调整不当。

　　b. 转向器轴承装配过紧。

　　c. 传动副啮合间隙过小。

　　d. 横、直拉杆球头销装配过紧或接头缺油。

　　e. 转向节主销与衬套配合过紧。

　　f. 转向轴或柱管弯曲，互相摩擦或卡住。

　　g. 转向装置润滑不良。

　　③ 诊断与排除

　　a. 顶起前桥，转动转向盘，若感到转向盘变轻，则说明故障部位在前桥、车轮或其他部位。此时应首先检查轮胎气压，如气压偏低，则应充气使之达到正常值，接下来应用前轮定位仪检查前轮定位，尤其应注意后倾角和前束值，如果是因为前束过大造成的转向沉重，同时还能发现轮胎有严重的磨损。

b. 若转向仍感沉重，说明故障在转向器或转向传动机构，可进一步拆开转向摇臂与直拉杆的连接，此时若转向变轻，说明故障在转向传动机构，应检查各球头销是否装配过紧或止推轴承是否缺油损坏，各拉杆是否弯曲变形等，通常检查时，可用手扳动两个车轮左右转动检查各传动部分，并转动车轮检查车轮轴承松紧度。

c. 拆下转向横拉杆球头螺母后，若转向仍沉重。则转向器本身有故障，可检查转向器是否缺油，转动转向盘时倾听有无转向轴与柱管的碰擦声，检查调整转向器主动轴上下轴承预紧度和啮合间隙，转向摇臂轴转动是否发卡等，如不能解决就将转向器解体检查内部有无部件损坏。

d. 经过上述检查，如仍感沉重，可检查车桥、车架或下控制臂（独立悬架式）与转向节臂，看其有无变形，如发现变形，应予修整或更换。同时检查前弹簧（板簧或螺旋弹簧）是否折断，若断裂应更换。

（2）车轮回正不良

① 故障现象　车辆在行驶中，转向后车轮发生不能完全回正的现象。

② 故障原因

a. 转向车轮轮胎气压不足。

b. 前轮定位失准。

c. 转向器齿轮调整不良或损坏。

③ 诊断与排除

a. 首先检查车轮气压，如气压不足，按标准充气。

b. 若气压正常，用前轮定位仪检查前轮定位参数，如不正确，应调整前轮定位参数。

c. 若仍不能排除故障，应拆检转向器，调整转向器或更换损坏的齿轮。

（3）单边转向不足

① 故障现象　车辆转弯时，有时会出现转向盘左右转动量或车轮转角不等。

② 故障原因

a. 转向摇臂安装位置不对。

b. 转向角限位螺钉调整不当。

c. 前钢板弹簧、骑马螺栓松动，或中心螺栓松动。

d. 直拉杆弯曲变形。

e. 钢板弹簧安装时位置不正，或是中心不对称的前钢板弹簧装反。

③ 诊断与排除　诊断这类故障，主要根据使用维修情况。

a. 若车辆转向原来良好，由于行驶中的碰撞而造成转向角不足或一边大一边小时，应检查直拉杆、前轴、前钢板弹簧有无变形和中心螺栓是否折断等。

b. 若维修后出现转角不足，可架起前桥，先检查转向摇臂安装是否正确。将转向盘从左边极限位置转到右边极限位置，记住总圈数，再回转总圈数的一半，察看转向轮是否处于直线行驶位置，如不是则应重新安装转向摇臂。

（4）低速摆头

① 故障现象　车辆在低速行驶时，感到方向不稳，产生前轮摆振。

② 故障原因

a. 转向器传动副啮合间隙过大。

b. 转向传动机构横、直拉杆各球头销磨损松旷、弹簧折断或调整过松。

c. 转向节主销与衬套的配合间隙过大或前轴主销孔与主销配合间隙过大。

d. 前轮轮毂轴承装配过松或紧固螺母松动。

e. 后轮胎气压过低。

f. 车辆装载货物超长，使前轮承载过小。

g. 前悬架弹簧错位、折断或固定不良。

③ 诊断与排除

a. 检查车辆是否装载货物超长，而引起前轮承载过小。

b. 检查后轮胎气压是否过低，若轮胎气压过低，应充气使之达到规定值。

c. 检查前悬架弹簧是否错位、折断或固定不良，若错位应拆卸修复；若折断应更换；若固定不良，应按规定力矩拧紧。

d. 由一人握紧转向摇臂，另一人转动转向盘，若自由行程过大，说明转向器啮合传动副间隙过大，应调整。

e. 放开转向摇臂，仍有一人转动转向盘，另一人在车下观察转向拉杆球头销，若有松旷现象，说明球头销或球碗磨损过甚、弹簧折断或调整过松，应先更换损坏的零件，再进行调整。

f. 通过以上检查均正常，可支起前桥，并用手沿转向节轴轴向推拉前轮，凭感觉判断是否松旷。若有松旷感觉，可由另一人观察前轴与转向节连接部位。若此处松旷，说明转向节主销与衬套的配合间隙过大或前轴主销孔与主销配合间隙过大，应更换主销及衬套；若此处不松旷，说明前轮毂轴承松旷，应重新调整轴承的预紧度。

（5）高速摆头

① 故障现象　车辆行驶中出现转向盘发抖，车头在横向平面内左右摆动、行驶不稳等。有下面两种情况。

a. 在高速范围内某一转速时出现。

b. 转速越高，上述现象越严重。

② 故障原因

a. 转向轮动不平衡。

b. 前轮定位不正确。

c. 车轮偏摆量大。

d. 转向传动机构运动干涉。

e. 车架、车桥变形。

f. 悬架装置出现故障：左、右悬架刚度不等、弹簧折断、减振器失效、导向装置失效等。

③ 诊断与排除

a. 检查减振器是否失效，若漏油或失效，应更换。

b. 检查左、右悬架弹簧是否折断、刚度是否一致，若有折断或弹力减弱，应更换。

c. 检查悬架弹簧是否固定可靠，转向传动机构有无运动干涉等，若有应排除。

d. 支起驱动桥，用三角架塞住非驱动轮，启动发动机并逐步使车辆换入高速挡，使驱动轮达到车身摆振的车速。若此时车身和转向盘出现抖动，说明传动轴严重弯曲或松旷，转向轮动不平衡或偏摆量大（前驱动）；若此时车身和转向盘不抖动，说明故障为车架、车桥变形或前轮定位不正确。

e. 支起前桥，在前轮轮辋边上放一划针，慢慢地转动车轮，检查轮辋是否偏摆量过大，若轮辋偏摆量过大，应更换。

f. 拆下前轮，在车轮动平衡仪上检查前轮的动平衡情况，若不平衡量过大，应加装平衡块予以平衡。

g. 经上述检查均正常，应检查车架、车桥是否变形，并用前轮定位仪检查调整前轮定位。

10.3.2　机械式转向系统的维护

为保障转向系统工作的可靠性和安全性，应对转向系统进行定期维护。

在对机械式转向系统进行维护时，均应对转向装置进行常规性检查，主要检查零件的紧固情况，主要包括转向盘、转向轴管及转向器外壳和转向梯形机构的连接部分螺栓、开口销的连接情况等。

此外，还应检查转向盘的自由转动量，转向盘自由转动量是指机械处在直行位置且前轮

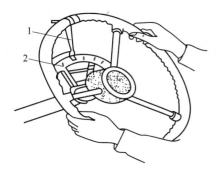

图 10-24　转向盘自由转动量检查
1—指针；2—刻度盘

不发生偏转的情况下转向盘所能转过的角度。它是转向装置各部件配合间隙的总反映。检查时，使前轮处于直行的位置，装上转向盘自由转动量检查器（见图 10-24），左右转动转向盘至感到有阻力为止，检查器指针在刻度盘上所划过的角度，即为转向盘自由转动量。一般车辆转向盘自由转动量不得超过 30°。若超过时，则必须消除所有足以影响的因素，如调整转向操纵拉杆球节中的间隙及转向器中传动副的啮合间隙等。

转向操纵的横、直拉杆两端的球节，应经常进行清洁和润滑，并定期拆卸清洗。装复时应加足润滑油脂，装好密封垫和防尘罩。

为了检查直拉杆球节的紧度，可将转向盘左右回转，凭观察及感觉来确定拉杆球节是否有间隙。如有，应调节球节的紧度。调整时，先拆下直拉杆一端螺塞上的开口销，将螺塞拧到底，然后反转退到与开口销孔第一次重合的位置，插上开口销。再以同样方法调整拉杆另一球节的紧度。重新检查转向盘的自由转动量，如大于规定的极限值，则应检查和调整转向器。

10.3.3　机械式转向系统主要零件的检修

（1）循环球式转向器的检修

① 测量转向螺杆轴颈对中心的跳动量，若大于 0.08mm，则需要更换总成，如图 10-25 所示。

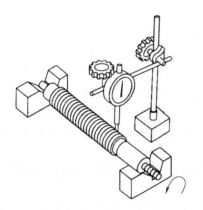

图 10-25　测量转向螺杆轴颈的跳动量

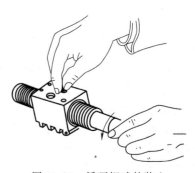

图 10-26　循环钢球的装入

② 把螺杆装入螺母中，装钢球时可用塑料棒将钢球轻轻敲入循环滚道内。装导管钢球时，可在导管口涂一层润滑脂，防止钢球脱出。每组循环滚道连同导管中的钢球应符合规定，最后用导管夹固定，如图 10-26 所示。严禁将钢球误装入循环回路之外。

③ 测量转向螺杆轴向窜动量，如图 10-27 所示。维修标准规定该值不大于 0.1mm。螺杆直立时应避免螺母由于自重作用滑到头而损伤导管或钢球。

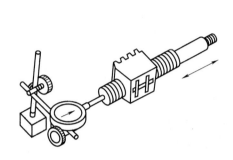

图 10-27　测量转向螺杆轴向窜动量

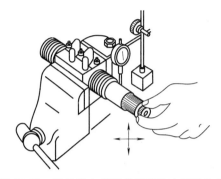

图 10-28　测量转向螺杆的垂直和水平跳动量

④ 转向螺母位于转向螺杆滚道对称中心，上下左右扳动花键端，测量转向螺杆两端轴颈的垂直和水平跳动量，如图 10-28 所示。测量值均不应大于 0.10mm。

⑤ 安装轴承内圈，使其紧压在止推平面上，装配调整螺钉前，摇臂轴孔应涂抹薄层润滑脂，按顺序装入，最后用尖嘴钳把孔用弹性挡圈装入槽中，装复后的调整螺钉应能用手轻轻转动。

⑥ 测量调整螺钉轴向间隙（见图 10-29）。当轴向窜动量大于 0.12mm 时，需配磨垫圈，使间隙不大于 0.08mm。

⑦ 安装转向器总成，装入下盖并从壳体上孔处放入转向螺杆螺母总成。装入上盖并通过增加或减少调整垫片（调整垫片不得有折痕、锈蚀），使转向螺杆轴承预紧力矩符合规定，测量螺杆轴承的预紧力矩，如图 10-30 所示（允许用其他方法测量）。

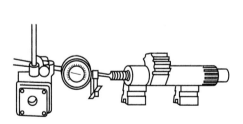

图 10-29　测量调整螺钉轴向间隙

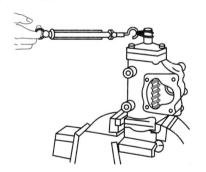

图 10-30　测量螺杆轴承的预紧力矩

⑧ 在壳体的摇臂轴输出孔均匀地压入油封，油封的平端面一侧应向外。逆时针拧调整螺钉使摇臂轴与侧盖相连。

⑨ 安装摇臂轴时应使转向螺母处于中间位置，使齿扇的中间齿与转向螺母的中间齿槽啮合，如图 10-31 所示，拧紧侧盖螺钉，拧紧力矩为 29～49N·m。当拧紧侧盖螺钉时，侧盖上调整螺钉应处于拧出的位置。

⑩ 齿条与齿扇的啮合间隙用调整螺钉调整。使转向器位于中间位置（螺杆总转动圈数的一半）时，不允许有啮合间隙。

⑪ 对蜗杆与摇臂轴主销啮合进行调整，先松开摇臂轴调整螺钉，用手握住蜗杆轴输入端，在蜗杆行程的中间位置附近来回转动，同时用旋具插入调整螺钉头部槽里。顺时针旋转螺钉，直到有摩擦为止。

⑫ 装配完成后检查转向螺杆的转动力矩，如图 10-32 所示，此摩擦力矩不应大于 2.7N·m。

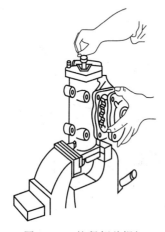
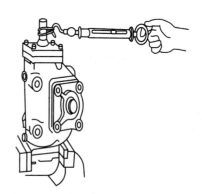

图 10-31　拧紧侧盖螺钉　　　　　　　图 10-32　检查转向螺杆的转动力矩

（2）蜗杆曲柄指销式转向器的检修

① 分解转向器后，用干净的汽油或煤油清洗零件。禁止用汽油清洗橡胶类密封件，如油封、O 形密封圈等。不要用蒸汽或碱液清洗平面轴承和指销轴承。经清洗后的零件可以用干燥、干净的气体吹净。

② 检查蜗杆。

a. 当蜗杆滚道有严重磨损与剥落时，必须更换。

b. 当蜗杆齿面有明显压痕时，应更换。

c. 当蜗杆任何表面出现裂纹时，必须更换。

③ 检查平面止推轴承。

a. 当内、外圈滚道磨损、剥落时，必须更换。

b. 当保持架变形、有裂纹、严重磨损时，必须更换。

c. 当轴承钢球有碎裂、钢球从保持架上掉落时，必须更换。

d. 轴承必须内圈、外圈、保持架三件成套更换。

④ 检查摇臂轴扇形块、花键轴是否扭曲（见图 10-33），若 $\phi42\text{mm}$ 两孔中心线与 $\phi35\text{mm}$ 中心线平行度大于 0.10∶100，或 $\phi42\text{mm}$ 两孔的端面 T 在同一平面内偏差大于 0.08mm，或花键轴端部刻线与 ab 夹角超过 12°，则应更换摇臂轴。

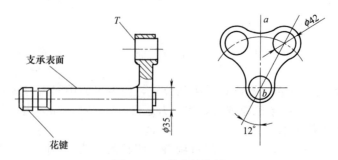

图 10-33　检查摇臂轴

⑤ 摇臂轴任何部位有裂纹，或支承表面严重磨损以及严重偏磨，必须更换。

⑥ 检查摇臂轴花键处是否有变形、扭曲，发现有两齿以上变形、扭曲、损坏，应更换摇臂轴。

⑦ 检查指销头部是否有剥落或严重偏磨，轴承挡边是否碎裂，出现任一情况，应更换指销轴承总成（必要时可以分解轴承观察）。

⑧ 用两个手指捏住指销头部检查指销轴承转动是否自如，指销在轴承内是否有轴向窜动，必要时重新进行调整。

⑨ 检查转向器壳体里的摇臂轴衬套孔磨损情况，若衬套孔发生严重偏磨，或衬套孔与摇臂轴外径的配合间隙超过 0.2mm，则更换衬套。注意，转向器壳体里有两个衬套，要同时更换。

10.4　轮式机械动力转向系统的构造

10.4.1　液压助力转向系统

对于一些重型工程机械，由于其使用条件复杂，加之机体笨重以及采用了宽基或超宽基胎，转向阻力很大。如仍采用机械式转向，就很难达到操纵轻便和转向迅速的要求。所以，大多数重型工程机械转向系统采用了液压助力转向方式，其工作灵敏度高，结构紧凑、外形尺寸较小，工作时无噪声，工作滞后时间短，而且能吸收来自不平路面的冲击。

液压助力转向系统按液流形式可以分为常流式和常压式，常压式液压助力转向系统如图 10-34 所示，其特点是无论转向盘处于中立位置还是转向位置，也无论转向盘保持静止还是运动状态，系统工作管路中总是保持高压。

常流式液压助力转向系统如图 10-35 所示，其特点是转向油泵始终处于工作状态，但液压助力系统不工作时，基本处于空转状态。

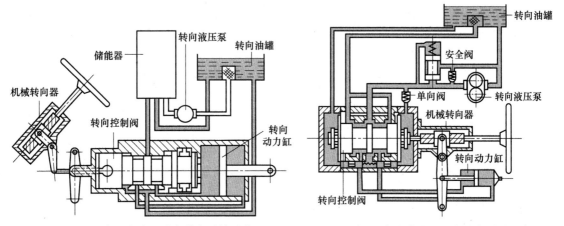

图 10-34　常压式液压助力转向系统示意　　　图 10-35　常流式液压助力转向系统示意

（1）基本组成

下面以 ZL50 型装载机为例分析液压助力转向系统的组成。如图 10-36 所示，ZL50 型装载机转向系统主要由转向盘、转向器、随动阀、转向油缸、反馈杆、转向油泵、流量转换阀、溢流阀等组成。

两个转向油缸对称布置在装载机纵向轴线的两侧，连接前、后车架，转向器和随动阀固定在一起，通过螺栓固定在后车架上。

不转向时，转向盘不动，随动阀处于中位，油泵泵出的压力油经随动阀直接流回油箱。

　　转向时，转动转向盘使随动阀处于工作位置，油泵泵出来的压力油经随动阀进入转向油缸的不同工作腔，推动活塞杆伸出或收回，使转向油缸相对铰接点产生相同方向力矩，驱动前、后车架相对偏转而使整机转向。

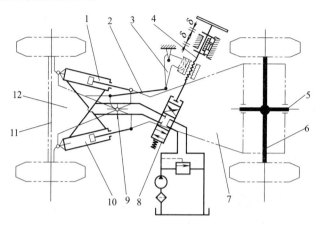

图 10-36　ZL50 型装载机转向系统组成

1—右转向油缸；2—反馈杆；3—转向垂臂；4—转向轴；5—后桥摆动轴；6—后桥；7—后车架；
8—随动阀；9—铰销；10—左转向油缸；11—前桥；12—前车架

　　（2）工作原理

　　① 转向器、随动阀结构　工程机械液压助力转向系统常用转向器为循环球式，主要包括螺杆、螺母、齿条、扇形齿轮及循环钢球等，随动阀主要包括阀体、阀杆、定中弹簧、柱塞、止推轴承等（见图 10-37）。

　　螺杆通过两个滚针轴承支承在壳体上，上端通过转向轴与转向盘连接，下端套装有随动阀杆。螺母通过钢球和螺杆啮合，螺母外缘一侧制成齿条并与扇形齿轮啮合，扇形齿轮与轴制成一体，钢球装在螺杆与螺母组成的螺旋形槽内。

　　随动阀阀体用螺钉固定在转向器壳体上，上、中、下阀体通过螺杆连接固定在一起，阀体上有和转向油缸两腔、油泵及油箱相通的四个通孔。

　　阀体内圆有七道油环槽，从上往下数，第一、四、七槽经暗油道相通后通油箱，第二、六槽通转向油缸，第三、五槽通油泵。

　　阀杆是中空的，套装在螺杆下端的延长部上。阀杆的上端通过挡板、止推轴承顶在螺杆的凸肩上并靠其限位，下端则由锁紧螺母压紧的挡板、止推轴承固定限位。阀杆在阀体内上下各有 2mm 轴向移动量，最大移动量由两端的挡板和止推轴承限位，其中间位置靠定中弹簧将柱塞压紧在阀体的定位端面上，并与两挡板刚好接触来保证。

　　为防止转向器内的齿轮油和随动阀内的液压油相互串通，在上阀体上的内圆装有密封圈，将随动阀与转向器的两腔分开。转向器的滚针轴承、钢球、螺母、扇形齿轮轴用齿轮油润滑，随动阀中的止推轴承、柱塞用液压油润滑。

　　② 工作原理　直线行驶时，转向盘不动，阀杆在定中弹簧和柱塞的作用下处于中间位置，从转向泵来的压力油通过第三、五槽进入第四槽，然后流回油箱。第二、六槽被阀杆的凸肩封闭，既不和高压油槽（第三、五槽）相通，也不和回油槽（第一、七槽）相通，此时转向油缸两腔均处于封闭状态，装载机直线行驶，其油路途径如图 10-38 所示。

　　车辆需要转向时，转动转向盘，由于螺母经扇形齿轮及轴、反馈杆与前车架相连，且此时阀杆在中位，转向油缸油路未接通，所以前车架不动，螺母也不动，转动转向盘就迫使螺杆带动阀杆一起沿轴向移动。如向右转动转向盘，螺杆带动阀杆便向下移动，通过上挡板对

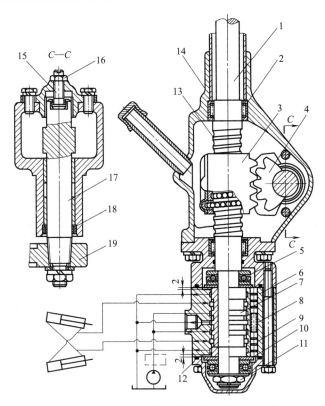

图 10-37　转向器及随动阀

1—转向轴；2—滚针轴承；3—螺母；4—扇形齿轮；5—滚珠轴承；6—阀体；7—阀杆；8—定中弹簧；
9—柱塞；10—挡板；11—固定螺母；12—密封圈；13—螺杆；14—转向器壳体；15—调整螺钉；
16—锁紧螺母；17—扇形齿轮轴；18—油封；19—摇臂

柱塞施加压力而克服定中弹簧的张力，至挡板碰到阀体上定位端面位置。此时，第三槽和第二槽相通，第六槽和第七槽相通，油泵来的压力油经第三槽进入第二槽，并经油管分别进入右转向油缸有杆腔和左转向油缸无杆腔，使右转向油缸活塞杆内缩、左转向油缸活塞杆外伸，前、后车架绕铰接点相对偏转，实现右转。同时，两油缸另外一腔的油液经油管及第六槽进入第七槽，然后流回油箱。

　　车架偏转后，由于反馈杆向后移动，通过摇臂使扇形齿轮带动螺母、螺杆和阀杆上移，直至阀杆重新回到中位，将转向油缸的进油和回油油路切断，装载机停止转向。只有继续转动转向盘，再次将油路接通，前、后车架才能继续相对偏转，可见这里的负反馈联系是靠反馈杆、扇形齿轮和螺母来实现的。

　　为保证阀杆在中间位置时转向油缸封闭得更好，使前、后车架不能相对转动并且具有一定的刚性，阀杆凸肩两侧都有一定长度的覆盖量。只有当阀杆移动量大于覆盖量后，随动阀才能开启并起作用。它较之没有覆盖量的随动阀在操纵时的灵敏性上稍差一些，即前、后车

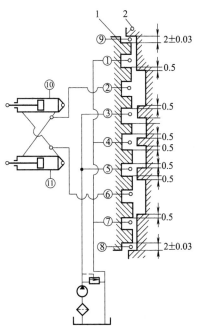

图 10-38　随动阀油路示意
1—阀体；2—阀杆

架的转动总是比转向盘的转动要滞后一段很短的时间，转向盘停止转动后，前、后车架也要继续偏转一段很短的时间才能停止。

10.4.2 全液压转向系统

（1）全液压恒流转向系统基本构成与工作原理

① 基本构成　全液压恒流转向系统主要由转向泵、稳流阀、转向器、单向溢流缓冲阀、转向油缸等构成，各部分在车身的位置如图 10-39 所示，装载机转向盘与转向器相连，转向器通过两根油管按转向要求与转向油缸相应的油腔相连，转向油缸与前、后车架相连。

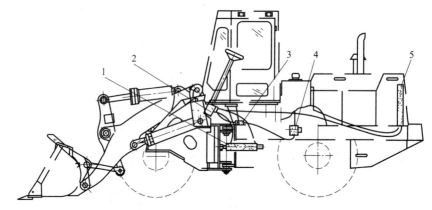

图 10-39　ZL50 型装载机转向系统构成

1—转向油缸；2—转向器和单向溢流缓冲阀；3—稳流阀；4—转向泵；5—冷却器

② 各部分结构与功用

a. 转向泵　ZL50 型装载机转向泵由发动机通过液压变矩器传来的动力带动，油泵将压力油经过稳流阀输送到转向器。

b. 稳流阀　全称为单路稳定分流阀，其内部设置有节流阀和溢流阀，安装在后车架上，转向泵与转向器之间，通过节流阀的稳流作用，确保发动机转速变化的情况下转向器所需的稳定流量，满足主机液压转向性能的要求，同时将转向系统暂时不需要的油液提供给工作系统，提高整机工作效率。正是由于稳流阀的作用，转向回路的流量是设定好的，因此该液压系统成为全液压恒流转向系统。

c. 转向器　ZL50 型装载机的转向器为摆线转阀式的全液压转向器，能够实现位置控制随动功能，是实现转向控制的重要元件。其结构如图 10-40 所示，主要由阀体、弹簧片、拨销、阀套、阀芯、联动轴、转子、定子等部分构成。其中，阀芯和转向盘相连，阀芯和阀套（见图 10-41）通过拨销连接，其中阀芯上的孔较大而阀套上的孔和拨销直径相同，这样阀芯和阀套可有一定自由度的相对转动角度，两者通过弹簧片进行复位。阀套通过拨销（拨销嵌入联动轴内部）、联动轴和转子连接，这样转子转动时可带动阀套一起转动，形成随动系统。

d. 单向溢流缓冲阀　与转向器连接在一起，由阀体和装在阀体内的单向阀、溢流阀、双向缓冲阀等组成。单向阀的作用是防止在转向中出现下述状况，即当车轮受到阻碍，使转向油缸内的油压剧升，当油压大于工作油压时，会造成油流反向流回输油泵，而使方向偏转。双向缓冲阀安装在通往转向油缸两腔的油道之间，它实际上是两个安全阀，用于快速转向或转向阻力过大时，保护油路系统不致因受到激烈的冲击而引起损坏。双向缓冲阀是不可调的。溢流阀装在进油孔和回油孔之间的通孔中，其调整压力为 9.8MPa，它主要用来保证压力稳定，起液压缓冲作用，同时在转动转向盘时，起到卸载溢流作用。溢流阀在制造装配

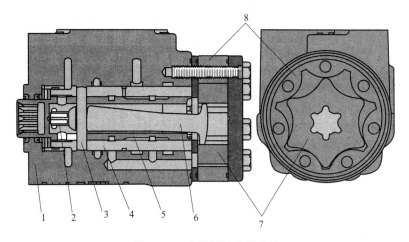

图 10-40 全液压转向器结构

1—阀体；2—弹簧片；3—拨销；4—阀套；5—阀芯；6—联动轴；7—转子；8—定子

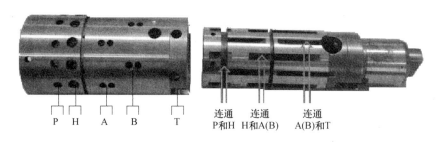

图 10-41 转向器阀芯与阀套结构

时压力已调定，使用中不允许自行任意调整。

e. 转向油缸 为双作用式油缸，其结构如图 10-42 所示。活塞杆销孔内装有关节轴承。转向油缸分别与前、后车架相连，左右各一个。转动转向盘时，液压油使油缸伸缩推拉铰接车架，从而使装载机实现转向。

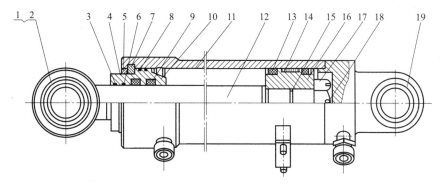

图 10-42 液压油缸结构

1—挡圈；2—关节轴承；3—防尘圈；4,5—挡圈；6,8,15—O 形圈；7—卡键；9,13—密封圈；
10—导向套；11—缸体；12—活塞杆；14—导向环；16—活塞；17—螺母；18—开口销；19—轴套

③ 工作原理 图 10-43 所示为全液压恒流转向系统工作原理。不转动转向盘时，转向器阀芯处于中位，阀芯与阀套之间的配流窗口关闭，转向油缸两腔封死，保证车架不会摆动。此时由稳流阀流向转向回路的流量可通过转向器中位回油箱。当转动转向盘时（以左转

181

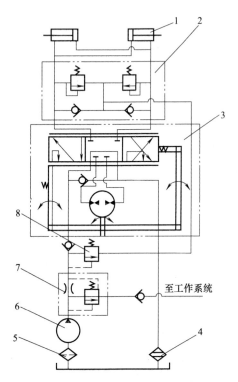

图 10-43　全液压恒流转向系统工作原理

1—转向油缸；2—单向溢流缓冲阀；3—转向器；
4,5—滤油器；6—转向泵；7—稳流阀；8—溢流阀

为例），转向器阀芯随转向盘逆时针转动，转向器处于图 10-43 中的左位，阀芯和阀套之间产生配流窗口，从转向泵经稳流阀流向转向器的油液达到计量马达，并使其转动，计量马达带动阀套转动，转动方向与阀芯转动方向相同，从而使阀芯与阀套之间的配流窗口变小，形成位置反馈伺服系统。通过计量马达的油液一分为二，分别进入左边油缸的有杆腔和右边油缸的无杆腔，使左油缸收缩而右油缸伸张，油缸推动前、后车架偏转，车辆进入左转状态。若转向盘持续逆时针转动，则转向油缸保持相应的收缩和伸张动作，前后车架偏转角度持续增加，直至偏转到极限位置。若转向盘停止转动，则阀芯也停止转动，而阀套在计量马达和弹簧片的带动下随动至阀芯停留的位置，阀芯和阀套之间的配流窗口被关闭，车辆转向的动作停止，油液经转向器中位回油箱。右转向时原理和左转向相同，只是油液在转向器和油缸中的走向相反。

（2）流量放大液压转向系统基本构成与工作原理

① 系统特点　流量放大液压转向系统利用低压小流量控制高压大流量来实现转向操作，特别适合大中型功率工程机械。流量放大全液压转向系统在 ZL 系列装载机上的应用越来越广泛，具有以下特点。

a. 先导控制使转向盘操作轻便灵活。

b. 采用负荷反馈控制原理，使工作压力与负载压力的差值始终为一定值，节能效果明显，系统功率利用合理。

c. 采用液压限位，减少极限位置的机械撞击。

d. 结构合理、布置紧凑。

e. 系统复杂，维修不是很方便。

② 基本构成　流量放大转向系统主要由转向器、限位阀、优先阀、流量放大阀、先导泵、转向泵和转向油缸等构成，工作原理如图 10-44 所示。

转向器只是先导控制单元，流量放大阀作为控制转向的主要元件，阀内有主控阀芯，根据转向器提供的先导油流量来控制阀芯位移量，进而控制流量放大阀的开口大小。转向泵提供的油液经过优先阀和流量放大阀进入转向油缸进行相应的转向动作。流量放大阀阀芯由一端的复位弹簧回位，并利用调整垫片调整阀芯中位。

车架转到极限位置时，限位阀会动作从而切断先导油路，放大阀回到中位，转向油缸两腔封闭，转向停止。不转向时，优先阀处于右位，流量供给工作系统。

③ 工作原理　流量放大液压转向系统分先导操纵回路和转向回路两个独立系统，工作原理如下。

a. 先导操纵回路　由先导泵 6、溢流阀 7、转向器 8、限位阀 1 组成。先导泵输出的液压油以恒定压力作用于转向器，该液压转向器结构原理与全液压恒流转向系统中的转向器相同，以保证流进流量放大阀的流量与转向盘的转速成正比。转向盘不动时，转向器阀芯切断油路，

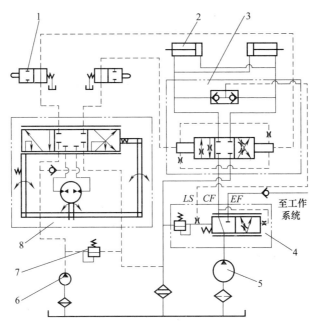

图 10-44 流量放大液压转向系统工作原理

1—限位阀；2—转向油缸；3—流量放大阀；4—优先阀；5—转向泵；6—先导泵；7—溢流阀；8—转向器

先导泵输出的液压油不通过转向器。转动转向盘时，先导泵来的油液经转向器进入限位阀，然后输送至流量放大阀的一端，推动流量放大阀阀芯移动，转向泵提供的油液经流量放大阀输送至相应的转向油缸。转向盘转速越快，转向器阀芯与阀套之间产生的配流窗口越大，流经转向器的先导油流量也越大，流量放大阀阀芯移动位移量也随之增加，转向速度增加。

b. 转向回路　由转向泵、优先阀、流量放大阀、转向油缸等组成。不转向时，优先阀阀芯在弹簧作用力下处于右位，转向泵提供的液压油供给工作系统，和工作泵油液合流，提高工作系统效率。转动转向盘时，流量放大阀开启，由于放大阀阀芯内部设有节流口，节流口两端产生压差，压差作用到优先阀上，克服优先阀弹簧弹力，使优先阀阀芯处于左位，转向泵提供的液压油停止给工作系统供油，全部供至流量放大阀，最终至转向油缸进行转向。也就是说转向泵供的油优先供给转向系统，只有不转向时，油液才会至工作系统，目前这种技术称为"双泵合流、转向优先"，且该技术已经成熟并被国内外工程机械广泛采用。

10.5　轮式机械动力转向系统的维修

10.5.1　动力转向系统的常见故障及原因分析

全液压转向系统常见故障可总结为转向发飘、转向沉重、方向盘不能自动回中、无人力转向四大类。具体故障检测及解决方案按照图 10-45～图 10-48 所示步骤进行。

10.5.2　动力转向系统的维护

全液压转向系统相对于机械转向系统而言操作起来简单轻便，但结构原理更加复杂，一些故障原因很难从外观直接判断，问题的解决稍显抽象，为提高液压转向系统的可靠性，在使用的过程中需要注重转向系统日常的检查与维护工作，以达到发现问题及时解决的目的。

（1）日常维护

① 油量检查与维护　全液压转向系统采用油液与工作液压系统相同，均为 32 号（冬

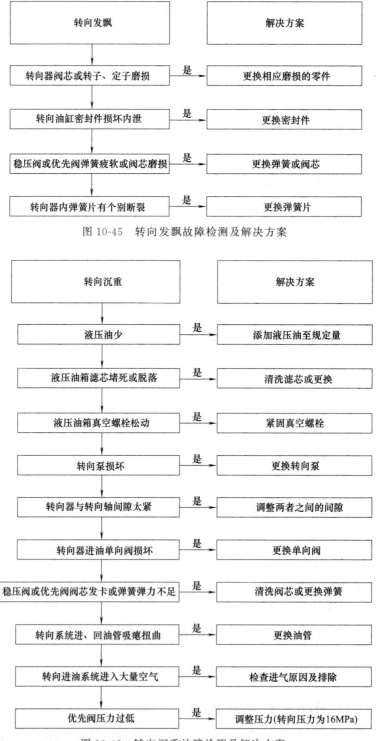

图 10-45　转向发飘故障检测及解决方案

图 10-46　转向沉重故障检测及解决方案

季）或 46 号（夏季）抗磨液压油，全液压转向系统未设单独的储油罐，与工作液压系统共用一个油箱。新车工作 50h 后，即完成了首次磨合，应彻底更换转向及工作液压系统油液，在对工程车辆日常检查中，应关注工作液压油箱油量的多少，及时添加油液至规定位置。当

图 10-47　方向不能自动回中故障检测及解决方案

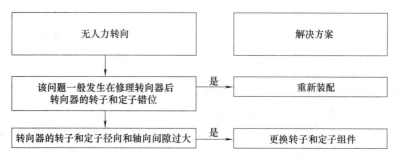

图 10-48　无人力转向故障检测及解决方案

工程车辆工作了 1200h 之后，必须及时更换转向机工作液压系统油液，保证整机工作的可靠性和高效性。

②　密封检查与维护　转向系统密封性能维护主要分液压泵密封性能维护、液压缸密封性能维护和液压管密封性能维护。转向泵安装在液力变矩器上，轴端密封一定要可靠，否则转向系统油液会通过轴端泄漏流向行走系统，造成转向系统油液减少，而行走系统油液增多，增加行走系统工作阻力，油温升高。液压缸轴端密封泄漏是比较常见的现象，应定期更换轴端密封。液压管路接口如有泄漏，应及时拧紧接口至标准力矩或更换新的管路接口。

③　油质检查与维护　若油液中含有杂质、水分或油液长期未更换而变质，就会造成转向系统工作效率下降，更为严重的是导致转向系统零部件的损坏，因此应对转向系统油液质量进行定期检查，发现存在杂质或油品质量下降的情况，即使未达到油液更换时间也必须立即更换。

④　液压油箱维护　液压油箱要保持高度清洁，定期清洗过滤网，以避免吸油阻力过大，加剧泵和液压油缸的磨损。

（2）试车检查

转向液压系统的一些故障必须在车辆工作甚至是高负荷工作时才有所体现，除了常规维护保养之外，还应对车辆进行试车检查。

① 油温检查　转向液压系统油温必须在一个合理范围内才会有一个较高的工作效率，最高油温允许达到 80℃，超标则要进行停车检查。必须使车辆在额定载荷状态下运转 30min 以上，检查油温是否正常。

② 转向灵敏性检查　全液压转向系统必须具备较高的灵敏性，当转向盘发出转向指令后，转向动作必须及时随动，试车时检查转向灵敏性是否存在严重滞后情况，如滞后严重则应检查液压系统油路。

③ 转向力矩检查　一些工程车辆在空车转向时正常，但在额定载荷下可能会出现系统漏油、转向沉重、转向力矩不足等情况。以装载机为例进行检查：首先空车检查装载机原地转向是否正常有力，然后装载机装载额定物料，原地转向检查转向系统是否存在漏油或转向沉重现象，最后将额定载荷车辆驾驶至高低不平的路面进行原地转向，若依然转向有力且不存在漏油现象，则说明转向系统密封性能良好，转向力矩达到设计要求。

10.5.3　动力转向系统的检修

全液压转向系统检测应按照液压系统工作路线依次对构成部件进行定期检测，及时发现故障隐患并排除。

（1）油泵的检修

首先要保证油泵足够的输入动力，定期检查油泵固定是否牢固可靠，皮带张紧力是否合适，及时观察液压泵的输出压力。液压泵只有输出足够的压力和油量才能保证转向的顺利完成。一般齿轮泵额定压力为 2.5MPa，过高或过低都不合适。如果液压泵输出压力突然下降，应停车检查，以免因泵卡死或磨损烧蚀而造成更大的损失。泵的齿顶与壳体内孔配合间隙为 0.05～0.1mm，轴向间隙为 0.03～0.05mm。一般来说，齿轮泵对液压油敏感度不高，只要使用得当，不易出现故障。

全液压转向系统油泵有两个，一个为先导泵，一个为转向泵，这两个油泵往往集成在一起，做成双联泵，拆检双联泵时，应注意以下几个方面。

① 必须保证泵壳、泵体滑动自如。若有卡住现象，应检查泵壳、泵体孔是否存在杂质、刮痕和毛刺。毛刺可用细砂布去掉，若阀或泵壳、泵体有损坏而不能修复，则应对损坏件进行更换。

② 检查泵轴轴套、轴承，若损坏则应更换。

③ 检查泵轴花键是否磨损，泵轴是否有裂纹和其他损坏，更换所有过度磨损和损坏的零件，更换一新泵轴卡环。

④ 检查泵壳是否有磨损、裂纹、铸造砂眼和损坏，出现其中任一情况，则应更换泵壳。

（2）转向器的检修

拆解检查全液压转向器时，应注意以下几个方面。

① 检查转向器阀芯、阀套表面是否光滑、有无划痕，检查阀芯、阀套是否磨损过度，若出现上述情况应成对更换阀芯、阀套组件，保证阀芯、阀套的精确配合。

② 检查弹簧片是否有断裂、变形或缺失，发现问题及时更换。

③ 检查拨销是否有变形或磨损过度情况，避免拨销与阀套之间产生松旷。

④ 检查联动轴花键磨损情况及其与转子配合情况，避免联动轴与转子之间产生松旷。

（3）优先阀的检修

优先阀往往作为一个总成来维修，不对它进行解体。优先阀的检测重点是根据具体机型的装修手册数据调整优先阀的压力，避免造成转向沉重。

（4）转向油缸的检修

转向油缸是动力转向系统末端的执行元件，是转向系统能否最终执行转向的关键元件，油缸的安装、密封是否恰当，直接影响转向系统工作效率。以 ZL50 型装载机转向油缸为例，其各项检测标准见表 10-1。

表 10-1　转向油缸检测标准

检查项目	判　断　标　准					措　　施
活塞杆安装孔	标准尺寸 $\phi47mm$	公差±0.025mm				
油缸底安装孔	标准尺寸 $\phi40mm$	公差±0.054mm				
油缸缸径	标准尺寸 $\phi75mm$	公差±0.074mm				
活塞杆与导向套之间的间隙	标准尺寸	公差		标准间隙	间隙极限	更换导向套
		孔	轴			
	$\phi40$	−0.025 −0.050	+0.542 +0.480	+0.505 −0.592	1.094	
活塞螺母拧紧力矩	1280～1564N・m					重拧紧
缸头拧紧力矩	706.3～863.3N・m					重拧紧

（5）液压助力转向器的检修

① 滑阀与阀体的定位孔出现裂纹、明显的磨损，滑阀在阀体内发卡，应更换阀体组件，如图 10-49 所示。

② 输入轴配合表面不得有明显的磨痕、划伤和毛刺，否则应更换。

③ 修理时，必须更换所有的橡胶类密封元件。

④ 壳体上的球堵、堵盖之类的密封件不得有渗漏现象。

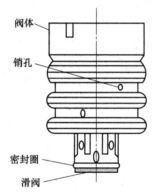

图 10-49　转向控制阀的检验

复习与思考题

一、填空题

1. 转向系统的功用是_____，转向系统应能根据需要保持机械稳定地沿直线行驶或能按要求灵活地改变行驶方向。

2. 转向横拉杆是连接左、右梯形节臂的杆件，它与左、右梯形节臂及前轴构成_____。

3. 循环球式转向器由两套传动副组成，一套是_____传动副，另一套是_____传动副。

4. 为了保证车辆转向操纵轻便和灵敏，目前最有效的办法就是在车辆转向系统中加装_____。

5. 要保证车辆在转向时两侧车轮不发生滑动，各个车轮的轴线在转向时应_____。

6. 转向传动机构一般包括_____、左梯形臂、右梯形臂、转向横拉杆。

7. 转向器的功用是将驾驶员施加于转向盘上的作用力矩_____，传递到转向传动机构，使机械准确地转向。

8. 工程机械上使用的转向器通常可根据其传动的_____以及传动副的_____来分类。

9. 根据传动副的结构形式来分，转向器可分为_____、_____和循环球式三种。

10. 循环球式转向器的传动副有两对，一对是_____，另一对是_____，在螺杆和螺母间装有钢球。

11. 动力转向系统按转向器、动力缸、分配阀的相互位置可分为_____和_____。

12. 反馈杆的功用是将车架的偏转程度传给_____，使随动阀随动，从而消除阀杆与阀体间产生的相对位置偏差。

二、选择题

1. 要实现正确的转向，只能有一个转向中心，并满足关系式（　　）。

A. $\cot\alpha = \cot\beta - \dfrac{B}{L}$　　B. $\cot\alpha = \cot\beta + \dfrac{B}{L}$　　C. $\alpha = \beta$

2. 转向盘自由行程过大会使转向（　　）。

A. 轻便　　　　B. 沉重　　　　C. 不灵敏　　　　D. 灵敏

3. 转向盘自由行程过大的原因是（　　）。

A. 转向器传动副的啮合间隙过大　　B. 转向传动机构各连接处松旷

C. 转向节主销与衬套的配合间隙过大　　D. 车轮轴承间隙过大

4. 按可逆程度分类，曲柄指销式转向器属于（　　）。

A. 极限可逆式　　B. 不可逆式　　C. 极限不可逆式　　D. 可逆式

5. 转向轮绕着（　　）摆动。

A. 转向节　　　　B. 主销　　　　C. 前梁　　　　D. 车架

6. 转向器的调整项目有（　　）。

A. 转向半径　　　B. 啮合间隙　　C. 自由行程　　D. 液压流量

7. 按传动系统的可逆性分，不正确的是（　　）。

A. 不可逆式　　　B. 极限不可逆式　　C. 可逆式　　D. 极限可逆式

8. 动力转向系统的类型可按动力能源分为三种，其中不正确的是（　　）。

A. 气压式　　　　B. 液压式　　　　C. 机械式　　　　D. 全液压式

9. 改变转向横拉杆的长度，可以改变（　　）。

A. 车轮外倾角　　B. 前束值　　C. 主销后倾角　　D. 车轮转角

10. 不属于转向离合器的操纵方式的是（　　）。

A. 气压式　　　　B. 液压式　　　　C. 机械式　　　　D. 液压助力式

11. 引起机械转向系统转向不灵敏、操纵不稳定的原因是（　　）。

A. 转向器内润滑油不足或变质　　B. 转向节臂变形

C. 转向器安装松动　　D. 转向直拉杆弯曲变形

12. 不是引起转向系统转向沉重或失灵的原因是（　　）。

A. 液压泵驱动皮带松弛　　B. 油泵磨损，泵油压力不足

C. 液压系统内掺入空气　　D. 转向分配阀的滑阀偏离中间位置

13. 全液压式转向系统转向沉重的原因是（　　）。

A. 左右转向轮的转向阻力不等　　　　　B. 转向器片状弹簧折断

C. 转向液压系统内渗入空气　　　　　　D. 转向轴顶死转向阀芯

三、判断题

1. 轮式车辆的转向方式有偏转车轮转向和铰接转向两种，偏转车轮转向又分为偏转前轮转向、偏转后轮转向、全轮转向。　　　　　　　　　　　　　　　　（　　）

2. 转向系统的功用就是使工程机械改变行驶方向。　　　　　　　　　　（　　）

3. 转向器是转向系统中的降速增矩传动装置，其功用是增大由转向盘传到转向节的力，并改变力的传动方向。　　　　　　　　　　　　　　　　　　　　　（　　）

4. 滑移装载机采用的转向形式为铰接转向。　　　　　　　　　　　　　（　　）

5. 两转向轮偏转时，外轮转角比内轮转角大。　　　　　　　　　　　　（　　）

6. 当作用力从转向盘传到转向垂臂时称为逆向传动。　　　　　　　　　（　　）

7. 常流式是指汽车不能转向时，分配阀总是关闭的。　　　　　　　　　（　　）

8. 动力缸和转向器分开布置的称为分置式。　　　　　　　　　　　　　（　　）

9. 转向盘自由行程对缓和路面冲击，使操纵柔和有利。　　　　　　　　（　　）

10. 铰接式转向因没有前轮定位，其直线行驶稳定性较差，在外阻力不平衡时，常出现左右摇摆现象，转向稳定性也较差。　　　　　　　　　　　　　　　　　（　　）

11. 转向盘至转向垂臂间的传动要有一定的传动可逆性，可逆性可以很大。（　　）

12. 转向系统角传动比的大小主要取决于转向器角传动比。　　　　　　（　　）

13. 循环球式转向器属极限可逆式转向器。　　　　　　　　　　　　　（　　）

14. 动力转向是以发动机输出的动力为能源来增大操纵车轮或车架转向的力。（　　）

15. 转向盘自由行程的调整主要是通过改变车轮的最大转动角来实现的。（　　）

16. 蜗杆曲柄销式转向器在结构上的特点是有两级传动副。　　　　　　（　　）

四、简答题

1. 简述转向传动机构的功用及组成。

2. 动力转向系统的例行维护、一级维护、二级维护有哪些？

3. 蜗杆曲柄销式转向器的工作原理是什么？

4. 图 10-50 中所标数字 4、6、8、9、13 的名称什么？转向梯形机构的作用？

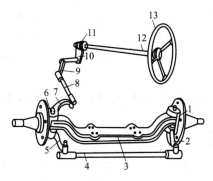

图 10-50　简答题 4 图

单元 11　履带式机械转向系统构造与维修

教学前言

1. 教学目标

　　① 能够知道工程机械各类型转向系统的组成和功用。
　　② 能够掌握转向系统的类型和特点。
　　③ 能正确分析典型工程机械转向系统故障原因并提出解决方案。

2. 教学要求

　　① 了解工程机械转向系统功用、组成。
　　② 了解工程机械转向系统的动力传递路线。
　　③ 了解工程机械转向系统的故障检测与排除方法。

3. 教学建议

　　由教师讲解和示范演示为主，有些项目学生可以分组进行拆装、检修和调整，以达到理论与实际一体化学习。

系统知识

11.1　履带式机械转向原理

　　履带式机械转向方式与轮胎式机械不同，它不能靠行走机构相对于机体的偏转来实现转向，而是通过控制左右履带驱动力矩的不同而实现差速转向。

　　履带差的形成原理如下：一是靠切断一侧履带的部分动力，加大另一侧履带速度形成的，这称为分离转向，用于快速小角度转向；二是彻底切断动力，制动住一侧履带，另一侧履带转动，形成一侧履带不转，另一侧转，这称为原地转向，用于慢速大角度转向；三是靠行星转向机，减小一侧履带的传动比，形成两条履带固定的履带差；这称为第一位置转向。

　　目前，液压机械式（含转向离合器）双功率流转向机构和纯液压无级转向机构由于具有良好的转向灵活性和操纵性等重要优点，使这两种转向机构代表了当今履带式转向机构的发展趋势。

11.2　带转向离合器的履带式机械转向系统构造

11.2.1　转向原理

　　带转向离合器的履带式转向机构也称液压机械式转向机构，驱动桥中含有左右两个转向离合器，当转向离合器结合时，由中央传动过来的转矩通过转向离合器传递给两侧驱动轮，此时机械直线行驶。当驾驶员只分离右侧转向离合器，切断传至右侧驱动轮的转矩，右侧履带减速，机械沿较大半径右转［见图 11-1（a）］；如果分离右侧转向离合器的同时，完全制动该侧驱动轮，就可使转弯半径减小，甚至以右侧履带为中心实现原地转向［见图 11-1（b）］。

11.2.2　转向离合器

（1）转向离合器工作原理

如图 11-2 所示，在主动轴上装有主动鼓 7，主
动鼓外圆上加工有齿状花键槽，主动摩擦片 9 以相
应内花键齿装在主动鼓上。铆接有摩擦衬片的从动
摩擦片 8 以其外花键齿与从动鼓 6 内圆上的齿状花
键槽相配合。主、从动摩擦片交错安装。主、从动
摩擦片的压紧力由弹簧 1 产生。动力由主动轴通过
摩擦片之间的摩擦力传到从动轴 5 上。将压盘 3 右
移，使弹簧受压缩，主、从动摩擦片脱离接触，动
力被切断，离合器分离。弹簧的左端抵靠在弹簧座
上，穿入其中的拉杆 2 左端装弹簧座，右端与压盘
3 相连。

（2）单作用转向离合器

图 11-3 所示为 TY180 型推土机使用的湿式、
弹簧压紧、油压分离的单作用式转向离合器。

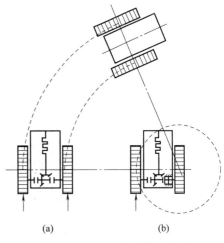

图 11-1　液压机械式转向原理

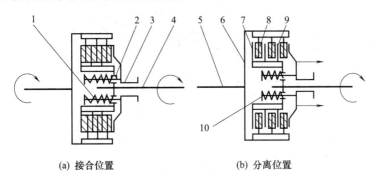

(a) 接合位置　　　　　　(b) 分离位置

图 11-2　转向离合器构造

1—压力弹簧；2—拉杆；3—压盘；4—主动轴；5—从动轴；6—从动鼓；7—主动鼓；
8—从动摩擦片；9—主动摩擦片；10—弹簧座

接盘油缸 13 借锥形花键装在横轴 15 的端部，用螺母和垫板 14 将它紧固。油缸内装有
带密封圈的活塞 11。接盘油缸与主动鼓 9 止口定位，用螺钉紧固，主、从动片各为 9 片和
10 片，它们与主、从动鼓的配合和前述相同。在最后一片从动片的外面装有外压盘 2，外压
盘用半圆键装在弹簧压盘 10 的左端轴颈部位，并用螺母固定。

离合器仍然靠 16 组大、小弹簧 4、5 的弹力使主、从动片处于常接合状态。此时横轴
15 传来的动力经接盘油缸、主动鼓、主动片、从动片、从动鼓等，一直传至最终传动。当
要转弯时，操纵控制阀使接盘油缸内进入压力油，活塞被向左推出，推动弹簧压盘克服弹簧
弹力带动外压盘一起左移，这时离合器处于分离状态。压力油是由轴承座的油道进来的，经
过接盘油缸的内油道进入油缸。

这种离合器是湿式的，在从动鼓、外压盘上有油孔。在 16 组弹簧拉杆中有 4 根的中心
制有轴向通孔，以便润滑弹簧压盘与主动鼓之间的接触面。

（3）双作用转向离合器

双作用式转向离合器与单作用式转向离合器的区别是双作用式的接合也是依靠油压。图
11-4 所示为 D85A-12 型推土机所用的湿式双作用转向离合器。

主动鼓用螺栓与锥接盘 6 紧固，锥接盘用锥形花键装在横轴 8 的一端，并用螺母紧固。
主动片有 7 片，从动片有 8 片。从动鼓用螺栓固定在从动接盘上。

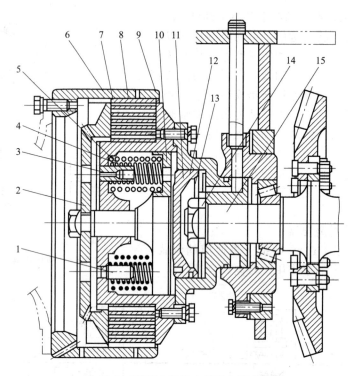

图 11-3   TY180 型推土机转向离合器

1—弹簧拉杆；2—外压盘；3—带中心孔的弹簧拉杆；4—大弹簧；5—小弹簧；6—从动鼓；7—主动片；
8—从动片；9—主动鼓；10—弹簧压盘；11—活塞；12—油封；13—接盘油缸；14—垫板；15—横轴

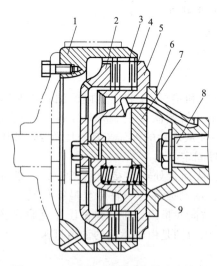

图 11-4   D85A-12 型推土机转向离合器

1—从动鼓；2—外压盘；3—从动片；
4—主动片；5—主动鼓；6—锥接盘；
7—活塞；8—横轴；9—小螺旋弹簧

（4）转向离合器液压操纵机构

主动鼓的内腔装有活塞和小弹簧，活塞杆用螺母与外压盘 2 紧固，活塞在主动鼓内将主动鼓内腔和锥接盘内腔分隔为两个工作油腔。主动鼓内腔通过主动鼓壁上的油孔及锥接盘壁上的油道与一根接液压控制阀的油管相通；锥接盘内腔通过横轴的中心油道与另一油管相通。工作时，根据需要操纵控制阀使油流进流出两腔，实现转向。活塞轴向位移为 8mm，活塞向外移动的距离只能到主动鼓内腔的台阶为止。

当液压系统出现故障时，主动鼓内的小螺旋弹簧 9 仍使离合器以较小的压力常接合，这点压紧力所产生的摩擦力矩只够用于推土机空载传递动力，驶回修理点。转向制动器制动可使离合器打滑，以实现转向。

这种离合器取消了大弹簧，使其结构尺寸减小很多，对于大功率推土机较为适用。但压力油经常处于负荷条件下工作，易使油温升高，所以必须增设良好的冷却系统，这就增加了结构的复杂性。

为了减小驾驶员的劳动强度，一般转向离合器都采用液压操纵，图 11-5 所示为一双作用式转向操纵机构组成。油泵输出的压力油经过滤油器后先进入限压阀，限制进入操纵阀的油压。超压的过剩油液从限压阀流入冷却器。

在阀体上有一个总进油口 A，2 个总回油口 B 和 C，4 个进出于左右转向离合器油腔的进出油口 D、E、F、G。左、右滑阀通过各自的杠杆系统来操纵。

当推土机直线行驶时，两操纵手柄处于松放位置，如图 11-6（a）所示，由油泵来的压力油经限压阀自总进油口 A 进入阀体，分别经过左、右滑阀的后细腰部位与阀体所形成的环流室，经 D、G 两口流出，再经油管、锥形接盘油道和主动鼓壁上的油孔，进入左、右转向离合器的外侧油腔（主动鼓内腔），加压于活塞，使它向内侧移动。活塞内侧油腔（锥接盘内腔）的液压油经横轴中心油道和油管流入阀体 E、F 两油口，然后通过滑阀的前细腰部从前回油口 B 流出进入转向离合器室。于是，活塞带着外压盘一起向内侧移动，将离合器主、从动片压紧，呈接合状态，传递动力。

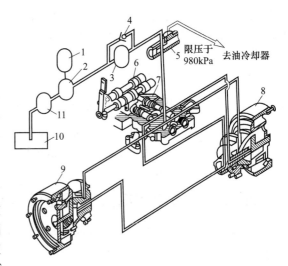

图 11-5　转向离合器液压操纵机构组成
1—内燃机；2—油泵；3,11—滤油器；
4—单向阀；5—限压阀；6—横轴；7—操纵阀；
8,9—转向离合器；10—转向离合器油室

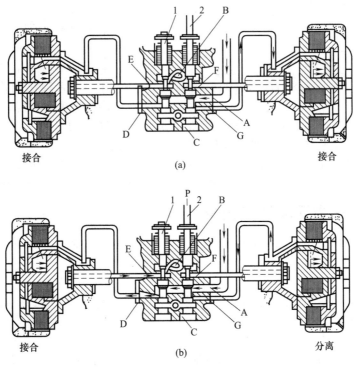

图 11-6　滑阀的操纵阀
A—总进油口；B,C—总回油口；D,E,F,G—进出油口；
1—左滑阀；2—右滑阀

当右转向时，如图 11-6（b）所示，拉动右操纵杆，使右滑阀后移（图中为下移），压力油从进油口 A 进入阀体后，一部分油液经过右滑阀前细腰部位下口流出，沿着横轴中心油道进入右转向离合器活塞内侧油腔，加压于活塞，使它向外侧移动。同时活塞外

侧油腔的油液经主动鼓上的油孔、锥接盘油道及油管流入阀体 G 口，再经滑阀后细腰部位从后回油口 C 流回转向离合器室，则右转向离合器分离，推土机向右转。左转向工作原理相同。

如果左、右操纵杆同时拉动，则左、右转向离合器同时分离，推土机停止行驶。

11.3 全液压履带式机械行走及转向系统原理

当履带式工程机械依靠全液压系统完成行走和转向工作时，主要的工作部件就是液压元件，如液压泵、控制阀和行走马达，因挖掘机得到广泛的应用，这里以沃尔沃履带式挖掘机为例进行介绍。

11.3.1 履带式挖掘机行走装置组成及工作原理

沃尔沃挖掘机的行走及转向依靠液压系统来完成，图 11-7 所示为履带式挖掘机行走整体控制原理。

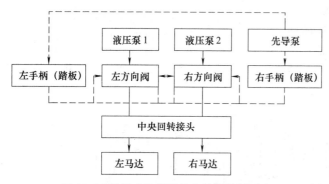

图 11-7 履带式挖掘机行走整体控制原理

当挖掘机停止时，左、右方向阀在中位工作，油液无法到达马达，液压泵可为其他工作装置供油，完成其他动作。

当挖掘机行走时，依据工况操作左、右操作手柄或踏板，先导泵输出的先导液压油经过操作手柄或踏板进入到方向阀的左端（右端），从而使方向阀在左位（右位）工作，主泵输出的高压油经过方向阀→中央回转接头→马达，驱动马达前进（后退），从而带动驱动轮转动，实现履带式挖掘机的行走。

如想实现车辆的直线行走，两个操作手柄（踏板）的行程相同；想实现车辆的左转弯，左手柄的行程大于右手柄的行程，行程相差越大，转弯半径越小；右转弯相反。

图 11-8 所示为履带式挖掘机元件连接，图中以右马达连接为例，略去中央回转接头。

11.3.2 主要元部件结构及工作原理

挖掘机的行走液压回路左右对称，元件主要有液压泵、踏板（操作手柄）、方向阀、中央回转接头及马达。主要元件的结构和工作原理如下。

（1）液压泵

挖掘机的主液压泵根据其工作特点，多选用轴向斜盘变量泵。先导泵提供先导控制液压油，一般为齿轮泵。

（2）踏板（操作手柄）

如图 11-9（a）所示，当不操作踏板（操作手柄）1 时，阀芯 2 处于常态位，阀芯 2 与阀体 3 之间密封，从 P 口进入的液压油截止，无液压油进入到方向阀的两端，方向阀处于中位，液压马达无动作。

当操作踏板（操作手柄）1 时，如图 11-9（b）所示，右阀芯下移，使 P 口进入的液压油经过右阀芯上的小孔，从中空的阀芯流向方向阀的左（右）端，推动方向阀芯朝左（右）移动，方向阀工作在左（右）位，可实现车辆的前进、后退。左阀芯因弹簧力的释放，阀芯上移，单向阀打开，油腔内的液压油通过单向阀流回油箱。

图 11-8　履带式挖掘机元件连接

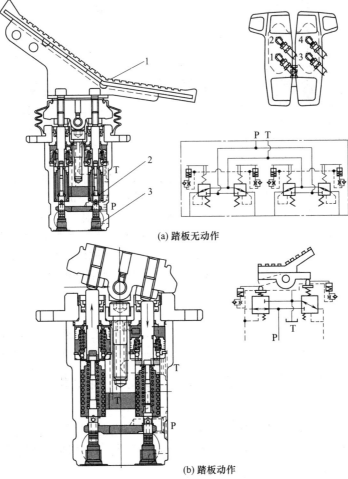

(a) 踏板无动作

(b) 踏板动作

图 11-9　踏板（操作手柄）结构与原理

1—踏板；2—阀芯；3—阀体

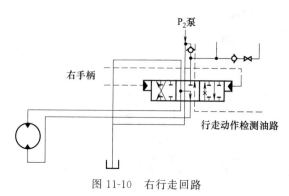

图 11-10　右行走回路

（3）方向阀

图 11-10 所示为右行走回路。方向阀为三位八通换向阀，可实现中位油路、前进、后退和行走动作检测功能。

（4）中央回转接头

因挖掘机要完成上机体的任意角度的回转动作，同时保证下机体不动，所以中央回转接头的作用是连接上机体和下机体的油路，确保油路不会发生扭曲和中断。其结构与工作原理如图 11-11 所示。

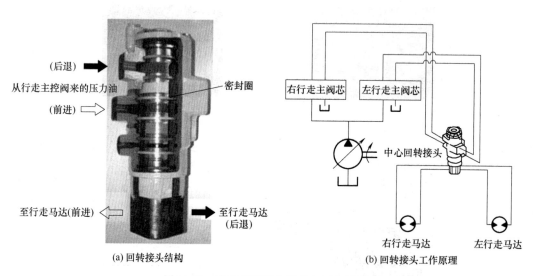

(a) 回转接头结构　　　　　　(b) 回转接头工作原理

图 11-11　中央回转接头结构与工作原理

回转接头有两层，内部柱体和外部壳体。液压油从主控制阀接到内部柱体，行走马达油路接在外壳上，内部柱体从上到下铸有环形凹槽（即油道），外部壳体上也铸有与凹槽相对应的小槽（用来安装回转接头密封环）。当挖掘机回转时，壳体固定不动，内部柱体与壳体间存在相对运动（柱体在壳体内转动），因为油道为环形，所以挖掘机可以在圆周范围内任意转动。壳体上的密封橡胶环与柱体紧密相连，并且接触的同时可以让它们保持相对运动。

有些挖掘机的接法与上述相反，内部柱体固定不动，而壳体相对运动，但工作原理是一样的。

（5）马达

马达的作用是将液压能转换成机械能，同时保证车辆具有高速行走和低速行走的变速功能，马达可选用斜盘式轴向变量柱塞马达和斜轴式轴向变量柱塞马达。

11.4　履带式机械转向系统的常见故障及原因分析

（1）转向不灵

转向不灵是指驾驶员向后拉动转向操纵杆时失去原始的转向速度，即机械转向反应迟钝。机械转向不灵可分为单侧转向不灵，左右转向均不灵，以及转向时扳动操纵杆费力等。履带式机械转向不灵的主要原因如下。

① 转向机构工作油液黏度不符合要求。油液过稠时，液压系统内油液流动速度缓慢，

作用在活塞上的油液压力增长速度较缓慢；油液过稀会造成工作时系统漏油量过大，同样会使作用在活塞上的压力增长速度缓慢，使机械左右转向不灵。

② 液压油的油量不足，造成液压系统内油压增长缓慢，即作用在活塞上的压力增加缓慢，使转向离合器分离缓慢，导致工程机械转向不灵。

③ 工作油液内杂质过多，易将油路堵塞，使机械的两侧转向均不灵；若某侧控制阀油路堵塞时，会使被堵塞一侧转向不灵。

④ 齿轮泵磨损过大，造成工作压力不足，不能满足转向的要求，导致工程机械转向不灵。

⑤ 转向离合器操纵机构调整不当，如操纵杆自由行程过小，使转向离合器压盘在分离时的工作行程过小，造成转向离合器分离不彻底导致转向不灵。

⑥ 操纵机构的顶杆与推杆的调整间隙过大，使控制阀的滑阀移动行程减小，进入滑阀内腔的油路截面减小，油液流动不畅，导致作用在活塞上的油压增长速度缓慢，使工程机械转向不灵。

⑦ 如果转向离合器一侧制动不良或另一侧的转向离合器打滑，也会使工程机械转向不灵。

（2）行驶跑偏

行驶跑偏是指履带式机械在行驶时，其行驶方向自动发生偏斜。履带式机械行驶跑偏多数是由于两侧履带运转速度不一致引起的，其主要原因如下。

① 转向离合器某侧操纵杆没有自由行程，会使转向离合器打滑，导致机械两侧履带运转速度不等。

② 转向离合器主、从动摩擦片沾有油污、摩擦片磨损严重或摩擦片工作面烧蚀硬化等均会引起摩擦因数减小；压紧弹簧长期处于压缩状态而疲劳，导致弹簧的弹力减小，即作用于摩擦片上的压紧力减小，使转向离合器打滑，导致履带式机械行驶跑偏。

③ 履带式机械某侧的制动器被锁止，使两侧的行驶阻力相差过大而导致履带式机械行驶跑偏。

复习与思考题

一、填空题

1. 履带式机械转向是靠＿＿＿＿＿＿＿＿的分离和结合来改变两侧驱动轮上的力矩来实现的。

2. 履带式机械转向的操纵形式有＿＿＿＿＿、＿＿＿＿＿＿＿和液压式。

3. 履带式底盘的转向原理不同于轮式底盘。它借助于改变两侧履带的＿＿＿＿＿＿，使两侧履带能以不同的速度前进实现转向。

4. 双作用式转向离合器与单作用式转向离合器的区别是双作用式的接合是依靠＿＿＿＿。

5. 为了减小驾驶员的劳动强度，一般转向离合器都采用＿＿＿＿＿＿操纵。

二、选择题

1. 在履带机械转向系统中，实现转向的方式是（　　）。

A. 偏转车架转向　　　　　　　　　B. 液压助力转向

C. 全液压转向　　　　　　　　　　D. 机械式转向

2. 沃尔沃履带式挖掘机采用的转向方式为（　　）。

A. 人力转向　　　　　　　　　　　B. 液压助力转向

C. 全液压转向　　　　　　　　　　D. 机械式转向

3. 沃尔沃挖掘机行走系统的先导泵一般选用（　　）。

A. 齿轮泵 B. 柱塞泵 C. 叶片泵 D. 变量泵

4. 履带式机械转向离合器一般设计成（ ）。

A. 湿式多片 B. 干式单片 C. 湿式单片 D. 干式多片

三、判断题

1. 履带式工程机械的机械传动系统因转向方式与轮式机械不同，故在驱动桥内设置了转向离合器。 （ ）

2. 转向离合器一般采用多片常接合式摩擦离合器，其工作原理与多片式主离合器不同。 （ ）

3. 转向离合器与制动器的配合使用，可使履带式底盘能以不同的半径转向。 （ ）

4. 履带式机械转向方式是通过控制左右履带驱动力矩的不同而实现差速转向。 （ ）

5. 切断一侧履带的部分动力和全部动力相比，前者的转向半径更小。 （ ）

四、简答题

1. 简述履带式机械转向与轮式机械转向的异同。

2. 履带式机械行驶跑偏的主要原因是什么？

模块 5 制动系统构造原理与维修

单元 12 常规制动系统构造与维修

教学前言

1. 教学目标

① 能够知道常规制动系统的组成和功用。
② 能够知道常规制动系统的结构类型和特点。

2. 教学要求

① 了解常规制动系统功用、组成及原理。
② 了解常规制动系统的检修保养方法。

3. 教学建议

结合多媒体课件和实物进行讲解，拆装、检修部分以教师指导，学生操作为主，并组织学生分组讨论、教师总结。

系统知识

12.1 认识制动系统

12.1.1 制动系统的功能

为了保证工程机械安全行驶，提高工程机械的平均行驶车速，以提高工作效率和生产效率，在各种工程机械上都设有专用制动系统。

制动是指固定在与车轮、传动轴或终传动部件上共同旋转的制动鼓或制动盘上的摩擦材料承受外压力而产生摩擦作用，使工程机械减速停车或驻车。

工程机械制动系统是指在工程机械上设置的一套（或多套）能由驾驶员控制的、能产生与工程机械行驶方向相反外力的专门装置。

工程机械制动系统的作用如下。

① 使行驶中的工程机械按照驾驶员的要求进行强制减速甚至停车。
② 使下坡行驶的工程机械速度保持稳定。
③ 使已停驶的工程机械在各种道路条件下（包括在坡道上）稳定驻车。

工程机械制动系统一般至少有两套独立的制动装置，即行车制动装置和驻车制动装置。

① 行车制动装置（脚制动装置）在行车中使用。一般它的制动器安装在工程机械的全部车轮上或履带机械的驱动机构上等。

② 驻车制动装置（手制动装置）主要用于停车后防止工程机械滑溜。它的制动器可装在变速器或分动器之后的传动轴上，又称为中央制动器。

上述两套装置是各种工程机械基本的制动装置。

有的工程机械如重型汽车等，还会增装紧急制动、安全制动和辅助制动装置。紧急制动是用独立的管路控制车轮制动器作为制动系统。安全制动是当制动气压不足时起制动作用，使车辆无法行驶。辅助制动主要用在轮式机械下长坡时稳定车速，可减小行车制动器的磨损，其中利用发动机排气制动应用最广。

较完善的制动系统还具有制动力调节装置、报警装置、压力保护装置等附加装置。

12.1.2 制动系统的类型

（1）按制动能量分

按制动能量分有机械式、液压式、气压式、电磁式、组合式等。

（2）按制动传动机构的布置形式分

① 单回路制动系统 传动装置采用单一的气压或液压回路，当制动系统中有一处漏气（油）时，整个制动系统失效。

② 双回路制动系统 所有行车制动器属于两个彼此独立的回路。其中一个回路失效，还能利用另一回路获得一定的制动力，从而提高了工程机械制动的可靠性和安全性。

现代工程机械基本上都采用双回路制动系统。

（3）按能量来源分

① 人力式制动系统 以驾驶员的肌体作为唯一的制动能源的制动系统。

② 动力式制动系统 利用发动机的动力转化而成的气压或液压形式的势能进行制动的制动系统。

③ 伺服制动系统 兼用人力和发动机动力进行制动的制动系统。

（4）按制动器的结构形式分

按制动器的结构形式分有蹄式、盘式、鼓式、带式。蹄式制动器多用于行车制动，盘式制动器在驻车和行车制动上都有采用，带式制动器用于中央制动和履带式制动系统。

12.1.3 制动系统的基本组成及工作原理

以一定速度行驶的工程机械，具有一定的动能。要使它按需减速停车，路面必须强制地对车轮产生一个阻止车辆行驶的力——制动力。这个力的方向与机械行驶的方向相反。实质上，制动就是将车辆的动能强制地转化成其他形式的能量，即转化为热能，扩散于大气中。

（1）基本结构

现代机械的制动装置基本都是利用机械摩擦来产生制动作用的，其中用来直接产生摩擦力矩迫使车轮减速或停转的部分，称为制动器；通过驾驶员的操纵或将其他能源的作用传给制动器，迫使制动器产生摩擦作用的部分，称为制动传动机构。图 12-1 所示的行车制动装置即由车轮制动器和液压式传动机构两部分组成。

工程机械的车轮制动器由旋转部分、固定部分和张开机构所组成。旋转部分是制动鼓8，它固定在轮毂上并随车轮一起旋转。固定部分主要包括制动蹄 10 和制动底板 11 等。制动蹄上铆有摩擦片 9，制动蹄下端套在支承销 12 上，上端用复位弹簧 13 拉紧压靠在制动轮缸 6 内的轮缸活塞 7 上。支承销 12 和制动轮缸 6 都固定在制动底板 11 上。制动底板用螺钉与转向节凸缘（前桥）或桥壳凸缘（后桥）固定在一起。制动蹄靠液压轮缸使其张开。不制动时，制动鼓 8 的内圆柱面与摩擦片 9 之间保留一定的间隙，使制动鼓可以随车轮一起旋转。

液压式传动机构主要由制动主缸 4，制动轮缸 6，制动踏板 1、推杆 2 和油管 5 等组成。

（2）制动作用的产生

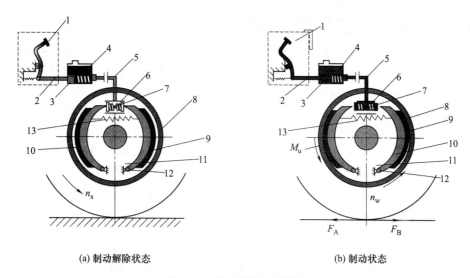

(a) 制动解除状态　　　　　　　(b) 制动状态

图 12-1　制动装置工作原理

1—制动踏板；2—推杆；3—主缸活塞；4—制动主缸；5—油管；6—制动轮缸；7—轮缸活塞；
8—制动鼓；9—摩擦片；10—制动蹄；11—制动底板；12—支承销；13—复位弹簧

制动时，驾驶员踩下制动踏板 1，推杆 2 便推动制动主缸 3，迫使制动油液经油管 5 进入制动轮缸 6，推动轮缸活塞 7 克服复位弹簧 13 的拉力，使制动蹄 10 绕支承销 12 转动而张开，消除制动蹄与制动鼓之间的间隙后压紧在制动鼓上。这样，不旋转的制动蹄摩擦片 9 对旋转着的制动鼓 8 就产生一个摩擦力矩 M_u，其方向与车轮旋转方向相反，其大小取决于制动轮缸的张开力、摩擦因数及制动鼓和制动蹄的尺寸。制动鼓将力矩 M_u 传至车轮后，由于车轮与路面的附着作用，车轮即对路面作用一个向前的周缘力 F_A。同时，路面也会给车轮一个向后的反作用力，这个力就是车轮受到的制动力 F_B。各车轮制动力之和就是车辆受到的总制动力。在制动力作用下使车辆减速，直至停车。

放松制动踏板，在复位弹簧 13 的作用下，制动蹄与制动鼓的间隙又得以恢复，从而解除制动。

（3）最好的制动条件

制动时车轮上的制动力 F_B 随踏板力及其产生的制动力矩 M_u 的增加而增加。但受到轮胎与附着情况的限制，制动力不可能超过附着力 F_Φ（它等于轮胎上的垂直载荷 G 与轮胎和路面间的附着系数 Φ 的乘积，即 $F_\Phi = G\Phi$）。当制动力等于附着力时，车轮被抱死而在路面上滑拖。滑拖会使胎面局部严重磨损，在路面上留下一条黑色的拖印。同时，滑拖使胎面产生局部高温，使胎面局部稀化，就好像轮胎与路面间被一层润滑剂隔开，使附着系数反而减小。最大制动力和最短制动距离并不是在车轮抱死时出现，而是在车轮将要抱死又未完全抱死时出现（制动力接近附着力），即在临界状态时，达到最大值。

可见，制动到抱死状态所能达到的制动力与车轮上的垂直载荷成正比，即车轮上的载荷越大，可能获得的制动力也应越大。为此，应根据各类车辆前、后桥车轮所分配的质量的不同（包括附着质量和转移质量），从制动器的结构形式上（如张开机构、制动鼓、制动蹄的形式和尺寸大小等方面），合理地分配制动力的大小，来获得较理想的制动工作状态。

实际上，一般结构的制动器在制动过程中，因车轮的载荷及其与地面附着系数不是常数，所以很难完全避免车轮抱死拖滑。

不少车辆在制动系统中增设了前、后桥车轮制动力分配调节装置，能减少车轮的抱死现象。但最理想的还是电子控制的自动防抱死装置，即 ABS 装置。

12.1.4 制动系统的使用要求

为了保证车辆能在安全的条件下发挥出高速行驶的能力，制动系统必须满足下列要求。

① 具有良好的制动效能 其评价指标有制动距离、制动减速度、制动力和制动时间。制动效能可以用制动试验台来检验，常用制动力来衡量制动效能。而在实际使用过程中，往往用制动距离来衡量整车的制动效能。制动距离是以某一速度开始紧急制动（如40km/h或60km/h），从驾驶员踩上制动踏板起直至停车为止车辆所走过的距离。

② 操纵轻便 即操纵制动系统所需的力不应过大。对于人力液压制动系统最大踏板力不大于500N（轿车）和700N（货车）。踏板行程货车不大于150mm，轿车不大于120mm。

③ 制动稳定性好 即制动时，前后车轮制动力分配合理，左右车轮上的制动力矩基本相等，车辆不跑偏、不甩尾；磨损后间隙应能调整。

④ 制动平顺性好 制动力矩能迅速而平稳地增加，也能迅速而彻底地解除。

⑤ 散热性好 连续制动时，制动鼓的温度高达400℃，摩擦片的抗"热衰退"能力要高（指摩擦片抵抗因高温分解变质引起的摩擦因数降低）；水湿后恢复能力快。

12.2 制动器

制动器是制动系统的重要组成部分，目前各类轮式机械所采用的绝大多数制动器是机械摩擦式制动器。旋转元件固装在车轮或半轴上，制动力矩直接分别作用于两侧车轮上的制动器称为车轮制动器。目前，轮式机械用的车轮制动器可分为蹄式和盘式两种。它们的区别在于前者的摩擦副中的旋转元件为制动鼓，其工作表面为圆柱面；后者的旋转元件则为圆盘状的制动盘，以端面为工作表面。

12.2.1 蹄式制动器

（1）蹄式制动器的基本类型

① 简单非平衡式制动器 图12-2所示为简单非平衡式制动器。制动蹄由制动分泵活塞在液压作用下张开压紧在制动鼓内圆面上，由于活塞面积相等，故 $F_1＝F_2$。当制动鼓按图12-2中箭头方向旋转（前进）时，两制动蹄分别受到法向力 N_1 和 N_2，以及相应的切向力（摩擦力的合力）T_1 和 T_2。假设把这些力都集中在摩擦衬片5的中央位置，则左制动蹄1上的切向合力 T_1 绕左支点（支承销7）的力矩和驱动力 F_1 绕左支点的力矩是同向的，结果使左制动蹄在两个力的共同作用下进一步压紧在制动鼓上，制动效能增强，因而摩擦力 T_1 作用的结果是使左制动蹄对制动鼓的压紧力增大，称这一作用为增势，左制动蹄为增势蹄（或称紧蹄），同理可分析出右制动蹄6是减势蹄（或称松蹄）。倒车制动时左制动蹄变为减势蹄，右制动蹄变为增势蹄，但整个制动器的制动效能仍与前进时相同，这个特点称为制动器的制动效能对称。

由上可知，虽然两蹄所受张开力 F 相等，但因摩擦力 T_1 与 T_2 所起的作用是相反的关系，所以两制动蹄与制动鼓之间的法向力不等，两者不能相互平衡抵消，故称这样的制动器为

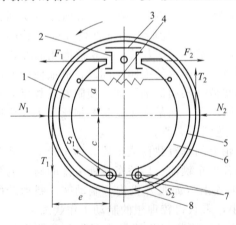

图 12-2 简单非平衡式制动器
1—左制动蹄；2—制动分泵活塞；3—制动分泵体；
4—复位弹簧；5—摩擦衬片；6—右制动蹄；
7—支承销；8—制动鼓

非平衡式制动器。

这种制动器的优点是结构简单、可靠，机械的前进和倒退制动效能相同，适用于往复循环作业的机械，磨损后调整方便。

对于连续作业的机械由于两蹄片制动力矩不同，使左右衬片磨损不均。为弥补磨损不均的缺陷，可采用下列方法：右摩擦衬片比前摩擦衬片短些，使单位压力接近相等；或将制动分泵做成差级式的，使左边活塞直径比右边活塞直径小，如图 12-3 所示，故张开力 $F_1 < F_2$，使 $N_1 \approx N_2$，从而使两蹄片单位压力接近，衬片磨损均匀。

② 平衡式制动器　图 12-4 （a）所示为单向平衡式制动器。左蹄支点在下端，右蹄支点在上端，每个蹄各有自己的分泵（单向活塞），两分泵的结构相同。制动鼓按图 12-4 （a）中箭头所示旋转制动时，两蹄均为增势蹄，制动效能较高；若倒车制动时，两蹄都为减势蹄，制动效能较低。

图 12-4 （b）所示为双向（对称）平衡式制动器。两蹄两端都没有固定支点，依靠两弹簧 4 拉靠在上下分泵 1 活塞外端的支座上。制动鼓前进旋转 ［图 12-4 （b）中箭头方向］制动时，所有的分泵活塞都在液压作用下向外移动，将两制动蹄压靠在制动鼓上。在制动鼓的摩擦力矩作用下，两蹄都绕车轮中心 O 朝箭头方向转动，推动

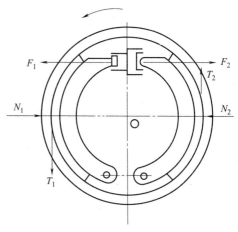

图 12-3　差级分泵式制动器

与两分泵 1 的支座相连的活塞，直到顶靠着分泵体为止，此时两分泵 1 的支座成为制动蹄的支点，两制动蹄都是增势蹄。同理制动鼓反转制动时两制动蹄同样是增势蹄。这种制动器正、反转制动效能都高，磨损均匀，但采用了两个分泵，使结构复杂。

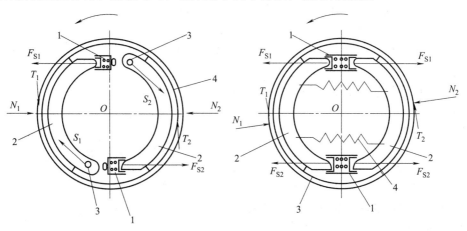

(a) 单向平衡式制动器　　　　　　　　　(b) 对称平衡式制动器

1—分泵；2—制动蹄；3—支承销；4—制动鼓　　　1—分泵；2—制动蹄；3—制动鼓；4—弹簧

图 12-4　平衡式制动器

③ 自动增力式制动器　增力原理是将两蹄片用推杆浮动铰接，利用传动机件的张开力，使两蹄产生增势作用的同时还充分利用增势前蹄推动后蹄产生更大的摩擦力矩。

图 12-5 所示为单向自动增力式制动器。第一制动蹄 1 和第二制动蹄 2 的下端分别浮支

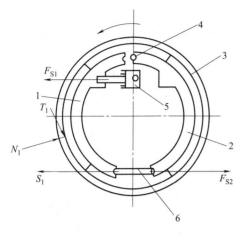

图 12-5　单向自动增力式制动器
1—第一制动蹄；2—第二制动蹄；3—制动鼓；
4—支承销；5—轮缸；6—顶杆

在浮动的顶杆 6 的两端。制动器只在上方有一个支承销 4。不制动时，两蹄上端均借各自的复位弹簧拉靠在支承销 4 上。制动鼓正向旋转方向如图 12-5 中箭头所示。

前进制动时，单活塞式轮缸 5 只将促动力 F_{S1} 加于第一制动蹄，使其上端离开支承销，整个制动蹄绕顶杆左端支承点旋转，并压靠在制动鼓 3 上。显然，第一制动蹄是领蹄，并且在促动力 F_{S1}、法向合力 N_1、切向（摩擦）合力 T_1 和沿顶杆轴线方向的力 S_1 的作用下处于平衡状态。由于顶杆 6 是浮动的，自然成为第二制动蹄的促动装置，而将与力 S_1 大小相等、方向相反的促动力 F_{S2} 施于第二制动蹄的下端，故第二制动蹄也是领蹄。正因为顶杆是完全浮动的，不受制动底板约束，作用在第一制动蹄上的促动力和摩擦力的作用没有如一般领蹄那样完全被制动鼓的法向反力和固定于制动底板上的支承件反力的作用所抵消，而是通过顶杆传到第二制动蹄上，形成第二制动蹄促动力 F_{S2}。对制动蹄的受力分析可知 $F_{S2} > F_{S1}$。此外，F_{S2} 对第二制动蹄支承点的力臂也大于 F_{S1} 对第一制动蹄的力臂。因此，第二制动蹄的制动力矩必然大于第一制动蹄的制动力矩。由此可见，在制动鼓尺寸和摩擦因数相同的条件下，这种制动器的前进制动效能不仅高于领从蹄式制动器，而且高于双领蹄式制动器。

倒车制动时，第一制动蹄上端压靠支承销不动。此时第一制动蹄虽然仍是领蹄，且促动力 F_{S1} 仍可能与前进制动时的相等，但其力臂却大为减小，因而第一制动蹄此时的制动效能比一般领蹄的制动效能低得多；第二制动蹄则因未受促动力而不起制动作用。故此时整个制动器的制动效能甚至比双从蹄式制动器的制动效能还低。

图 12-6 所示为双向自动增力式制动器。制动鼓正、反制动时，两蹄交替为增势蹄和增力增势蹄，制动效能比前述几种均高，但制动力矩随操纵力的增加而增加得过猛，使工作不平顺；制动力矩对摩擦因数的变化很敏感，因而对摩擦材料的摩擦因数的稳定性要求很高；两蹄磨损很不均匀。

上述两种自行增力式制动器属于非平衡式制动器。

④ 凸轮式制动器

a. 结构与工作原理　凸轮式制动器如图 12-7 所示。该制动器除用制动凸轮作为张开装置外，其余结构与液压轮缸式领从蹄式制动器类同。前后两制动蹄 2 可锻造制成，与下端支承孔与支承销的偏心轴颈间隙配合，并用挡板及锁销轴向限位。不制动时由复位弹簧 3 把制动蹄上端支承面拉靠到制动凸轮轴 4 的凸轮上，凸轮与轴制成一体，多为中碳钢，其表面经高频淬火处理，以提高其耐磨性。制动凸轮轴通过支座 10 固定在制动底板 7 上，其尾部花键轴插入制动调整臂 5 的花键孔中。为了减少

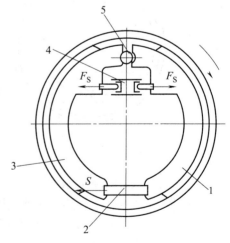

图 12-6　双向自增力式制动器
1—前制动蹄；2—顶杆；3—后制动蹄；
4—轮缸；5—支承销

凸轮轴与支座之间的摩擦，在支座 10 的两端装有青铜衬套或粉末冶金衬套，并有润滑油嘴可定期进行润滑。在衬套外端装有密封垫圈。

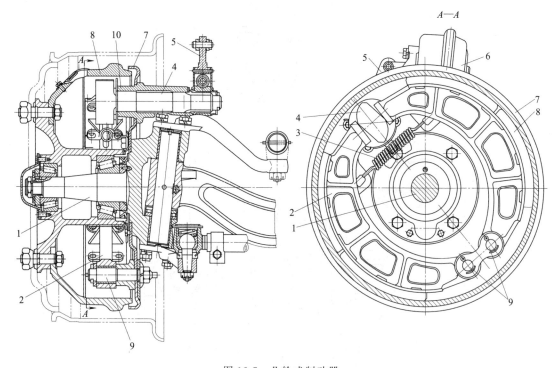

图 12-7　凸轮式制动器
1—转向节轴颈；2—制动蹄；3—复位弹簧；4—制动凸轮轴；5—制动调整臂；6—制动气室；
7—制动底板；8—制动鼓；9—支承销；10—制动凸轮轴支座

　　制动时，制动调整臂 5 在制动气室 6 的推动下，带动制动凸轮轴 4 转动，凸轮便迫使两制动蹄张开并压靠在制动鼓上，产生制动作用。由于凸轮的工作表面轮廓中心对称，且凸轮只能绕固定的轴线转动而不能移动，故当凸轮转过一定的角度时，两蹄张开的位移是相等的。在蹄与鼓之间摩擦力的作用下，前蹄（助势蹄）力图离开制动凸轮，而后蹄（减势蹄）却更加靠紧制动凸轮，造成凸轮对助势蹄的张开力小于减势蹄，从而使两蹄所受到的制动鼓的法向反力近似相等。但由于这种制动器结构上不是中心对称，两蹄作用于制动鼓的法向等效合力虽然大小近似相等，但其作用线存在一不大的夹角而不在一直线上，不可能相互平衡，故这种制动器仍是非平衡式的。

　　凸轮式制动器的间隙可以根据需要进行局部或全面调整。局部调整时利用制动调整臂来改变制动凸轮轴的原始角位置。制动调整臂的结构如图 12-8（a）所示。

　　在制动调整臂体 6 和两侧的盖 8 所包围的空腔内装有调整蜗轮 2 和调整蜗杆 7。单线的调整蜗杆借细花键套装在蜗杆轴 4 上，调整蜗轮以内花键与制动凸轮轴的外花键相啮合。转动蜗杆轴 4，即可在制动调整臂体 6 与制动气室推杆 10 的相对位置不变的情况下，通过蜗轮使制动凸轮轴转过一定角度，从而改变制动凸轮的原始角位置。蜗杆轴 4 一端的轴颈上，沿周向有六个均匀分布的凹坑，当蜗杆每转到有一个凹坑对准位于调整臂孔中的锁止球 3 时，锁止球便在压紧弹簧 5 的作用下嵌入凹坑，使蜗杆轴不能自行转动。

　　进行全面调整时，还应同时转动带偏心轴颈的支承销（见图 12-7 中 9）。厂家会规定车辆制动器蹄鼓之间间隙的标准值：一般靠近支承销的一端为 0.25～0.40mm，靠近制动凸轮的一端为 0.40～0.55mm。

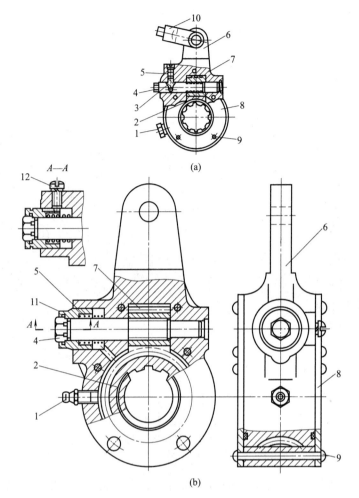

图 12-8 凸轮式制动器的制动调整臂

1—油嘴；2—调整蜗轮；3—锁止球；4—蜗杆轴；5—压紧弹簧；6—制动调整臂体；

7—调整蜗杆；8—盖；9—铆钉；10—制动气室推杆；11—锁止套；12—锁止螺钉

b. 制动间隙自动调整臂 凸轮式制动器的间隙在磨损后必须进行人工调整，在机械的使用和维护保养中不甚方便，因此产生了可自动调整制动器间隙的自动调整臂。自动调整臂的结构如图 12-9 所示。

ⅰ. 起始位置 如图 12-10 所示，控制臂 22 被固定在支架上，小斜齿轮 30 右侧与齿轮 28 左侧接触，在小斜齿轮 30 与调节螺母 13 之间有一间隙 H，这一值的大小决定了刹车片与制动鼓的设定间隙值。

ⅱ. 转过正常间隙角 C 如图 12-11 所示，调整臂转过正常间隙角 C，此时齿环 25 带动齿轮 28 逆时针转动，齿轮 28 同时驱动小斜齿轮 30 一起转动，小斜齿轮 30 在压簧 29 的作用下，边旋转边向左侧移动直到与调节螺母 13 接触，此时小斜齿轮 30 与调节螺母 13 之间的间隙 H 转移到了小斜齿轮 30 与齿轮 28 之间了。

这时制动蹄也随之张开。当存在超量间隙时，刹车片与制动鼓尚未接触。

ⅲ. 转动至超量间隙角 C_e 如图 12-12 所示，调整臂继续转动，此时，小斜齿轮 30 继续逆时针转动。由于小斜齿轮 30 左侧被调节螺母 13 限位而停止轴向移动，这时大斜齿轮 6 被驱动开始逆时针转动，大斜齿轮 6 与离合器 8 通过离合器弹簧 7 连在一起组成一个单向离

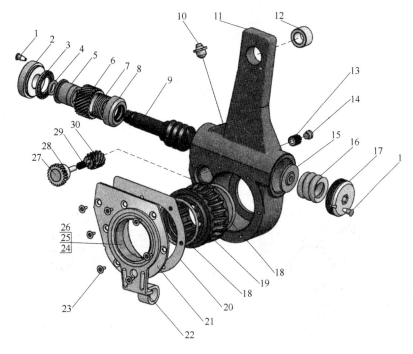

图 12-9　自动调整臂的结构

1—铆钉；2—螺盖；3—轴承；4,18,26—O形圈；5—隔套；6—大斜齿轮；7—离合器弹簧；
8—离合器；9—蜗杆；10—油杯；11—壳体；12—加强圈；13—调节螺母；14—盖塞；15—止推垫片；
16—止推弹簧；17—调整端螺盖；19—蜗轮；20—密封垫；21—控制臂盖；22—控制臂；23—螺钉；
24—连接环；25—齿环；27—心轴；28—齿轮；29—压簧；30—小斜齿轮

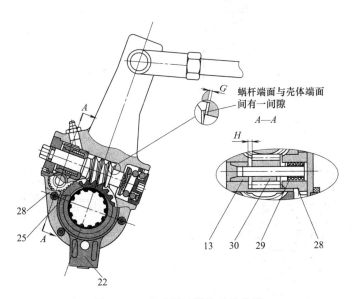

图 12-10　自动调整臂的起始位置
注：图中序号与图 12-9 中一致。

合器，当大斜齿轮 6 与离合器 8 相对逆时针转动时，两者是分离的，于是在这一过程中，大斜齿轮 6 只能空转。制动蹄继续张开，直至刹车片与制动鼓相接触。

ⅳ. 转入弹性角 E　如图 12-13 所示，当调整臂继续转时，由于刹车片与制动鼓已经接

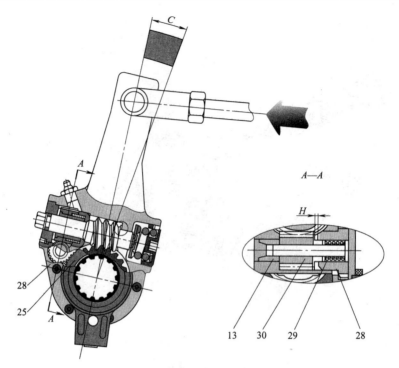

图 12-11　自动调整臂转过正常间隙角的位置
注：图中序号与图 12-9 中一致。

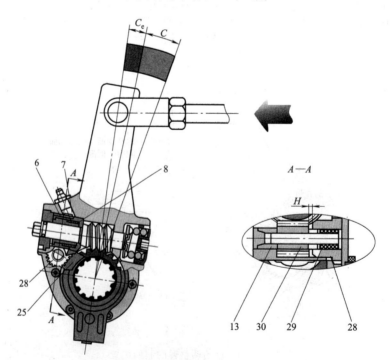

图 12-12　自动调整臂转过超量间隙角的位置
注：图中序号与图 12-9 中一致。

触，作用在凸轮轴和蜗轮 19 上的力矩迅速增加，蜗轮 19 作用于蜗杆 9 上的力随之增大，使蜗杆 9 克服止推弹簧 16 作用力向右移动，直到蜗杆端面与壳体端面接触，这时，蜗杆 9 与

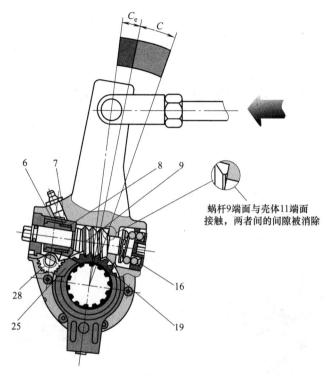

图 12-13 自动调整臂转入弹性角的位置

注：图中序号与图 12-9 中一致。

离合器 8 分离。

Ⅴ．转过弹性角 E 如图 12-14 所示，调整臂继续转动，小斜齿轮 30 继续驱动大斜齿轮

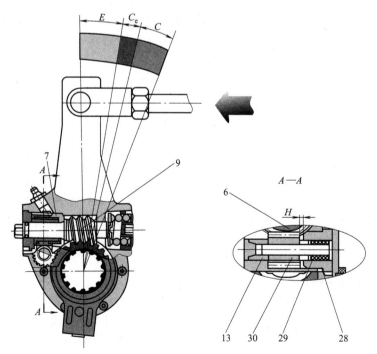

图 12-14 自动调整臂转过弹性角的位置

注：图中序号与图 12-9 中一致。

6逆时针转动，由于离合器8与蜗杆9脱离处于自由状态，于是整个离合器完成一起转动，直到制动鼓被刹车片紧紧抱住，完成制动过程。

ⅵ. 返回转过弹性角E　如图12-15所示，制动开始释放，调整臂向回转过角E，小斜齿轮30驱动大斜齿轮6、离合器弹簧7、离合器8一起顺时针转动，由于三者处于空载状态，小斜齿轮30在压簧29的作用下，始终与调节螺母13接触。

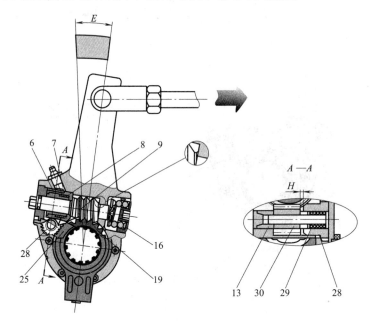

图12-15　自动调整臂返回转过弹性角的位置

注：图中序号与图12-9中一致。

ⅶ. 返回转入间隙角C　如图12-16所示，随着刹车片作用于制动鼓上压力的释放，作用于凸轮轴和蜗轮19上的力矩消失，蜗轮19向右施加给蜗杆9的力也消失，止推弹簧16推动蜗杆9向左移动，使蜗杆9与离合器8重新啮合。

ⅷ. 返回转过间隙角C　如图12-17所示，调整臂向回转过角C，小斜齿轮30在齿轮28的驱动下顺时针转动，由于大斜齿轮6通过离合器弹簧7、离合器8与蜗杆9咬合一起，小斜齿轮30边旋转边向右移动，压簧29被压缩直到与齿轮28接触。此时小斜齿轮30与齿轮28之间的间隙H又转移到了小斜齿轮30与调节螺母13之间了。

ⅸ. 返回转过超量间隙角C_e　如图12-18所示，调整臂继续转动回到起始位，此时，小斜齿轮30被齿轮28在轴向限位，最后就驱动大斜齿轮6转动，由于大斜齿轮6通过离合器弹簧7与离合器8咬合，离合器8又与蜗杆9咬合，故带动蜗杆9转动起来，进而驱动蜗轮19逆时针转动，蜗轮19与凸轮轴同步转向，而凸轮轴转动的结果是使刹车片与制动鼓间的间隙减小。

如此经过反复多次制动与释放的过程，最后将制动器间隙调整至设定值。

（2）工程机械常见蹄式制动器

① 油压张开简单非平衡式制动器　如图12-19所示，驱动轮制动器制动底板用螺栓与驱动桥壳上的凸缘连接，制动鼓固装在车轮轮毂的凸缘上。具有T形截面的左、右制动蹄的下端，分别套在两个偏心支承销6上。偏心支承销6的外端有供调整制动间隙可扳动的扁头，扁头的端面刻有调整用的标记，如图12-9中E向。为增大蹄与鼓之间的摩擦因数，制动蹄的外圆面上铆有铜丝与石棉制成的摩擦片3。铆钉头顶端埋入深度约为新摩擦片厚度的一半。

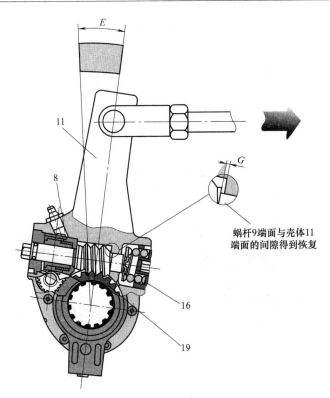

蜗杆9端面与壳体11
端面的间隙得到恢复

图 12-16 自动调整臂返回转入间隙角的位置
注：图中序号与图 12-9 中一致。

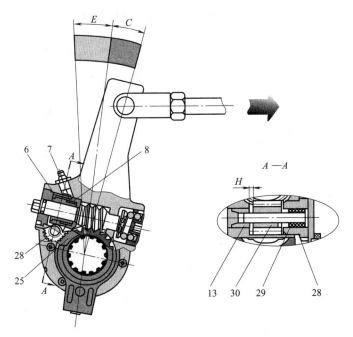

图 12-17 自动调整臂返回转过间隙角的位置
注：图中序号与图 12-9 中一致。

制动分泵 4 用螺钉装在制动底板上，制动蹄上端与分泵两端的推杆铰接，推杆顶靠在分泵活塞上。复位弹簧 10 将两制动蹄拉拢，并靠在装于制动底板 1 上的蹄片调整凸轮 5 上。

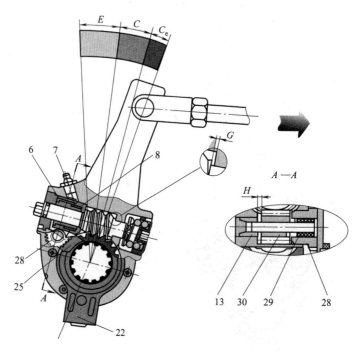

图 12-18　自动调整臂返回转过超量间隙角的位置
注：图中序号与图 12-9 中一致。

在调整凸轮轴的六角螺钉头下装有预先压紧的弹簧，靠弹簧预紧力产生的摩擦力使调整凸轮的角位移保持在某一调整好的位置。限位片 9 限制制动蹄窜动。

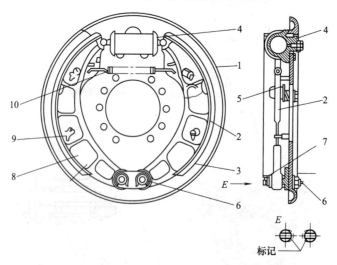

图 12-19　ZL35 型装载机蹄式制动器
1—制动底板；2—制动蹄；3—摩擦片；4—制动分泵；5—蹄片调整凸轮；
6—偏心支承销；7—卡圈；8—制动蹄；9—限位片；10—复位弹簧

制动时，两蹄在分泵活塞作用下，各自绕其支承销向外旋转，紧压到制动鼓上。撤除液压力，两蹄在复位弹簧作用下复位，解除制动。

制动器在不工作时，其制动间隙一般为 0.25～0.50mm。制动鼓腹板外边缘处开有一个检查孔，以便将厚薄规插入制动器间隙中检查。若发现间隙过大，可转动蹄片调整凸轮 5 进行局部调整。全面调整时，还要转动偏心支承销 6。

蹄式制动的 2135 型装载机就采用了上述结构。有些平地机也采用了此类简单非平衡式制动器，但制动蹄采用了浮式支承。此种支承结构可使整个制动蹄沿支承块的支承面有一定的浮动量，保证有可能与制动鼓全面接触。

② 油压张开平衡式制动器　图 12-20 所示为早期生产的 ZL50 型装载机双向平衡蹄式制动器。

安装在制动底板 4 上的零件，如制动分泵 5、制动蹄 7、支承销 10、定位销 2、调整拨轮装置 8 及复位弹簧 9 等都两两按中心对称的形式布置。两制动蹄的任何一端都是浮式支承，依靠复位弹簧 9 的拉紧作用使其压靠在支承销 10 和调整拨轮装置的螺杆上，在制动分泵弹簧作用下分泵活塞的球形凹面与推杆 3 的内端接触，推杆外端与制动蹄腹板端部通过凹槽相抵住。两制动蹄用定位装置来防止轴向窜动。

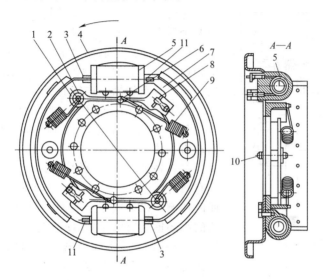

图 12-20　ZL50 型装载机制动器

1—座板；2—定位销；3—推杆；4—制动底板；5—制动分泵；6—弹簧座销；
7—制动蹄；8—调整拨轮装置；9—复位弹簧；10—支承销；11—推杆位销

在前进行驶（图 12-20 中箭头方向）中制动时，两分泵活塞在油压作用下向外移动，推动两蹄紧压到制动鼓上。由于旋转的制动鼓的摩擦作用，使两蹄也随制动鼓一起旋转（方向相同）直至顶靠于相应的调整螺杆为止。此时两调整螺杆便成为制动蹄的支点。随后，在油压与摩擦力共同作用下，两蹄进一步压紧在制动鼓上，两蹄均为增势蹄。

倒车制动时，支点变为定位销 2，工作原理与前进时相同，制动效能与前进时也一样。

制动器的制动间隙调整是通过调整拨轮装置 8 来实现的。调整拨轮是拧在调整螺杆上的。调整拨轮不能轴向移动。当转动调整拨轮时，调整螺杆轴向移动，推动制动蹄腹板一起移动，从而达到调整制动间隙的目的。拨轮齿间有弹簧片，拨轮每转过一个齿，弹簧片便起落一次，其作用是防止调整后的拨轮发生松动，并给操作者以手感作用。

12.2.2　盘式制动器

盘式制动器摩擦副中的旋转元件是以端面工作的金属圆盘，被称为制动盘。其固定元件则有着多种结构形式，大体上可分为两类。一类是工作面积不大的摩擦块与其金属背板组成的制动块，每个制动器中有 2～4 个。这些制动块及其促动装置都装在横跨制动盘两侧的夹钳形支架中，总称为制动钳。这种由制动盘和制动钳组成的制动器称为钳盘式制动器。另一类固定元件的金属背板和摩擦片也呈圆盘形，制动盘的全部工作面可同时与摩擦片接触，这种制动器称为全盘式制动器。钳盘式制动器过去只用作中央制动器，但目前越来越多地被各级轿车和货车用作车轮制动器。全盘式制动器主要用于重型机械或车辆，将其作为车轮制动器。

（1）钳盘式制动器

钳盘式制动器可用作轮式工程机械的驻车制动器。在装载机和小轿车上广泛采用其作为车轮制动器。按其制动钳本身结构位置不同，又可分为定钳盘式和浮钳盘式，下面分别加以介绍。

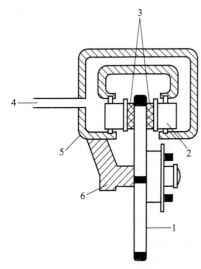

图 12-21　定钳盘式制动器示意
1—制动盘；2—活塞；3—制动块；
4—进油口；5—制动钳体；6—车桥

① 定钳盘式制动器　图 12-21 所示为定钳盘式制动器示意。跨置在制动盘 1 上的制动钳固定安装在车桥 6 上，它既不能旋转也不能沿制动盘轴线方向移动，其内的两个活塞 2 分别位于制动盘 1 的两侧。制动时，制动油液由制动主缸（制动总泵）经进油口 4 进入钳体中两个相通的液压腔中（相当于制动轮缸），将两侧的制动块 3 压向与车轮固定连接的制动盘 1，从而产生制动力。

图 12-22 所示为 ZL50 型装载机定钳盘式制动器，制动盘 7 固定在车轮轮毂 14 上，随同车轮一起旋转。制动钳壳体 1 用螺钉 15 固定在驱动桥壳 13 上，每个驱动桥左右各装一个制动钳。每个制动钳都是泵体，其中装有两对活塞 5，构成制动分泵，分泵壁上开有梯形截面的环槽，以装入矩形截面的橡胶密封圈 2，再往外一些的小环槽装有防尘罩 3；分泵端盖 6 用螺钉固定在泵体上，并用 O 形密封圈密封。制动钳每侧两分泵间有内油道相通，两侧分泵间由油管 10 连通。分泵上装有放气嘴 9。装在制动盘两侧的制动块 4 采用热压成型工艺将摩擦衬块与钢制底板铆接而成，每个制动块通过两根销轴悬装在制动钳壳体 1 上，并可沿销轴做轴向运动。

制动时，压力油进入制动分泵中，推动活塞 5 及制动块 4 压向制动盘 7，产生制动。在活塞移动过程中，矩形密封圈 2 刃边在摩擦作用下随活塞移动，使密封圈产生弹性变形。解除制度时，活塞靠矩形密封圈的弹性变形复位。尽管矩形密封圈刃边变形量很微小，但一般情况下，仍可避免制动盘在不制动时被制动块夹住而产生摩擦阻力。

如果摩擦衬块磨损引起制动间隙增大，制动时，活塞移动到密封圈变形量达到极限值后，仍然克服与密封圈的摩擦阻力继续前移，直到把摩擦衬块压紧在制动盘上。解除制动，密封圈将活塞复位的距离与摩擦衬块磨损前一样。此距离小于活塞移动的距离，它们之间的差值为摩擦衬块的磨损量，这样制动器间隙仍保持标准值。

② 浮钳盘式制动器　图 12-23 所示为浮钳盘式制动器示意。制动钳体 2 通过导向销 6 与车桥 7 相连，可以相对于制动盘 1 轴向移动。制动钳体只在制动盘的内侧设置油缸，而外侧的制动块则附装在钳体上。制动时，来自制动总泵的液压油通过进油口 5 进入制动油缸，推动活塞及其上的制动块向右移动，并压到制动盘上，于是制动盘给活塞一个向左的反作用力，使活塞连同制动钳体整体沿销钉向左移动，直到制动盘右侧的制动块也压到制动盘上。此时，两侧的制动块都压在制动盘上，夹住制动盘使其制动。

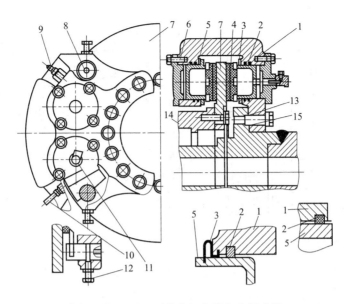

图 12-22　ZL50 型装载机定钳盘式制动器

1—制动钳壳体；2—矩形密封圈；3—防尘罩；4—制动块；5—活塞；6—端盖；7—制动盘；8—销轴；9—放气嘴；
10—油管；11—管接头；12—止动螺钉；13—驱动桥壳；14—轮毂；15—螺钉

因制动盘有带动制动钳体旋转的趋势，制动力会作用于导向销上，而导向销在制动时需灵活移动，因此该种制动器所能产生的制动力有限，较少用于重型工程机械上。

（2）全盘式制动器

① ZL50 型装载机全盘式制动器　为了获得较大的制动力矩，在某些重型工程机械上采用了全盘式制动器。全盘式制动器中，不旋转零件是端面上铆有或粘接有摩擦片的圆盘。

图 12-24 所示为一种全盘式制动器，其结构原理与摩擦离合器相似。它的制动摩擦副由一组固定盘和一组旋转盘组成。

制动器壳体是由盆状的外盖 2 与内盖 1 用十二个螺栓 3 连成一体组成的，通过内盖 1 固定于车桥上。内、外盖连接螺栓的杆部置于制动器固定盘 4 四周边缘的半圆槽中，这样固定盘只做轴

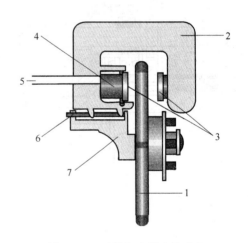

图 12-23　浮钳盘式制动器示意

1—制动盘；2—制动钳体；3—制动块；4—活塞；
5—进油口；6—导向销；7—车桥

向移动而不能转动。两面铆有摩擦衬片的旋转盘 5 带内齿，通过内齿与旋转花键毂 6 连接，花键毂则固定于车轮轮毂上，随车轮一起转动，则旋转盘 5 既随车轮一起转动又能轴向移动。内壳上装有四只制动分泵 8，可单独取下，以便于维修。

图 12-25 所示为全盘式制动器制动分泵的一种结构。它与前面所讲的弹簧复位式定钳盘式制动器的分泵结构和工作原理相似。

缸体 1 上用螺纹固定一销轴 10，其一端插入活塞中心孔中，其上装有摩擦卡环 11、套筒 9。

套筒的外凸缘作为复位弹簧座，复位弹簧 8 的另一端支承于螺塞 12 上。装配好后，套

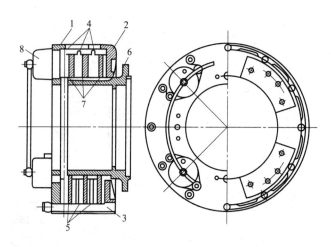

图 12-24　全盘式制动器
1—内盖；2—外盖；3—螺栓；4—固定盘；5—旋转盘；6—旋转花键毂；7—摩擦衬面；8—制动分泵

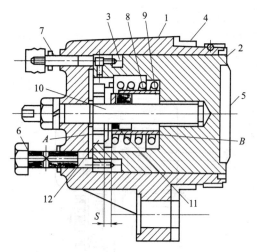

图 12-25　全盘式制动器制动分泵
1—缸体；2—活塞；3—密封圈；4,5—隔热垫；
6—管接头；7—放气塞；8—复位弹簧；9—套筒；
10—销轴；11—摩擦卡环；12—螺塞

筒向右的移动受摩擦卡环与销轴之间的摩擦限制，套筒的左端面与螺塞有一定间隙 S，可转动螺塞来调整此间隙。螺塞装在活塞内孔中。隔热垫 4 及 5 用以隔离固定盘制动时摩擦产生的热，使制动油液的热量尽量减少，以防其过热。

制动时，压力油由管接头 6 进入制动分泵，推动活塞 2 右移，当螺塞与套筒端面接触时（图示 A 处），制动器应完全制动。若磨损使间隙增大，则在油压作用下，活塞通过螺塞 12、套筒 9 带动摩擦卡环 11 一起向右移动，直到完全制动。解除制动，活塞在复位弹簧作用下左移到活塞与套筒接触为止，活塞复位。

为了解决全盘式制动的散热问题，有些制动器的壳腔完全被充满油封闭，使旋转盘和固定盘浸在冷却油中。冷却油在制动器内受热升温后，被油泵吸出，然后压送入发动机水冷系统中的热交换器，冷却后再流回制动器。

②　小松 WD600-3 型轮胎推土机全盘式制动器　小松 WD600-3 型轮胎推土机全盘式制动器如图 12-26 所示。踩下制动踏板时，来自制动阀的压力油推动制动柱塞 4 右移。这使制动摩擦盘 8 和制动摩擦片 7 接触，在制动摩擦盘和制动摩擦片间产生摩擦。车轮与制动摩擦盘一起转动，因此这一摩擦降低机器速度并使机器停止。当松开制动踏板时，制动柱塞 4 背面的压力释放，回位弹簧 2 推动活塞左移，解除制动。制动状态与制动解除状态如图 12-27 所示。全盘式制动器的制动摩擦片与制动摩擦盘如图 12-28 所示。

③　挖掘机回转机构全盘式常闭制动器　如图 12-29 所示，当挖掘机回转停止时，制动器通过弹簧 9 推动活塞 10 压紧制动器的制动摩擦片 11 与制动摩擦盘 12 将柱塞马达缸体 6 与壳体 2 连成整体，使上部车体通过传动系统与回转马达的输出轴 1 相连，回转马达的输出轴 1 与缸体 6 为花键连接，这样，上部车体处于制动状态。

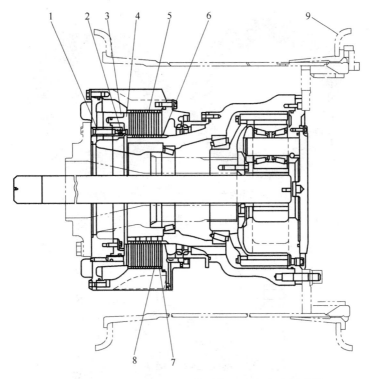

图 12-26 小松 WD600-3 型轮胎推土机全盘式制动器

1—导销；2—回位弹簧；3—油缸；4—制动柱塞；5—外齿轮；6—轮毂齿轮；
7—制动摩擦片；8—制动摩擦盘；9—车轮轮辋

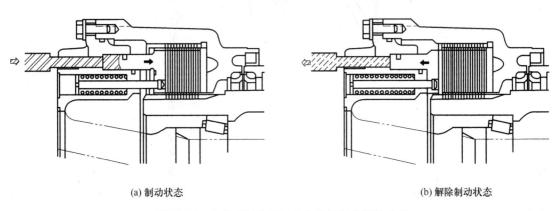

(a) 制动状态   (b) 解除制动状态

图 12-27 全盘式制动器制动状态与制动解除状态

要解除制动时，液压油推动活塞 10 克服弹簧 9 的张力向图 12-29 中右侧运动，制动摩擦片 11 与制动摩擦盘 12 之间没有被压紧，上部车体的制动解除，可以自由回转。

这种形式的全盘式常闭制动器也广泛用于履带机械的驱动马达中。

12.2.3 带式制动器

（1）带式制动器工作原理

履带式工程机械带式制动器主要用于配合转向机构转向以及机械在坡道上的停放。履带式机械因可以采用转向离合器的从动鼓作为制动鼓，故广泛采用带式制动器。其主要作用是

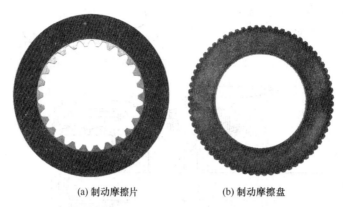

(a) 制动摩擦片　　　　　(b) 制动摩擦盘

图 12-28　全盘式制动器的制动摩擦片与制动摩擦盘

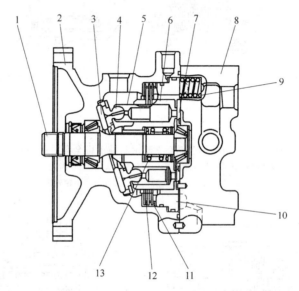

图 12-29　挖掘机回转机构全盘式常闭制动器

1—输出轴；2—壳体；3—止推板；4—滑靴；5—活塞；6—缸体；7—配流盘；8—端盖；9—制动弹簧；
10—制动活塞；11—制动摩擦片；12—制动摩擦盘；13—中心弹簧

通过抱紧转向离合器外鼓，使最终传动齿轮终止转动，从而实现车辆的转弯或停车。

由于制动带包住制动鼓，所以使制动器的散热条件不好，并且转轴还受到较大的径向力作用。

在履带式机械上有三种形式的制动器：单作用式、双作用式、浮动式，如图 12-30 所示。

单作用式：单端拉紧，使机械正、反向行驶制动时制动力矩不相等。

双作用式：也称复合式，操纵时双端拉紧。

浮动式：操纵端始终与制动带松边相连，随着制动鼓转动方向的改变，制动带的操纵端也相应变化，是目前工程机械用得较多的制动器形式。

（2）带式制动器结构

图 12-31 所示为 TY180 型推土机采用的浮动式制动器的结构，采用湿式、浮动式带式制动器，带液压助力。

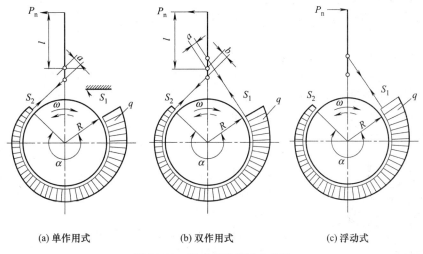

(a) 单作用式   (b) 双作用式   (c) 浮动式

图 12-30　带式制动器受力简图

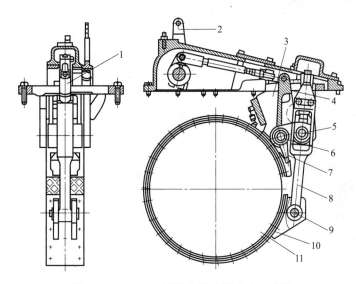

图 12-31　TY180 型推土机的浮动式制动器

1—调整螺钉；2—制动臂；3—支架；4—双臂杠杆；5—后支承销；6—前支承销；
7—顶杆；8—拉杆；9—销子；10—制动带；11—制动鼓

　　制动带 10 是一钢带，其内侧铆有摩擦衬片，它包在转向离合器从动鼓上，上端用制动带头与顶杆 7 接触，顶杆通过前支承销 6 与双臂杠杆 4 铰接。制动带下端用销子 9 与拉杆 8 铰接，拉杆的上端与调整螺钉 1 用螺纹连接。调整螺钉下端圆柱部分装在调整块的矩形槽中，并可以在槽中转动。调整块通过后支承销 5 与双臂杠杆铰接，双臂杠杆的上端与制动拉杆及一系列杠杆系统连接。双臂杠杆夹在支架 3 中间，其下端的前、后支承销在工作时，或前支承销支承在支架的下凹槽中作为制动时的固定支点，或以后支承销支承在支架的上凹槽中作为制动时的固定支点，这要以制动鼓的旋转方向而定。支架 3 用螺钉固装在后桥壳体上。

　　当推土机前进时，从动鼓逆时针方向旋转，略踩制动踏板，则制动鼓和制动带之间的摩擦力使制动带上端升高，带动顶杆将前支承销推入支架的下凹槽中。进一步踩下制

219

动踏板时，制动带将以前支承销为支点动作。这时双臂杠杆通过后支承销、拉杆和销子施加一拉力于制动带的另一端，该拉力的方向与从动鼓的旋转方向一致，相当于操纵力加于松边。

当推土机倒退行驶时，从动鼓顺时针方向旋转。略踩制动踏板时，由于带与鼓之间的摩擦力使制动带本身做顺时针方向移动，故在销子上作用有向下的拉力，通过拉杆施加于后支承销，迫使后支承销进入支架的上凹槽中。进一步踩下制动踏板时，双臂杠杆以后支承销为支点转动，通过顶杆将制动带的一端往下推，作用于制动带的力与从动鼓的旋转方向一致，操纵力仍然加于松边。

总之，无论推土机前进或倒退行驶，操纵力都是作用在制动带的松边，或者说，都能借助于摩擦力的作用促使制动带拉紧，使推土机前进和倒退时的制动效果相同，且操纵省力。

制动带与制动鼓之间的间隙应为 0.5mm，它用拉杆上端的调整螺钉 1 调整。此时的制动踏板行程为 140～160mm。图 12-32 所示为结构与 TY180 型推土机制动器相似的 SD08 型推土机制动器的零件图。

(3) 带式制动器制动踏板行程调整

当带式制动器的制动带磨损后会造成制动踏板或拉杆的空行程过长，制动不灵敏，需进行调整，下面以小松 D85A-21 型推土机为例说明调整方法，如图 12-33 所示，其他机型方法类似。

① 制动踏板行程调整　使发动机怠速运转，调节制动带使制动踏板行程为 (120±10)mm〔见图 12-33 (a)〕。

a. 拆下挡泥板后盖，然后拆下制动器调整盖 1。

b. 拧紧调整螺栓 2 使制动带紧密接触。

c. 在使制动带紧密接触后，将调整螺栓 2 旋松 $1\frac{1}{6}$ 圈。

d. 检查制动踏板行程处于标准参数范围内。左右制动踏板的行程必须一致。若有差异，这将导致机器偏向一侧。

e. 若制动器调整螺栓 2 的尺寸 A 小于 71mm，需更换制动带。

② 制动踏板连杆调整　可靠地拧紧拉杆与拉索的锁紧螺母，并牢靠地弯曲开口销〔见图 12-33 (b)〕。

a. 调整缓冲器 8，使制动踏板的 A 尺寸为 25mm。

b. 将中间连杆 1 置为水平。

c. 在此状态下连接拉杆 2。

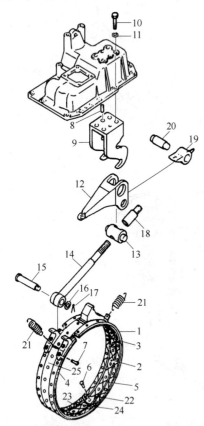

图 12-32　SD08 型推土机制动器的零件图

1—制动带；2～5,22～25—衬片；6,7—铆钉；
8—定位销；9—托架；10—螺栓；
11—垫圈；12—摇臂；13—销轴；
14—调整螺栓；15—销子；16—垫圈；
17—销；18—调整螺母；19—尾端头；
20—轴；21—弹簧

d. 拉拉杆 3，并调整拉杆 3 的叉头，以使连杆 4 轻触制动器箱体内的滑阀，然后连接杆 1。各拉杆连接后，检查连接销处无窜动。各拉杆标准长：杆 2 为 394mm，杆 5 为 324mm，杆 7 为 371mm。

e. 使发动机怠速运转，然后检查制动踏板 6 行程为 (120±10)mm。在发动机低怠速运转时，检查制动器无滞后。若需要，可调整制动带的间隙。

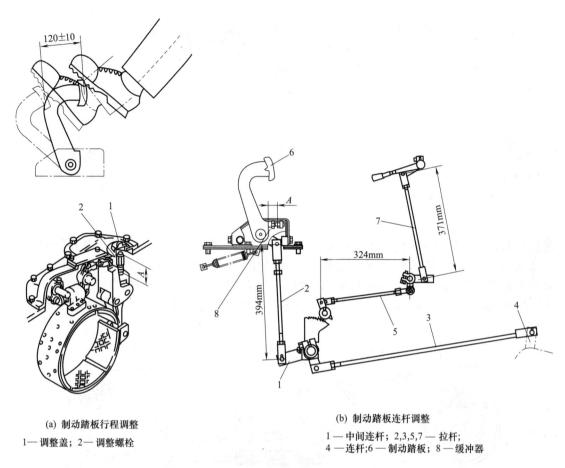

(a) 制动踏板行程调整

1—调整盖；2—调整螺栓

(b) 制动踏板连杆调整

1—中间连杆；2,3,5,7—拉杆；
4—连杆;6—制动踏板；8—缓冲器

图 12-33　D85A-21 型推土机带式制动器的调整

12.3　人力液压式制动系统

制动驱动机构用来将驾驶员或来自其他能源而由驾驶员操纵的作用力传给制动器，产生制动力矩。

只靠驾驶员施加于操纵机构的力作为制动力源的制动驱动机构称为简单制动驱动机构，有液压式和机械式，机械式只用于驻车制动。利用内燃机动力作为制动力源，驾驶员通过操纵机构加以控制的都属于动力制动驱动机构，有液压式和气压式，主要用在中小型轮式工程机械上作为行车制动，在大中型机械上气液综合式制动驱动机构使用得比较多。

按管路布置不同可分为单管路系统和双管路系统。单管路系统就是采用一套驱动机构来控制四个车轮上的制动器。双管路系统则有两套管路，前、后轮由独立的驱动机构来控制，当一套驱动机构因事故而失效时，另一套驱动机构仍能保证有两个车轮制动，从而提高了行驶安全性（见图 12-34）。

12.3.1　人力液压式制动系统的组成及工作原理

人力液压式制动系统一般适用于总质量小于 5～8t 的轮式工程机械，如 PY160 型平地机和中小型载货汽车等。图 12-35 所示为人力液压式制动系统的基本组成和回路。

驾驶员踩下脚踏板，推动制动主缸（也称制动总泵）推杆带动主缸活塞右移，制动主缸内部的油压升高，制动液经油管进入前、后轮制动器中的制动轮缸（也称制动分泵）。制动

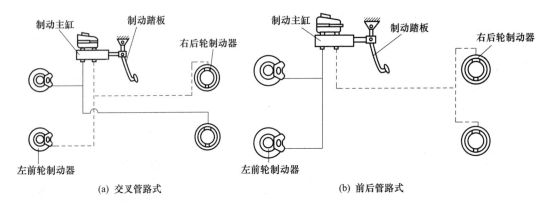

(a) 交叉管路式　　　　　　　　　　　(b) 前后管路式

图 12-34　双管路制动系统

轮缸活塞在油压作用下，向外移动克服复位弹簧的张力迫使制动蹄张开，并压紧在制动鼓上实现制动。在制动间隙消除之前，管路中的油压较低，仅用来克服制动蹄复位弹簧的张力和制动液在管中的流动阻力。当制动间隙消除后，制动液的压力随制动踏板力的增加而继续增大。放开制动踏板，解除制动，制动轮缸活塞在复位弹簧作用下复位，将制动液压油压回主缸。

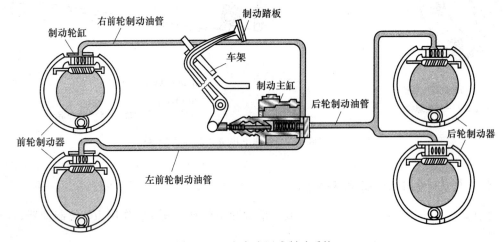

图 12-35　人力液压式制动系统

12.3.2　制动总泵

（1）制动主缸

① 构造　制动主缸有两种形式：一种是其缸体与储液室铸成一体；另一种是两者分别制造后组装在一起。前者因其结构紧凑应用较多，后者的优点是便于加工和布置。

如图 12-36 所示，上部为储油室，储油室盖上有螺塞 1，其上有通气孔和挡片。制动液经储油室充满整个制动驱动机构后，储油室内液面应保持距加油口 15～20mm。储油室通过补偿孔 3（直径 6mm）和旁通孔 4（最细部分直径仅 0.7mm）与主缸相通。制动踏板下臂与拉杆铰接，而拉杆又与主缸推杆 14 用螺纹连接，主缸内装有活塞 11，因推杆 14 在工作中不是直线推动而有摆动，故后端做成半球形，插入活塞背面的凹穴内。活塞尾部装有橡胶密封圈 12 以防制动液泄漏。活塞头部端面上铆有弹性星形片，其六个叶片正好盖住活塞头端面上均布的六个轴向小孔 10，形成单向阀，并避免皮碗 9 在与这些小孔相对处发生凹陷变形。活塞复位弹簧 8 压紧皮碗，并将活塞推靠在挡圈 13 上，同时还使回油阀压紧在主缸体上的阀座上，使回油阀 6 关闭。回油阀为一带有金属托片的橡胶环，其中心的出油孔被带弹簧 7 的出油阀 5 关闭。主缸不工作时，活塞头部和皮碗正好位于补偿孔与旁通孔之间，两孔均开放。

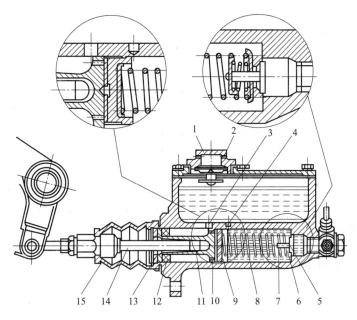

图 12-36　液压制动主缸

1—螺塞；2—通气孔；3—补偿孔；4—旁通孔；5—出油阀；6—回油阀；
7—出油阀弹簧；8—活塞复位弹簧；9—皮碗；10—活塞小孔；11—活塞；
12—橡胶密封圈；13—挡圈；14—推杆；15—橡胶防护罩

② 工作原理　制动时，踩下制动踏板，推杆推动活塞和皮碗克服复位弹簧的张力右移，当皮碗移到遮住旁通孔时，主缸的工作腔处于封闭状态，油压开始建立。油压上升到一定程度就克服出油阀弹簧 7 的预紧力及管路中的流动阻力，使出油阀 5 打开，如图 12-37（a）所示，于是制动油液被压入各个制动轮缸，产生制动。

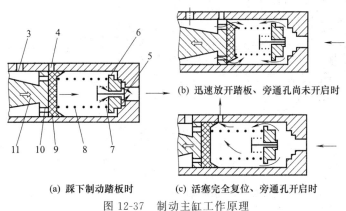

(a) 踩下制动踏板时　　(c) 活塞完全复位、旁通孔开启时

(b) 迅速放开踏板、旁通孔尚未开启时

图 12-37　制动主缸工作原理

注：图中序号与图 12-36 中一致。

制动解除时，放开制动踏板，制动踏板机构、主缸活塞均在各自的复位弹簧作用下复位；管路中的制动液推开回油阀流回主缸，于是制动解除。

由于复位弹簧 8 的作用，活塞复位，活塞工作腔容积增大，则管路与轮缸内的制动液压力下降，当低到 50～100kPa 时，回油阀即关闭，使不制动时的液压系统中能经常保持 50～100kPa 的剩余压力，以防止空气从油管接头或轮缸皮碗处渗入。此外，剩余压力的存在还可以使轮缸皮碗处于预张紧状态，以免漏油。

当迅速放开制动踏板时，由于制动液的黏性和管路阻力的作用，制动液不能及时地填充因活塞快速左移所让出的工作腔容积。因此在旁通孔开启之前，工作腔中产生一定的真空度，这会使空气在活塞复位过程中侵入主缸。但由于这时的进油腔油压高于工作腔，在此压力差作用下，制动液经活塞头部的 6 个轴向小孔顶开弹性星形片与皮碗边缘，进入到工作腔，填补真空，与此同时，储油室中的制动液也及时地经补偿孔流入进油腔，如图 12-37(b) 所示，这样，在活塞复位过程中避免了空气侵入制动主缸。活塞完全复位后，旁通孔已开放，由管路继续流回主缸而显得过多的油液，便经旁通孔流回储油室，如图 12-37(c) 所示。当制动驱动系统因密封不好而产生制动液泄漏，或因温度变化而引起制动液体积变化时，均可以通过补偿孔及旁通孔得到补偿。

不制动时，推杆的球头与活塞凹穴底部之间应留有 (2±0.5)mm 的间隙，以保证活塞能够在复位弹簧作用下，退到与挡圈 13 接触的极限位置，使皮碗不致堵住旁通孔，因此制动时制动踏板需要先踩下一定的空行程（称为制动踏板自由行程）来消除这一间隙。制动踏板的自由行程约为 8～14mm。若发现制动踏板自由行程过大或过小，则可以通过改变拉杆旋入推杆前端螺孔中的深度来调整。

(2) 双腔式制动主缸

为提高了行驶安全性，双管路系统当一套驱动机构因故障而失效时，另一套驱动机构仍能保证有两个车轮制动，为此需使用双腔式制动主缸，使前、后轮用独立的驱动油压来控制。

① 构造　如图 12-38 所示，主缸的壳体内装有前缸活塞 7、后缸活塞 12 及前、后缸活塞弹簧 21、18，前、后缸活塞分别用皮碗、皮圈密封，前缸活塞用挡片 13 保证其正确位置。两个储液筒分别与主缸的前、后腔相通，前出油口、后出油口分别与前、后制动轮缸相通，前缸活塞 7 靠后缸活塞 12 的液力推动，后缸活塞直接由推杆 15 推动。

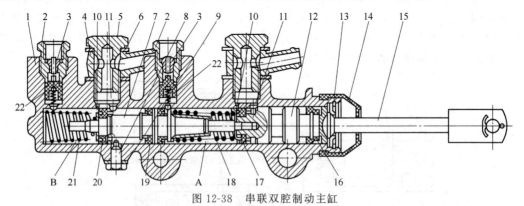

图 12-38　串联双腔制动主缸

1—主缸缸体；2—出油阀座；3—出油阀；4—进油管接头；5—空心螺栓；6，9—密封垫；
7—前缸（第二）活塞；8—定位螺钉；10—补偿孔；11—旁通孔；12—后缸（第一）活塞；
13—挡圈；14—护罩；15—推杆；16—后缸密封圈；17—后活塞皮碗；18—后缸弹簧；
19—前缸密封圈；20—前活塞皮碗；21—前缸弹簧；22—回油阀；
A—后腔；B—前腔

② 工作原理　踩下制动踏板时，主缸中的推杆 15 向前推动后缸活塞 12 移动，使皮碗17 盖住储液筒旁通孔后，后腔压力升高，在后腔液压和后活塞弹簧力的作用下，推动前缸活塞 7 向前移动，前腔液压也随之提高，继续踩下制动踏板时，前、后腔液压继续升高，使前、后制动器产生制动；放松制动踏板时，主缸中的活塞和推杆分别在前、后缸活塞弹簧的

作用下回到初始位置，从而解除制动。

若前腔控制的回路发生泄漏时，前缸活塞 7 不产生液压力，但在后缸活塞 12 液压力作用下，前缸活塞被推到最前端，后腔产生的液压力仍使后轮产生制动。

若后腔控制的回路发生泄漏时，后腔不产生液压力，但后缸活塞 12 在推杆作用下前移，并与前缸活塞接触而使活塞前移，前腔仍能产生液压力控制前轮产生制动。

若出现两脚紧急制动时，踏板迅速回位，活塞在弹簧的作用下迅速回退，此时制动液受到回油阀 22 的阻止不能及时回到腔内，活塞前方出现负压，储油筒的油在大气压的作用下从补偿孔进到活塞前方，使活塞前方的油量增多。再踩制动踏板时，制动有效行程增加。

前缸活塞回位弹簧 21 的弹力大于后缸活塞回位弹簧 18 的弹力，以保证两个活塞不工作时都处于正确的位置。

为了保证制动主缸活塞在解除制动后能退回到适当位置，在不工作时，推杆的头部与活塞背面之间应留有一定的间隙。这一间隙所需的踏板行程称为制动踏板的自由行程。该行程过大，将使制动有效行程减小；过小则制动解除不彻底。

双回路液压制动系统中任一回路失效，主缸仍能工作，只是所需踏板行程加大，导致车辆的制动距离增长，制动效能降低。

（3）制动液

制动液是液压制动系统采用的非矿油型传递压力的工作介质。制动液的质量是保证液压系统工作可靠的重要因素。对制动液的要求是：高温下不易汽化，否则将在管路中产生气阻现象，使制动系统失效；低温下有良好的流动性；不会使与之经常接触的金属（铸铁、钢、铝或铜）件腐蚀，橡胶件发生膨胀、变硬和损坏；能对液压系统的运动件起良好的润滑作用；吸水性差而溶水性良好，即能使渗入其中的水汽形成微粒而与之均匀混合，否则将在制动液中形成水泡而大大降低汽化温度。

以前，国内使用的工程机械制动液大部分是植物制动液，用 50% 左右的蓖麻油和 50% 左右的溶剂（丁醇、酒精或甘油等）配成。用酒精作溶剂的制动液黏度小，但汽化温度只有 70℃ 左右；用丁醇作溶剂时，汽化温度可达 100℃。植物制动液的汽化温度都不够高，而且在 70℃ 以下都易凝结，蓖麻油又是贵重的化工原料，故现在已逐步被合成制动液和矿物制动液所取代。我国生产合成制动液的汽化温度已超过 190℃，在 -35℃ 的低温下流动性良好，适用于各种工程机械制动器。合成制动液对金属件（铝件除外）和橡胶件都无伤害，溶水性也很好，目前成本还较高。矿物制动液在低温和高温下性能都很好，对金属也无腐蚀作用，但溶水性较差，且易使普通橡胶膨胀，故用矿物制动液时，橡胶件都必须用耐油橡胶制成。

工程机械制动液应选择使用合成制动液；质量等级符合 FM SS NO. 116 DOT 标准。各种制动液主要使用特性和推荐使用范围见表 12-1。

表 12-1　工程机械制动液主要使用特性和推荐使用范围

级别	制动液的主要特性	推荐使用范围
JG3	具有良好的高温抗气阻性能和优良的低温性能	相当于 ISO 4926-78 和 DOT-3 的水平，我国广大地区使用
JG4	具有良好的高温抗气阻性能和良好的低温性能	相当于 DOT-4 的水平，我国广大地区使用
JG5	具有优异的高温抗气阻性能和低温性能	相当于 DOT-5 的水平，特殊要求车辆使用

12.3.3　制动分泵

常见的制动轮缸（也称制动分泵）有双活塞式和单活塞式。

　　图 12-39 所示为双活塞式制动轮缸。缸体 1 用螺栓固定在制动底板上，其内有两个活塞 2、弹簧 4 和皮碗 3。两活塞间的内腔靠皮碗密封。制动时，制动液自油管接头和进油孔 7 进入缸内，在油压作用下活塞外移，通过顶块 5 推动制动蹄。弹簧 4 保证皮碗、活塞、顶块及制动蹄端相互压紧，以使制动灵敏，同时保持两活塞之间的进油间隙。防护套 6 可防止尘土与水侵入，以免活塞和缸壁因锈蚀而卡死。

　　液压制动驱动机构中若有空气侵入，会严重影响液压的升高，甚至使液压制动系统完全失效。在制动轮缸（制动底板）的背面有放气阀 9，拧松放气阀，在制动踏板（踩下）的配合下，可将空气排出。放气阀是一空心螺钉，尾端有密封锥面，用来封闭放气孔 8。在空心螺钉的头部还装有放气阀防护螺钉 10。

　　放气阀采用放气螺塞防尘，因结构比较复杂，目前已趋于淘汰，代之以橡胶防护罩。

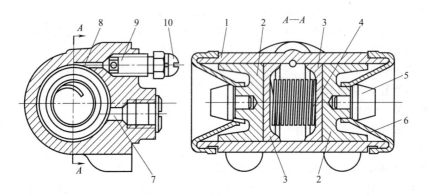

图 12-39　双活塞式制动轮缸

1—缸体；2—活塞；3—皮碗；4—弹簧；5—顶块；6—防护套；7—进油孔；
8—放气孔；9—放气阀；10—放气阀防护螺钉

　　图 12-40 所示为单活塞式制动轮缸。为缩小轴向尺寸，其液腔密封件不用抵靠活塞端面的皮碗，而采用安装在活塞导向面上切槽内的皮圈 4。采用橡胶防护罩 2 来防尘，使结构简化。

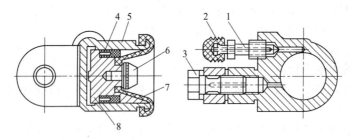

图 12-40　单活塞制动轮缸

1—放气阀；2—橡胶防护罩；3—进油管接头；4—皮圈；5—缸体；6—顶块；7—防护套；8—活塞

12.4　人力液压式制动系统的维修

　　（1）制动踏板自由行程的检查与调整

　　① 一般检查和维护　主要是经常保持制动系统油路的清洁，保持总泵盖塞上通气孔的畅通，及时排除进入油路中的空气，经常检查和紧固油路连接件接头，定期检查刹车油油液液位高度和补充总泵储油室内的油液，油面高度应保持在总泵盖上边缘下 15～20mm 处或参考储液室上的 MAX、MIN 液面刻线标记。

　　② 踏板自由行程的检查　踏板自由行程是主缸与推杆之间的间隙的反映。检查时，可

用手轻轻压下踏板，当手感变重时，用钢板尺测出踏板下移的量，该量即为踏板自由行程，应符合有关技术规定。踏板自由行程一般为 15～20mm，推杆与活塞间隙为 1.2～2.0mm。

　　踏板的踏下余量，也应该进行检测。将踏板踩到底后，踏板与地板之间的距离，即为踏板余量。踏板余量减小的原因主要是制动间隙过大、盘式制动器自动补偿调整不良、制动管路内进气、缺制动液等。踏板余量过小或者为零，会使制动作用滞后、减弱，甚至失去制动作用。

　　③ 制动踏板自由行程的调整　踏板自由行程的调整，大多通过调节推杆长度的方法来实现，如图 12-41 所示。将推杆长度缩短，可以增大自由行程；加长则可以减小自由行程。

　　还有一些车辆推杆与踏板通过偏心销铰接，如图 12-42 所示。调整自由行程时，可转动偏心销，使推杆的轴向位置改变，而使自由行程改变。推杆向踏板方向移动，可使自由行程增大；向主缸方向移动，可使自由行程减小。

　　无论何种调整方法，调整完毕后，应将锁紧螺母锁止。

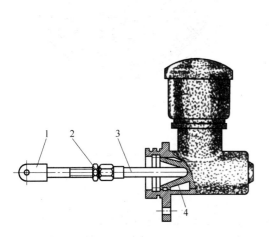

图 12-41　踏板自由行程的调整（一）
1—叉形接头；2—锁紧螺母；3—活塞推杆；4—活塞

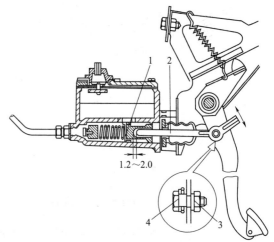

图 12-42　踏板自由行程的调整（二）
1—活塞；2—推杆；3—锁紧螺母；4—偏心螺栓

　　④ 液压制动系统空气的排除　排除空气时，可由两人协同进行，一人将踏板连续踩下，至踏板升高后，踩住踏板，另一人将轮缸放气螺钉旋松少许，空气随油液一起排出，当踏板逐渐降到底时，先旋紧放气螺钉，再连续踩踏板，重复上述动作。如此反复，直到放出的油液无气泡。放出的油液用容器收集再处理。

　　在放气过程中，应及时向储液室内添加制动液，保持液面的规定高度。对制动系统进行维修或更换部件后添加制动液。

　　放气应由远而近逐缸进行（踏板要快踩缓抬以使空气彻底排净）。空气放净后，要检查补充储液室制动液，并要检查通气孔是否畅通，以使储液室与大气相通。

　　（2）车轮制动器的调整

　　蹄鼓式制动器分成非平衡式、平衡式和自动增力式三种，每种制动器制动间隙的调整方法及部位如下。

　　① 非平衡式和单向平衡式制动器调整　如图 12-43、图 12-44 所示。调整制动间隙时，应将制动踏板踩下。松开两个支承销螺母，转动支承销，使制动蹄衬片与制动鼓贴紧为止，然后将支承销螺母紧固。放松制动踏板，转动制动鼓。如不能自由转动应朝反方向转动支承销，直至车轮制动鼓能转动为止，然后将螺母紧固。

　　若放松踏板后，能自由转动，则应锁紧支承销螺母，用手扳动偏心调整轮，使制动蹄衬片与制动鼓紧贴。然后，向反方向转动偏心调整轮至制动鼓刚能转动为止。

227

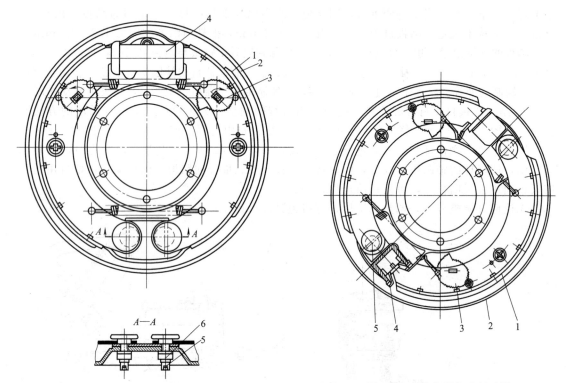

图 12-43　简单非平衡式制动器

1—制动蹄衬片；2—制动鼓；3—偏心调整轮；
4—制动轮缸；5—支承销；6—支承销螺母

图 12-44　单向平衡式制动器

1—制动蹄衬片；2—制动鼓；3—偏心调整轮；
4—制动轮缸；5—支承销

②　双向平衡式制动器调整　如图 12-45 所示。调整时，将车桥支起，车轮能自由转动。从制动底板孔拨转调整螺母 1，直至车轮不能转动为止，然后反方向拨转调整螺母，使车轮刚好能自由转动为止。

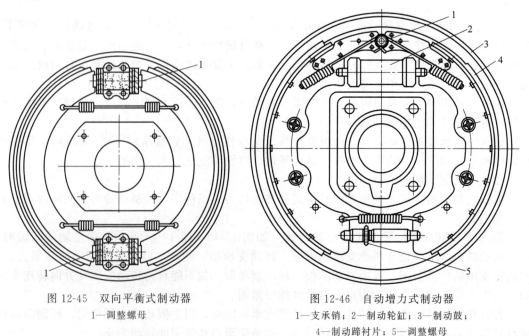

图 12-45　双向平衡式制动器

1—调整螺母

图 12-46　自动增力式制动器

1—支承销；2—制动轮缸；3—制动鼓；
4—制动蹄衬片；5—调整螺母

③ 自动增力式制动器调整　将车桥支起，车轮能自由转动。取下制动底板下部的调整孔橡胶盖，用旋具伸入调整孔内拨动两蹄下端之间的推杆上的调整螺母，至制动鼓不能转动为止。然后再反方向拨动螺母 2～3 扣，直至车轮能自由转动，如图 12-46 所示。

（3）鼓式制动器的检修

① 后制动蹄衬片（摩擦片）厚度检查（见图 12-47）　用卡尺 1 测量后制动蹄衬片（摩擦片）2 的厚度，接近使用极限值应更换。其铆钉 3 头部埋入摩擦片 2 表面的深度不得小于 1mm，以免铆钉头刮伤制动鼓内表面。在未拆下车轮时，后制动蹄衬片的厚度可从制动底板 6 的观察孔 4 中检查。

② 后制动鼓内孔磨损与尺寸的检查（见图 12-48）　应首先检查后制动鼓 1 内孔有无烧损、刮痕和凹陷，若有可修磨加工，并用卡尺 2 检查内孔尺寸，接近或低于使用极限值应更换。用工具 3 测量后制动鼓 1 内孔的圆度误差，超过极限应更换后制动鼓 1。

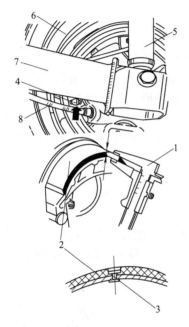

图 12-47　后制动蹄衬片（摩擦片）厚度检查
1—卡尺；2—摩擦片；3—铆钉；4—观察孔；5—后减振器；
6—制动底板；7—后桥体；8—驻车制动钢索

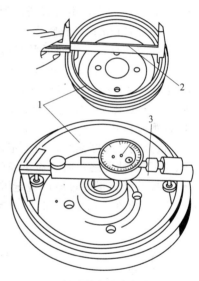

图 12-48　后制动鼓内孔磨损与尺寸的检查
1—后制动鼓；2—卡尺；3—测量圆度误码差的工具

③ 后制动蹄衬片（摩擦片）与后制动鼓接触面积的检查（见图 12-49）　将后制动蹄衬片（摩擦片）1 表面打磨干净后，在摩擦表面上用粉笔涂抹，靠在后制动鼓 2 上，检查两者的接触面积，应不小于 60%，否则需打磨后制动蹄衬片（摩擦片）1 的表面。

④ 后制动器定位弹簧及复位弹簧的检查（见图 12-50）　检查后制动器定位弹簧、复位弹簧的自由长度，若增长率达到 5%，则应更换新弹簧。

（4）钳盘式制动器的检修

钳盘式制动器冷却好，烧蚀、变形小，制动力矩稳定，维修方便，故大部分轮式机械和汽车采用了该种制动器，如 ZL20 型、ZL30 型、ZL40 型、ZL50 型、ZL70 型、ZL90 型等装载机即采用了此种制动器。

下面介绍钳盘式制动器维修的共性问题。

① 钳盘式制动器的维护

a. 清除制动钳和制动器护罩上的油污积垢，检查并按规定力矩拧紧制动钳紧固螺栓和

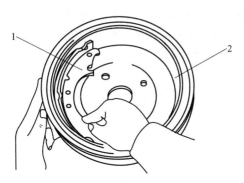

图 12-49 后制动蹄衬片（摩擦片）
与后制动鼓接触面积的检查
1—后制动蹄衬片（摩擦片）；2—后制动鼓

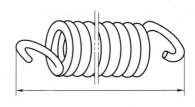

图 12-50 制动器弹簧长度的检查

导向销，支架不得歪斜。

b. 检查液压分泵，不得有任何泄漏；制动后活塞能灵活复位，无卡滞，复位行程一般应达 0.10～0.15mm；橡胶防尘罩应完好，不得有任何老化、破裂，否则应更换。

c. 检视制动盘，工作面不得有可见裂纹或明显拉痕起槽。若有阶梯形磨损，磨损量超过 0.50mm，平行度误差超过 0.07mm（或超过原厂规定），端面跳动超过 0.12mm（或超过原厂规定）时，应拆下制动盘修磨，如制动盘厚度减薄至使用极限以下时，则应更换新件。制动盘表面磨损及厚度的检查如图 12-51 所示。

d. 检视摩擦片。

ⅰ. 检查内、外摩擦片，两端定位卡簧应安装完好，无折断、脱落。

ⅱ. 有下列情况之一时，应更换摩擦片。

• 摩擦片磨损量超过原厂规定极限，或粘接型摩擦片剩余厚度在 2mm 以下，有铆钉者铆钉头埋入深度在 1mm 以下时应更换摩擦片。摩擦片厚度的检查如图 12-52 所示。

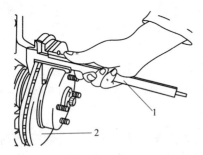

图 12-51 制动盘表面磨损及厚度的检查
1—卡尺；2—制动盘

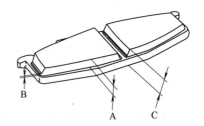

图 12-52 摩擦片厚度的检查
A—摩擦片厚度；B—摩擦片磨损极限的残余
厚度；C—摩擦片的总厚度

• 制动效能不足、下降，应检查摩擦片表面是否析出胶质生成胶膜、析出石墨形成硬膜，如是，也应更换摩擦片。

e. 检查调整轮毂轴向间隙应符合所属车型规定。踩下制动踏板随即放松，车轮制动器应在 0.8s 内解除制动，用 5～10N 的力应能转动制动盘。

② 更换制动摩擦片　当就车更换制动摩擦片时，按以下步骤操作。

a. 顶起车辆并稳固支承，拆去轮胎。

b. 不踩制动踏板，拧松分泵放气螺栓，放出少量制动液。

c. 用扁头楔形工具，榫入分泵活塞与摩擦片间，使分泵活塞压缩后移。

d. 拆卸制动钳紧固螺栓、导向销螺母，取下翻起制动钳总成（注意，使制动钳稳妥地搁置在合适部位，避免制动软管吊挂受力）。

e. 拆下摩擦片两端定位卡簧，取下摩擦片。

f. 换用新摩擦片。注意检查厚度、外形应符合规定。

g. 按拆卸逆顺序，依次装合各零部件。装合时，导向销等滑动部位应涂润滑脂，按规定力矩拧紧紧固螺栓和导向销。

h. 制动分泵放气。踩制动踏板数次，踏板行程和高度应符合规定，制动器应能及时解除制动。转动制动盘，应无明显阻滞。

③ 制动钳体与活塞的检查与维修

a. 拆去制动软管、制动油管，拆下制动钳总成。

b. 用压缩空气从分泵进油口处施加压力，压出分泵活塞。压出时，在活塞出口前垫上木块，防止其撞伤。

c. 用酒精清洗分泵泵筒和活塞。

d. 检查分泵泵筒内壁，应无拉痕，若有锈斑可用细砂纸磨去。若有严重腐蚀、磨损或沟槽时，应更换泵体。

e. 检查泵筒和活塞橡胶密封圈，若有老化、变形、溶胀时，应更换密封圈。

f. 检查活塞表面，应平滑光洁。不允许用砂纸打磨活塞表面。

g. 彻底清洗零件，按解体逆顺序装合活塞总成。装合时，各密封圈、泵筒内壁与活塞表面应涂洁净的锂基乙二醇润滑油或制动液；各密封圈应仔细贴合装入环槽。再用专用工具将活塞压入分泵体，最后装好端部密封件和橡胶防尘罩。

（5）制动主缸（总泵）的检修

制动主缸（总泵）与活塞的检查如图 12-53 所示，先检查泵体 2 内孔和活塞 4 表面的划伤和腐蚀，再用内径表 1 检查主缸（总泵）泵体 2 内孔的直径 B，用千分尺 3 检查主缸（总泵）活塞外径 C，算出泵体与活塞 4 的间隙值 A，超过极限应更换。同时还应检查密封圈的老化、损坏与磨损情况，酌情更换。

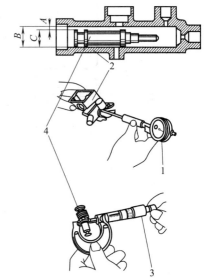

图 12-53　制动主缸（总泵）与活塞的检查
1—内径表；2—制动主缸（总泵）泵体；3—千分尺；
4—主缸（总泵）活塞；
A—泵体与活塞的间隙；B—泵体内
孔直径；C—活塞的外径

12.5　气液综合式制动系统与动力液压式制动系统

12.5.1　气液综合式制动系统

（1）气压式制动系统

该制动系统是以压缩空气作为工作介质，驾驶员只需按不同的制动强度要求，通过制动踏板控制进入制动气室的压缩空气的工作压力，使压缩空气工作压力作用到制动器进行制动。因使用了发动机动力，所以制动系统操纵轻便、省力。不足之处：一是工作压力低，使制动传动机构如制动气室等零部件的尺寸、质量增大，即增加了机械非悬挂部分的质量，影响机械的平顺性；二是因为气体的可压缩性使制动、解除制动都速度较慢，制动粗暴而且结构比较复杂。

① 气压式制动系统管路的布置形式　分为单管路和双管路两种。

图 12-54 所示为 CL-7 型自行式铲运机的制动系统，为单管路系统。

空气压缩机 8 由发动机带动，产生的压缩空气经管路到油水分离器 7 和压力控制阀输入储气筒 15 内。储气筒内气压由驾驶室内的气压表 5 显示，该压力一般应达 0.68～0.7MPa。

制动时，驾驶员通过踏板操纵制动控制阀 6，制动时制动控制阀使前、后轮制动气室 10、13、16、18 与储气筒连通而与大气隔绝，储气筒的压缩空气进入制动气室，通过推杆推动凸轮转动产生制动。

不制动时，前、后轮制动气室与储气筒隔绝而与大气相通，制动气室中的压缩空气排入大气，制动解除。

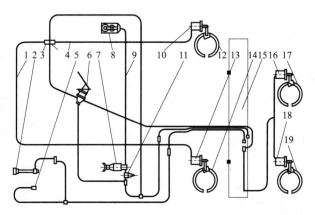

图 12-54　CL-7 型自行式铲运机制动系统

1,4—软管总成；2—气喇叭；3—气动转向操纵阀；5—气压表；6—制动控制阀；
7—油水分离器；8—空气压缩机；9—钢管总成；10,13—前轮制动气室；
11—压力控制阀；12,14—前轮制动器；15—储气筒；
16,18—后轮制动气室；17,19—后轮制动器

图 12-55 所示为 SH3150 型自卸车制动系统，为双管路系统。行车制动系包括前轮制动和中、后轮制动两个管路系统。双缸空压机 1 产生的压缩空气输入油水分离器 2，经调压阀通过十字阀 7 经分路开关 8 向各管路系统的储气筒充气。十字阀通向两个储气筒 5、15 的出气口上都装有单向阀，以保证两个行车制动管路系统压缩空气不能互通。若是某一管路系统损坏，可通过分路开关 8 将其与其他管路系统隔绝，而其他完好的管路系统仍能正常工作。

系统的最高气压由调压阀 3 来控制，一般为 0.8MPa，在调压阀失效时，则由装在油水分离器中的安全阀限制为 0.9MPa。油水分离器中的油和水定期进行人工排放。在两套管路系统中前轮制动系统只用在行车制动，而中、后轮制动系统不仅用于行车制动，而且还用于驻车-应急制动，所以中、后轮制动气室都是复合式的。制动阀 6 采用了串联双腔式结构。

驻车-应急制动系统中的加速阀 13 只起制动时缩短驻车-应急制动气室 9 的充气线路的作用；而快放阀 12 只起解除制动时缩短制动气室排气路线的作用，使制动迅速解除。

② 空气压缩机　图 12-56 所示为风冷双缸活塞式空气压缩机（简称空压机）。它一般固定在发动机气缸盖的一侧，由发动机通过风扇带轮和 V 带驱动。具有与发动机类似的曲柄连杆机构。气缸体是铸铁的，带有散热筋片。每个气缸都有由弹簧压紧的片状进气阀门 4 和

出气阀门 5。其进气室用橡胶管（图中进气口 A）与内燃机的空气滤清器相通；出气室 D 经出气口 B 和储气筒相连。

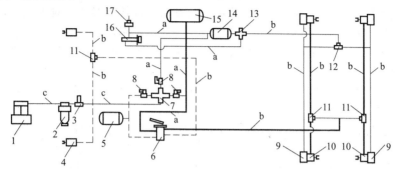

图 12-55　SH3150 型自卸车制动系统

1—空压机；2—油水分离器；3—调压阀；4—前制动气室；5—前制动储气筒；6—串列双腔制动阀；7—十字阀；
8—分路开关；9—驻车-应急制动气室；10—中、后行车制动气室；11,12—快放阀；13—加速阀；
14—驻车制动储气罐；15—中、后行车制动储气筒；16—手控制阀；17—驻车-制动供能管路压力报警灯开关；
a—供能管路；b—制动管路；c—总功能管路

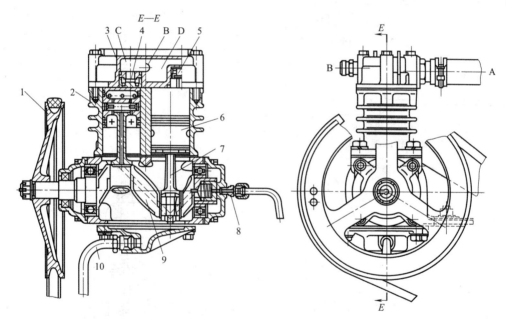

图 12-56　空气压缩机

1—带轮；2—气缸体；3—气缸盖；4—进气阀门；5—出气阀门；6—活塞；7—连杆；8—润滑油
进油管接头；9—曲轴；10—润滑油回油管；
A—进气口；B—出气口；C—进气室；D—出气室

发动机启动后，空气压缩机随之运转。当活塞 6 下行时，进气阀门由于气缸内和进气室内的气压差被吸入气缸，进气阀门打开，空气经空气滤清器、进气口 A 到进气室进入气缸。活塞上行时，缸内空气被压缩，压力升高到一定值时克服弹簧预紧力推开出气阀门 5，压缩空气便经出气室和出气口充入储气筒。

空气压缩机的润滑是压力润滑和飞溅润滑并用。发动机润滑系统主油道的压力油，通过专设的外油管进入空气压缩机曲轴 9 的后端，经曲轴和连杆的内油道润滑曲轴主轴颈、连杆轴颈和活塞销。缸壁用飞溅润滑。由各摩擦面流出的润滑油汇集到曲轴箱的底盖内，经回油管 10 流回发动机油底壳。

　　空气压缩机出气阀门的开启与关闭，完全靠气缸内和出气室内的气压差，当储气筒和出气室气压升高到规定值时，出气室的气压作用力和弹簧的张紧力同缸内最高气压作用力平衡，出气阀门即保持关闭。这时空气压缩机虽随发动机运转，但却不对外供气，只使缸内已有的空气反复压缩和膨胀。但这种空转仍要消耗一部分功率，为了减少这一消耗，在气压制动系统中增设了压力控制阀，以便当储气筒压力超过一定值时，使空气压缩机的出气室与大气相通。

　　这时，空气压缩机空转中只需消耗很小一部分功率，用来克服出气阀门开启时弹簧的压力和管路阻力等。

　　图 12-57 所示的卸荷装置和调压阀是使空气压缩机进气阀门保持在开启位置的另一种卸荷空转方式。

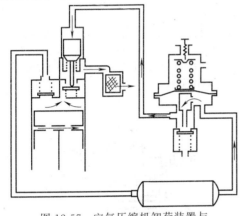

图 12-57　空气压缩机卸荷装置与
调压阀工作原理示意

　　③ 压力控制器　也称压力控制阀、调压阀。其作用是使储气筒内的气压不超过规定值，如图 12-58 所示。经油水分离器去掉了水分和油粒的压缩空气，经进气口 A 进入 D 腔并推开出气阀 1，通过 E 腔和出气口 B 充入储气筒。膜片 6 下方的气室 F 与 E 腔通过滤芯 11 相通。当储气筒压力超过规定值时，气室 F 的气压力克服弹簧 7 的作用力，推动膜片 6 向上拱曲，带动通气螺塞 5 上移打开通气孔。压缩空气经气道 10 进入 G 气室，推动皮碗活塞 9 右移，将放气阀 4 打开，于是从进气口 A 流入的压缩空气经 D 腔和放气阀 4、放气口 C 直接排入大气中，进气阀 1 在弹簧和气压作用下关闭。空气压缩机卸荷空转。

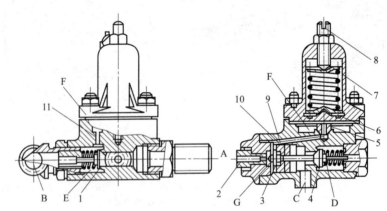

图 12-58　压力控制器

1—出气阀；2—排气螺塞；3—放气阀弹簧；4—放气阀；5—通气螺塞；6—膜片；7—弹簧；8—调整螺钉；
9—活塞；10—气道；11—滤芯；A—进气口；B—出气口；C—放气口；D，E—腔；F，G—气室

　　当储气筒压力降低到一定值时，膜片 6 在弹簧 7 的作用下复位，重新关闭通气螺塞 5。气室 G 内压缩空气经放气口排入大气，压力下降，在放气阀弹簧作用下，放气阀关闭，同时推动活塞 9 左移，D 腔与放气口隔绝。压缩空气又开始充入储气筒中。排气螺塞 2 上的小孔应保持不堵塞，否则放气阀就关闭不严。通过调整螺钉 8 可调节控制的压力值。

　　也有调压阀与油水分离器制成一体组成油水分离组合阀，其工作原理增加了分离油水的作用，其他与调压阀一样。

④ 制动阀　是气压制动系统的主要控制装置，又称为制动控制阀。驾驶员踩的制动踏板就是用来控制制动阀的，从而控制充入制动气室的压缩空气量及工作气压，进而控制车轮制动器产生的制动力矩的大小。

制动阀应具有随动作用，并保证有足够的踩板感，即使其输出压力与输入的控制信号（即踏板行程和踏板力）成一定的递增函数关系，在加于踏板上的力不变时，其输出压力及作用于制动器上的力也应不变。当放开制动踏板时，应保证迅速完全地解除制动。

制动阀有单腔、双腔和三腔等多种形式，其中的双腔又有串联式和并联式两种。

a. 单腔制动阀　图 12-59 所示为单腔制动阀　制动阀以其上阀体 16 的固定凸缘 22 用螺栓固定在车架上。操纵摇臂 4 的中部用销轴 10 支承在上阀体的两片筋板上，其下端通过拉杆等与制动踏板相连。下阀体 18 的下端有通储气筒的进气口 A，两侧有通前、后制动气室的出气口 B 和 C。上阀体上还有通大气的排气口 D。车辆红色制动信号灯开关 3 附装在下阀体的一侧，其中的气室分别以通气道 E、F 同气室 H 和平衡气室 G 相通。

上、下阀体之间夹装着橡胶尼龙膜片 17，其中央固定着芯管 5 和导向杯 6。平衡弹簧 7 用螺柱 8 和芯管 5 装在上弹簧座 9 和导向杯之间，并有一定的预紧力。平衡弹簧变形时，其上座可以沿螺柱上下移动。上述零件装合在一起，可称为平衡弹簧组件。在平衡弹簧所受的力未超过其预紧力时，整个平衡弹簧组件就如同一个刚体一样，在推杆 14 或膜片复位弹簧 19 的推动下做轴向移动。阀门 2 既作为进气阀门，又作为排气阀门。图 12-59 中所示阀门在其弹簧的作用下，贴紧壳体中央孔环台，芯管 5 与阀门之间有一定间隙，此间隙为排气间隙，此即进气阀关闭而排气阀开启的不制动状态。

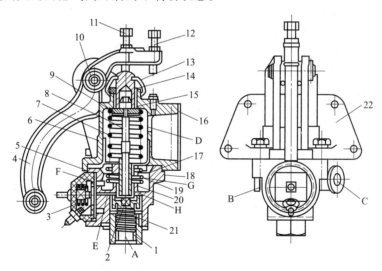

图 12-59　单腔制动阀

1—阀门盖；2—阀门；3—制动信号灯开关；4—操纵摇臂；5—芯管；6—导向杯；7—平衡弹簧；
8—螺柱；9—上弹簧座；10—销轴；11,12—调整螺钉；13—防护罩；14—推杆；15—推杆衬套；
16—上阀体；17—膜片；18—下阀体；19—膜片复位弹簧；20—密封圈；21—阀门弹簧；22—固定凸缘；
A—进气口；B,C—出气口；D—排气口；
E,F—气道；G—平衡气室；H—气室

制动时，驾驶员将制动踏板踩下一定的距离，使操纵摇臂顺时针转过一个角度，通过推杆推动平衡弹簧组件下移，如图 12-60（a）所示。在这个过程中，先是芯管的下端与阀门接触，即排气阀先关闭，然后芯管再将阀门推离下阀体上的阀座，即进气阀开启。于是储气筒中的压缩空气自进气口 A 流入气室 H。此时压缩空气一路经出气口 B 和 C 充入前、后制动气室，另一路依次通过气道 E、制动信号灯开关气室和气道 F 充入膜片下方的平衡气室 G。平衡气室和前、后制动气室中的气压都随着充气量的增加而逐渐升高。当平衡气室中的气压与膜片复位弹簧、阀门弹簧等作用力之和超过平衡弹簧预紧力时，平衡弹簧便在其上端被推杆压住不动的情况下进一步被压缩，膜片带动芯管上移。与此同时，阀门在弹簧的作用下也随之上行，直到进气阀关闭为止。此后，平衡气室及制动气室既不通储气筒，也不通大气，成为封闭的空间，如图 12-60（b）所示。只要制动踏板位置不再改变，则制动气室气压以及经平衡弹簧组件和杆系传给制动踏板的反作用力（其数值即等于踏板力）也就保持稳定。进气阀和排气阀都关闭时，膜片和芯管所处的位置即为平衡位置。

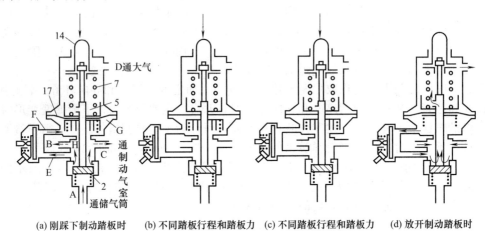

(a) 刚踩下制动踏板时　(b) 不同踏板行程和踏板力　(c) 不同踏板行程和踏板力　(d) 放开制动踏板时
　　　　　　　　　　　　下的平衡状态　　　　　　下的平衡状态

图 12-60　单腔制动阀工作原理
注：图中序号和字母与图 12-59 中一致。

若驾驶员感到制动强度不足时，可以进一步踩下制动踏板，进气阀重新开启，使平衡气室和制动气室进一步充气，直到膜片和芯管又回到平衡位置为止。在新的平衡状态下，制动气室所保持的稳定气压值比以前的高。同时，平衡弹簧的压缩量和踏板力比以前要大，如图 12-60（c）所示。

解除制动，放开制动踏板，对平衡弹簧、膜片和芯管的上压力解除。膜片 17 和芯管即在平衡气室 G 和复位弹簧作用下升起，直至推杆顶靠住调整螺钉 11，操纵摇臂逆时针转到原来位置，平衡弹簧组件也恢复到原来的装配长度。此时芯管离开阀门，即排气阀打开，制动气室和平衡气室中的压缩空气便经芯管中的通道和排气口 D 排入大气，制动解除，如图 12-60（d）所示。

由此可见，制动阀之所以能起到随动作用，保证制动过程的渐进性，是因为推杆与芯管之间是依靠平衡弹簧来传力的，而平衡弹簧的工作长度和作用力则随制动阀至制动气室促动管路中的压力而变化。只要自踏板传到推杆上的力大于平衡弹簧预紧力，无论踏板被踩到哪一工作位置，制动阀都能自动达到并保持以进气阀和排气阀都关闭为特征的平衡状态。

制动阀中的平衡弹簧在装配时已有一定的预紧力，这样可缩短踏板行程并可获得较大的制动压力。但有预紧力之后，制动气室压力必须高于预紧力时，才能达到并保持平衡状态。故预紧力过大时，制动气室压力必须达到一定数值，进气阀才能关闭，引起初压力过高，制动粗暴。为此，有些制动阀的平衡弹簧不加预紧力，如 CL-7 型铲运机的单腔制动控制阀，利用两个不同刚度、不同装配长度的内、外弹簧相继投入工作的方法达到平衡状态。

制动阀在不制动状态时，其芯管下端面与阀门上端面之间的间隙若太大，则会导致踏板自由行程过长；太小又会使制动解除太慢。其值可用调整螺钉 11 来调整。制动踏板的最大行程取决于调整螺钉 12。

b. 串联双腔式制动阀 图 12-61 所示为 ZL50 型装载机采用的制动阀结构，它属于串联双腔制动阀。制动阀壳体分为上壳 19、中壳 15 和下壳 7 三部分。中壳上的通气口 A 和 B 分别通往后轮制动储气筒和后气推油加力气室（即后制动气室）；下壳上的通气口 C 和 D 分别通往前轮制动储气筒和前气推油加力气室（即前制动气室）。在上壳上端有被滤网 20 罩着的通大气的口 K。中壳内有三条垂直通道，其内各装一顶杆 10，支承在下膜片 9 的夹盘翻边上。通过气道 H 来沟通上平衡气室 G 和气室 F。排气芯管紧固在橡胶尼龙膜片中央，膜片外缘夹紧在壳体之间。

制动时，踩下制动踏板至一定行程时，通过推杆 22 和平衡弹簧 17 推动上膜片 16 和上膜片排气芯管 3 下移，先是上膜片排气芯管下端面与后轮制动进气阀 13 接触，上排气通道被关闭，随后将进气阀 13 推离阀座，进气阀打开。后制动储气筒的压缩空气便从通气口 A 进入上平衡气室 G，再经气道 H 进入气室 F，并推动下膜片和下膜片排气芯管 4 下移，压下前轮制动进气阀 5，使下排气通道关闭，进气阀开启。此时，前制动储气筒的压缩空气才从通气口 C 经下平衡气室 E 充入前气推油加力气室。随着充气量的增加，平衡气室 G、E 和气推油加力气室的气压逐步升高。因平衡弹簧在其上端被推杆压住不动，下端在平衡气室 G、E 气压作用下推动上膜片上移，压缩平衡弹簧，同时排气芯管也被膜片带动上移，进气阀在其弹簧作用下也随之上升，直至与壳体上的进气阀阀座接触为止。这时进气阀和排气阀通道均关闭。只要踏板位置不再改变，气推油加力气室气压以及经平衡弹簧传给制动踏板的反作用力则保持稳定，并使获得的制动力矩与制动踏板行程及作用力保持一定的比例关系，这时膜片和排气芯管所处的位置即为平衡位置。当上膜片回升到平衡位置时，气室 G 和 F 中的气压也保持稳定，下膜片也随之达到平衡位置。

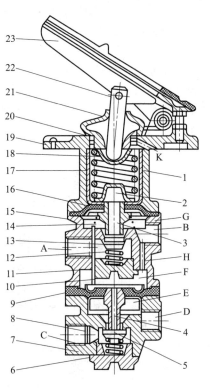

图 12-61 双腔制动阀

1—等向套；2—排气室；3—上膜片排气芯管；
4—下膜片排气芯管；5—前轮制动进气阀；
6,12—进气阀弹簧；7—下壳；8—滤网；
9—下膜片；10—顶杆；11—螺塞；
13—后轮制动进气阀；14—复位弹簧；
15—中壳；16—上膜片；17—平衡弹簧；
18—弹簧座；19—上壳；20—通大气口
滤网；21—罩；22—推杆；23—踏板；
A,B,C,D,K—通气口；E—下平衡气室；
F—气室；G—上平衡气室；H—气道

若驾驶员感到制动强度不足，可继续加大制动踏板的作用力与行程，进气阀便重新开启，使加力气室和平衡气室进一步充气，直到膜片和排气芯管又回到平衡位置为止。在新的平衡状态下，气推油加力气室所保持的稳定气压比以前的要高，从而增加了制动力矩。因此，驾驶员对不同的制动程度具有"路感"。

当制动踏板接近最大行程时，上膜片可以通过其夹盘和三根顶杆 10 直接压下下膜片和下排气芯管，迫使下腔进入工作，并直接用平衡弹簧 17 的压缩变形来使下腔达到平衡状态，即下腔由气压操纵转变为机械操纵。这样就能保证在上腔气路系统失灵时，下腔仍能工作。

由于下腔气压是受上腔气压操纵而工作的，下腔气压的变化总是落后于上腔，故前轮制动比后轮制动稍晚，这有利于提高制动时车辆方向的稳定性。

解除制动时，放开制动踏板，上排气通道首先开放，后气推油加力气室、气室 G 和 F

中的压缩空气经上膜片排气芯管的中央通道，由通气口 K 排入大气，气室 F 中的气压即降低。同时下膜片在平衡气室 E 中的气压作用下也开始上拱，使下排气通道开放。所有气室中的气压均降为大气压，制动作用解除。

⑤ 制动气室　有膜片式和活塞式两种，它的作用是将压缩空气的压力转变为转动制动凸轮的机械推力。

a. 膜片式制动气室　图 12-62 所示为一种膜片式制动气室。夹布层橡胶膜片 3 用卡箍 10 夹紧在壳体 6 和盖 2 的凸缘之间。盖与膜片之间为工作腔，盖上的进气口 1 用橡胶软管与制动阀接出的钢管相通。膜片右方的腔体与大气相通。弹簧 5 通过焊接在推杆 8 上的支承盘 4 将膜片推到图 12-62 所示的左极限位置。推杆的外端连接叉 9 与制动器的制动调整臂相连。

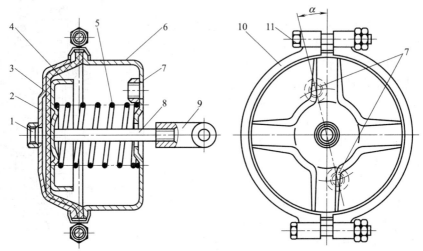

图 12-62　膜片式制动气室
1—进气口；2—盖；3—膜片；4—支承盘；5—弹簧；6—壳体；7—固定用螺孔；
8—推杆；9—连接叉；10—卡箍；11—螺栓

制动时，压缩空气由制动阀从进气口 1 充入制动气室工作腔，使膜片 3 向右拱曲，将推杆 8 推出，推动制动臂和制动凸轮转动从而实现制动。放松制动时，工作气室中的压缩空气经制动控制阀（或快放阀）泄入大气中，膜片 3 在弹簧 5 的作用下复位，制动解除。

因后车轮比前车轮所需制动力矩大，在单位气压相同的情况下，后制动气室的膜片直径要比前制动气室膜片直径大。

b. 活塞式制动气室　图 12-63 所示为 CL-7 型铲运机的活塞式制动气室。活塞 15 与皮碗用螺钉连成一体。导向管 10 的一端以螺纹连接于活塞的中央并用锁紧螺母锁住，另一端支承在气室盖组合件的衬套内，可轴向滑动。导向管内腔经小孔与气室左腔通过气室盖组合件 11 上的通气口 12 通大气。推杆 14 在轴向移动时还有摆动，因此与活塞接触端制成球面，并用导向管压紧。推杆左端借连接叉 3 同制动调整臂连接。制动气室右腔为工作腔，通过弯管接头 17 用管路与制动阀相通。其工作原理同膜片式。

膜片式制动气室和活塞式制动气室相比，其结构简单，但膜片的寿命较短，行程较小，制动器间隙稍有变大即需调整；活塞式制动气室活塞行程大，推力不变，使用中不必频繁地调整制动间隙，寿命较长，但外壳容易因碰撞变形，导致活塞易被卡住，结构复杂。

图 12-64 所示为带失压自制动功能的复合式制动气室，由一般的活塞式行车制动气室和利用储能弹簧制动的驻车制动气室组合而成，两气室之间借隔板 7 互相隔绝。弹簧 5 受压缩，其张力通过驻车制动活塞 6、螺塞 4、传力螺杆 3 和推杆 8 将行车制动活塞推到制动位

置，如图 12-65（a）所示。

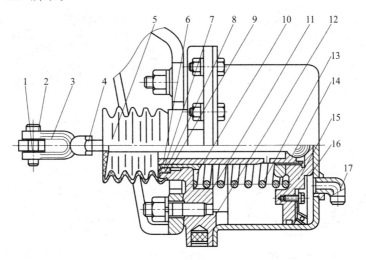

图 12-63 活塞式制动气室

1—开口销；2—销轴；3—连接叉；4—螺母；5—推杆护罩；6—挡片；7—卡环；8—毡封油圈；
9—油网；10—导向管；11—气室盖组合件；12—装滤网的通气口；13—复位弹簧；
14—推杆；15—活塞；16—气室体；17—弯管接头

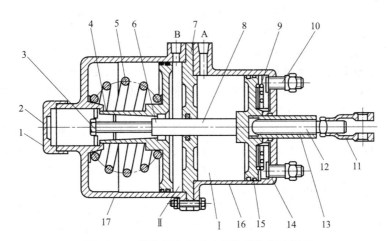

图 12-64 带失压自制动功能的复合制动气室

1—防尘盖；2—滤网；3—传力螺杆；4—螺塞；5—储能弹簧；6—驻车制动活塞；7—隔板；8—驻车制动气室推杆；
9—行车制动活塞复位弹簧；10—安装螺栓；11—连接叉；12—行车制动气室推杆；13—导向套筒；14—推杆座；
15—行车制动活塞；16，17—制动气室壳体；A—行车制动气室通气口；B—驻车制动气室通气口；
Ⅰ—行车制动气室；Ⅱ—驻车制动气室

　　解除驻车制动时，通过 B 口向驻车制动气室Ⅱ充入压缩空气。压缩储能弹簧 5，使驻车制动活塞回到不制动位置，同时行车制动活塞 15 也在复位弹簧 9 作用下复位，如图 12-65（b）所示，驻车制动解除。若充入驻车制动气室Ⅱ气压不足，则不能解除驻车制动。

　　单独进行行车制动时，压缩空气自 A 口充入行车制动气室Ⅰ，如图 12-65（c）所示，实现行车制动，而驻车制动活塞仍保持在不制动位置。

　　若气压系统失效，而要解除驻车制动时，可将传力螺杆 3 旋出到极限位置，以撤除储能弹簧对行车制动活塞 15 的推力，使活塞 15 得以在复位弹簧作用下退回到不制动位置，如图 12-65（d）所示。

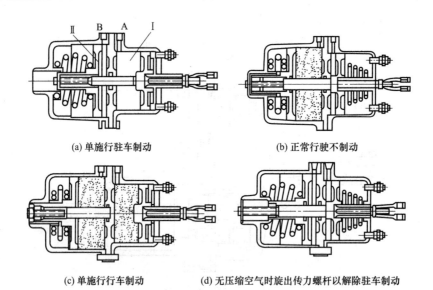

(a) 单施行驻车制动　　　　　　　　　　　　(b) 正常行驶不制动

(c) 单施行行车制动　　　　　(d) 无压缩空气时旋出传力螺杆以解除驻车制动

图 12-65　复合制动气室的各种工况

Ⅰ—行车制动气室；Ⅱ—驻车制动气室；A—行车制动气室通气口；B—驻车制动气室通气口

⑥ 继动阀和快放阀　　反应迟缓是气压制动的一大弱点，而在长轴距的重型汽车制动中，制动阀距制动气室较远，如果制动气室的充气与放气都要经过制动阀，则将使制动的产生与解除过于迟缓，气压制动的迟缓性更严重影响了制动的随动性。

为此，现代车辆在制动阀与制动气室之间装有继动阀与快放阀，使制动气室的气压更快地建立与撤除。其作用是迅速排放制动气室中的压缩空气，以便迅速解除制动。

a. 继动阀　　如图 12-66 所示，安装在储气筒和制动气室之间。进气口 A 接储气筒，出气口 B 接制动气室，孔口 C 与制动阀的出气口相通。

制动时，踩下制动踏板，由制动阀输出的压缩空气经 C 口充入膜片上方的气室，推动膜片及芯管向下移动，并将阀门推离阀座，即进气阀开启，于是储气筒内的压缩空气直接由进气口 A 和出气口 B 充入制动气室，不必流经制动阀，这样就缩短了制动气室的充气管路，加速了充气过程，因此继动阀也称加速阀。

放松制动踏板时，C 口经制动阀与大气相通，膜片在其下方气压作用下，带动芯管上移，阀门在阀门弹簧的作用下紧靠在阀座上，即进气阀关闭。芯管继续上移，使其下端面离开阀门，即排气阀开启。于是，制动气室的压缩空气便经芯管和 C 口流向制动阀，并经制动阀的排气口排入大气。

由于继动阀具有平衡膜片和平衡气室的作用，所以只要输入的制动压力是渐进变化的，则继动阀对本身输出压力的控制也是渐进的。

b. 快放阀　　可以迅速地将制动气室中的气体排入大气，以便迅速解除制动。

快放阀主要由上壳体、下壳体、膜片及壳体密封垫等零件组成，如图 12-67 所示。

快放阀的工作原理如下。

不工作时，气路中没有压力，膜片 a 在本身弹力的作用下，使进气口和排气口均处于关闭状态，如图 12-68（a）所示。

制动时，气体从进气口 1 进入，将膜片 a 紧压在排气口上，经 A 腔从出气口 2 向制动气室供气，如图 12-68（b）所示。

解除制动时，进气口 1 压力下降，膜片 a 在气室压力作用下，关闭进气口，打开排气口。气体从出气口 2 进入排气口 3 排入大气，如图 12-68（c）所示。

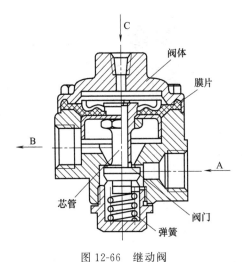

图 12-66　继动阀

A—接储气筒；B—接制动气室；C—接制动阀的出气口

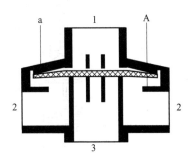

图 12-67　快放阀

1—进气口（接继动阀出气口）；2—出气口
（接制动气室）；3—排气口（通大气）；
a—膜片；A—腔

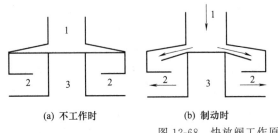

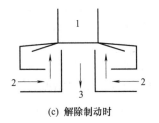

(a) 不工作时　　　(b) 制动时　　　(c) 解除制动时

图 12-68　快放阀工作原理

1—进气口；2—出气口；3—排气口

由上可知，快放阀是通过膜片 a 的变形进行工作的。

（2）气液综合式制动驱动机构

① 气液综合式制动系统　气压助推油液（俗称气推油）式制动系统，是气液综合式制动驱动机构中常用的一种形式。空压机输出的压缩空气，通过气推油加力器（也称加力器或助力器），将气压能转为液压能作为制动力源。驾驶员按不同的制动强度要求，通过制动踏板操纵控制阀来控制加力气室中的空气压力和流动方向。这种制动系统综合了液压制动和气压制动的优点，使制动轻便可靠。

气液综合式制动系统可分为单管路和双管路两种。图 12-69 所示为 ZL50 型装载机采用的气推油双管路制动系统示意。

空压机 1 产生的压缩空气，经过油水分离器 2 后，通向前、后轮的储气筒 10 和 12，其内的压力由压力控制器 3 控制，保持在 68～70kPa。储气筒的入口处分别装有单向阀 11，使两个储气筒互相隔绝，保证两管路系统的独立性。双管路制动阀 8 是双腔式的，由制动踏板直接操纵。踩下制动踏板，储气筒 12 和 10 中的压缩空气便分别经双管路制动阀的上腔和下腔充入各自的气推油加力器 9 和 5，使压力油推前、后轮钳盘式制动器的油缸活塞，使车轮制动。当放松制动踏板时，气推油加力器中的空气经制动阀排入大气。

在制动阀上连有控制动力换挡变速器断流阀的气路软管 6，以便在踩下制动踏板的同时，使动力换挡变速器的离合器分离。

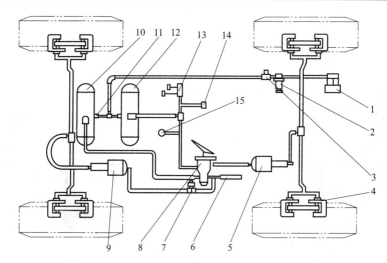

图 12-69　ZL50 型装载机制动系统示意

1—空压机；2—油水分离器；3—压力控制器；4—制动轮缸；5—后气推油加力器；

6—接变速阀软管；7—制动信号灯开关；8—双管路制动阀；9—前气推油加力器；

10—前储气筒；11—单向阀；12—后储气筒；13—气喇叭；14—气刮水阀；15—压力表

②　气液综合式制动系统气推油加力器结构　图 12-70 所示为 ZL50 型装载机制动驱动机构中的气推油加力器结构，它由活塞式加力气室和总泵缸体（液压制动主缸）两部分组成。其中活塞式加力气室与前述的活塞式制动气室相似，制动总泵与前述液压式制动驱动机构中的制动总泵的构造和工作原理相似。加力气室与制动总泵用四个螺钉连成一体，助力气室活塞 2 通过推杆 7 与总泵活塞 13 联系。其工作原理如图 12-71 所示。

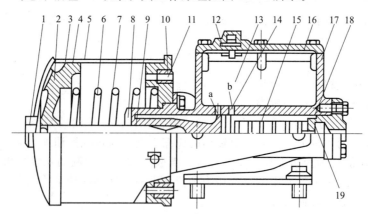

图 12-70　ZL50 型装载机气推油加力器

1—管接头；2—气室活塞；3,4,9—密封圈；5—气室壳体；6—气室活塞复位弹簧；7—推杆；

8—挡圈；10—气室右端盖；11—通气口；12—加油口盖；13—总泵活塞；14—皮碗；

15—总泵活塞复位弹簧；16—总泵盖；17—总泵缸体；18—回油阀；19—出油阀；a—补偿孔；b—旁通孔

制动时，压缩空气经制动阀的出气口由管接头 1 进入加力气室左腔，作用到气室活塞上，推动推杆右移，从而推动总泵活塞 13，使油压升高，推开出油阀 19 后，高压油进入制动轮缸，产生制动力，如图 12-71（b）所示。

解除制动时，加力气室的左腔通过制动阀的排气口排气，气室中的气压迅速降低。复位弹簧 6 推动活塞 2 左移复位。同时总泵活塞复位弹簧 15 的弹力和液压力推动总泵活塞 13 左移复位，液压力撤除，制动解除，如图 12-71（c）所示。

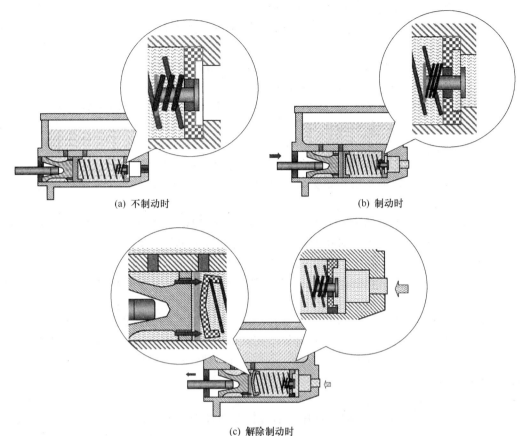

(a) 不制动时　　　　　　　　　　(b) 制动时

(c) 解除制动时

图 12-71　ZL50 型装载机气推油加力器工作原理

12.5.2　动力液压式制动系统

工程机械制动系统在恶劣条件下必须仍保证具有良好的制动性能，为了避免普通气推油式制动系统在频繁超负荷制动下易造成制动液过热，需专门的散热系统进行冷却而增加了系统部件及质量的弊端，大中型或先进的工程机械常采用动力液压制动的方式，其主要优点是系统的制动压力高，产生的制动力矩大，制动灵敏，且液压管路为全封闭的回路，污染性也很小，易于解决油液发热问题，可靠性高，常与湿式制动器配套使用。

动力液压式制动系统与气推油制动系统的比较如图 12-72 所示。

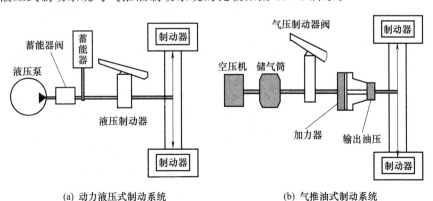

(a) 动力液压式制动系统　　　　　　　　　(b) 气推油式制动系统

图 12-72　动力液压式制动系统与气推油制动系统的比较

动力液压式制动系统大多由以下部件构成。

动力泵：一般制动系统都单独有一个泵，以满足整机制动需要，排量一般不大，大多为齿轮泵。

供给阀：将来自泵的油液保持在规定压力并将其储存在蓄能器。当油液达到规定压力时，来自泵的油接通到油箱以减少泵的负荷。

行车制动阀：系统的主要控制元件，为减压阀，使系统高压油经减压后进入轮边制动器，为了便于操纵，制动阀的翻转角度与输出压力近似成正比，装载机上所用的都是双回路制动阀。

驻车制动阀：可为电控或手动开关阀，提供压力油使驻车制动器脱开。

蓄能器：蓄能装置，使整机在熄火后短时间内仍能进行制动，并减少系统的充液时间。

(1) 制动阀

制动阀是液压制动系统的核心元件，小松 WD600-3 型轮胎式推土机带有左右两个制动阀，两个制动阀并行地安装于驾驶室的前下方并通过踩下踏板起作用。

当踩下右侧踏板时，油被输送到制动油缸，对四个车轮施加制动。

当踩下左侧踏板时，油被输送到右侧制动阀的先导油口，与踩下右侧踏板时的作用相同，也会对四个车轮施加制动。

另外，左侧制动踏板控制变速器切断开关，驱动变速器电磁阀并将变速器设定到空挡。

① 右制动阀　如图 12-73 所示，共有五个控制油口（A、B、C、D、E），分别接先导油口、后制动器、前制动器、油箱和蓄能器，主要由制动踏板 1、杆 2、先导柱塞 3、滑阀 4 和 7、上部油缸 5、柱塞 6 及下部油缸 8 等零件组成。

a. 踩下踏板时

ⅰ. 上部　踩下制动踏板 1 时，操作力通过杆 2 和弹簧 4 传递到滑阀 3。滑阀 3 下移时，排放口 a 关闭，来自泵和蓄能器的油从油口 A 流向油口 C 并推动后制动油缸。如图 12-74 所示。

ⅱ. 下部　踩下制动踏板 1 时，操作力通过杆 2 和弹簧（4）传递到滑阀 3。滑阀 3 下移时，通过柱塞 6 向下推滑阀 5。此时，排放口 b 关闭，来自泵和蓄能器的油从油口 B 流到油口 D，推动前制动油缸。如图 12-74 所示。

b. 制动阀平衡时

ⅰ. 上部　当油注入后制动油缸且油口 A、油口 C 间压力升高时，从滑阀 3 的节流孔 e（见图 12-76）进入油口 H（见图 12-76）的油推压弹簧 4。它向上推滑阀 3 并关闭油口 A、C 间的油路。此时，排放口 a 仍关闭，进入制动油缸的油仍能保持，因而制动器保持施加状态。如图 12-75 所示。

ⅱ. 下部　上部的滑阀 3 上移且油口 A、C 间油路关闭时，同时油也注入前制动油缸，这样油口 B、D 间油路内压力上升。从滑阀 5 节流孔 f 进入油口 J 的油以与滑阀 3 移动相同的量向上推滑阀 5，并切断油口 B 和油口 D。排放口 b 被关闭，因此进入制动油缸的油能够保持，制动被施加。

上部空间压力与踏板操作力平衡，下部空间的压力与上部空间的压力平衡。当滑阀 3 和 5 移到其行程末端时，油口 A、C 间和油口 B、D 间的油路完全开启，所以上、下部空间的压力和左、右制动油缸内的压力与来自泵的压力相同。

因此，在活塞移到其行程末端以前，制动器的效果可由踏板踩下的量调整。

右制动阀的上部阀出故障时施加制动，即使上部管道漏油，在踩下踏板 1 时，滑阀 5 仍机械下移，下部仍正常动作。后轮制动器不启动。

右制动阀的下部阀出现故障时施加制动即使下部管道漏油，上部仍正常工作。

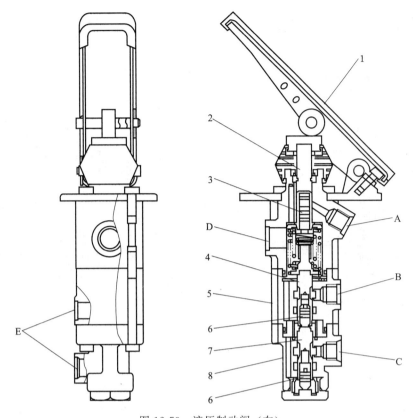

图 12-73　液压制动阀（右）

1—制动踏板；2—杆；3—先导柱塞；4,7—滑阀；5—上部油缸；6—柱塞；8—下部油缸；

A—先导油口（自左制动阀）；B—制动器油口（至后制动器）；

C—制动器油口（至前制动器）；D—排放油口（接油箱）；E—油口 P（自蓄能器）

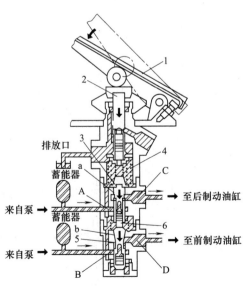

图 12-74　右侧液压制动阀踩下踏板时

1—踏板；2—杆；3,5—滑阀；4—弹簧；6—柱塞；

a,b—排放口；A,B,C,D—油口

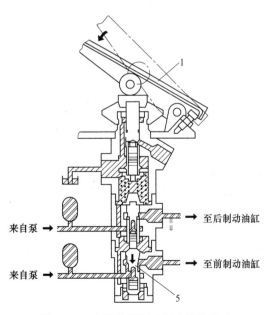

图 12-75　右侧液压制动阀上部平衡时

（图注见图 12-74）

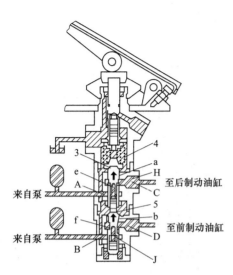

图 12-76　右侧液压制动阀下部平衡时
（图注见图 12-74）

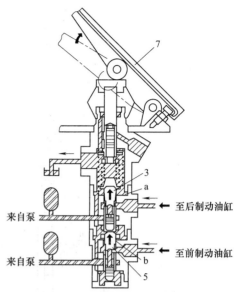

图 12-77　右侧制动阀解除制动时
（图注见图 12-74）

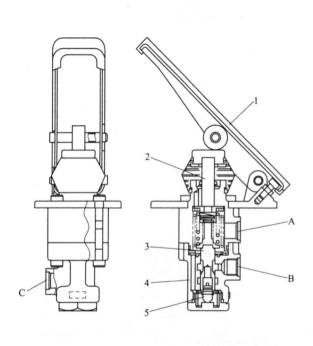

图 12-78　液压制动阀（左）

1—制动踏板；2—杆；3—滑阀；4—油缸；5—柱塞；

A—排放口；B—制动器油口

（至右制动阀）；C—油口 P（自蓄能器）

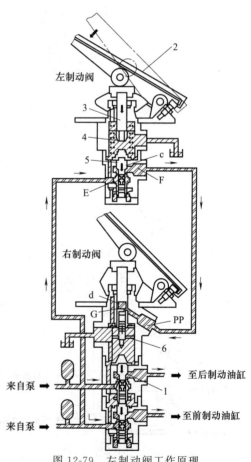

图 12-79　左制动阀工作原理

1,5—滑阀；2—踏板；3—杆；4—弹簧；

6—先导活塞；c—排放口；

d—节流孔；E,F,G—油口；PP—先导油口

c. 解除制动时

ⅰ. 上部　踏板 1 放开且滑阀顶部的操作力消除时，来自制动油缸的背压和滑阀回位弹簧的力向上推滑阀 3。排放口 a 开启，来自制动油缸的油流入液压油箱回油油路，以解除后制动器。

ⅱ. 下部　松开踏板时，上部的滑阀 3 上移。同时来自制动油缸的背压和滑阀回位弹簧的力向上推动滑阀 5。排放口 b 开启，来自制动油缸的油流入液压油箱回油油路，以解除前制动器。如图 12-77 所示。

② 左制动阀　如图 12-78 所示，阀共有三个控制油口（A、B、C），分别接油箱、右制动阀和蓄能器，主要由制动踏板 1、杆 2、滑阀 3、油缸 4、柱塞 5 等零件组成。

踩下踏板 2 时，通过杆 3 和弹簧 4 向上推滑阀 5，排放口 c 关闭。来自泵和蓄能器的油从油口 E 流向油口 F。

左制动阀的油口 F 和右制动阀的油口 PP 用软管连接，因此流入油口 F 的油流向右制动阀的先导油口 PP。

进入先导油口 PP 的油从节流孔 d 流入油口 G，推动先导活塞 6。弹簧向下推滑阀 1，操作与踩下右制动阀时相同。如图 12-79 所示。

（2）供给阀

供给阀的用途是将来自泵的油液保持在规定压力并将其储存在蓄能器中。当油压达到规定值时，来自泵的油接通到排放油路以减少泵的负荷。供给阀如图 12-80 所示，剖面图如图 12-81 所示。

a. 油不输入蓄能器时（切断状态）

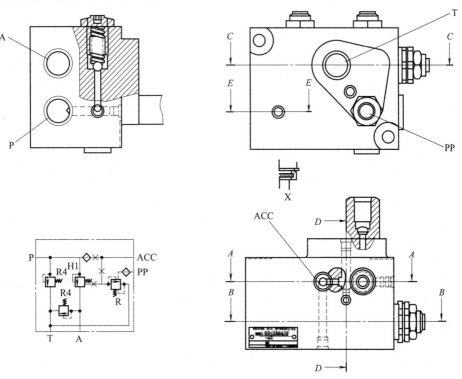

图 12-80　供给阀
A—至 PPC 阀；ACC—至制动阀；PP—至制动阀；P—来自泵；T—排放口

247

如图 12-82 所示油口 B 压力高于溢流阀 R1 的设定压力,因此油口 B 油压向上推活塞 2。提升阀 1 开启,所以油口 C 和油口 T 短路。

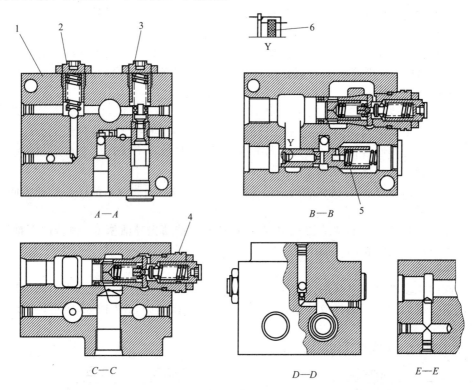

图 12-81　供给阀剖面图

1—阀体;2—主溢流阀(R3);3—溢流阀(R1);4—PPC 溢流阀(R2);5—溢流阀(H1);6—过滤器

滑阀 4 右端的弹簧腔接通溢流阀 R1 的油口 C,因此压力变为油箱压力。来自泵的油进入油口 P,在相当于弹簧 3 荷载的低压下向右推动滑阀 4,并从油口 A 流到 PPC 阀。同时,油通过节流孔 6、7 和 5 流入油箱。

b. 油输入蓄能器时

ⅰ. 接通状态　如图 12-83 所示,当油口 B 压力低于溢流阀 R1 的设定压力时,弹簧 8 将活塞 2 向下推回。阀座 9 和提升阀 1 紧密接触,油口 C 和油口 T 关闭。

滑阀 4 右端的弹簧室也从油口 T 关闭,因此压力升高,油口 P 压力同样升高。

当油口 P 压力高于油口 B 压力(蓄能器压力)时,向蓄能器的供油立即开始。此时,它取决于节流孔 6 的尺寸(面积)和节流孔两侧产生的压差(等于弹簧 3 的荷载)。供油量固定,与发动机转速无关,余下的油流入油口 A。

ⅱ. 达到切断压力时　如图 12-84 所示,当油口 B 压力(蓄能器压力)达到溢流阀 R1 的设定压力时,提升阀 1 与阀座 9 分离,从而产生油流,油路打开。

油路打开时,在活塞 2 上下产生压差,因此活塞 2 上移,提升阀 1 开启,油口 C 和油口 T 被短路。

滑阀 4 右端的弹簧室接通溢流阀 R1 的油口 C,因此压力变为油箱压力。油口 P 压力同样降至等于弹簧 3 荷载的压力,因此向油口 B 的供油停止。

(3)安全溢流阀(R3)

如图 12-85 所示,若油口 P 压力(泵压力)高于溢流阀 R3 的设定压力,来自泵的油推动弹簧 1 向上推球 2,油流入油箱油路,即设定了制动油路的最大压力并保护油路。

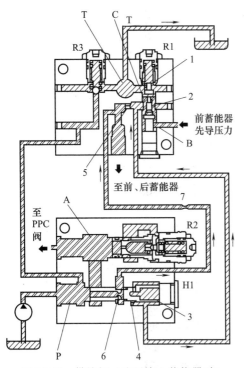

图 12-82　供给阀（油不输入蓄能器时）

1—提升阀；2—活塞；3—弹簧；4—滑阀；

5～7—节流孔；A,B,C,P,T—油口；

R1,H1—溢流阀；R2—PPC溢流阀；R3—主溢流阀

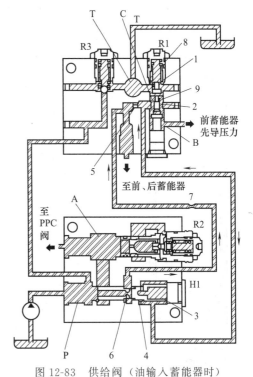

图 12-83　供给阀（油输入蓄能器时）

1—提升阀；2—活塞；3,8—弹簧；

4—滑阀；5～7—节流孔；9—阀座；A,B,C,P,T—油口；

R1,H1—溢流阀；R2—PPC溢流阀；R3—主溢流阀

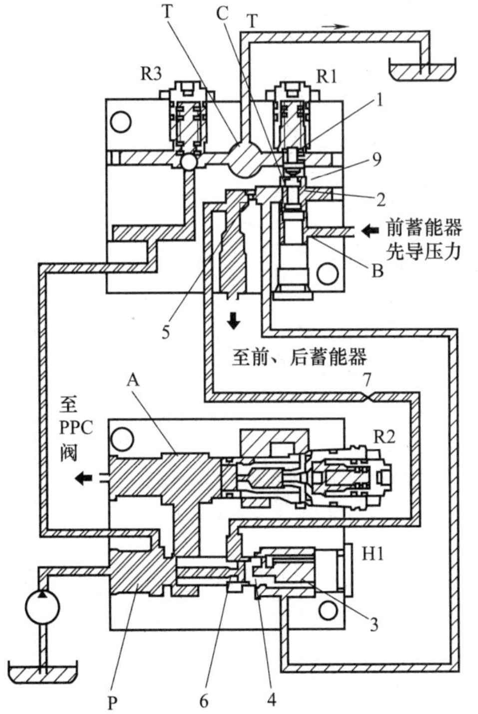

图 12-84　供给阀（达到切断压力时）

（图注见图 12-83）

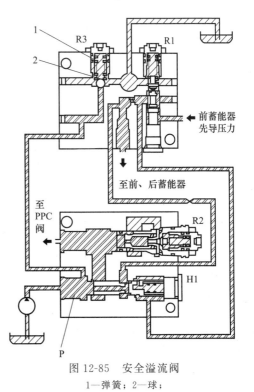

图 12-85　安全溢流阀

1—弹簧；2—球；

P—油口；R1,H1—溢流阀；R2—PPC溢流阀；R3—主溢流阀

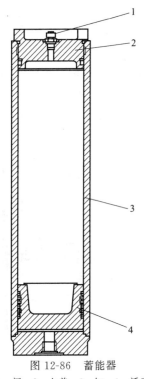

图 12-86　蓄能器
1—阀；2—上盖；3—缸；4—活塞

（4）蓄能器

如图 12-86 所示，蓄能器安装在供给阀和制动阀之间。在缸 3 和自由活塞 4 间充氮气，利用气体的可压缩性吸收液压泵的脉冲或保持制动力，以便在发动机停机时仍可操作机器。

蓄能器规格参数：使用的气体为氮气；充气量为 6000mL；充气压力为 3.4MPa（50℃时）。

12.6　驻车制动器

驻车制动器的作用是停驶后防止机械滑溜，坡道起步，行车制动效能失效后临时使用或配合行车制动器进行紧急制动。

多数工程机械的驻车制动器安装在变速器或分动器之后，这类制动器称为中央制动器，其制动力矩作用在传动轴上。

有些机械直接用后轮制动器中加装必要的机构，使之兼充驻车制动器，即复合式制动器。

中央制动器多采用蹄鼓式制动器。它可采用高制动效能的自动增力式制动器，其外形尺寸小，易调整，防泥沙性能好，停车后没有制动热负荷的影响，故应用较广。

（1）凸轮张开式中央制动器

凸轮张开式中央制动器结构与前述凸轮张开式车轮制动器相同，如图 12-87 所示。

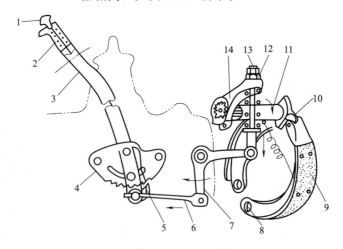

图 12-87　凸轮张开式中央制动器
1—按钮；2—拉杆弹簧；3—制动杆；4—齿扇；5—锁止棘爪；6—传动杆；7—摇臂；
8—偏心支承销孔；9—制动蹄；10—滚轮；11—凸轮轴；12—调整螺母；13—拉杆；14—摆臂

制动鼓通过螺杆与变速器第二轴后端的凸缘盘紧固在一起，制动底板由底板支座借螺栓固定在变速器第二轴轴承盖上，两制动器下端松套在固定于制动底板的偏心支承销上，制动蹄上端装有滚轮 10。制动凸轮轴 11 通过制动底板支座支承在制动底板上部，其外端与摆臂 14 的一端借细花键连接，摆臂的另一端与穿过压紧弹簧的拉杆 13 相连。

调整制动器间隙时，驻车制动杆 3 须在不制动位置：拧进拉杆 13 上的调整螺母 12，即可改变凸轮的原始位置，使制动器间隙和自由行程减小；反之，则增大。如规定的间隙值达不到要求，可拆下摇臂 14 错开一个或数个键齿，装复后再进行微调。通常不应改动蹄的偏心支承销位置，以保证蹄鼓的良好贴合。当需要进行全面调整时（更换新摩擦片后），方可改动偏心支承销的位置。该类制动器在驻车制动时，第三响后应有制动感觉，至第五响时应能使车辆在规定的坡度上停住。

（2）强力弹簧驻车制动器

中央制动器在使用过程中，有时传动系统将承受巨大的冲击载荷。不少重型自卸卡车和大型货车采用了气压操纵的强力弹簧驻车制动器，并将它的制动气室和后轮制动气室组合在一起，形成了一个组合式制动气室，如图 12-88 和图 12-89 所示。

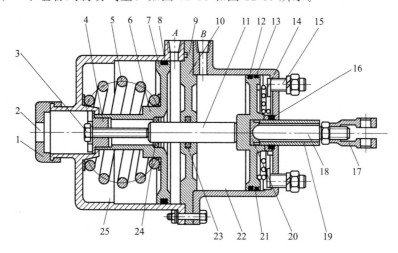

图 12-88 强力弹簧驻车制动和后轮行车制动气室总成（驻车制动位置）

1—防尘罩；2—滤网；3—传力螺杆；4—螺塞；5—腰鼓形制动弹簧；6—活塞；7—油浸毡圈；
8,12—橡胶密封圈；9—隔板；10,23—密封圈；11,18—推杆；13—毡圈；14—后制动活塞复位弹簧；
15—安装螺栓；16—导管油封；17—连接叉；19—导管；20—推杆座；21—后制动活塞；
22—后制动气室；24—内外密封圈总成；25—驻车制动气室

强力弹簧驻车制动器的制动气室是一个双重作用的综合体，后制动气室 22 和驻车制动气室 25 借隔板 9 隔开。推杆 18 外端通过连接叉 17 与制动器的制动臂相连，其球面则支靠在和后制动活塞连为一体的推杆座 20 中。预压的腰鼓形制动弹簧 5 力图使驻车制动器活塞 6 保持在其气室的右端，因而通过推杆将后制动活塞复位弹簧 14 压缩，使制动器产生制动作用。

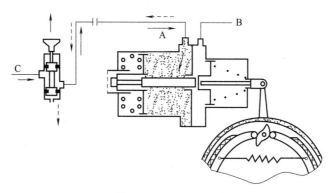

图 12-89 强力弹簧驻车制动器工作原理（不制动位置）

A—通驻车制动操纵阀；B—通行车制动控制阀；C—通储气筒

螺塞 4 和活塞 6 的导管用螺纹连接，拧出传力螺杆 3 可使推杆 11、18 回到左端位置而放松制动。空气经滤网 2 与活塞 6 的左腔相通，以保证活塞正常工作。

后制动气室 22 由行车制动控制阀控制；驻车制动气室 25 由驻车制动操纵阀控制。

其工作情况如下。

① 单独进行驻车制动时　车辆停驶后将驻车制动操纵阀拉出，驻车制动气室右侧的压缩空气便被操纵阀从下端气孔放出，此时 A 口和 B 口与大气相通。腰鼓形强力弹簧便伸张，其作用力依次经活塞 6、螺塞 4、传力螺杆 3 和推杆 11 将后制动活塞 21 推到制动位置，并完全压缩锥形复位弹簧 14。

② 正常行驶，不制动时　在车辆起步前，应将驻车制动操纵阀推回到不制动位置，使压缩空气自储气筒经 A 口充入驻车制动气室右侧，压缩腰鼓形强力弹簧，将驻车制动活塞 6 推到左端不制动的位置。同时，后制动活塞 21 也在其复位弹簧 14 的作用下回到不制动的位置，车辆方可正常行驶。

③ 单独进行行车制动时　行车中踩下行车制动踏板，压缩空气便经行车制动控制阀自 B 口充入后制动气室而制动。

④ 无压缩空气时　若车辆的气源或气路发生故障，不能对驻车制动气室充气，则腰鼓形弹簧将处于伸张状态，使车辆保持制动。所以又称安全制动或自动应急制动装置。

此时，若需要开动或拖动车辆，必须将驻车制动气室中的传力螺杆旋出，卸除腰鼓形弹簧对推杆 11 的推力，使后制动活塞 21 在复位弹簧 14 的作用下退回到不制动的位置，制动解除。在驻车制动气室充足气压后，应将传力螺杆拧入到工作位置，驻车制动才能恢复。

该制动装置没有杆件操纵，对于具有翻转式驾驶室的车辆尤为方便。有的腰鼓形弹簧的弹力达 5500 N，拆卸时应在压力机上进行，以确保安全。

（3）小松 WA380 型装载机驻车制动器

如图 12-90 所示，小松 WA380 型装载机驻车制动器采用机械湿式多盘制动驻车器，靠弹簧力进行驻车制动，通过液压进行驻车制动的释放。

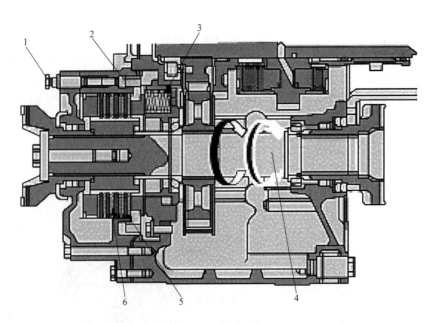

图 12-90　小松 WA380 型装载机驻车制动器

1—驻车制动紧急释放螺栓；2—活塞；3—弹簧；4—变速器输出轴；5—摩擦片；6—摩擦盘

　　制动器中的多个弹簧 3 在安装时有足够的预紧力，将与变速器输出轴的摩擦片 5、与变速器壳体相连的摩擦盘 6 压紧，产生驻车制动效果；当需要解除驻车制动时，接通一定压力的液压油，推动活塞 2 向图 12-90 中右侧移动，进一步压缩弹簧 3，释放施加在摩擦片 5、摩擦盘 6 的压紧力，驻车制动被释放。

　　如果液压油压力低，驻车制动会自动启动。

　　在车轮制动器失效的紧急状态下，也可通过此制动器产生制动效果。

　　当驻车制动控制油路失效时，可通过螺栓 1 往里拧进释放弹簧 3 的压紧力达到人工解除驻车制动的目的。

12.7　轮式机械制动系统的维护

12.7.1　制动系统的维修

　　(1) 气压式制动装置的技术维护

　　① 一般检查与调整　每次在机械行驶或工作前，应检查气压表的指示压力（起步气压），一般应达 392kPa 才能工作。机械在运行时也应检查气压是否正常，一般应保持 590～784kPa 的气压。在发动机中等转速下，压力表指针由零增加到起步气压（未标起步气压时，按 392kPa 计）的时间不应超过 4～8min；在发动机最大转速时，压力表指针由零增加到工作气压（590～784kPa）的时间不应超过 2min。当气压升至 590kPa 时，在使用制动的情况下，停车 3min（发动机熄火）其气压的降低应不超过 9.8kPa。在气压为 590kPa 时，将制动踏板踩到底，待气压稳定后观察 3min，气压降低不得超过 19.6kPa。发动机熄火时，在初压 590～784kPa 下，每小时下降值不应大于 49kPa。

　　空气压缩机皮带的松紧度应经常检查和调整。其检查方法是在皮带中部施以 30～40N 压力时，压下距离应为 10～15mm。

　　定期检查空气压缩机润滑油油面是否达到规定高度，不足时应添加。按期排除油水分离器及储气筒内的机油和水分。经常检查管路和阀件各连接处有无漏气，如有应及时排除。制动气管不允许有凹陷、弯折、扭曲及裂纹、刻痕等，接头螺母以及制动软管接头螺纹不得损坏。经常检查若发现有以上缺陷时，应及时更换。

　　② 制动阀的检查与调整

　　a. 工作气压及踏板行程的调整　制动气室最大工作气压和踏板自由行程的调整部位及方法详见制动阀的检修部分。

　　b. 密封性试验和最大制动气压与排气间隙的调整

　　ⅰ. 密封性试验　进行制动系统密封性检查时，先把储气筒内空气压力打到各机型所规定的最大压力值。踩下制动踏板，在双通阀关闭后，储气筒中由于气阀密封性的不同，在相同的时间内就会有不等的压力降。一般规定在 5min 内，压力下降不应超过 49kPa。

　　踩下制动踏板，观察气压表指针，若气压下降过少，说明制动阀不良，如进气阀开度过小或平衡弹簧过软等。踩住踏板后气压不断下降，说明有漏气处，如排气阀关闭不严、制动气室漏气、制动软管漏气等。

　　ⅱ. 最大制动气压与排气间隙的调整　在检查时先把储气筒内空气压力打到各机型所规定的最大压力值，在制动阀的出气口处连接一压力表，将制动踏板踩到底，输出气压稳定后，压力表读数应符合维修手册规定值，如与规定值不符，则旋转调整螺钉 12 进行调整（见图 12-59），旋出螺钉，最大制动气压增大，旋进螺钉，最大制动气压减小。

　　排气间隙可通过螺钉 11 进行调整（见图 12-59），旋出螺钉，排气间隙增大，相应的制动踏板行程增大；旋进螺钉，排气间隙减小，相应的制动踏板行程变小。

（2）气液综合式制动系统的技术维护

① 一般检查与调整　与气压制动装置的作业项目相同，但要求有差异，具体情况可查阅有关车型手册。

② 调压阀的检查与调整　压力调节器及安全阀出厂时都经试验已调好并铅封，一般情况下不得任意拆卸。但在使用中，如发现储气筒充气压力过低或安全阀经常开启，则必须进行调整。

调整时，先调整安全阀。为此，将压力调节器的调整螺钉拧死，提高气压，若安全阀开启压力过高或过低，应调整安全阀。安全阀调整正常后，再调整压力调节器。

③ 制动器的调整　制动器在使用过程中，由于摩擦片磨损，使制动蹄摩擦片与制动鼓之间的间隙增加，因此必须定期检查调整。

④ 气液综合式制动驱动机构的放气　在放气之前，每一油气加力器储油箱加满规定牌号的制动油，按下列顺序进行放气。

a. 制动分泵放气

ⅰ. 用软管连接分泵上的放气螺钉，软管的另一端通入一合适的容器中。

ⅱ. 踩下制动踏板并保持踏板位置不变。

ⅲ. 拧开分泵上的放气螺钉，使空气排出。

ⅳ. 拧紧放气螺钉。

ⅴ. 放松制动踏板。

重复上述操作，直至空气全部排出。在放气过程中，根据需要，应向储油箱内补充制动油。

b. 油气加力器放气　按同样方法，对油气加力器进行放气，放气时所回收的制动油可以继续使用。

放气是否彻底，应进行检查。检查方法按所属车型的使用保养说明书进行。

（3）机械式制动系统的技术维护

该种制动驱动机构一般用于驻车制动。下面以CA1091型汽车驻车制动器为例介绍其调整方法。

驻车制动器也称手制动器，其调整主要是蹄片间隙的调整。因CA1091型汽车驻车制动器为钳盘式，故调整前应先校正制动盘的翘曲。一般将其安装在变速器两轴上，在半径120mm处用百分表测端面跳动应不大于0.25mm，否则车磨修平。也可在盘与凸缘间加垫铜皮调整。

蹄片间隙的调整步骤如下（见图12-91）。

① 在蹄片和制动盘之间各插入一根长250mm、厚0.30～0.60mm的厚薄规（也可用废锯条）。

② 旋转拉杆11的调整螺母，直到拉动厚薄规有明显阻力为止，然后锁紧锁母。

③ 旋转蹄片上端两个调整螺钉6，使蹄片与制动盘保持平行。然后将锁母拧紧，并将蹄片下端小弹簧挂好。

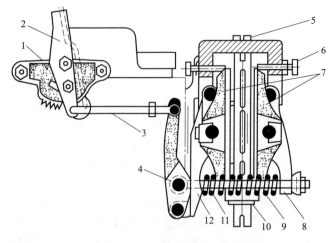

图12-91　盘式驻车制动器调整

1—棘轮板；2—驻车制动杆；3—传动杆；4—拉杆臂；5—制动盘；

6—调整螺母；7—制动蹄；8,12—制动蹄臂；

9—弹簧；10—制动蹄拉杆；11—拉杆

④ 将驻车制动杆 2 推至完全放松位置，调整传动杆 3 的长度，使其与拉杆臂 4 的销孔重合，穿上销子。

不允许用拉动拉杆臂 4 的方法使销孔对齐。调整完毕后，应达到下述要求：拉动驻车制动杆至全行程的 1/2～2/3 时，如 CA1091 型汽车为棘爪在齿形板上移动 3～5 个齿，蹄片应完全压紧制动盘；拉紧驻车制动后，用二挡不能起步或能使车辆在 20mm/100mm（11°30′）的坡道上制动驻车；解除制动后，蹄片与盘不会发生摩擦。

12.7.2　制动驱动机构的维修

气压或液压制动传动管路系统以前大都用单管路系统，结构简单，但某一分管路发生泄漏时，将使整个制动系统失效。近年来广泛采用了双管路系统，即通向前、后桥制动室的管路分属两个独立的管路系统，这样即使一个管路系统破坏，另一管路系统仍能正常工作。

制动驱动机构是制动系统的主要组成部分，结构比较复杂，它的工作好坏直接影响制动效果和行车安全，维修时应由专人进行此项工作。

（1）空压机的维修

空压机的主要故障是气压不足、效率不高、窜油和异响。引起窜油的原因有：气环和油环对口，活塞环装错；活塞环磨损严重及气缸刮伤或偏磨。此外，滤清器堵塞或机油回油管堵塞也会引起窜油。产生异响的主要原因是各运动件因磨损配合间隙过大。空压机在使用中应按使用说明书的规定进行定期维护。

空压机的检修与发动机相似。下面以 EQ1090 型汽车空压机为例介绍其检修。

① 解体　拆下缸盖总成，拆下底盖，拆掉连杆上的开口销，拧松连杆螺母，取下连杆盖，从缸体上部抽出活塞连杆组。从曲轴皮带轮前端拔掉开口销，拧出螺母，卸下皮带轮，拧出曲轴箱前盖紧固螺栓，卸下前盖，拧出曲轴箱后盖紧固螺栓，卸下后盖（注意后盖内的油堵和弹簧），拆下轴承锁环，将曲轴从前端压出。分解活塞连杆组，拆下活塞销挡圈，压出活塞销，取下连杆，从活塞上卸下活塞环。解体后零件应彻底清洗。

② 检修

a. 缸盖、缸体外部裂纹长度不超过 50mm 可焊修，平面度误差超过 0.05mm 时应修整，螺孔螺纹损伤 2 牙以上应镶螺套修复。

b. 检查活塞与气缸配合，当其配合间隙超过极限或气缸圆柱度、圆度超差时应进行修复。气缸修理尺寸分三级，每级 0.40mm。缸套与缸体过盈量为 0.03～0.06mm。气缸圆度极限值为 0.05～0.08mm，圆柱度极限值为 0.15～0.20mm。

c. 曲轴轴颈圆度、圆柱度误差超过 0.015mm 时应修磨至修理尺寸。修理尺寸分四级，每级 0.25mm。轴颈直径磨损超限后换曲轴或刷镀、喷涂、堆焊修复。在使用维护中圆度、圆柱度的使用极限为 0.03mm。

d. 在活塞连杆组合件中，连杆及盖结合端面应平整，其平面度误差不大于 0.03mm。连杆变形的检查与校正与主机相同。

连杆衬套压入连杆小端孔时，应保证有 0.015～0.04mm 的过盈量。经铰削或镗削后的衬套内孔与活塞销的配合间隙为 0.005～0.01mm。

活塞销应分组选配，保证活塞销与销孔及衬套孔配合符合要求。在 15～25℃ 时，活塞销同衬套孔装复时以能用拇指压进为度，同销孔配合以能用木锤轻轻敲入为宜。

连杆轴承与连杆轴颈的径向间隙超过规定值时，可抽调垫片，如还不能达到要求，应更换轴承。在连杆盖两端面加 2～3 片 0.05mm 的垫片，并按规定力矩拧紧连杆螺栓后进行镗削，加工后的轴承与轴颈配合应符合技术要求。

活塞环与活塞装配前应检查其端隙、背隙、侧隙，应符合技术要求。背隙一般为

$0.15 \sim 0.35 \text{mm}$。

③ 装配注意事项

a. 装配前应将全部零件洗净吹干，保证润滑油道畅通。

b. 装配前应对活塞环进行漏光检查。

c. 活塞连杆组未装活塞环之前，应进行偏缸检查，如偏差超过 0.07mm，应复校连杆。

d. 活塞环装上活塞时，应使第一环内缺口向上，第二环外缺口向下。活塞连杆组最后装进气缸时，活塞环开口应互相错开。

e. 活塞连杆组装入气缸时，各摩擦表面应涂洁净机油。连杆螺栓应按规定分几次拧紧。活塞连杆组装好后，应能以不大于 $8 \text{N} \cdot \text{m}$ 的力矩转动曲轴。

f. 安装气缸盖、紧固缸盖螺栓时，应交叉对称均匀地分两次拧紧，力矩为 $12 \sim 17 \text{N} \cdot \text{m}$。

④ 性能试验

a. 台架试验

ⅰ. 将空压机同 $5.5 \sim 6 \text{L}$ 的储气筒连接，当曲轴转速达到 $1200 \sim 1350 \text{r/min}$、压力达 $800 \sim 900 \text{kPa}$ 时，检查有无杂声、漏气、漏油及轴承过热情况。

ⅱ. 在储气筒上装一直径为 $(1.6 \pm 0.01) \text{mm}$ 的与大气相通的放气量孔，当放气量孔开启后 5min 内，空压机应使储气筒内的压力不低于 250kPa，进入储气筒的润滑油应不超过 1.5mL。

ⅲ. 当放气量孔关闭时，储气筒中空压机产生的最大压力不应超过 900kPa。

ⅳ. 在机油压力为 $140 \sim 200 \text{kPa}$ 时，经曲轴箱底盖回油孔流出的油量在 5min 内不超过 0.7kg。

ⅴ. 停止运转后，储气筒压力下降，从 700kPa 开始每分钟下降不超过 20kPa。

b. 装在车辆上试验

ⅰ. 当发动机在 $1200 \sim 1350 \text{r/min}$ 的转速下运转 5min，气压应达到 700kPa，继续运转的最大压力不应超过 900kPa。此时进行检查，应无杂声、漏油及轴承过热现象。

ⅱ. 停车后，储气筒压力下降，从 700kPa 开始，在 1min 内不应超过 20kPa。

（2）制动阀的检修

串联双腔活塞式制动阀的检修，如图 12-92 所示，以 CA1091 型汽车使用的制动阀为例介绍如下。

① 解体检修

a. 从上盖的耳架上拆下拉臂，检查滚轮是否运转自如，若有锈蚀发卡现象，则清理。

b. 拆下挺杆及防尘罩，并清除挺杆上的尘土污垢，拆下上盖。

c. 拆下平衡弹簧座、平衡弹簧及上活塞，检查上活塞橡胶密封圈磨损是否严重，必要时更换新件；检查活塞的阀口是否损伤，若损伤应研磨修整，然后取出上活塞回动弹簧。

d. 拆下上壳体，检查上壳体槽中的橡胶密封圈磨损是否严重，若是，即换新件。

e. 拆下中壳体，由中壳体中取出下活塞、继动活塞及回动弹簧，检查活塞上的橡胶密封圈是否磨损严重，若是，即更换；检查下活塞的阀口是否损伤，若损伤则进行修整。

f. 拆下中壳体的两个挡圈，即可取出上阀门座、上阀门总成及回动弹簧，检查橡胶密封圈及上阀门的橡胶表面，看是否有严重磨损或压痕，若已损伤且影响密封，即换新件；检查中壳体的阀门，看是否损伤，若是，则修整。

g. 拆下下壳体的挡圈，取出排气阀及阀座并检查，若破损则更换。

h. 拆下下阀门座的挡圈，取出下阀门座，检查其橡胶密封圈，若损伤则更换。

i. 取出下阀门回动弹簧、弹簧座及下阀门总成，检查密封圈及阀口，若损伤则更换或修整阀口。各活塞与其相配合的内孔的配合间隙最大不得超过 0.45mm。

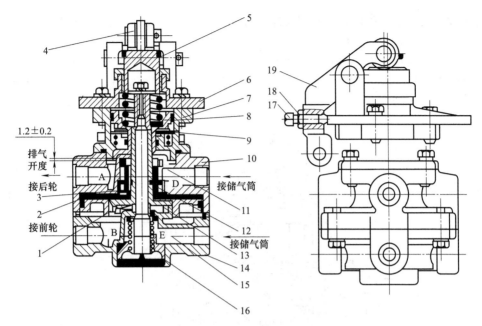

图 12-92　CA1091 型汽车制动阀

1—小活塞回动弹簧；2—大活塞；3—通气孔；4—滚轮；5—挺杆；6—上盖；7—上壳体；8—上活塞总成；
9—上活塞回动弹簧；10—中壳体；11—上阀门；12—卡环；13—小活塞总成；14—下壳体；15—下阀门；
16—排气阀；17—调整螺钉；18—锁紧螺母；19—拉臂；

A，B，D，E—腔

② 装配调整

a. 零件在装配前应清洗干净，不允许有划痕及棉纱等夹杂物。

b. 装配时应在安装橡胶圈的槽中填充工业锂基脂，在有相对运动的零件表面涂一薄层锂基脂，多余的则除去。

c. 按零件拆卸的相反顺序进行装配。

d. 注意，装配时首先将平衡弹簧及上活塞总成 8 装到上盖 6 及上壳体 7 之间，然后合装上壳体 7 和中壳体 10，并装好拉臂 19、滚轮 4 及挺杆 5。此时，用调整螺钉 17 来调整上阀门排气间隙 [其开度为 (1.2 +0.2)mm]，调好后用锁母锁紧。

e. 上、中、下壳体装合时，四个螺栓应对角均匀拧紧，以免壳体断裂或密封不良。

f. 装配后，拉臂及活塞等零件运动应灵活自如，不得有阻滞、复位不彻底或卡死现象。

g. 密封性检查。首先在制动阀上、下腔进口与储气筒之间各串联一个容积为 1L 的容器及一个阀门，通过 800kPa 左右的空气。

ⅰ. 关闭阀门，检查进气腔 D、E 的密封性，经 5min 气压表示值降低应不大于 25kPa。

ⅱ. 拉动拉臂到极限位置，检查 A、B 腔的密封性，经 1min 气压下降值不大于 50kPa。

调节和连接控制阀与制动踏板之间的拉杆时必须注意，制动踏板的最大行程是由制动阀内部上活塞及上壳体相接触来限制的，当踩下踏板到极限位置时，踏板及拉杆等传动件不允许与其他任何相邻的部件相碰。调整时应注意：调整螺钉 17 是用来调整排气间隙的，出厂时已调好，使用中不得任意拧动。

停车后，若储气筒的气压下降很快，而制动阀下部排气口又有漏气现象时，可拆下卡环，取出下阀门 15，清除阀门橡胶表面的积存物，如橡胶表面有较深的压痕时，需用砂布轻轻磨掉压痕。必要时拧下中壳体与下壳体的连接螺栓，取下下壳体，拔出下腔小活塞，拆下卡环，取出上阀门，清除其表面积存物。

必须注意挺杆上橡胶保护套的密封性，密封性不好时，泥土会进入摩擦表面，导致挺杆卡滞，影响制动阀的正常工作。

（3）油水分离器、压力调节器及安全阀的检修

以 SH380 型、BJ370 型汽车采用的组合阀为例介绍其检修方法，如图 12-93 所示。

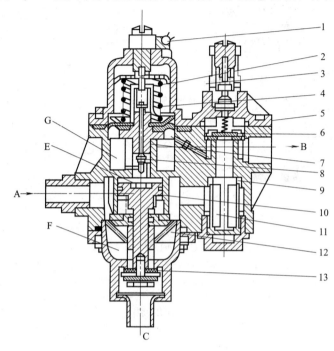

图 12-93　油水分离器组合阀

1—调压器调整螺钉；2—调压器弹簧；3—安全阀；4—排气阀；5—膜片座；6—单向阀；7—节流塞；
8—进气阀；9—中阀体；10—放气活塞；11—滤芯；12—油水收集器；13—放泄阀；
A—接空压机；B—接储气筒；C—放油水口；E—卸荷腔室；F—油水聚集室；G—压力控制腔室

① 维护　车辆行驶 6000km 后，应对油水分离器组合阀进行部分清洗。拆下滤芯 11 进行一次清洗，除去污垢。拆下下盖，取出放泄阀 13 及活塞等零件，并进行彻底清洗。装配时，对活塞 10 装密封圈槽部及零件的活动表面加适量锂基脂。

② 零件的检查　仔细检查各零件是否有变形、磨损等损伤，尤其应注意进气阀 8 和排气阀 4、放泄阀 13、单向阀 6 的损伤情况，必要时修理或更换。注意各密封圈及膜片是否损坏及老化。节流塞 7 应保持畅通。

③ 装配和检验　在装配前，对所有金属零件内外表面应仔细地进行清洗，不应留有油污。注意用润滑脂润滑所有活动零件的工作表面，尤其是装密封圈的槽部。组装后，应进行密封性能和工作性能的检验并进行调整。

a. 密封性能检验

ⅰ. 空压机在充气阶段时漏气：油水分离器排气口漏气，说明放泄阀 13 密封不严；压力调节器排气孔漏气，说明进气阀 8、活塞密封圈或膜片密封不严；安全阀排气孔漏气，说明安全阀阀门密封不严。

ⅱ. 空压机在卸载阶段时漏气：压力调节器排气孔漏气，说明排气阀 4 或膜片密封不严；发动机熄火时，油水分离器排气口漏气，说明单向阀 6 或活塞 10 密封圈漏气。

b. 安全阀开启压力的检查与调整　检查时，先将压力调节器调整螺栓拧死，提高储气筒的气压。当储气筒气压超过 833kPa 时，允许安全阀排气孔有微量的漏气。当储气筒气压

达 860～900kPa 时，安全阀应开启。储气筒气压应不再升高。否则，应调整安全阀。

c. 储气筒充气压力的检查与调整　安全阀调整正常后，再调整压力调节器。先将储气筒气压降到 686kPa 以下，松开压力调节器调整螺钉。提高储气筒气压并逐渐拧紧压力调节器调整螺钉，使气压为 760～800kPa 时放泄阀开启；当气压降低到 686～735kPa 时，放泄阀又重新关闭，接空压机的卸荷阀管道内压力应降为零，使空压机又恢复向储气筒充气。

（4）油气加力器的检修

以 SH380 型重型汽车所采用的油气加力器为例介绍其维修，如图 12-94 所示。

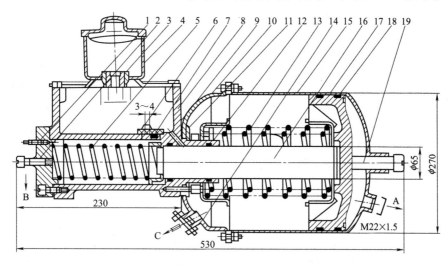

图 12-94　油气加力器

1—放气螺钉；2—出油螺栓；3—过滤网；4—储油罐；5—复位弹簧；6—进油阀螺塞；7—进油阀；8—缸体；9—阀门托盘；10—气室缸体盖；11,12—密封圈；13—复位弹簧；14—滤清器；15—气室缸体；16—活塞杆；17—活塞；18—活塞皮碗；19—调整螺钉；A—接快放阀与制动阀；B—接前、后制动分泵；C—通大气

① 技术维护　SH380 型汽车油气加力器进油阀为自定心结构，液压系统内无剩余压力，技术维护时应特别注意检查管路的密封性。若管路密封不严，空气将渗入系统内。

在二级维护作业中，应清洗储油罐和滤清器，更换制动液；检查进油阀、活塞杆和活塞密封圈的密封性，必要时应予以更换。

② 零件检修

a. 检查各滑动零件是否过度磨损或损坏。活塞、气室缸体、活塞杆等不得有擦伤现象。

b. 检查橡胶密封件是否有膨胀变形、磨损及老化等现象，如有，则更换。

c. 弹簧不应有永久变形、锈蚀及断裂，如有，则应予以更换。

③ 组装与工作性能检查

a. 组装时，所有滑动零件摩擦表面应涂一薄层润滑脂，活塞皮碗应添加适量的润滑脂，活塞毛毡要浸透 10 号机油。

b. 组装活塞皮碗时应注意，皮碗开口的一端应朝向气室进气的一侧。如装错，皮碗将不起密封作用。将活塞装入气室缸体内时注意不要碰坏活塞皮碗。

c. 由于活塞复位弹簧有一定预紧力，所以组装气室缸体盖时，应在压力机上进行。

d. 组装后应调整进油阀开启的倾斜度。用气室缸体尾部上的调整螺栓来调节活塞复位时的极限位置，使进油阀的倾斜角约为 15°。

e. 活塞在工作过程中应移动迅速，中途不应有卡住现象。油气加力器不得有漏气及漏油现象，进油阀门应关闭紧密。

（5）制动气室的检修

制动气室有两种形式，一种是膜片式，如中型汽车的制动气室；另一种是活塞式。

制动气室检修时，对外壳的裂纹和凹陷应焊补整形或换新。推杆弯曲应校正。弹簧应无弯曲、变形及弹力不足现象。膜片或活塞密封圈应无裂纹及老化现象，否则换新。活塞式制动气室的活塞及气室缸筒磨损严重时应换新。膜片式制动气室更换里程为6万公里，以保证安全。装配时，盖的螺钉应分几次均匀上紧，当通入压缩空气时，推杆动作应灵活迅速，且在882kPa气压下不应漏气。左右制动气室推杆长度应调整一致。

（6）液压制动总泵与分泵的修理

① 主要零件的修理　制动总泵及分泵长期使用后，由于活塞及皮碗对缸壁的磨损，造成缸壁内径增大、偏磨、出现沟槽或台阶，当缸筒圆度、圆柱度误差大于0.025mm，磨损量超过0.12mm时，可镶套修复或更换新件。未达到上述限度时，可通过更换活塞改善其使用性能。

镶套时，首先应视总、分泵自身的壁厚条件决定其是否可行。一般镶套的壁厚为2.5～3mm，配合过盈量为0.03～0.05mm，不得有气孔、砂眼。镶入后再加工内孔至标准尺寸，研磨前应按原厂规定尺寸加工回油孔、补偿孔、放气螺孔。

总、分泵皮碗、皮圈和油阀等零件在维修中均应更换。

复位弹簧应正直、无明显变形、弹力足够，不符合所属车型规定时，应更换。总泵星形阀片如有损坏应换新。

② 总、分泵的装配

a. 装合前，所有零件必须浸放在制动液中清洗干净。

b. 检查总泵储油室内的补偿孔和旁通孔，以及活塞顶端一圈圆孔是否畅通。

c. 装总泵之前应将皮圈套装在活塞上，然后依次将控制阀、复位弹簧、皮碗、活塞、垫圈、锁环、推杆、防尘罩等装上。

d. 在装储油室盖及衬垫之前，检查储油室底部补偿孔和旁通孔，在自由状态下两孔不应被皮碗遮盖，皮碗端面离旁通孔的距离应保持在0.5～0.7mm之间，如不符合要求可在垫圈与活塞之间增减垫片。

e. 装分泵时，应先装好一端后再装另一端，最后装放气螺套和螺钉。装合后应检查其在不工作状态下，两端皮碗不堵住分泵中间的进油孔。

③ 试验　总、分泵装配好后，有条件的应进行总、分泵效能试验。检查项目主要是密封性及渗漏情况。

12.8　制动系统的故障诊断

（1）制动不灵或失效

制动时各车轮不起制动作用，或虽制动但效果很差，车辆不能立即减速和停止。其检查方法如下。

① 气压制动　启动发动机，检查压力表读数值是否上升，正常的应在数分钟后达到正常压力700～900kPa。如压力表读数一直为零，可踩下制动踏板，再抬起踏板时有排气声，说明压力表有故障，应予更换，如无排气声应检查压气机构的故障，如传动皮带过松，空压机至储气筒一段气管漏气等。如压力表读数值很低，则应检查空压机进、排气阀是否漏气。

如压力表指示正常，但制动时压力下降很快，应检查制动阀，一般不踩制动踏板时，从排气阀漏气是进气阀密封不严；当踩下制动踏板时，从排气阀漏气是排气阀本身关闭不严。

此外，还应检查制动阀至各轮缸间气管及接头有无漏气。如无漏气应检查制动踏板自由行程及制动蹄片与制动鼓的间隙等，当制动踏板自由行程过大或制动蹄片与制动鼓的间隙过大时，往往造成制动不灵。可参考图12-95进行故障诊断。

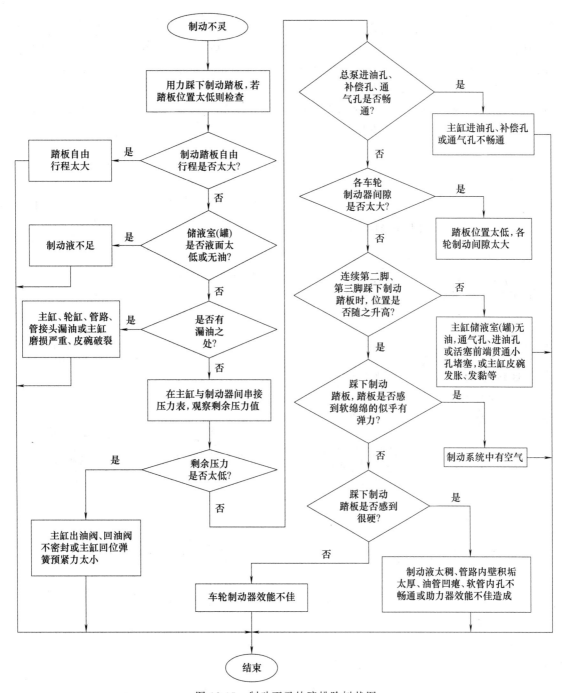

图 12-95　制动不灵故障排除树状图

② 液压制动　踩下制动踏板，感到无力，连踩几次仍然如此，多为总泵缺油或总泵皮碗踩翻（由于总泵活塞与缸壁间隙过大）。如连踩几脚有弹性感，说明油路有空气，应进行排气。如连踩几次制动踏板后踏板不升高，说明分泵或油管严重漏油，总泵加油孔盖通气孔堵塞，总泵进油孔堵塞，皮碗漏油或出油阀失效等。制动蹄固定销孔太旷、锈住，制动鼓变形或有沟槽，制动蹄片与制动鼓接触面积太小，接触面有油污，制动蹄片磨损严重或间隙调整不合适等，也会引起制动不灵。

（2）制动跑偏

制动时同轴上左右轮制动效果不一，使车辆向一边跑偏称为制动跑偏。制动时，机械或车辆向制动力矩大的一侧车轮跑偏。制动时跑偏，说明某一侧车轮制动器或制动气室有故障，其原因一般为左、右蹄片与制动鼓间隙不一致，个别蹄片油污、硬化、铆钉露出，个别制动鼓磨损失圆等。此外，如左、右车轮制动器摩擦片型号、质量不一致及摩擦片磨损不均也会引起制动跑偏。试车时，从车辆制动跑偏的方向和轮胎拖印痕迹不难找出制动不良的车轮。可参考图 12-96 进行故障诊断。

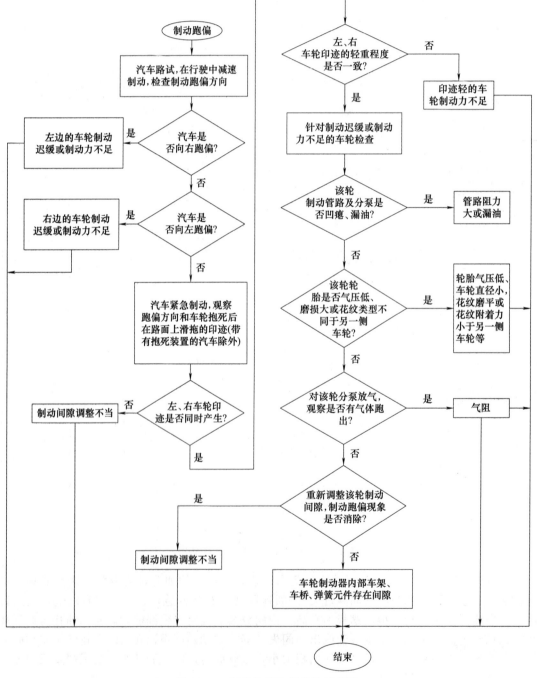

图 12-96　制动跑偏故障排除树状图

（3）制动拖滞

制动停车后，由于制动蹄片与制动鼓咬住，造成再起步困难，称为制动拖滞。在这种情况下行驶，不易加速，且制动鼓发热。若全部车轮都发咬，则故障多出自制动阀。液压制动一般为制动踏板自由行程太小或回油孔堵塞，使制动液压力在制动踏板释放时也不能解除。检查时可将总泵储液室盖打开，踩下制动踏板，慢慢抬起，观察回油情况，若不回油即说明自由行程太小或回油孔堵塞。可参考图 12-97 进行故障诊断。

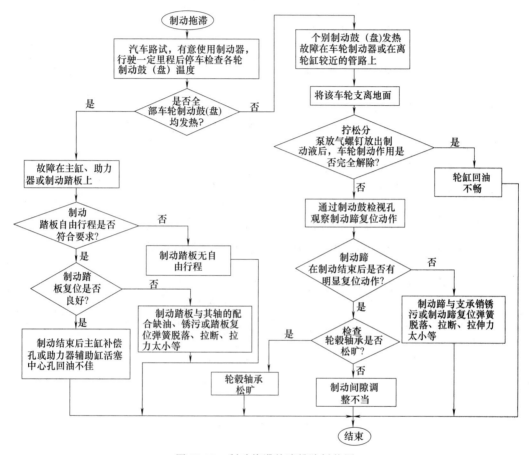

图 12-97　制动拖滞故障排除树状图

制动器发咬的主要原因如下。

① 制动蹄与制动鼓之间的间隙过小，不能保证制动蹄和制动鼓彻底分离。

② 复位弹簧弹力不足或断裂，凸轮轴、支承销与衬套装配过紧、润滑不良或锈蚀。

③ 制动阀或快放阀工作不正常，使排气缓慢或排气不彻底。

④ 气液综合式制动驱动机构中液压系统有故障：液压系统管路中有异物而堵塞，系统中存在残余压力，使制动器分离不彻底；制动分泵活塞自动复位机构因紧固片破裂或与紧固轴配合过松而失效。

盘式制动器摩擦片变形，固定盘或转动盘花键齿卡住，分离不彻底，也会引起制动器发咬。

复习与思考题

一、填空题

1. 工程机械制动系统一般至少装用_____套各自独立的系统，即主要用于_____

时制动的_____装置和主要用于_____时制动的_____装置。

2. 行车制动装置按制动力源可分为_____和_____两类。

3. 按制动传动机构回路的布置形式有_____、_____、_____、_____，其中双回路制动系统提高了车辆制动的_____。

4. 制动力不可能超过_____。

5. 按温度特性分，常用的制动液型号有_____、_____、_____等几种形式。

6. 盘式车轮制动器活塞密封圈的作用是_____和_____。

7. 制动稳定性包括_____、_____。

8. 工程机械采用的车轮制动器是利用_____来产生制动的，它的结构分为_____式和_____式两种。

9. 制动器按其安装位置分为_____和_____两种形式。

10. 真空助力器里面的膜片的动作由一组阀来控制，一个阀称为_____，另一个称为_____。

11. 液压制动系统的液压助力来源有_____和_____、_____等形式。

12. 盘式制动器的基本零件是_____、_____和_____组件。

13. 双管路液压制动传动装置是利用_____的双腔制动主缸，通过_____独立管路，分别控制两桥或三桥的车轮制动器。其特点是若其中一套管路_____时，另一套管路仍能继续起制动作用，从而提高了车辆制动的可靠性和行车安全性。

14. 双回路液压制动系统中任一回路失效时，制动主缸_____，只是所需踏板行程_____，将导致车辆的制动距离_____，制动效能将_____。

15. 车辆的制动系统由产生制动作用的_____和操纵制动器的_____组成。

16. 操纵制动器的传动机构有_____式、_____式和气压式三种。

17. 制动时汽车方向稳定性是指汽车制动过程中保持_____的能力。

18. 制动主缸利用液体的_____特性，将驾驶员的踏板运动传送到车轮制动器。

19. 制动总泵的_____孔在制动器松开时，为液体从高压室流进储液罐提供通道。

20. 按制动蹄张开装置的形式不同，鼓式制动器有液压驱动轮缸张开式与_____驱动凸轮张开式。

二、选择题

1. 下列几种形式的制动传动机构中，（ ）仅用在手制动上。

A. 机械式　　　　　B. 液压式　　　　　C. 气动式　　　　　D. 以上均不是

2. 甲认为制动踏板的行程过大可能是由于制动液液面过低造成的，乙认为制动踏板的行程过大可能是由于液压系统内混入空气造成的，（ ）。

A. 只有甲正确　　　B. 只有乙正确　　　C. 两人均正确　　　D. 两人均不正确

3. 下列步骤除了（ ）外，其余都是常用的双制动主缸维修的步骤。

A. 为拆下主活塞总成，将副活塞限位螺栓拧下

B. 用脱脂溶剂清洗制动主缸

C. 用研磨法将缸内的锈全部除掉

D. 更换所有的皮碗和密封

4. 制动器缓慢拖滞转动的原因可能是（ ）。

A. 系统内空气过量　　　　　　　　　B. 制动轮缸或制动钳活塞被卡住

C. 制动踏板回位弹簧拉力过大　　　　D. 制动蹄片磨损量过大

5. 制动液压系统进行必需的修理后，（ ）的情况不要求对制动液压系统进行冲洗。

A. 制动液含有水分　　　　　　　　　　B. 系统内渗有空气

C. 制动液内有细小脏微粒　　　　　　　D. 制动液型号用错

6. 甲认为制动鼓绝不能加工成超出规定的最大直径，乙认为当制动鼓圆度误差超过极限值时就应当使用车床加工，（　　　）。

A. 只有甲正确　　　B. 只有乙正确　　　C. 两人均正确　　　D. 两人均不正确

7. 顾客抱怨用平稳的力踩制动踏板时，制动踏板只是缓慢地移向地板，没有制动液泄漏的迹象。下列（　　　）最有可能是该故障的原因。

A. 溢流阀工作不正常　　　　　　　　　B. 主皮碗过量磨损

C. 副皮碗过量磨损　　　　　　　　　　D. 活塞弹簧变软

8. 制动时制动踏板的行程过大，下列（　　　）可能是其中的原因。

A. 制动轮缸的活塞被卡住　　　　　　　B. 制动蹄与制动鼓间的间隙过大

C. 制动蹄片磨损量过大　　　　　　　　D. 驻车制动器调整有误

9. 在下列四项中（　　　）外，其余都是在制动主缸放气之后，对各制动器放气的正确方法。

A. 必须先对制动管路最长的制动器放气

B. 正确的放气顺序取决于制动系统管路采用哪种布置方式

C. 所有类型的制动管路必须先从左后轮开始放气

D. 必须把一个制动器上的所有气体放尽，才能给下一个制动器放气

10. 甲认为制动蹄的中间部分磨损量过大是正常的，乙认为如果制动蹄片高出铆钉头的值不足，就应更换制动蹄片，（　　　）。

A. 只有甲正确　　　B. 只有乙正确　　　C. 两人均正确　　　D. 两人均不正确

11. 下列（　　　）几乎不可能是一个车轮制动器缓慢拖滞转动的原因。

A. 液压口、制动管路、软管等堵塞　　　B. 驻车制动器拉索被卡住

C. 制动主缸筒磨损　　　　　　　　　　D. 制动钳卡住

12. 液压制动的车辆产生了制动踏板绵软感，（　　　）可能是问题的原因。

A. 空气进入制动系统　　　　　　　　　B. 制动主缸内部泄漏

C. 制动蹄片磨损过量　　　　　　　　　D. 制动盘扭曲

13. 一辆装有真空助力制动器的车辆，进行制动时踏板力量不正常，（　　　）可能是故障原因。

A. 制动主缸内泄漏　　　　　　　　　　B. 助力器内的真空度过大

C. 助力器真空管路堵塞　　　　　　　　D. 制动液液面太低

14. 在分析装有真空助力制动系统的汽车的制动故障原因时，甲认为踏板行程过大可能是由于存在泄漏的单向阀造成的，乙认为踏板行程过大可能是由于制动主缸内的推杆调节不正确造成的，（　　　）。

A. 只有甲正确　　　B. 只有乙正确　　　C. 两人均正确　　　D. 两人均不正确

15. 除了下列（　　　）外其余各项都可能成为驻车制动器失效或无法保持制动的原因。

A. 拉索调整不当　　　　　　　　　　　B. 后轮制动器调整不当

C. 制动蹄磨损量过大　　　　　　　　　D. 制动系统中的液压系统内有空气

三、判断题

1. 最佳的制动状态是车轮完全被抱死而发生滑移时。　　　　　　　　　　　（　　　）

2. 自动增力式车轮制动器在汽车前进和后退时，制动力大小相等。　　　　　（　　　）

3. 液压制动主缸的补偿孔和通气孔堵塞，会造成制动不灵。　　　　　　　　（　　　）

4. 液压制动踏板最好没有自由行程。　　　　　　　　　　　　　　　　　　（　　　）

5. 制动踏板自由行程过大，会造成制动不灵。 （ ）

6. 双腔制动主缸在后制动管路失效时前活塞仍由液压推动。 （ ）

7. 气压制动气室膜片破裂会使制动不灵。 （ ）

8. 气压制动储气筒气压不足，会使制动不灵。 （ ）

9. 真空增压器在不制动时，其大气阀门是开启的。 （ ）

10. 真空增压器失效时，制动主缸也将随之失效。 （ ）

11. 左右两轮轮胎花纹不同可能导致车辆跑偏。 （ ）

12. 在下连续长坡时，长时的连续使用制动器，可能会导致制动失灵。 （ ）

13. 制动系统不工作时，制动鼓的内圆面与制动蹄摩擦片的外圆面之间保持一定的间隙，简称制动间隙。 （ ）

14. DOT3 型制动液比 DOT4 型制动液沸点高。 （ ）

15. 踩下制动踏板，车辆不减速，即使连续几脚制动也无明显减速作用的现象称为"制动失效"。 （ ）

16. 车辆在车轮抱死时，纵向附着系数变得极小，导致产生侧滑甩尾。 （ ）

17. 车辆产生制动热衰退的原因是制动器受热变形。 （ ）

18. 如果没有真空助力器，液压制动系统的制动力应该随着驾驶员踏板力的增加而一直线性上升。 （ ）

19. 盘式制动器安装好以后，要用力踩制动踏板到底，连踩数次。这样做的目的是为了让制动管路充满制动液。 （ ）

20. 车辆制动时，向右侧跑偏，故障原因是右前轮制动器工作不良。 （ ）

21. 带有驻车制动器的盘式制动器兼有车辆行驶制动和驻车制动功能。 （ ）

22. 制动盘工作表面有磨损或划痕时，不能进行车削修理。 （ ）

23. 制动系统的气密性检查方法是踩住制动踏板，若启动发动机后制动踏板下沉，则说明气密性良好。 （ ）

24. 简单非平衡鼓式制动器在车辆前进或后退时，制动力几乎相等。 （ ）

25. 真空阻力器在工作时，其真空阀关闭，大气阀门是开启的。 （ ）

26. 简单非平衡式制动器，其前后制动蹄的制动效能是不等的，原因是两蹄的摩擦片长度不相等。 （ ）

27. 无论制动鼓正向还是反向旋转时，领从蹄式制动器的前蹄都是领蹄，后蹄都是从蹄。 （ ）

28. 盘式制动器的制动间隙可人工进行调整。 （ ）

29. 双腔制动主缸在前制动管路失效时后活塞需要机械杆件推动。 （ ）

四、简答题

1. 什么是盘式制动器？有哪些类型？

2. 制动系统按其功能可分为哪些类型？

3. 摩擦式制动器按制动器的结构形式可分为哪些类型？

4. 简述制动拖滞故障排除程序并绘制诊断流程图。

5. 真空助力器如何检查？

6. 简述制动系统常见的故障诊断流程。

7. 如何调整蹄鼓式车轮制动器的蹄鼓间隙？

8. 鼓式制动器检修项目有哪些？

9. 简述制动跑偏故障诊断程序并绘制诊断流程图。

10. 盘式制动器的检修项目有哪些？

单元 13　防抱死制动系统构造与维修

1. 教学目标

① 能够知道防抱死制动系统的组成和功用。
② 能够知道防抱死制动系统的结构类型和特点。

2. 教学要求

① 了解防抱死制动系统功用、组成及原理。
② 了解防抱死制动系统的检修保养方法。

3. 教学建议

借助多媒体课件和实物讲解。

系统知识

13.1　防抱死制动系统（ABS）基础知识

电子控制防抱死制动系统（ABS——Anti-Lock Brake System），是一种工程机械上的主动安全装置。其作用是在工程机械制动时，防止车轮抱死在路面上拖滑，以提高工程机械制动过程中的方向稳定性、转向控制能力和缩短制动距离，使工程机械制动更为安全有效。

13.1.1　附着系数与车轮滑移率的关系

（1）车轮滑移率

工程机械正常行驶时，车速 v（即车轮中心的纵向速度）与车轮速度 v_w（即车轮瞬时圆周速度）相同，可以认为车轮在路面上做纯滚动。当驾驶员踏下制动踏板时，由于地面制动力的作用，使车轮速度减小，车轮处在既滚动又滑动的状态，实际车速与车轮速度不再相等，人们将车速和车轮速度之间出现的差异称为滑移。随着制动压力的增加，车轮滚动成分越来越小，滑移成分越来越大。当车轮制动器抱死时，很明显地看出，车轮已不转动，工程机械车轮在地面上做完全滑动。

为了表征滑移成分所占比例的多少，常用滑移率 S 表示。滑移率的定义如下式所示：

$$S = \frac{v - v_w}{v} \times 100\% = \frac{v - r\omega}{v} \times 100\%$$

式中　S——车轮滑移率；

　　　v——车速（车轮中心纵向速度），m/s；

　　　v_w——车轮速度（车轮瞬时圆周速度 $v_w = r\omega$），m/s；

　　　r——车轮半径，m；

　　　ω——车轮转动角速度，rad/s。

车轮在路面上纯滚动时，$v = v_w$，车轮滑移率 $S = 0$；车轮抱死时在地面上纯滑动时，$v_w = 0$；车轮滑移率 $S = 100\%$；车轮在路面上边滚动边滑动时，$v > v_w$，则车轮滑移率 $0 < S < 100\%$。车轮滑移率越大，说明车轮在运动中滑动的成分所占的比例越大。

（2）附着系数与滑移率的关系

车轮滑移率的大小对车轮与地面间附着系数有很大影响。通过试验，附着系数与滑移率的关系如图 13-1 所示。

从图 13-1 中可以看出：附着系数随路面性质不同呈大幅度变化，一般来说，干燥路面附着系数大，潮湿路面附着系数小，冰雪路面附着系数更小；在各种路面上，附着系数都随滑移率的变化而变化，各曲线的趋势大致相同，只有积雪路面在滑移率靠近 100% 时会上升。

为了方便说明附着系数与滑移率的关系，以典型的干燥硬实路面上附着系数与滑移率的关系进行介绍，如图 13-2 所示，图中实线为制动时纵向附着系数和车轮滑移率的一般关系，虚线为横向附着系数和车轮滑移率的一般关系。

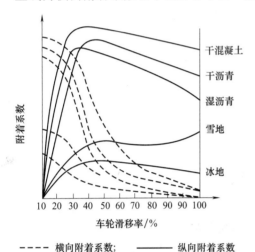

- - - - 横向附着系数；—— 纵向附着系数

图 13-1　附着系数与滑移率的关系

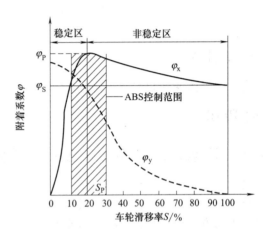

图 13-2　干燥硬实路面上附着系数与滑移率的一般关系
φ—附着系数；φ_x—纵向附着系数；φ_y—横向附着系数；
S—车轮滑移率；φ_P—峰值附着系数；S_P—峰值附着
系数时的滑移率；φ_S—车轮抱死时纵向滑动附着系数

通常，当滑移率 S 由 0 到 10% 增大时，纵向附着系数 φ_x 迅速增大。当滑移率处于 10%~30% 的范围时，附着系数有最大值（图 13-2 中滑移率在 20% 时，纵向附着系数最大）。该最大值称为峰值附着系数，用 φ_P 表示，此时与其相对应的车轮滑移率称为峰值附着系数滑移率，用 S_P 表示。由图 13-2 中可以看出，当滑移率继续增大时，附着系数逐渐减小。当车轮抱死时，即完全滑动时的附着系数，一般称为滑动附着系数，用 φ_S 表示。车轮抱死时的滑动附着系数 φ_S 一般总是小于峰值附着系数 φ_P，通常干燥硬实路面上，φ_S 比 φ_P 要小 10%~20%，在潮湿的硬实路面上，φ_S 比 φ_P 要小 20%~30%。

根据附着力 F_φ 与附着系数 φ 的关系（$F_\varphi = F_z\varphi$），当地面对车轮法向反作用力 F_z 一定时，则滑移率 S 大约在 20% 左右时具有最大附着力，因而也只有在此时车轮与路面之间才能获得最大地面制动力，具有最佳制动效果。通常，称纵向附着系数最大时的滑移率 S_P 为理想滑移率，也称为最优滑移率（峰值滑移率）。如果滑移率超过理想滑移率（即 $S > S_P$）时，附着力和地面制动力反而逐渐减小，使制动效能变差、制动距离增长，因此一般称从理想滑移率到车轮抱死完全滑动段为非稳定区。

图 13-2 同时给出了车轮的横向（侧向）附着系数 φ_y。横向附着系数是研究工程机械行驶稳定性的重要参数之一。横向附着系数越大，工程机械制动时方向稳定性和保持转向控制

能力越强。从图 13-2 中可以看出，当滑移率为零时，横向附着系数最大；随着滑移率的增加，横向附着系数越来越小。当车轮抱死时，横向附着系数几乎为零，此时导致横向附着力几乎为零，其危害是较大的，主要有以下两方面。

① 方向稳定性差。由于横向附着力很小，工程机械失去抵抗横向外力的能力，后轮很容易产生横向滑移和使工程机械发生甩尾、调头等，使工程机械失去方向稳定性。

② 失去转向控制能力。在工程机械进行转向行驶时，尽管驾驶员此时操纵转向盘，但由于前轮维持工程机械转弯运动能力的横向附着力丧失，工程机械仍将按原来惯性行驶方向滑动，工程机械就可能冲入其他车道或冲出路面，工程机械不能按驾驶员的意志行驶，使工程机械失去转向控制能力。

13.1.2 ABS 的功能

（1）理想的制动控制过程

图 13-3 所示的制动过程即理想的制动过程。制动开始时让制动压力骤升，使滑移率达到峰值滑移率的时间，即纵向附着系数达到最大值的时间最短。当达到峰值滑移率后，随即适当降低制动压力，并使滑移率保持在峰值滑移率，纵向附着系数保持在最大值，这样就可以得到最短的制动距离，同时保持有较大的横向附着系数。这种制动控制称为最佳制动控制。

（2）ABS 的功用

ABS 的功用就是使实际制动过程控制在接近于理想制动过程，如图 13-4 所示。

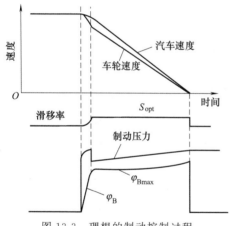

图 13-3 理想的制动控制过程

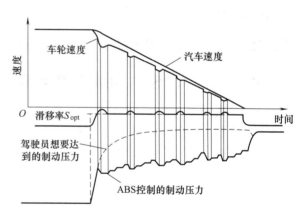

图 13-4 ABS 的理想制动控制过程

在制动时，当车轮滑移率刚刚超过峰值滑移率，出现抱死趋势时（即从稳定区进入非稳定区），ABS 迅速适当降低制动压力，减小车轮制动力矩，使车轮滑移率恢复至靠近稳定界限峰值滑移率的稳定区域内。随后再次将制动压力提高到使滑移率稍微超过稳定界限，然后又迅速降低制动压力，使滑移率又恢复至靠近峰值滑移率的稳定区域内。如此反复将车轮滑移率控制在峰值滑移率附近的狭小区域内，以获得最佳的制动效能和制动时的方向稳定性和转向控制能力。

由于 ABS 是在原来制动系统的基础上增加一套控制装置形成的，因此 ABS 也是建立在传统的常规制动过程的基础上进行工作的。在制动过程中，车轮还没有趋于抱死时，其制动过程与常规制动过程完全相同；只有车轮趋于抱死时，ABS 才会对趋于抱死的车轮的制动压力进行调节。

通常，ABS 只有在工程机械速度达到一定程度（如 5km/h 或 8km/h）时，才会对制动过程中趋于抱死的车轮的制动压力进行调节。当工程机械速度降低到一定程度时，因为车速很低，车轮制动抱死对工程机械制动性能的不利影响很小，为了使工程机械尽快制动停车，ABS会自动终止防抱死制动压力调节，其车轮仍可能被制动抱死。

（3）ABS的优点

① 制动时保持方向稳定性。

② 制动时保持转向控制能力。

③ 缩短制动距离，在冰雪路面上，可以缩短制动距离10％～20％。

④ 减少轮胎磨损，提高轮胎的使用寿命6％～10％。

⑤ 减少驾驶员紧张情绪。

⑥ 提高工程机械行驶的平均速度，约为15％。

但ABS仍然存在着一些缺点和局限性。

① ABS不能提供超越车轮与路面所能承受的制动效果。

② ABS性能的好坏受整车制动系统状况的影响。

③ ABS不能取代驾驶员的制动，只能在驾驶员制动时，帮助其达到较好的制动效果。

④ 在平滑的干路面上制动，熟练驾驶员制动的制动距离可能比ABS工作时制动距离要短，这主要由于ABS允许滑移率降低到8％左右。

⑤ 松散的沙土和积雪较深的路面制动，车轮抱死制动要比ABS工作时的制动距离短。因为在这些路面上车轮制动抱死时，其表面物质如积雪会被铲起并堆在车轮前面，形成一种阻力，使制动距离变短。而在装有ABS的工程机械上，由于车轮不会抱死，反而没有这种效果，所以在装备ABS的工程机械上一般在仪表盘上装有一个开关，以便在这种路面上关闭ABS，使其不起作用。

13.2 ABS的基本组成和工作原理

13.2.1 ABS的组成及其各组成部件的功用

无论是液压制动系统还是气压制动系统，电子控制制动防抱死系统（ABS）的组成均由传感器、电子控制单元（ECU）和执行器三部分组成，其功用如表13-1所示。

表13-1 ABS的组成及其功用

组成部分	组件	功能
传感器	车速传感器(测速雷达)	检测车速,向ECU输入车速信号,用于滑移率控制方式
	车轮转速传感器	检测车轮速度,向ECU输入轮速信号,各种控制方式均采用
	减速传感器(G传感器)	检测制动时的减速度,识别是否为冰雪路等易滑路面,只用于四轮驱动控制系统
执行器	制动压力调节器(电磁阀)	接受ECU的指令,通过电磁阀的动作调节制动气压或液压,实现制动压力"升高"、"保持"和"降低"的控制功能
	回油泵(再循环泵,用于循环式制动压力调节方式)	受ECU控制,在"降压"过程中将由轮缸流出的制动液经蓄能器泵回制动主缸,以防止ABS工作时制动踏板行程发生变化
	液压泵(用于可变容积式制动压力调节方式)	受ECU控制,在可变容积式制动压力调节器的控制油路中建立控制油压
	电磁截止阀(用于达科ABS Ⅵ系统)	根据ECU的指令,截断或开启前轮压力调节器中通往轮缸的油路
	电磁制动器(用于达科ABS Ⅵ系统)	受ECU控制,保证电机迅速停转,以便调压活塞能准确停在适当位置

续表

组成部分	组　件	功　能
执行器	活塞驱动电机（用于达科 ABS Ⅵ 系统）	受 ECU 控制，通过齿轮减速机构和心轴，控制活塞上下移动，实现制动压力调节，有正转、反转、停转三种工作状态
	ABS 警告灯	ABS 出现故障时，由 ECU 控制将其点亮，向驾驶员发出警报，并可由 ECU 控制闪烁显示故障码
电子控制单元（ECU）		接受车速、轮速、减速度等传感器的信号，计算出车速、轮速、滑移率和车转的减速度、加速度，并将这些信号加以分析、判断、放大，由输出级输出控制指令，控制各种执行器工作

13.2.2　传感器

由于目前所有 ABS 中都使用轮速传感器，而车速传感器和减速度传感器应用得较少，所以本书只介绍轮速传感器。

目前用于 ABS 的轮速传感器主要有电磁式轮速传感器和霍尔式轮速传感器两种类型。

（1）电磁式轮速传感器

① 基本结构　电磁式轮速传感器由传感头和齿圈（转子）两部分组成。图 13-5 所示为磁脉冲轮速传感器的外形与基本结构。

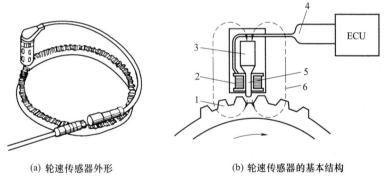

(a) 轮速传感器外形　　　　　(b) 轮速传感器的基本结构

图 13-5　磁脉冲轮速传感器的外形与基本结构
1—齿圈（转子）；2—感应线圈；3—永久磁铁；4—信号电压；5—极轴；6—磁力线

传感头是一个静止部件，一般都安装在车轮附近不随车轮转动的部件上，如转向节、半轴套管、悬架等。传感头由永久磁铁、感应线圈、极轴等组成。齿圈（转子）多为一带齿的圆环，一般安装在随车轮一同转动的部件上，如轮毂、制动盘、半轴等。传感头与齿圈之间的空气间隙很小，通常只有 0.5～1mm。传感器一定要安装牢固，只有这样才能保证在制动过程中的振动不会干扰或影响传感器信号，实现正确无误的输出。为了避免灰尘与飞溅的泥水等对传感器工作的影响，在安装前可在传感器上涂覆防锈油。

② 基本工作原理　电磁式轮速传感器的工作原理与发动机点火系统中电磁脉冲信号发生器工作原理相同。交变信号的频率与齿圈的齿数和转速成正比。因齿圈的齿数一定，因而轮速传感器输出的交变电压信号的频率只与相应的车轮转速成正比，所以通过轮速传感器输出的频率信号可以确定车轮的转速。另外，在传感头与齿圈的间隙一定时，交变电压的幅值也决定于磁通变化率，在一定范围内，交变电压的幅值也随车轮转速成正比变化，在规定范围内（一般车速为 15～60km/h），交变电压的幅值一般在 1～1.5V（有的在 0.1～9.0V）范围内变化，当车轮不转时，感应电压幅值为零。

③ 种类与安装　电磁式轮速传感器根据极轴端部的形状，可分为凿式、菱形式和圆柱式三种。它们内部结构大同小异，其工作原理完全相同。

电磁式轮速传感器极轴形状不同，其安装方式也不同。图 13-6 所示为三种轮速传感器的安装情况。

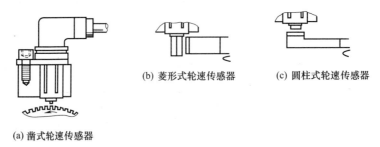

(b) 菱形式轮速传感器　　(c) 圆柱式轮速传感器

(a) 凿式轮速传感器

图 13-6　不同形状极轴传感器的安装方式

电磁式轮速传感器存在下述缺点。

a. 其输出信号的幅值是随车速而变化的，若车速过慢，其输出信号低于 1V，ECU 就无法检测。

b. 频率响应不高，当转速过高时，传感器的频率响应跟不上，容易产生错误信号。

c. 抗电磁波干扰能力差，尤其是在其输出信号幅值较小时。在电磁波干扰源很多的特定条件下，抗干扰能力尤为重要。

但由于电磁式轮速传感器结构简单、坚固耐用，特别适用于机械行驶中的恶劣环境，所以至今仍被广泛应用。

（2）霍尔式轮速传感器

霍尔式轮速传感器由传感头和齿圈组成。传感头由永磁体、霍尔元件和电子线路等组成。它利用霍尔效应进行工作，其霍尔元件输出的毫伏级的准正弦波电压，将由电子电路转换成标准的脉冲电压波形输入 ECU。

霍尔式轮速传感器具有以下优点。

① 输出信号电压幅值不受转速的影响。在电源电压 12V 的条件下，其输出信号电压保持在 11.5～12V 不变，即使车速下降接近零也不变。

② 频率响应高。其响应频率高达 20kHz，用于 ABS 时，相当于车速为 1000km/h 时所检测的信号频率。

③ 抗电磁波干扰能力强。由于其输出信号电压不随转速的变化而变化，且幅值高，故具有很强的抗电磁波干扰的能力。

由于上述原因，霍尔式传感器不仅广泛用于 ABS 轮速传感器，也广泛应用于其控制系统的转速检测。

13.2.3　制动压力调节器

制动压力调节器（又称液压调节器）是 ABS 中最主要的执行器，一般都设在制动总泵（主缸）与车轮制动分泵（轮缸）之间。其主要任务是根据 ECU 的控制指令，自动调节制动分泵（轮缸）的制动压力。

（1）制动压力调节器的分类

① 根据动力来源分类　现代 ABS 的制动压力调节器大致分为气压式和液压式两种。气压式主要用在用气压为动力源的机械上；液压式主要用在轿车和一些轻型载重汽车上。

② 根据结构关系分类　根据制动压力调节器与制动总泵（和制动助力器）的结构关系，

制动压力调节器可分为分离式和整体式两种。分离式制动压力调节器自成一体，通过制动管路与制动总泵（和制动助力器）相连。分离式的布置比较灵活，通常不需对原车进行大的改动，成本相对较低，但分离式制动管路较为复杂，管路接头也相对较多。目前采用分离式制动压力调节器的占多数。整体式制动压力调节器与制动总泵（和制动助力器）构成一个整体。整体式结构非常紧凑，管路接头少，但成本高。

（2）液压循环式制动压力调节器

此种形式的制动压力调节器的特点是在制动总泵（和制动助力器）与制动分泵之间串联一个或两个电磁阀，由电磁阀根据 ECU 的指令，通过控制，使制动分泵的制动液回到制动总泵（或储液器），或使制动总泵（或储液器）的制动液流入制动分泵，或者使制动分泵的制动液既不流入也不流出，以实现制动分泵压力的减小、增大或保持。此种压力调节方式在ABS 中采用得较多。

① 电磁阀　是控制液压的具体部件，是由电磁线圈直接控制的阀，电磁线圈受 ECU 的控制。通过电磁阀的切换，直接或者间接地控制制动压力的增大、保持和减小。电磁阀有多种，现介绍其中的两种。

a. 三位三通电磁阀　在四通道制动系统中每个轮缸有一个三位三通电磁阀；在三通道制动系统中，每个前轮有一个三位三通电磁阀，两后轮共用一个三位三通电磁阀。

三位三通电磁阀有三个孔，分别通往制动主缸、车轮制动器和储液器。电磁线圈通过的电流由 ECU 控制，能使阀处于"升压"、"保压"、"减压"三种位置，即"三位"，如图 13-7所示。

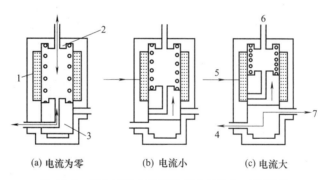

(a) 电流为零　　　(b) 电流小　　　(c) 电流大

图 13-7　三位三通电磁阀的基本结构与工作原理

1—线圈；2—固定铁芯；3—柱塞（可动铁芯）；4—通轮缸；5—电流；6—通主缸；7—通储液器

升压（常规制动）：如图 13-8 所示，电磁线圈中无电流流过，电磁阀处于"升压"位置，此时制动主缸与轮缸直通，由制动主缸来的制动液直接进入轮缸，轮缸压力随主缸压力而增减，此时 ABS 不工作，电动回油泵也不需工作。

保持压力：当 ECU 向电磁线圈通入一个较小的保持电流（约为最大电流的 1/2）时，电磁阀处于"保压"位置，如图 13-9 所示，此时主缸、轮缸和回油孔相互隔离密封，轮缸中保持一定的制动压力。

减压：当 ECU 向电磁线圈通入一个最大电流时，电磁阀处于"减压"位置，此时电磁阀将轮缸与回油通道或储液器接通，轮缸中制动液经电磁阀流入储液器，轮缸压力下降，如图 13-10 所示。

图 13-11 所示为博世公司生产的三位三通电磁阀结构。电磁阀的进液口 15 通过制动管路与制动总泵相连，电磁阀的出液口 8 通过制动管路与制动分泵相连，电磁阀的回液口 1 通过油道与储液器相连。ECU 通过控制电磁线圈 7 中的电流，对电磁阀进行状态控制。

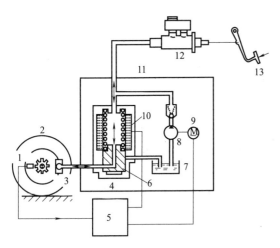

图 13-8　常规制动（升压）过程

1—传感器；2—车轮；3—轮缸；4—电磁阀；5—电子
控制器；6—柱塞；7—储液器；8—泵；9—电机；
10—线圈；11—液压部件；12—主缸；13—踏板

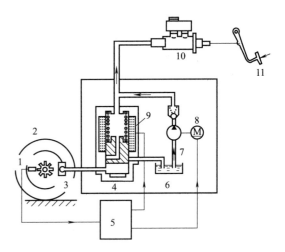

图 13-9　保压过程

1—传感器；2—车轮；3—轮缸；4—电磁阀；
5—电子控制器；6—储液器；7—泵；8—电机；
9—线圈；10—主缸；11—踏板

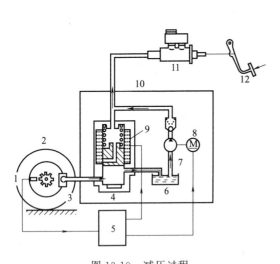

图 13-10　减压过程

1—传感器；2—车轮；3—轮缸；4—电磁阀；5—电子
控制器；6—储液器；7—泵；8—电机；9—线圈；
10—液压部件；11—主缸；12—踏板

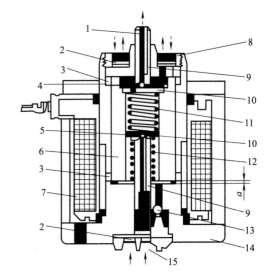

图 13-11　三位三通电磁阀的结构

1—回液口；2—滤芯；3—非磁性支撑环；4—回液球阀；
5—进液球阀；6—衔铁；7—电磁线圈；8—出液口；
9—阀座；10—压板；11—副弹簧；12—主弹簧；
13—单向阀；14—阀盖；15—进液口；
a—衔铁移动间隙

其工作过程如下。

当电磁阀未通电时，在主、副弹簧 12、11 预紧力的作用下，上压板将回液球阀 4 紧压在阀座 9 上，使回液球阀处于关闭状态。此时，衔铁 6 上移至极限位置，使衔铁 6 的下端面与阀盖 14 的端面之间保留一定间隙 a（约为 0.25 mm）。由于下压板被强度较大的主弹簧 12 向上推，所以进液球阀 5 未被下压板压紧在阀座 9 上，因而进液球阀处于开启状态。此时进液口的制动液（来自制动总泵）就可以通过开启状态的进液球阀进入电磁阀的阀腔，再从出液口 8 流出至车轮制动分泵，使制动分泵的压力处于增大状态。

当电磁线圈 7 中通过较小电流时，电磁线圈 7 将对衔铁 6 产生较小的电磁吸力，使衔铁 6 下移至中间位置，衔铁 6 将通过上压板压缩副弹簧 11，副弹簧又推动下压板压缩主弹簧 12，将进液球阀 5 压紧在阀座 9 上，使进液球阀处于关闭状态；而上压板压缩副弹簧 11 的下移量不足以使回液球阀 4 离开阀座 9，所以回液球阀仍处于关闭状态。此时，由于电磁阀的进液球阀和回液球阀都关闭，制动液既不能从进液口流入电磁阀，也不能从电磁阀的回液口流出，使制动分泵的压力处于保持状态。

当电磁线圈 7 中通过较大电流时，电磁线圈 7 对衔铁 6 将产生较大的吸力，使衔铁下移至极限位置，并带动上压板下移较大行程，使上压板不再将回液球阀 4 压紧在阀座 9 上，使回液球阀处于开启状态。此时下压板仍将进液球阀压紧在阀座 9 上，使进液球阀继续保持关闭状态。制动液不能从进液口流入电磁阀，而出液口的制动液却可以经处于开启状态的出液口 1 流出，使制动分泵的压力处于减小状态。

三位三通电磁阀常写成 3/3 电磁阀，并用图 13-12 表示。

b. 二位二通电磁阀　结构如图 13-13 所示。其工作过程如下。

当电磁线圈未通电时，在回位弹簧 9 预紧力的作用下，衔铁 14 被推至限位杆 11 与缓冲

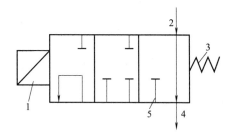

图 13-12　三位三通电磁阀的表示符号
1—电磁线圈；2—进液口（至制动总泵）；3—弹簧；
4—出液口（至制动分泵）；5—回液口（至储液器）

垫圈 13 相抵的位置。此时与衔铁联系在一起的顶杆 12 没有将球阀 8 压紧在阀座 6 上，电磁阀口处于开启状态，电磁阀进液口 7 的制动液就可以通过电磁阀从出液口 4 流出。

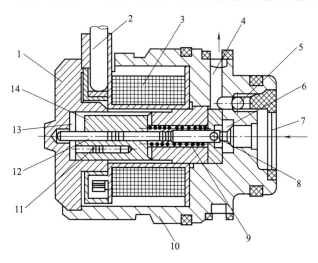

图 13-13　二位二通常开电磁阀的结构
1—阀盖；2—引线；3—电磁线圈；4—出液口；5—限压阀；6—阀座；7—进液口；
8—球阀；9—回位弹簧；10—阀体；11—限位杆；12—顶杆；13—缓冲垫圈；14—衔铁

当电磁线圈中有一定电流流过时，电磁线圈对衔铁产生电磁吸力。压缩回位弹簧使衔铁带动顶杆一起右移，顶杆将球阀压在阀座上，电磁阀口处于关闭状态，使电磁阀的进液口和出液口的通道被关闭。

由于该电磁阀依据电磁线圈中的电流变化，即通电和不通电，使电磁阀处于开启和关闭

两种工作位置，同时又具有两个通路，即进液口和出液口两个通路，因此被称为二位二通电磁阀。又因该电磁阀在电磁线圈未通电时处于开启状态，因此被称为二位二通常开电磁阀。而在电磁线圈中未通电时，处于关闭状态的二位二通电磁阀，则被称为常闭电磁阀。其结构和工作原理与常开电磁阀基本相同，只是在电磁线圈中未通电时，球阀被压紧靠在阀座上，电磁阀处于关闭状态，而在电磁线圈中有一定电流通过时，球阀离开阀座，电磁阀处于开启状态。另外，二位二通常闭电磁阀中没有设立限压阀。

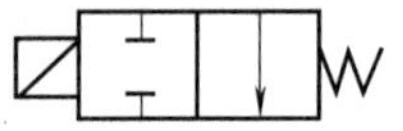

图 13-14　二位二通电磁阀的表示符号

二位二通电磁阀常写成 2/2 电磁阀，并用图 13-14 表示。

② 蓄能器与电动泵　蓄能器有两种，根据其压力范围不同，可分为低压蓄能器和高压蓄能器。它们分别配置在不同类型的压力调节器中。

a. 低压蓄能器与电动泵　低压蓄能器一般称为储液器，主要用来接纳 ABS 减压过程中从制动分泵流回的制动液，同时还对回流制动液的压力波动具有一定的衰减作用。储液器内有一个活塞和一个弹簧，如图 13-15 所示。

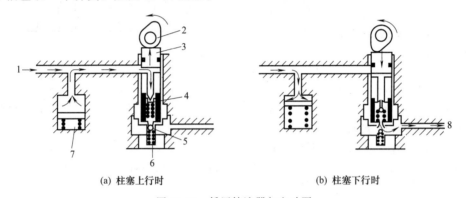

(a) 柱塞上行时　　　　　　　　　　　　　(b) 柱塞下行时

图 13-15　低压储液器与电动泵

1—来自制动分泵；2—凸轮；3—柱塞；4—进液阀；5—出液阀；6—柱塞泵；7—储液器；8—至制动总泵

当制动液从制动分泵流入储液器时，具有一定压力的制动液就会压缩弹簧并推动活塞下移，储液器容积变大，可以暂时储存制动液，然后由电动泵将制动液泵入制动总泵。电动泵一般由直流电机与柱塞泵组成。在 ABS 工作时，根据 ECU 输出的控制信号，直流电机带动凸轮转动。凸轮转动时，驱动柱塞在泵内上下运动。柱塞上行时，储液器与制动分泵内具有一定压力的制动液，通过柱塞泵的进液孔推开进液阀流入泵腔内；柱塞下行时，首先封闭进油阀继而使泵腔内制动液压力升高，然后推开出液阀将制动液压入制动总泵。由于该电动泵的主要作用是使制动液泵回制动总泵，所以又称为回液泵。

b. 高压蓄能器与电动泵　高压蓄能器一般常称为蓄能器，也有称蓄压器，用于储存制动中或 ABS 工作时所需的高压制动液。高压蓄能器多为黑色皮囊状，其结构如图 13-16（a）所示。

蓄能器内部由一个膜片将蓄能器分为上下两个腔室。上腔为气室，充满氮气并具有一定压力。下腔为油室，与电动泵油道相通，用来充装电动泵泵入的制动液。在电动泵工作时，向蓄能器下腔泵入制动液，使膜片向上移，进一步压缩氮气，此时氮气和制动液压力都会升高，直到蓄能器下腔内制动液压力升高到规定值为止。

与蓄能器相配合的电动泵由直流电机和回转球阀活塞式液压泵组成，如图 13-16（b）所示。由于该电动泵的主要作用是增压，所以又称为增压泵。

在靠近蓄能器的进液口处有单向阀，使制动液只能进不能出。在靠近出液口附近设有限压阀，当蓄能器内压力超过规定值时，限压阀打开，使蓄能器中制动液流回液压泵的进液

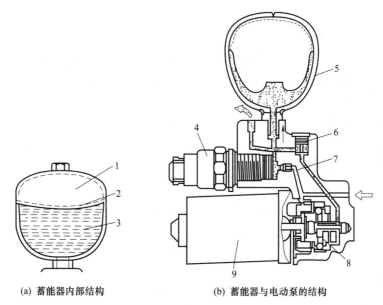

(a) 蓄能器内部结构　　　　　(b) 蓄能器与电动泵的结构

图 13-16　高压蓄能器与电动泵

1—氮气；2—膜片；3—高压制动液；4—压力控制/压力警示开关；5—蓄能阀；
6—单向阀；7—限压阀；8—回转球阀活塞式液压泵；9—直流电机

端，以降低蓄能器中制动液压力。

在蓄能器下端装有压力控制/压力警示开关。压力控制开关的作用是对电动泵进行控制。当蓄能器内制动液压力低于一定值时，压力控制开关闭合，接通液压泵电机电路，使液压泵工作。当蓄能器中制动液压力达到规定值时，压力控制开关断开，使电动泵停止工作。压力警示开关一般有两个。当蓄能器的制动液压力降低到某一规定值时，一个开关闭合，用来接通红色警示灯电路，点亮红色制动警示灯；另一个开关断开，ECU 接受到该信号后，则关闭 ABC 并点亮黄褐色 ABS 警示灯。

（3）液压变容式制动压力调节器

液压变容式也称为容积变化式。液压变容式制动压力调节器的特点是在原制动管路中，并联一套液压装置，该装置中有一个类似活塞的装置。工作时根据 ECU 的指令，该装置首先将制动分泵和总泵隔离，然后通过电磁阀的开启或电机的转动等，控制活塞在调压缸中运动，使调压缸至制动分泵的容积发生变化。容积增大，实现制动压力减小；容积减小，实现制动压力增大；容积不变，实现压力保持。

图 13-17 所示为变容式制动压力调节器的基本结构，主要由电磁阀、控制活塞、液压泵、储能器等组成。其基本工作原理如下。

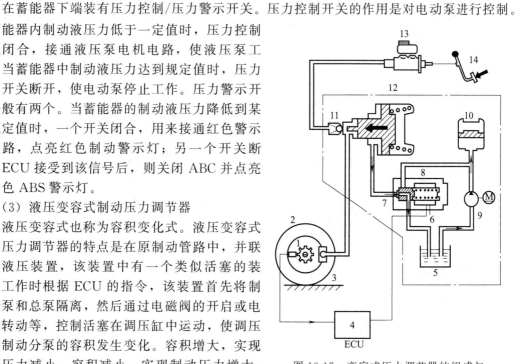

图 13-17　变容式压力调节器的组成与
工作过程——常规制动

1—传感器；2—车轮；3—轮缸；4—电子控制器；
5—储液器；6—线圈；7—柱塞；8—电磁阀；
9—泵；10—储能器；11—单向阀；12—液压
部件和控制活塞；13—主缸；14—踏板

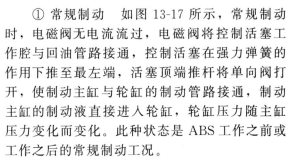

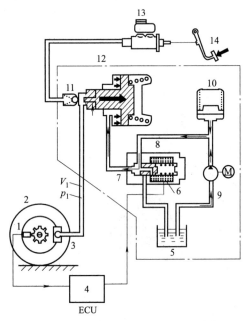

① 常规制动　如图 13-17 所示，常规制动时，电磁阀无电流流过，电磁阀将控制活塞工作腔与回油管路接通，控制活塞在强力弹簧的作用下推至最左端，活塞顶端推杆将单向阀打开，使制动主缸与轮缸的制动管路接通，制动主缸的制动液直接进入轮缸，轮缸压力随主缸压力变化而变化。此种状态是 ABS 工作之前或工作之后的常规制动工况。

② 减压　如图 13-18 所示，减压时，ECU 向电磁线圈通入一个大电流，电磁阀内的柱塞在电磁力作用下克服弹簧力移到右边，将储能器与控制活塞工作腔管路接通，储能器（液压泵）的压力油进入控制活塞工作腔推动活塞右移，单向阀关闭，主腔与轮缸之间的通路被切断，同时由于控制活塞的右移，使轮缸侧容积增大，制动压力减小。

③ 保持压力　如图 13-19 所示，ECU 向电磁线圈通入一个较小电流，由于电磁线圈的电磁力减小，柱塞在弹力作用下左移至将储能器、回油管及控制活塞工作腔相互关闭的位置，此时控制活塞左侧的油压保持一定，控制活塞在

图 13-18　变容式压力调节器的组成与
工作过程——减压

1—传感器；2—车轮；3—轮缸；4—电子控制器；
5—储液器；6—线圈；7—柱塞；8—电磁阀；
9—泵；10—储能器；11—单向阀；12—液压
件和控制活塞；13—主缸；14—踏板

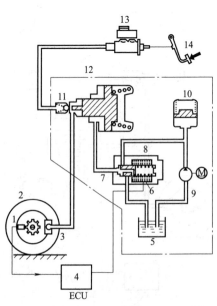

图 13-19　变容式压力调节器的组成与
工作过程——保压

1—传感器；2—车轮；3—轮缸；4—电子控制器；
5—储液器；6—线圈；7—柱塞；8—电磁阀；
9—泵；10—储能器；11—单向阀；12—液压
部件和控制活塞；13—主缸；14—踏板

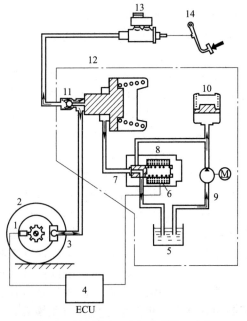

图 13-20　变容式压力调节器的组成与
工作过程——增压

1—传感器；2—车轮；3—轮缸；4—电子控制器；
5—储液器；6—线圈；7—柱塞；8—电磁阀；
9—泵；10—储能器；11—单向阀；12—液压
部件和控制活塞；13—主缸；14—踏板

油压和强力弹簧的共同作用下保持在一定位置，而此时单向阀仍处于关闭状态，轮缸侧的容积也不发生变化，制动压力保持一定。

④ 增压　如图 13-20 所示，需要增压时，ECU 切断电磁线圈中的电流，柱塞回到左端的初始位置，控制活塞工作腔与回油管路接通，控制活塞左侧控制油压解除，控制液流回储液器，控制活塞在强力弹簧的作用下左移，轮缸侧容积变小，压力升高至初始值。当控制活塞左移至最左端时，单向阀被打开，轮缸压力将随主缸的压力增大而增大。

（4）气压制动压力调节器

用于气压制动系统的压力调节器主要有两种类型：直接控制式和间接控制式。

① 直接控制式制动压力调节器　一般装于继动阀或快放阀与车轮制动气室之间，直接控制进入制动气室内的气压。图 13-21 所示为直接控制式制动压力调节器的结构。

调节器由进气膜片阀、排气膜片阀和控制电磁阀等组成。进气膜片阀用来控制由继动阀进入的气流，排气膜片阀用来控制排掉制动气室的空气，控制电磁阀来控制各膜片阀的背压。各膜片阀与电磁阀的工作状态如表 13-2 所示。工作过程如下。

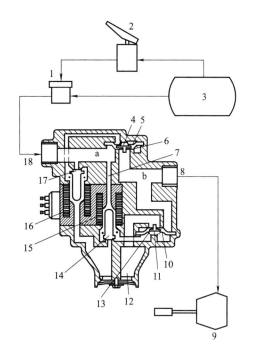

图 13-21　直接控制式制动压力调节器

1—继动阀；2—制动总阀；3—储气筒；4,11—导气室；5,10—膜片；6—进气阀；7—导气孔；8—出气口；9—制动气室；12—出口；13—排气阀；14—驱动排气阀用的电磁阀；15，16—线圈；17—驱动进气阀用电磁阀；18—进气口

表 13-2　膜片阀与电磁阀的工作状态

工作状态	进气膜片阀	控制电磁阀	排气膜片阀	控制电磁阀
增压	开	无电流（关）	关	无电流（关）
保压	关	有电流（开）	关	无电流（关）
减压	关	有电流（开）	开	有电流（开）

a. 增压（常规制动）　增压时，ECU 将控制进气阀的电磁阀和控制排气阀的电磁阀的电路都切断，所有电磁线圈均无电流，各电磁阀都处于关闭状态。此时，进气阀因无控制气压而处于开启状态，而排气阀因有控制气压而处于关闭状态，因此由继动阀流入的压缩空气由气室 a 经进气阀流入气室 b，再由出气口流入制动气室，制动气室气压升高。

b. 保压　在保压过程，ECU 只向控制进气阀的电磁阀线圈通电，电磁力将阀体下吸而将其上端阀门打开，同时将其下端排气口关闭。气室 a 的压缩气体，经电磁阀流入进气阀的导气室从而将进气阀关闭，切断了气室 a 与气室 b 的通道。此时，控制排气阀的电磁阀仍无电流流过，排气阀仍处于关闭状态。制动气室与进气口、排气口均隔离，气室保持一定气压。

c. 减压　减压时，ECU 同时向控制进气阀的电磁阀和控制排气阀的电磁阀供电。此时，进气阀仍保持关闭状态，而排气控制电磁阀在电磁线圈电磁力的吸引下向上移动，将其上端阀门关闭而下端阀门打开，排气阀导气室与气室 a 隔离而与出气口相通，导气室压力下降而使排气阀打开，从而使气室 b 与出气口连通，制动气室的压缩气体经气室 b、排气阀、出气口排入大气，制动气室的压力下降。

② 间接控制式（引导控制式）制动压力调节器　是在继动阀的继动活塞上部设两个控制电磁阀，用来控制辅助管路的气压，间接控制输向制动气室的空气压力。其结构如图 13-22 所示。

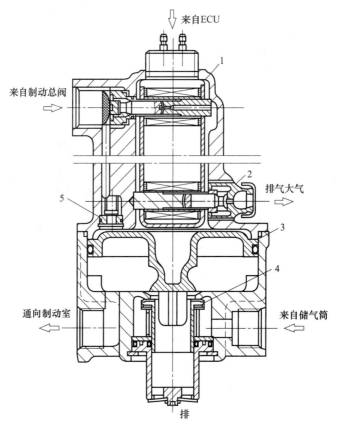

图 13-22　间接控制式制动压力调节器
1—进气电磁阀；2—排气电磁阀；3—继动活塞；4—进气阀；5—单向阀

进气电磁阀和排气电磁阀受 ECU 控制，分别控制由制动总阀进入继动活塞上方的进气通道和继动活塞上方的排气通道，控制继动活塞上方的控制气压，从而控制继动活塞处于不同位置而实现增压、保压和减压等过程。其工作过程与前面所述大致相似，读者自行分析。

由于调节器是通过控制继动活塞上部气压的变化，通过继动活塞的上下运动来间接控制制动气室管路的压力，故调节器的反应速度要比直接控制方式慢。为提高调节器的反应速度，继动活塞上部的控制容积应尽可能小。由于继动阀通路容积比直接控制式大得多，所以用一个电磁阀可控制多个制动气室。因此，成本较低，功能较好，更适用于挂车 ABS。

③ 空气液压助力器输出液压调节器　也称 ABS 转换器。它是以空气作为控制介质，利用两个电磁阀控制气缸中的空气压力来控制液压缸容积的变化，从而改变制动轮缸的制动液压力，亦即可变容积控制方式，其结构如图 13-23 所

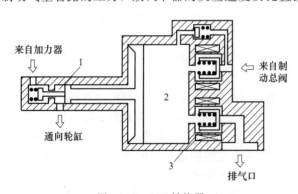

图 13-23　ABS 转换器
1—液压缸；2—气缸；3—电磁阀

示。调节器由带液压缸和气缸的壳体及控制气缸压力的两个电磁阀组成。ECU 控制两电磁阀的开闭，改变气缸压力使液压缸的容积发生变化，从而改变制动轮缸的液压。其工作过程不再重复，读者自己分析。

13.2.4　电子控制单元（ECU）

ABS 电子控制单元（ECU）是 ABS 的控制中枢。其主要功用是接受轮速传感器及其他传感器输入的信号，进行放大、计算、比较，按照特定的控制逻辑，分析判断后输出控制指令，控制制动压力调节器执行压力调节。

ABS 电子控制单元从开始研制至今，发展变化很大。硬件由安装在印制电路板上的一系列电子器件构成，目前大多数是由集成度高、运算速度快的数字电路组成。它们封装在金属壳体内，形成一个独立的整体。软件则是固有存在只读存储器（ROM）中的一系列控制程序和参数。目前各种 ABS 电子控制单元的内部电路及控制程序并不相同，但大致都由图13-24 所示的几个基本电路组成。

（1）输入级电路

输入级电路是由低通滤波、整形、放大等组成的输入放大电路。其功用是对轮速传感器输入的交变信号进行预处理，并将模拟信号变成计算机使用的数字信号。

不同的 ABS 中，轮速传感器的数目不同，因而轮速传感器输入信号电路数目也不同。图 13-24 为具有四个轮速传感器输入信号电路。为了对轮速传感器进行监测，依照轮速传感器数目的不同，计算电路还经输入电路输出相应的监测信号至各轮速传感器，然后再经输入电路将反馈信号送入计算电路。

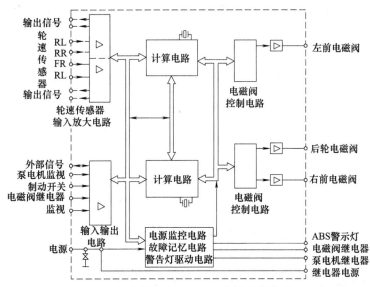

图 13-24　ABS ECU 内部电路框图（四个轮速传感器三通道系统）

输入电路还接受点火开关、制动开关、液位开关等外部信号。输入电路除传送轮速传感器监测信号外，还接受电磁继电器、泵电机继电器等工作电路的监测信号，并将这些信号经处理后送入计算电路。

（2）计算电路

计算电路是 ECU 的核心，主要由微处理器构成。其功用是根据轮速传感器等输入的信号，按照软件特定的逻辑程序进行计算、分析、处理，形成相应的控制指令。

计算电路按照特定的逻辑程序，根据轮速传感器输入的轮速信号，计算出车轮瞬时速度，然后得出加（减）速度、初始速度、参考车速和滑移率，最后根据加（减）速度和滑移率形成相应的控制指令，向输出级（电磁阀控制电路）输出制动压力减小、保持或增大控制信号。

计算电路一般由两个微处理器组成。其主要目的是为了保证系统的安全可靠性。有的由一个控制微处理器和一个安全微处理器组成，有的由两个完全相同的微处理器组成。两个微处理器的处理结果进行比较。如果两个微处理器处理结果不一致，微处理器立即使 ABS 退出工作，防止系统发生故障后导致错误控制。

计算机不仅能检测自己内部的工作过程，而且还能监测系统中有关部件的工作状况，如轮速传感器、泵电机工作电路、电磁阀继电器工作电路等。当监测到这些电路工作不正常时，也立即向安全保护电路输出停止 ABS 工作的指令。

（3）输出级电路

输出级电路的主要功能是将计算机电路输出的数字控制信号（如控制压力减小、保持、增大信号）转换成模拟控制信号，通过控制功率放大器，驱动执行器工作。图 13-24 中为电磁阀控制电路根据计算电路输出的控制信号，向执行器——各电磁阀提供各种控制电流，以实现制动压力的增大、保持或减小的调节功能。

（4）安全保护电路

安全保护电路由电源监控、故障记忆、继电器驱动和 ABS 警示灯驱动等电路组成。

该电路接受蓄电池（或发电机）的电压信号，对电源电压是否在稳定范围内进行监控，同时将蓄电池（或发电机）的 12V 或 24V 电源电压，变成 ECU 内部需要的稳定的 5V 电压。

由于微处理器具有监测功能，该电路能根据微处理器输出的指令，对有关继电器驱动电路、ABS 警示灯驱动电路进行控制。当发现影响 ABS 正常工作的故障时，如电源电压过低、轮速传感器信号不正常，以及计算电路、电磁阀控制电路等有故障时，能根据微处理器的指令，切断有关继电器的电源电路，使 ABS 停止工作，恢复常规制动功能，起到失效保护作用。同时，将仪表板上的 ABS 警示灯点亮，提醒驾驶员 ABS 已出现故障，应进行修理。

当微处理器监测到 ABS 出现故障时，除上述动作外，现代 ABS 一般都具有故障记忆功能，能将故障信息存储在存储器内，以便在进行自诊断时，将存储的故障信息调出，供维修时使用。

13.3　ABS 的使用与检修

13.3.1　ABS 使用与检修中的一般注意事项

ABS 在使用与检修过程中，以下几个方面应特别注意。

① ABS 与常规制动系统是不可分割的，常规制动系统一旦出现问题，ABS 就不能正常工作，因此要将两者视为一个整体进行维修。当制动系统出现故障时，一般应首先判断是常规制动系统还是 ABS 的故障，不能只把注意力集中到传感器、电子控制器和压力调节器上。

② 由于 ABS ECU 对过电压、静电压非常敏感，为防止损坏，应注意以下事项。

a. 在点火开关处于接通位置时，不要拆装系统中的电气元件和线束插头。如要拆装系统中的电气元件和线束插头，应将点火开关关断。

b. 用充电机给蓄电池充电时，要从车上拆下蓄电池电缆线后再进行充电，切不可用充电机启动发动机。

c. 在车上进行电焊时，要戴好防静电器（也可以用导线一头缠在手腕上，一头缠在车体上），在拔下 ECU 连接器后再进行焊接。

③ 高温环境容易损坏 ECU。一般 ECU 只能在短时间承受 90℃温度，或在一定时间（约 2h）内承受 85℃温度。有的要求 ECU 受热不能超过 82℃。进行局部烤漆作业时，应视情况将 ECU 从车上拆下。

④ 在很多 ABS 或 ASR 系统中有高压蓄能器，在对这类液压制动系统进行维修之前，切记首先泄压，使蓄能器中的高压制动液完全释放，以免高压制动液喷出伤人。释放蓄能器中的高压制动液的方法是，先将点火开关关断，然后反复踩、放制动踏板（至少 25 次以上），直到制动踏板变得很硬为止。另外，在液压制动系统没有完全装好之前，不能接通点火开关，以免电动泵通电运转泵油。

⑤ 要求制动液每年更换一次。ABS 推荐使用 DOT3 乙二醇型制动液（有的要求使用 DOT4 型制动液），注意不能选用 DOT5 硅酮型制动液，它对 ABS 有严重损害。DOT3 或 DOT4 型制动液吸湿性很强，使用一年后其含水量会增至 3%。含水分的制动液不仅使沸点降低，制动系统内部产生腐蚀，而且使制动效果明显下降，影响 ABS 的正常工作，因此制动液应及时更换。

另外，对制动液要做到及时检查、补充，一般制动液液面过低时 ABS 会自动关闭。在存储和更换制动液时，要注意保持器皿清洁，不要使灰尘、污物进入制动液中。

⑥ 维修轮速传感器要十分细心。拆卸时不要碰撞和敲击传感头，不要用传感器齿环当作撬面，防止上面粘上油污或其他脏物，必要时，可涂上一层薄防锈油。传感器间隙有的是不可调的，有的是可调的，调整时应用非磁性塞尺或纸片。

⑦ 在对制动系统进行维修后，或者使用过程中感觉制动踏板变软时，应对液压制动系统中的空气进行排除。装备 ABS 的制动系统与常规制动系统的空气排除方法一般都有所不同，且不同形式的 ABS，其放气的顺序和程序也可能不同。在进行空气排除时，应按照相应的维护手册所要求的方法和顺序进行，否则浪费工时，制动系统内的空气还放不干净。

⑧ 应尽量选用生产厂商推荐的轮胎，若要换用其他型号的轮胎，应尽量选用与原车所用轮胎的外径、附着性能和转动惯量相近的轮胎，但不能混用不同规格的轮胎，否则会影响 ABS 的制动效果。

⑨ 大多数 ABS 中的轮速传感器、电子控制单元和压力调节器都是不可修复的，如发生损坏，一般进行整体更换。

⑩ 装备 ABS 的机械，其制动操作方法和没有装备 ABS 的普通制动系统方法是一样的。但在紧急制动时，不要重复踩放制动踏板，而只要把脚持续踩在制动踏板上，ABS 就会进入制动状态，不需人工干预。多踩几脚制动踏板，反而会使 ABS ECU 得不到正确信号，导致制动效果不良。对液压制动系统而言，ABS 工作时制动踏板会有些轻微振动，或听到一些噪声，这些都是正常现象，表明 ABS 正在工作，并非故障。

13.3.2　故障诊断和检查的一般方法和步骤

故障诊断和检查是维修中非常重要的一个环节。对于 ABS 来说，不同机型，装用的 ABS 型号也可能不一样，因而故障诊断和检查方法以及程序都可能会有所不同，但通常都采用以下基本方法和步骤，仅供参考。

（1）直观检查

直观检查是在 ABS 出现故障或感觉系统工作不正常时采用的初步目视检查方法。具体常检查以下内容。

① 检查手制动是否完全释放。

② 制动液是否渗漏，制动液面是否在规定的范围内。

③ 检查所有 ABS 的保险丝、继电器是否完好，插接是否牢固。

④ 检查 ABS ECU 连接器（插头和插座）连接是否良好。

⑤ 检查有关器件（轮速传感器、电磁阀体、电动泵、压力警示开关和压力控制开关等）的连接器和导线是否连接良好。

⑥ 检查 ABS ECU、压力调节器等的接地（搭铁）线是否接触可靠。

⑦ 检查蓄电池电压是否在规定范围内，正、负极柱的导线是否连接可靠。

（2）读取故障代码

ABS 一般都具有故障自诊断功能，电子控制单元工作时能对自身和系统中的有关电气元件进行测试。如果电子控制单元发现系统中存在故障，一方面使 ABS 警示灯点亮，中断 ABS 工作，恢复常规制动系统，另一方面会将故障信息以代码的形式存入存储器中，然后在检修时由修理人员将故障代码调出（读出），以便了解故障情况。

特别注意：在检测 ABS 时，必须首先查询故障存储器中的故障信息。

ABS 故障代码的读取方法大致可归纳为下述三种。

① 跨接自诊断启动电路读取故障代码　相当一部分 ABS 中设有自诊断插座，维修人员可按规定的方法跨接插座中的相应端子或其他方法，然后根据 ABS 警示灯、跨接线中的发光二极管（LED）或 ABS ECU 上的发光二极管的闪烁规律，读取故障代码。维修人员再参照故障代码表，确定故障的基本情况。其操作步骤有的简单些，有的复杂些。

② 借助专用诊断测试仪读取故障代码　借助专用诊断测试仪（有的称为电脑解码器或扫描仪）与 ABS 故障诊断通信接口相连，按照一定的操作规程，通过与 ABS ECU 双向通信，从检测仪的显示器或指示灯上显示故障代码。这些测试仪中，有的不仅能读出和清除故障代码，而且还可以向 ABS ECU 传输控制指令，对 ABS 的工作进行模拟，对电控系统进行诊断测试，确定故障部位以及故障性质，还可以进行执行元件的诊断，可通过此功能检查液压泵和液压循环的正常与否。

③ 利用仪表板上的信息显示系统读取故障代码　有的仪表板上具有驾驶员信息系统，即中心计算机系统。检修人员可以按照一定的自检操作程序，在信息显示屏上显示 ABS 的故障代码或故障信息。

（3）快速检查

快速检查一般是在自诊断基础上进行的。它是利用专用仪器或万用表等，对系统的电路和元器件进行连续测试，以查找故障的方法。根据故障代码，多数情况下只能了解故障大致范围和基本情况，有的还没有自诊断功能，不能读取故障代码。为了进一步查清故障，经常采用一些专用仪器或万用表等，对 ABS 的电路和元器件，特别是怀疑可能有故障部位的电参数（如电阻、电压、波形等）进行深入测试。根据测试仪器和仪表显示的信息，确定故障的部位、性质和原因，特别是借助专用的 ABS 诊断测试仪，可以得到快速满意的结果。

快速检查常用的几种方法有利用 ABS 诊断测试仪进行测试、利用"接线端子盒"进行测试、直接用万用表进行测试等。

（4）利用故障警示灯诊断

通过上述方法，一般都能准确地诊断出故障部位及性质。在实际应用中，还经常利用故障警示灯进行诊断。故障警示灯诊断是通过仪表板上的 ABS 警示灯和红色制动警示灯的闪亮规律，进行故障诊断的一种快速简易方法。实用中，驾驶员经常通过这种方法对 ABS 的故障进行粗略判断。

通常情况下，在点火开关接通（ON）时，黄褐色 ABS 警示灯应闪亮（约 4s 左右），此时如果制动液不足（液面过低），红色制动警示灯也会点亮；蓄能器压力低于规定值、手制动未释放时，红色制动警示灯会点亮；当蓄能器压力、制动液液面符合规定且手制动完全释放时，红色制动警示灯应熄灭。在发动机启动的瞬间，ABS 警示灯和红色制动警示灯一般都应点亮（手制动在释放位置）；一旦发动机运转起来后，两个警示灯应先后熄灭。行驶过程中，两个警示灯都不应闪亮。情况如上所述，一般可以说明 ABS 处于正常状态，否则说明 ABS 有故障或液压系统不正常。

由于机型不同，采用的 ABS 型号不同，电路也不相同，其警示灯的闪亮规律也会有一些差异。不同机型的故障警示灯诊断表，可在各机型的维修手册中查到。

复习与思考题

一、填空题

1. 防抱死制动系统能以＿＿＿＿＿＿、＿＿＿＿＿＿和＿＿＿＿＿＿方式循环，每秒多达 15 次。

2. ABS 由＿＿＿＿＿＿、＿＿＿＿＿＿、＿＿＿＿＿＿部分组成。

3. 一般防抱死制动系统的元件是控制模块 、＿＿＿＿＿＿、＿＿＿＿＿＿和警告灯。

4. 防抱死制动系统的车轮速度传感器一般利用＿＿＿＿＿＿和＿＿＿＿＿＿原理发出信号。

5. 汽车在制动系统中增设了前后桥车轮制动力分配调节装置，提高制动时的稳定性。但最理想的还是电子控制的自动防抱死装置，即＿＿＿＿＿＿装置。

6. 防抱死制动系统可以避免制动时车轮被＿＿＿＿＿＿，车辆容易发生＿＿＿＿＿＿或＿＿＿＿＿＿的事故。

7. 防抱死制动系统使极端路面制动时，车轮不会抱死，可以保证＿＿＿＿＿＿的操纵。

8. 防抱死制动系统起作用时，刹车踏板会产生＿＿＿＿＿＿感觉。

9. 因车轮在制动时不会被抱死，所以 ABS 制动会比常规制动的距离＿＿＿＿＿＿。

10. 气压制动系统的压力调节器主要有两种类型：＿＿＿＿＿＿和＿＿＿＿＿＿。

二、选择题

1. 关于 ABS，下列说法错误的是（　　　）。

A. 可将车轮滑动率控制在较为理想的范围内　　B. 可使制动力最大

C. 在积雪路面，可使制动距离缩短　　　　　　D. 可提高轮胎寿命

2. 若 ABS 采用可变容积式制动压力调节器，则下述说法正确的是（　　　）。

A. 增压时，轮缸与储能器连通　　　　　　　　B. 减压时，轮缸与储液器连通

C. 减压时，液压泵会把油抽回主缸　　　　　　D. 增压时，电磁阀不通电

3. ABS 系统的主要优点是（　　　）。

A. 制动距离短　　　　　　　　　　　　　　　B. 制动效能好，制动时方向的稳定性好

C. 轮胎磨损少　　　　　　　　　　　　　　　D. 制动力分配合理

4. 产生 ABS 间歇性故障的原因有（　　　）。

A. 系统电压不稳定　　　　　　　　　　　　　B. 车轮转速传感器损坏

C. 电磁阀损坏　　　　　　　　　　　　　　　D. 线路断路

5. 下列（　　　）元件不属于液压式制动压力调节器的组成部分。

A. 电磁阀　　　　　　B. 液压泵　　　　　　C. 真空助力器　　　　　　D. 储液器

6. 液压式制动压力调节器有（　　　）类型。

A. 循环式制动压力调节器　　　　　　　　　　B. 压力可调式制动压力调节器

C. 可变面积式制动压力调节器　　　　　　　　D. 频率可调式制动压力调节器

7. 汽车车轮转速传感器安装在（　　　）上。

A. 车轮　　　　　　　B. 发动机　　　　　　C. 变速器　　　　　　D. 传动轴

8. 在电控单元中，（　　　）的功用主要是进行车轮线速度、车辆速度、滑动率的运算，以及调节电磁阀控制参数的运算和监控运算。

    A. 输入级电路 　　　　B. 运算电路 　　　　C. 输出级电路 　　　　D. 安全保护电路

9. 磁电式轮速传感器输出信号为（　　　）信号，信号大小（　　　）转速影响。

    A. 数字，不受 　　　　B. 模拟，受 　　　　C. 数字，受 　　　　D. 模拟，不受

10. 汽车制动过程中如果只是前轮制动到抱死滑移而后轮还在滚动，则汽车（　　　）。

    A. 失去转向性能 　　　　B. 侧滑甩尾 　　　　C. 正常转向 　　　　D. 调头

三、判断题

1. 霍尔式车轮转速传感器可以测其阻值，以判断好坏。　　　　　　　　　　（　　　）

2. ABS 工作时会使趋于抱死车轮的制动管路压力循环经过增压、降压、保压三个过程。
　　　　　　　　　　　　　　　　　　　　　　　　　　　　　　　　（　　　）

3. ABS 工作时会使趋于抱死车轮的制动管路压力循环经过降压、保压和增压三个过程。
　　　　　　　　　　　　　　　　　　　　　　　　　　　　　　　　（　　　）

4. ABS 系统中液式制动压力调节器主要由电磁阀、液压泵、储液器等组成。（　　　）

5. ABS 系统中液压式制动压力调节器主要由电磁阀、液压马达和控制装置等组成。
　　　　　　　　　　　　　　　　　　　　　　　　　　　　　　　　（　　　）

6. ABS 系统中液压式制动压力调节器主要由电磁阀、液压泵和助力器等组成。（　　　）

7. ABS 不工作时，制动压力调节器同样会控制各制动轮缸的压力不断增压、保压、减压。　　　　　　　　　　　　　　　　　　　　　　　　　　　　　　（　　　）

8. ABS 工作时，制动压力调节器会控制各制动轮缸的压力不断增压、保压、减压。
　　　　　　　　　　　　　　　　　　　　　　　　　　　　　　　　（　　　）

9. 液压式 ABS 制动压力调节器有循环式制动压力调节器和可变容积式制动压力调节器两种类型。　　　　　　　　　　　　　　　　　　　　　　　　　　　　（　　　）

10. 在任何情况下 ABS 系统的制动性能都优于常规制动系统。　　　　　　（　　　）

11. ABS 防抱死制动系统，由于防止车轮抱死，所以制动距离比普通制动要长。
　　　　　　　　　　　　　　　　　　　　　　　　　　　　　　　　（　　　）

12. ABS 电控系统有故障时，汽车仍然能保持常规制动状态。　　　　　　（　　　）

13. 制动压力调节器的功用是接受 ECU 的指令，通过电磁阀的动作来实现车轮制动器压力的自动调节。　　　　　　　　　　　　　　　　　　　　　　　　（　　　）

14. ABS 对驱动轮和非驱动轮都进行控制。　　　　　　　　　　　　　（　　　）

15. 轮速越高其轮速传感器信号频率也越高。　　　　　　　　　　　　（　　　）。

四、简答题

1. ABS 轮速传感器有哪几种类型，各有什么优缺点？

2. 如何检测轮速传感器？

3. 简述 ABS 的基本组成与工作过程。

参 考 文 献

[1]　陈新轩. 现代工程机械发动机与底盘构造. 北京：人民交通出版社，2007.

[2]　沈松云. 工程机械底盘构造与维修. 北京：人民交通出版社，2004.

[3]　李文耀. 工程机械底盘构造与维修. 北京：人民交通出版社，2008.

[4]　刘朝红等. 工程机械底盘构造与维修. 北京：机械工业出版社，2011.

[5]　高永强，颜培钦. 汽车底盘构造与检修. 北京：国防工业出版社，2006.

[6]　鲁冬林. 工程机械使用与维修. 南京：国防工业出版社，2008.

[7]　郁录平. 工程机械底盘设计. 北京：人民交通出版社，2008.